U0350355

计 算 机 科 学 丛 书

信息物理融合系统
（CPS）原理

［美］ 拉吉夫·阿卢尔（Rajeev Alur） 著

董云卫 张雨 译

Principles of Cyber-Physical Systems

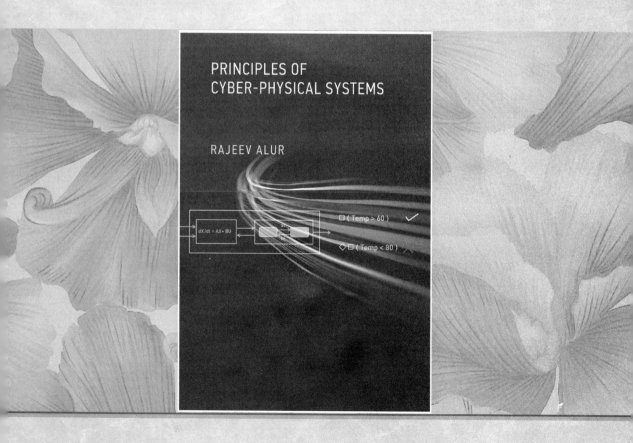

机械工业出版社
China Machine Press

图书在版编目（CIP）数据

信息物理融合系统（CPS）原理 /（美）拉吉夫·阿卢尔（Rajeev Alur）著；董云卫，张雨译.
—北京：机械工业出版社，2017.1
（计算机科学丛书）
书名原文：Principles of Cyber-Physical Systems

ISBN 978-7-111-55904-7

I. 信⋯　II. ①拉⋯　②董⋯　③张⋯　III. 异构网络 – 研究　IV. TP393.02

中国版本图书馆 CIP 数据核字（2017）第 020302 号

本书版权登记号：图字：01-2016-2387

Rajeev Alur: Principles of Cyber-Physical Systems (ISBN 978-0-262-02911-7).

Original English language edition copyright © 2015 by Massachusetts Institute of Technology.

Simplified Chinese Translation Copyright © 2017 by China Machine Press.

Simplified Chinese translation rights arranged with MIT Press through Bardon-Chinese Media Agency.

本书主要介绍信息物理融合系统的基本理论，包括系统设计、规约、建模和分析方法。针对基于模型的设计、并发理论、分布式算法、形式化的规约和验证方法、控制理论、实时系统和混成系统等分支学科，从不同侧面对信息物理融合系统进行描述。本书采用数学化的建模、规约与分析等概念，并配以案例阐述信息物理系统所涉及的分布式算法、网络协议、控制设计和机器人等理论。

本书适合作为计算科学、计算机工程和电子工程相关学科的高年级本科生或一年级研究生的教材。

出版发行：机械工业出版社（北京市西城区百万庄大街 22 号　邮政编码：100037）
责任编辑：盛思源　　　　　　　　　　　　　责任校对：殷　虹
印　　刷：中国电影出版社印刷厂　　　　　　版　　次：2017 年 6 月第 1 版第 1 次印刷
开　　本：185mm×260mm　1/16　　　　　　印　　张：18.25
书　　号：ISBN 978-7-111-55904-7　　　　　定　　价：79.00 元

凡购本书，如有缺页、倒页、脱页，由本社发行部调换
客服热线：（010）88378991　88361066　　　　　投稿热线：（010）88379604
购书热线：（010）68326294　88379649　68995259　　读者信箱：hzjsj@hzbook.com

版权所有·侵权必究
封底无防伪标均为盗版
本书法律顾问：北京大成律师事务所　韩光 / 邹晓东

文艺复兴以来，源远流长的科学精神和逐步形成的学术规范，使西方国家在自然科学的各个领域取得了垄断性的优势；也正是这样的优势，使美国在信息技术发展的六十多年间名家辈出、独领风骚。在商业化的进程中，美国的产业界与教育界越来越紧密地结合，计算机学科中的许多泰山北斗同时身处科研和教学的最前线，由此而产生的经典科学著作，不仅擘划了研究的范畴，还揭示了学术的源变，既遵循学术规范，又自有学者个性，其价值并不会因年月的流逝而减退。

近年，在全球信息化大潮的推动下，我国的计算机产业发展迅猛，对专业人才的需求日益迫切。这对计算机教育界和出版界都既是机遇，也是挑战；而专业教材的建设在教育战略上显得举足轻重。在我国信息技术发展时间较短的现状下，美国等发达国家在其计算机科学发展的几十年间积淀和发展的经典教材仍有许多值得借鉴之处。因此，引进一批国外优秀计算机教材将对我国计算机教育事业的发展起到积极的推动作用，也是与世界接轨、建设真正的世界一流大学的必由之路。

机械工业出版社华章公司较早意识到"出版要为教育服务"。自1998年开始，我们就将工作重点放在了遴选、移译国外优秀教材上。经过多年的不懈努力，我们与Pearson，McGraw-Hill，Elsevier，MIT，John Wiley & Sons，Cengage等世界著名出版公司建立了良好的合作关系，从他们现有的数百种教材中甄选出Andrew S. Tanenbaum，Bjarne Stroustrup，Brian W. Kernighan，Dennis Ritchie，Jim Gray，Afred V. Aho，John E. Hopcroft，Jeffrey D. Ullman，Abraham Silberschatz，William Stallings，Donald E. Knuth，John L. Hennessy，Larry L. Peterson等大师名家的一批经典作品，以"计算机科学丛书"为总称出版，供读者学习、研究及珍藏。大理石纹理的封面，也正体现了这套丛书的品位和格调。

"计算机科学丛书"的出版工作得到了国内外学者的鼎力相助，国内的专家不仅提供了中肯的选题指导，还不辞劳苦地担任了翻译和审校的工作；而原书的作者也相当关注其作品在中国的传播，有的还专门为其书的中译本作序。迄今，"计算机科学丛书"已经出版了近两百个品种，这些书籍在读者中树立了良好的口碑，并被许多高校采用为正式教材和参考书籍。其影印版"经典原版书库"作为姊妹篇也被越来越多实施双语教学的学校所采用。

权威的作者、经典的教材、一流的译者、严格的审校、精细的编辑，这些因素使我们的图书有了质量的保证。随着计算机科学与技术专业学科建设的不断完善和教材改革的逐渐深化，教育界对国外计算机教材的需求和应用都将步入一个新的阶段，我们的目标是尽善尽美，而反馈的意见正是我们达到这一终极目标的重要帮助。华章公司欢迎老师和读者对我们的工作提出建议或给予指正，我们的联系方法如下：

华章网站：www.hzbook.com
电子邮件：hzjsj@hzbook.com
联系电话：(010)88379604
联系地址：北京市西城区百万庄南街1号
邮政编码：100037

华章科技图书出版中心

译者序 |

Principles of Cyber-Physical Systems

进入 21 世纪，以计算机科学为代表的信息技术发展迅猛，一些代表新技术发展的计算技术名词泉涌而出，如物联网、互联网+、云计算、大数据、工业 4.0 等，而信息物理融合系统(Cyber-Physical System，CPS)是其中最为引人关注的技术热词之一。CPS 作为一个正式的概念于 2006 年由美国国家自然基金委员会科学家 Helen Gates 提出后，就被美国、欧盟和中国等各国政府定位为影响未来科技研究、国家信息技术与产业融合发展的国家战略目标，并制定了一系列的 CPS 技术研究和产业发展计划。

从技术上讲，CPS 是为解决信息技术对传统产品数字化后所带来的问题进行的一次系统性思考。这些问题包括：数值计算误差积累、跨平台的计算时序性、开环控制的不确定性、分布式计算的网络时延、多核计算的调度性以及长生命周期产品的运维等。这些问题逐步成为一道阻碍新一代智能计算技术发展必须跨越的鸿沟。这就要求计算技术专家必须另辟计算科学的方法论和实践工程技术，指导工程技术人员在产品的策划和设计之初就用系统工程的观点，考虑贯穿于产品全生命周期的两类因素——物理过程和计算过程，以及它们之间的相互影响。

CPS 技术的发展不仅要继承嵌入式系统、网络通信和控制论的技术和方法，同时还要对现有理论、技术框架进行突破和创新。CPS 系统集成了计算过程和物理过程，并且物理过程与计算过程相互影响、深度融合。CPS 的概念也指出了 CPS 的两条发展路径：物理系统的信息化和计算系统的物理化。这两条道路是将导致 CPS 的研究、开发和应用的多样化发展，还是将殊途同归、形成一套统一的理论和方法，还有待于广大的 CPS 技术研究开发人员通过进一步的努力来验证，我们将拭目以待。

本书从计算理论的角度总结了 CPS 技术必须考虑的理论方法，并综合了分布式控制和网络通信等相关技术，是一本系统介绍信息物理融合系统理论基础的教材或者工具书，不仅适合初学者，还适用于有相关经验的研究人员和工程技术人员。本书不但概述了信息物理融合系统的基本原理，而且详细介绍了对此类系统的规约、设计、建模和分析等一套理论，包括基于模型的设计方法、并发理论、分布式算法、形式化规约和验证方法、控制理论、实时系统和混成系统等，并配以案例分析来阐述信息物理系统所涉及的分布式算法、网络协议、控制设计和机器人等多学科分支理论。本书的选材和作为教材的特点在前言和第 1 章中已有详述，被世界名校采纳作为教材也充分说明了其价值，此处不再赘述。

本书的翻译主要由董云卫博士和张雨博士共同完成，西北工业大学嵌入式系统实验室的葛永琪、吴婷婷、魏晓敏、孙鹏鹏、贺媛媛、姜臻颖、魏昕和李峰等研究生也参与了本书的部分翻译和校对，他们为本书的出版付出了辛勤劳动。

由于中西方文化背景上的差异以及我们的学术和语言水平的限制，译文中难免有不妥甚至错误之处，欢迎读者及专家批评指正。

译者
2016 年 10 月 1 日于西安

信息物理融合系统由能够相互通信的计算设备组成，这些计算设备借助传感器和作动器实现与物理世界的交互。现实生活中，这样的系统越来越多，从智能建筑到医疗设备再到汽车都可以看作信息物理融合系统。在过去的十多年中，开发确保信息物理融合系统可靠性的设计和分析工具是一项具有挑战性的工作，它吸引了众多学术界和工业界的研究人员开展卓有成效的跨学科研究。

本书的目标是为信息物理融合系统的设计、规约、建模和分析提供一套基本理论，这些理论勾画了开发信息物理融合系统所涉及的众多分支学科，包括基于模型的设计方法、并发理论、分布式算法、规约和验证的形式化方法、控制理论、实时系统和混成系统。我试图为信息物理融合系统设计和分析方法相关的研究主题提供一套脉络清晰的理论思想。全书采用数学化的建模、规约与分析等概念，并配以案例研究图解来阐述信息物理系统所涉及的分布式算法、网络协议、控制设计和机器人等多学科分支理论。

本教材自成体系，适合作为计算科学、计算机工程和电子工程相关学科的高年级本科生或一年级研究生一学期课程的教材。第 1 章讨论了几种可供选择的课程组合。

我对信息物理融合系统的研究兴趣萌生于 20 世纪 90 年代和 Tom Henzinger 合作研究混成系统协同性。另外，本教材的结构基于我与 Tom 合作撰写但未出版的课堂讲义《Computer-Aided Verification》(计算机辅助验证)，其中，第 2 章和第 3 章中的一些例子和图例也来自该讲义，并得到 Tom 的同意。因此，Tom 对本教材的贡献是不可估量的，我对他表达崇高的敬意。

我对信息物理融合系统的理解和本书的内容深受宾夕法尼亚大学工程学院 RECISE 信息物理融合系统研究中心的学生和同事的影响。在此，我对我的同事 Vijay Kumar、Insup Lee、Rahul Mangharam、George Pappas、Linh Phan、Oleg Sokolsky 和 Ufuk Topcu 给予的合作与支持表示敬意。同时，我还要感谢 DARPA 和 NSF 在信息物理融合系统研究项目上对我的持续资助。

在过去的 5 年中，我已经勾画出了本教材的草稿，取名《Principles of Embedded Computation》(嵌入式计算的基本原理)，最初目标是在宾夕法尼亚大学开设一门嵌入式系统硕士研究生课程。定期教授这门课程是促使我完成本书的关键动因，学生的反馈也极大地促进了本教材内容的完善。感谢所有的学生和勤勉的助教，他们是 Sanjian Chen、Zhihao Jiang、Salar Moarref、Truong Nghiem、Nimit Singhania 和 Rahul Vasist。

我也很幸运地收到了其他大学的研究者对本教材手稿的反馈建议。特别是根据 Sriram Sankaranarayanan 和 Paulo Tabuada 的建议，对第 6 章和第 9 章的内容进行了很多修改。特别感谢 Christos Stergiou 对最新版本进行了仔细的推敲，并对第 9 章的例子用 Matlab 工具进行模拟。

借此机会感谢出版商(MIT 出版社)对本项目的支持，特别是 Virginia Crossman、Marie Lufkin Lee 和 Marc Lowenthal 在本书出版过程中提供了大量的帮助和鼓励。本书的写作耗时多年，如果没有家人的支持也是不可能完成的，我要特别感谢我妻子 Mona 的友善、爱和耐心。

Rajeev Alur
美国费城宾夕法尼亚大学
2015 年 1 月

目 录

Principles of Cyber-Physical Systems

简 介

1.1 什么是信息物理融合系统

最早的计算机是专门用来进行数值计算和信息处理的单机系统。时至今日,我们也用计算机处理类似的任务,但是随着嵌入式系统的出现,计算机系统的作用已今非昔比,计算机无所不在。嵌入式系统是指集成了计算机硬件和计算机软件,为完成特定目的而设计的机电或电子系统。从手表到照相机,再到电冰箱,今天我们所能看到的工业产品几乎都属于嵌入式系统,因为在这些设备中集成了一个微控制器和相应的软件系统。信息物理融合系统是对嵌入式系统最一般意义的扩展。信息物理融合系统由一些能够相互通信的计算设备组成,这些计算设备能够通过传感器和作动器与物理世界实现反馈闭环式交互。这样的系统无所不在,并且发展越来越迅猛,从智能建筑到医疗设备再到汽车,都是信息物理融合系统的应用。

自主移动机器人团队就是信息物理融合系统的一个典型例子。给这个能够自主移动的机器人团队分配特定的任务:它们要从未知的建筑平面图所示的某一间屋子内识别和检索某一目标。为了完成该目标,每一个机器人都需要安装多种传感器,用来收集关于物理世界的相关信息。例如,安装 GPS 接收器用于跟踪机器人的位置,安装照相机用于获取周围环境的快照,安装红外温度传感器用于检测人的存在。该系统主要的计算问题是如何利用上述传感器所收集的信息来构造建筑物的完整地图,这就要求机器人团队中的每个机器人都能够通过无线链路以协调方式进行信息交换。机器人、障碍物和目标物的当前位置信息知识决定了每一个机器人移动的规划。机器人移动规划包括对每一个机器人发出的高级命令,诸如"以时速 5 英里向西北方向匀速移动"。这样的指令需要转换为控制机器人移动的电机的低级控制输入。设计目标包括安全操作(如机器人不能被障碍物或其他机器人绊倒)、任务完成(如目标物能够被机器人找到)和物理稳定性(如每一个机器人都应该是一个稳定的动态系统)。要构造这样一个多机器人协同系统来完成上述设计目标,就需要从控制、计算和通信相互协同的方式来考虑设计策略。

尽管从 20 世纪 80 年代起一些特定形态的信息物理融合系统就在工业领域得到应用,然而直到最近,嵌入式系统产品的部件才随着处理器、无线通信和传感器等技术的成熟以较低的成本就能具备较强的性能。人们逐渐认识到构造可靠的信息物理融合系统需要功能强大的计算平台作为支撑,而强大的计算平台的开发则需要先进的工具和开发方法。在 21 世纪初,为了迎接这个挑战,人们开始研究集成控制、计算和通信的系统方法论,这就成为一个催化剂,并形成了一个不同寻常的学科——信息物理融合系统。设计信息物理融合系统的相关理论已经被美国政府部门列为主要优先研究的科学技术,这在汽车、航空电子、制造业和医疗设备等工业界也一样被重视。

1.2 信息物理融合系统的主要特征

从计算机科学学科创建开始,对辅助开发人员构建计算机硬件和软件系统的理论、方法和工具开展系统化研究就一直是计算机科学的研究主题。在经典的计算机理论中，软件理论研究只关注计算复杂性和基于结构化编程的开发方法这两个方面，这样的技术手段对于今天我们所面临的复杂软件基础平台系统开发是很有帮助的。然而，这些传统的软件系统设计理论却不能直接用来设计信息物理融合系统，这是因为二者在系统设计阶段的关注存在巨大的差异。下面我们将讨论信息物理融合系统的主要特征。

反应式计算

在经典的计算模型中，当我们给计算设备提供一个输入时，它就会产生一个输出。例如排序程序就是这样的一种计算，给程序输入一列数据，程序经过计算后输出一列经过排序的数据。我们把计算程序由输入到输出的正确性用数学方法抽象为一个函数。程序的计算性和复杂性理论可以帮助我们理解一个函数是否是可计算的，以及计算的效率如何。传统的软件程序是对函数或过程的抽象，这种抽象可以很方便地把简单函数进行组合，形成复杂的函数，进而完成软件程序的开发。

相比之下，一个反应式系统可以与环境持续不断地进行从输入到输出的交互。例如，在汽车的巡航控制器程序这样一个典型的反应式计算的例子中，当我们希望改变汽车的行驶速度时，我们就向控制程序输入一个高级输入命令：打开或关闭巡航控制器。控制程序就需要对我们的输入做出反应：产生一个输出，这个输出就是作用到汽车发动机油门的受力反应。同样，巡航控制系统的行为自然地可用一个能够被观察到的输入和输出序列来描述，这种详细说明输入/输出序列的正确描述对应着控制系统可接受的运行行为。信息物理融合系统就是一个反应式系统，因此本书所关注的设计对象就是反应式计算类型的系统。

并发性

在传统的顺序计算模型中，计算是由一个可顺序执行的指令序列组成，并且在同一时刻只能有一条指令执行。在并发计算过程中，如多线程(通常又称为构件或进程)计算，计算构件是可并发执行的，并且计算在执行过程中，并发执行的构件之间相互交换信息以完成最终的计算目标。并发性是信息物理融合系统的基本特征。我们给出一个能够自主移动机器人团队的例子。在这个例子中，机器人团队中的每一个成员都是一个具有可分离属性的个体，并且可以并发执行。每一个机器人都有多个传感器和处理器，计算任务由一组与环境相关的指令蓝图组成，这些指令包含了机器人对环境感知的视觉数据和运动路径规划信息，并且对这些信息的处理可以分解到不同的处理器中并行运算。运动路径规划任务可以分解为有逻辑关系的可并发执行子任务，例如，基于局部规划的避障子任务和基于全局规划的向目标前进的行走路径子任务。

理解分布式并发计算系统模型和设计的基本原理对信息物理融合系统开发是至关重要的。对于顺序计算来说，图灵机模型被认为是最经典计算模型，然而，对于并发计算来说，还没有一种现成的形式化模型被广泛认可。广义地讲，当前的计算模型可以分为两类：1) 同步模型：构件依据锁步协调运行，并且计算以同步循环逻辑顺序推进；2) 异步模型：构件以独立的速度运行，它们之间通过发送和接收消息来交换运行所需的信息。这两种计算模型对信息物理融合系统的设计是非常有用的。在我们的例子中，机器人系统可以看作由多个能够交换信息的机器人个体组成的一种异步系统。为了便于机器人个体计算过程设计的简单化，一个机器人的计算过程可以分解为依据某种同步逻辑方式而并发执行的许多活动。

物理世界的反馈控制

控制系统与物理世界以反馈回路方式进行交互，这种交互过程是通过传感器来测量环境信息变化，并通过作动器来对环境施加影响。例如，轿车的巡航控制器不停地监视轿车的行驶速度，并适时调整油门，以确保轿车的行驶速度接近期望的巡航速度。轿车控制器就是一种信息物理融合系统的构件，它们与传统的计算机不同，信息物理融合系统中的计算设备与物理装置集成在一起。 `3`

　　对于控制器的设计来说，物理装置要求对物理量进行动态建模：为了调整油门的受力，巡航控制器需要建立轿车行驶的速度模型，该模型把速度看作油门随时间而变化的函数。动态控制系统的设计和分析有一套完整的理论，这些基本原理包含了丰富的数学工具，理解这些基本原理对信息物理融合系统的设计者来说是最基本的要求，也是非常有价值的。传统的控制理论只关注连续时间系统。在信息物理融合系统中，组成控制器的软件是离散的，软件由可并发执行的构件组成，它们可能有多种运行模式，并且能够与连续演化的物理世界进行交互。这样的系统又称为混成系统，它是由离散的计算过程和连续动态过程混合而成。这种系统的控制器设计和分析所需的基本理论正是本书所讨论的主题。

实时计算

　　编程语言、支持操作系统和处理器体系结构的基础设施，通常都不支持实时的具体表示方式。它们对传统的计算应用，如文件处理，提供了较为方便的抽象，但是实时性能对于信息物理融合系统来说是非常重要的。例如，巡航控制器为了满足控制轿车速度的需要，设计控制器时，需要把组成控制器的子构件的计算执行和通信消耗时间考虑进去。

　　通过对时间延迟建模、理解时间延迟对需求正确性、系统性能、时间依赖的协调协议和资源分配策略等属性的影响，能确保实时系统相关属性的可预测性，这也是实时系统的一个分支的研究主题。研究信息物理融合系统的设计和实现理论方法的目的就是要基于这些技术来构造信息物理融合系统。

安全攸关应用

　　当设计和实现一套巡航控制器时，系统中的一些错误可能会导致系统产生一些不可接受的后果（如导致死亡），因此，我们希望在较高的层次上保证系统操作的正确性。一些应用系统在设计时，把系统安全性设计提高到优先于其他属性（如系统性能、开发成本等）的级别，这类的应用称为安全攸关应用。例如，航空电子、汽车电子和医疗设备等信息物理融合系统中的计算设备就是安全攸关应用。基于此观点，我们需要建立这样的概念：在设计阶段就需要确保系统可正确地工作是至关重要的，并且，有的时候也是政府对这类系统认证的相关法规的强制性要求。

　　传统的系统开发流程是设计、实现、广泛的测试和对检测到的错误逐一验证。此外，`4` 还有更多理论方法用于系统开发，包括数学计算误差精度需求的实现、支持系统操作环境的系统构件的模型设计、利用分析工具对系统模型满足需求进行检查等。与传统的开发方法相比，这些方法能够在系统开发早期检测到系统设计中存在的错误，确保系统具有较高的可靠性。这些基于形式化模型和验证方法的安全攸关应用开发方法日益被行业采用，这也是本书集中讨论的主题。

1.3　研究主题概述

　　本书的目标是介绍信息物理融合系统的基本原理方法，包括系统设计、规约、建模和分析方法。为了突显信息物理融合系统的重要特征，本书主要针对基于模型的设计、并发理论、分布式算法、规约和验证的形式化方法、控制理论、实时系统和混成系统等分支学科，从不同侧面对信息物理融合系统进行描述。现有的研究资料和教材力求对这些技术原理进行阐述，并着重解释信息物理融合系统在设计和分析过程中需要用到的上述理论方法中的有关核心概念，这也是本书致力实现的目标。本书主要讨论形式化模型、基于模型的设计，以及规约与分析三个方面，并把这三个方面交织起来讲述，下面就这三个方面的主题进行具体阐述。

形式化模型

系统设计过程中对系统进行建模的目的是为复杂系统设计的管理提供一种数学抽象手段。在反应式系统模型中，构件是模型的基本单元，它通过输入和输出与环境进行交互。不同的交互方式可以设计成不同类的模型。我们从第 2 章开始关注同步建模，所有同步模型中的构件都将遵循锁步依次执行。在第 4 章中，我们将关注异步模型，在这类模型中不同活动可以以不同的速度独立执行。在第 6 章中，我们将研究动态系统的连续时间模型，这种模型适合于刻画物理世界动态演化的属性。第 7 章介绍时间模型，该类模型通过具体的时间延迟边界为描述构件之间交互的时间属性提供便利。最后，第 9 章通过集成离散交互和动态系统来研究混成系统。

为了描述模型，我们综合应用方框图、代码段、状态机和微分方程等方法来对系统进行建模。我们采用一种精确的数学描述方法来形式化地定义模型，利用该模型的形式语义可帮助我们回答诸如此类的棘手问题："系统构件可能包含的行为有哪些？"和"构件组合后导致的结果是什么？"等。本书介绍的建模概念的例子包括：非确定性行为、构件的输入/输出接口、时间触发和时间触发的通信、同步组合的等待依赖、共享内存通信、同步原语的原子性、异步系统的公平性、动态系统的均衡性、时间与混成系统的奇诺（Zeno）行为等。

规约与分析

为了验证系统设计（或系统实现）是否满足如预期设想的正确性，系统设计者首先需用数学精确方式来正确地刻画所捕获的系统需求。然后，设计者可以用分析工具对系统需求进行验证。本书讨论需求的形式化规约方法，以及与形式化验证相关的技术。

第 3 章介绍安全性需求。安全性需求可以表述为：任何坏的状态（或事件）都不会发生，并且可以用不变量或监视器来形式化地描述。我们首先选择归纳不变量的通用技术来证明一个系统是否满足安全性规约，并且利用状态空间搜索算法来自动构建安全性属性。这类算法包括枚举和符号搜索算法，包括使用有序二叉判定图（BDD）的数据结构的符号搜索算法，该算法通常用于硬件验证。由于信息物理融合系统中存在时间相关的动态连续变量，所以这给信息物理融合系统的安全性验证提出了新的挑战。为了验证系统的混成动态属性，我们研究基于栅栏函数（barrier certificate）和符号搜索算法的系统证明方法，这两类特殊的验证方法称为时间自动机和线性混成自动机。

第 5 章介绍活性需求：这种规约可以描述为"好的事件最终会发生"。我们介绍时序逻辑线性时序逻辑（LTL）来形式化地表示这样的正确活性需求，并说明为了便于捕获LTL 需求，监控器如何生成 Büchi 自动机。模型检验是一种对系统模型的 LTL 需求进行自动化验证的常用方法。不管是枚举还是状态空间搜索技术，最终都可归类为求解模型检验问题，并且活性需求也可以用一种称为排名函数的通用证明理论来证明。

对于动态系统来说，最基本的设计需求在于系统是否具有稳定性，它的非形式化表式是指系统的一个微小的输入扰动不会导致系统可观察行为的不对称变化。该属性是控制论的经典话题，将在第 6 章中讨论，本书也会特别介绍线性系统。在此类系统建模中，使用线性代数是非常有效的设计系统稳定性模型的数学工具。

在实现嵌入式系统时，一个主要的问题是如何建立时间延迟分析模型，该模型需要能够刻画系统模型中不同任务在给定的计算平台上运行时，关于时间延迟与模型级别假设的一致性。实时调度理论的目标就是对此类问题进行形式化描述，并提供相应的解决方法，该内容将在第 8 章中讨论。我们主要着重理解两种基本调度算法：最早截止期优先（EDF）算法和单调速率算法。

基于模型的设计和案例研究

建模、规约和分析的理论可通过系统设计问题的构造方法进行阐述，如分布式算法、网络协议、控制设计和机器人技术。我们将阐述建模与编程的区别，例如，能够对非确定性行为进行规约，也可以包括环境行为的显式模型。在设计基于模型的解决方案时，需要强调两个原则：

1）结构化设计：简单的构件可以组装在一起来执行多个复杂的任务，相反地，一个设计问题可以分解为多个简单的子任务。

2）基于需求的设计：在前面准确说明正确性需求，而且在早期阶段还可用来指导设计的选择和调试。

我们研究互斥、一致性和首项选择等的经典分布式协调问题。这些问题在本教材中会反复介绍，并且还会强调介绍协同原语对系统设计的影响。另外，还将重点讲述消息通信的问题，包括：在有损网络中如何可靠地传递信息；在通信过程中由于时钟缺陷导致时间不确定性时，如何同步信息的发送者和接受者。我们通过巡航控制器设计的例子来说明如何用低层级 PID 控制器设计框图来开展集成化同步设计。教材内容还包括信息物理融合系统的案例研究：设计心脏起搏器监视器和心脏起搏器的时间模式反应器；设计机器人团队协调避障系统和多跳网络通信稳定控制器。

1.4　课程组织指南

本书适合作为计算机科学、计算机工程和电子工程等专业高年级本科生或一年级研究生一个学期课时的教材。本节将对课程组织给出一些建议。

先修课程

本教材重点讲述了信息物理融合系统的建模、设计、规约和分析的基本原理。这些原理涉及许多数学知识，如微积分、离散数学、线性代数和逻辑学等。教材中的许多概念来源于微积分，因此这些题目中的课程不是先修课程。然而，学习本教材并不要求完全掌握这些基本知识。当然，要正确理解本教材的内容，也需要掌握一些必要的数学理论知识。本教材适用对象是完成了先修理论知识、计算机科学课程（如离散数学和计算理论）或电子工程课程（信号和系统、动态系统）的学生。

在本教材中，我们讨论应用系统的设计问题，这些应用包括控制系统、分布式协调系统、网络通信协议和机器人。在每一个案例研究中，需要具备相关数学理论基础来阐述应用领域的基本约束条件，而不需要明确的背景知识。然而，要很好地理解教材中的案例，具有软件或系统设计与实现相关的一些经验是需要的。这些经验可以从面向本科生开设的一些课程中获得，例如，操作系统和程序开发等计算机科学课程、机械或控制系统等电子工程课程。

章节选择

课时量为一学期的课程不需要讲解课本的全部内容。图 1-1 显示了各章之间的依赖关系，它可以作为组织本课程教学各章节内容的指导。即便要把标有星号的可选内容略过，但每章中的基本概念是必须讲解的。下面介绍三种可选的课程组织方式。

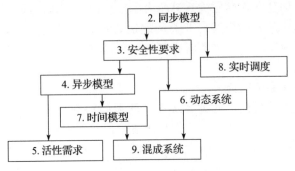

图 1-1　各章之间的依赖关系

快节奏课程组织方式，其目的是涵盖建模、设计、规约和验证的所有内容，这种组织方式在宾夕法尼亚大学讲授了多年，证明是可行的。如果选择这种课程组织方式，我们推荐跳过 3.3 节、5.3 节、6.4 节、7.2 节和 9.3 节等。

基本课程组织方式，只关注与建模和设计相关的内容，忽略分析和验证技术。在组织此方式下，3.3 节、3.4 节、5.2 节、5.3 节、6.4 节、7.3 节和 9.3 节可以跳过不讲。然而，我们还是推荐有些内容需要要重点讲解，如原则性设计中的形式化规约需求，因此应该包括规约的形式化方法。

第三种课程组织方式是通过删除第 6、8 和 9 章来缩小教学范围。这种教学方式只关注反应式系统的建模、设计、规约和验证技术，不包括计算系统与物理世界交互的建模。

作业和项目

在每一章内容之后都设计了大量的作业，希望学生能够用严格的数学方法来解答作业中提出的问题。一些具有挑战性的作业已用星号进行了标识。

除了设计了一些解决方法理论性强的作业外，教材还提供了一些应用项目来训练软件的建模和分析方法。本教材仅限于讨论一般义上的建模概念，不与特定软件设计工具的具体含义的概念表述相关联。下面给出一些设计项目的例子：

1）同步建模与符号安全性验证（第 2 章和第 3 章）：其中一个项目就是关注同步硬件设计，如仲裁者和片上通信协议的设计与验证。该项目帮助读者理解子构件的层次组成。建模项目可使用行业标准硬件描述语言，如 VHDL 和 Verilog（参见 vhdl.org）等。作为完成该项目设计的备选方案，也可采用学术建模工具 NuSmv（参见 nusmv.fbk.eu）来设计系统，该工具采用基于 BDD 的符号状态空间搜索方法来实现系统建模和需求验证。

2）异步建模和模型检查（第 4 章和第 5 章）：关于分布式协议的设计（例如，实现现代多处理器系统之间协调访问的全局共享内存的高速缓存一致性协议），可采用建模工具 Spin（参见 spinroot.com）来对多处理器之间的异步通信进行建模。该工具允许用户使用时态逻辑方法对系统的安全性和活性需求进行详细说明，并采用模型检测方法对协议的正确性进行调试。

3）动态系统的控制设计（第 6 章）：关于控制系统的课程中有一个传统的项目，该项目涉及的控制器模型包含了物理系统的建模。然后采用线性代数的工具实现组合系统的稳定性。动态系统建模这类项目比较适合于教学活动。Mathworks 公司开发的软件工具 Matlab（参见 mathworks.com）通常用于动态系统建模，此类问题的典型例子是设计一个摆钟控制器的模型，该控制器的钟摆移动到最高点垂直位之后就会向反方向回摆。

4) 时间系统的建模与验证(第 7 章)：建模工具 Uppaal(参见 uppaal.org)支持交互时间自动机建模和基于符号状态空间搜索的安全性属性的验证。医疗设备中的控制算法就是此类案例研究，该算法采用基于需求的设计与分析方法对心脏起搏器自动注入泵模型来进行设计与验证，也可以对心脏起搏器模型进行精化。

5) 混成系统建模与模拟(第 9 章)：建模工具 Stateflow 和 Simulink(参见 math-works.com)、Modelica(参见 modelica.org)和 Ptolemy(参见 ptolemy.org)支持混成系统的结构化建模。多机器人协调项目提供了丰富的问题域，可利用这些建模工具对信息物理融合系统进行设计与分析。该项目的分析目标是帮助学生理解如何利用数值模拟方法对不同设计变量进行折中。

补充阅读

对于要求高可信的嵌入式及信息物理融合系统设计的新科学案例，在过去的十多年中已开展了许多研究(参见[Lee00，SLMR05，KSLB03，HS06，SV07])。现在，这个分支学科又有了一个生机勃勃的学术研究社区，每年举行一次的学术会议"Embedded Systems Week"(参见 esweek.org)和"Cyber-Physical Systems Week"(参见 cpsweek.org)，展现信息物理融合系统的研究现状和发展趋势。

《Introduction to Embedded Systems》[LS11]是一本与我们选题和内容最为接近的教材，也是本书最有价值的参考书。相比之下，《Introduction to Embedded Systems》[LS11]的选题范围更为宽泛，例如，它还讨论了嵌入式应用的处理器体系结构，而本书则对分析与验证技术的开发进行了更加深入的讨论，并提供了相应的案例研究。

还有一些参考书与本书讲解的主题相关，可对深入学习相关内容提供帮助。参考书[Hal93]关注于同步模型，讨论了基于模型设计的理论基础。参考书[Mar03]重点介绍嵌入式系统设计方法，参考书[Pto14]重点介绍采用集成异构模型的建模方法来设计系统。在内容丰富的分布式系统参考资料中，参考书[Lyn96]和[CM88]介绍了范围广泛的分布式算法，强调了形式化建模、正确性需求和验证等内容。为了介绍形式化逻辑及其应用的软件验证方法，我们推荐参考书[HR04]和[BM07]。参考书[CGP00]和[BK08]着重介绍了自动化验证和模型检测方法。参考书[Lam02]阐述了反应式系统使用的规约和开发的逻辑方法。动态系统讲解的内容与线性系统控制器设计方法相关，有许多经典的参考书可以借鉴，包括[AM06]和[FPE02]。实时系统介绍的内容强调系统的可调度性，可参见[But97]和[Liu00]。最后，还有一些研究专著，如[Tab09]、[Pla10]和[LA14]，它们关注于混成系统的形式化建模、控制和验证方法。

10
∼
12

同步模型

当我们给一个功能构件提供一个输入时，它就会产生输出，并且可以用数学方法把系统的这种行为依据输入与输出的关系描述为一种映射关系。相应地，反应式构件能够通过这种持续的输入与输出的映射关系来维持系统内部状态，以及与其他构件之间的交互。我们首先重点讨论反应式计算的离散和同步模型，这类系统中的所有构件都循环依次执行。在每次循环中，反应式构件读取输入，基于它的当前状态和输入，它计算输出，并更新自己的内部状态。

2.1 反应式构件

作为第一个示例，我们考虑图 2-1 所示的 Delay 构件。该构件有一个布尔值输入变量 in，一个布尔值输出变量 out，以及由一个布尔变量 x 表示的内部状态。为了描述构件的行为，我们首先需要描述状态变量的初始值。对于 Delay 构件而言，假设 x 的初始值为 0。在每次循环中，该构件根据起始时刻状态变量 x 的值设置输出变量 out，同时将该状态 x 作为当前循环的输入变量进行更新。因此，第一次循环的输出为 0，在随后的每次循环中，其输出都等于上一次循环的输入。

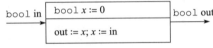

图 2-1 反应式构件 Delay

2.1.1 变量、值和表达式

为准确表达构件定义的各个方面，我们需要介绍一些数学概念，诸如，变量、变量表达式，以及变量的赋值。我们利用型参(Typed variable)描述构件。常用的型参类型有：

- nat——表示自然数集。
- int——表示整数集。
- real——表示实数集。
- bool——表示布尔值{0, 1}的集合。
- 枚举类型——是包含有限数量符号常量的集合。例如，一个二值集合的枚举型参可以表示为{on，off}。

给定一个型参集合 V，V 上的一个赋值是对 V 中所有变量的类型一致的赋值。也就是说，V 上的一个赋值是一个定义域为 V 的函数 q，使得对任意变量 $v \in V$，$q(v)$ 是一个属于类型 v 的值。我们用 Q_V 表示 V 上的所有值的集合。例如，若 V 包含两个变量，变量 x 为 bool 类型，变量 y 为 nat 类型，那么赋值 q 将给 x 赋予一个布尔值，给 y 赋予一个自然数。集合 Q_V 包含上述所有可能的赋值。

型参集合 V 上的型参表达式 e 是由 V 中的变量、常量，以及与这些变量相对应的这些类型上的原始运算构成的。对于数字类型，如 nat、int 和 real 等，我们将利用算术运算，如加法、乘法和比较运算(如 =、≤)。为建立布尔表达式，我们利用如下的逻辑算子：

- 非(¬)：当 e 的值为 0 时，表达式 ¬e 的值为 1。

- 合取（∧）：当 e_1 和 e_2 的值都为 1 时，表达式 $e_1 \wedge e_2$ 的值为 1。
- 析取（∨）：当 e_1 和 e_2 的值至少有一个为 1 时，表达式 $e_1 \vee e_2$ 的值为 1。
- 蕴含（→）：当 e_1 的值为 0 或 e_2 的值为 1 时，表达式 $e_1 \rightarrow e_2$ 的值为 1。

2.1.2 输入、输出和状态

图 2-1 的 Delay 构件有一个输入变量、一个输出变量和一个状态变量。一般来说，一个构件 C 有一个输入型参集合 I、一个输出型参集合 O 和一个状态型参集合 S。3 个集合都是有限集。为避免变量名之间的冲突，这些集合彼此之间不相交。

对于 Delay 构件，有 $I=\{in\}$、$O=\{out\}$ 和 $S=\{x\}$。

在图 2-1 中，我们用矩形框表示构件。对每个输入变量，都有一个指向矩形框的引入箭头，对每个输出变量，都有一个引出箭头。这些箭头标记有相应的变量名称和类型。状态变量在构件框内列出。

反应式构件 C 的一个输入是输入型参集合 I 上的一个赋值，所有可能的输入集合为 Q_I，构件 C 的输出是一个在输出型参集 O 上的赋值，所有可能的输出集为 Q_O。构件 C 的状态为其状态型参集 S 上的一个赋值，其状态集为 Q_S。

对于 Delay 构件，输入是变量 in 的布尔值，输出为变量 out 的布尔值。状态为变量 x 的布尔值。因此，每一个集合 Q_I、Q_O 和 Q_S 都包含两个元素。

2.1.3 初始化

为描述构件的动态性，我们必须详细说明初始状态，以及构件对每个状态中给定输入的反应方式。大量的编程风格都可以用来描述该问题，诸如命令式风格（如 SYSTEM C 和 ESTEREL）、声明方程式风格（如 LUSTRE）和层次状态机（如 STATEFLOW）。为利用工具进行分析，需定义严格的形式化语法和语义。语法用来描述构件初始和更新状态的合法代码段是什么。语义则是构件初始状态及其反应的相应数学集合。这种表达对于自然语言甚至"孩童"语言来说都是一个挑战，因为定义形式化语义可能需要大量的数学符号。我们将使用常见命令式结构和状态机组合来刻画我们需要的特征，而不采用严格的形式化数学语义。

一个构件的初始化可表示为 Init，它为 S 中的所有状态变量指定初始值。一旦声明了状态变量，就可以用一个赋值对相应的初值进行描述。例如，在 Delay 构件中，状态变量 x 将利用赋值 $x := 0$ 对其赋初值。有时在不知道全部的初始值时，我们想要指定多个可能的初始值来对该情况建模。为了实现这个目的，我们将使用一个名为 choose 的新结构，它将从它的参数集合中任意选择一个值返回。对 Delay 构件，通过下式为变量 x 考虑另一种声明：

$$\text{bool } x := \text{choose}\{0, 1\}$$

13 ～ 15

在此修改版本中，choose 可能返回 0 或 1；因此，变量 x 的初始值可能为 0 或 1。使用 choose 结构的另一个初始化例子是声明：

$$\text{real } x := \text{choose}\{z \mid 0 \leqslant z \leqslant 2\}$$

这表明变量 x 为实数，其初始值可为 0 到 2 的任意实数。

如果对于构件的每个状态变量 x，值 $q(x)$ 与变量 x 的初始值相等，则该构件的状态 q 称为初值状态。所有初始状态的集合用 $[\![\text{Init}]\!]$ 表示。因此，初始化状态 Init 是构件如何初始化状态变量的语法描述，相应集合 $[\![\text{Init}]\!]$ 为其数学语义。

对于构件 Delay，集合 $[\![\text{Init}]\!]$ 包含了把值 0 赋予 x 的单个初始状态。

在图 2-1 中，我们将表示构件的框图用一条水平线分割，上半部列出了状态变量及其类型，后面是它们的初始化过程。

2.1.4　更新

构件对每次循环输入的响应的计算是由反应描述给出的，表示为 React。若构件处于状态 s，当给定输入 i 时，它可产生输出 o 并更新其状态至 t，则我们表示为 $s \xrightarrow{i/o} t$。这样的响应称为反应。

一种描述反应的自然方法是利用代码给输出变量赋值并更新状态变量的值。该代码在每次循环开始时可访问输入变量和状态变量的值。构件的所有可能反应的集合称为反应描述的语义，可表示为 $[\![React]\!]$。

对 Delay 构件，反应描述 React 可以用两个赋值语句序列表示：

$$out := x;\ x := in$$

也就是说，在构件状态 s 中，给定一个输入 i，构件将状态 s 复制到输出，并将状态更新为当前输入。在本例中，构件有 4 个可能的反应：

$$0 \xrightarrow{0/0} 0;\ 0 \xrightarrow{1/0} 1;\ 1 \xrightarrow{0/1} 0;\ 1 \xrightarrow{1/1} 1$$

在图 2-1 中，该反应描述在构件框图的下半部分给出。

反应描述通常是语句序列，其中每条语句可以是赋值语句或条件语句。赋值语句的形式为 $x := e$，其中 e 为与变量 x 的类型相同的表达式。我们允许赋值号的右边用 choose 结构指定可能值的集合，因而赋值语句允许对给定状态的相同输入做出多种响应。条件语句的表示形式为：

$$\text{If}\quad b\quad \text{then}\quad stmt_1\quad \text{else}\quad stmt_2$$

其中，b 是布尔表达式，$stmt_1$ 和 $stmt_2$ 是当给定赋值语句序列和条件语句序列时的代码段。为执行条件语句，首先将对表达式 b 进行计算。若 b 为 1，则将执行代码 $stmt_1$；否则，执行代码 $stmt_2$。当需要时，可以使用大括号"{"和"}"将语句组合在一起。也可能省略条件语句的 else 分支。

给定状态 s 和输入 i，为寻找构件的可能反应，我们执行反应描述代码。如果执行代码没有错误，并且如果对所有输出变量都赋了输出值 o，当所有状态变量的值更新为 t 时，那么就将反应 $s \xrightarrow{i/o} t$ 添加到集合 $[\![React]\!]$ 中。由于不同的原因，这样成功的执行不可能是可能的。通常我们考虑以下两种情形。

第一，当代码试图执行赋值语句 $x := e$ 时，我们期望 x 是输出变量或状态变量。试图给输入或未声明的变量赋值时都将产生错误。为了能够计算表达式 e，应该只参考状态变量、输入变量，以及通过预先执行赋值语句分配输出值的那些输出变量。在构件 Delay 的描述中，如果将反应描述替换为：

$$x := out;\ out := in$$

则第一条语句将由于输出变量 out 的值是未知的而不能被执行，并且在该描述下，相应的反应集合将为空集。

第二，如果代码没有给所有输出变量赋值，那么这个执行不能定义一个有效的反应。例如，在构件 Delay 中，若用以下条件赋值代替反应描述

$$if(x \neq in)then\ out := x$$

那么仅当输入不同于当前状态时，语句才能更新输出。修改的构件只有两个反应：$0 \xrightarrow{1/0} 1$

和 $1 \xrightarrow{0/1} 0$。这可以解释为构件不允许在状态 0 中输入 0 和在状态 1 中输入 1。

反应描述也可以使用 `local`（局部）变量，也就是说，可以使用辅助变量来保存中间计算的结果。假设给定输入变量 in_1 和 in_2 的整型数值，我们想计算该这两个输入值的平方差，并通过输出变量 out 输出结果。如下代码只使用一个乘法就可以实现该目的：

$$\text{local int } x, y;$$
$$x := in_1 + in_2;$$
$$y := in_1 - in_2;$$
$$out := x * y$$

在该描述中，变量 x 和 y 的值不能被其他构件访问，也不会存储在同一构件的不同循环中。

我们通过提出反应式构件的形式化定义，对上述讨论进行总结：

同步反应式构件

同步反应式构件 C 由下面几方面来描述：

- 输入型参变量的有限集合 I，它定义输入集合 Q_I。
- 输出型参变量的有限集合 O，它定义输出集合 Q_O。
- 状态型参变量的有限集合 S，它定义状态集 Q_S。
- 初始化 Init，它定义初始状态的集合 $[\![Init]\!] \subseteq Q_S$。
- 反应描述 React，它定义形式为 $s \xrightarrow{i/o} t$ 的反应的集合 $[\![React]\!]$，其中 s，t 为状态，i 为输入，o 为输出。

2.1.5 执行

构件的操作语义可以通过定义其执行来获得。为执行构件，我们首先初始化构件的所有变量来获得一个初始状态。然后构件将在有限次循环中执行下去。在每次循环中，选择输入变量的值，然后执行构件的反应描述中的代码来确定其输出并更新其状态。

形式上，一个长度为 $k (k \geqslant 0)$ 的同步反应式构件 C 包含了如下形式的有限序列：

$$s_0 \xrightarrow{i_1/o_1} s_1 \xrightarrow{i_2/o_2} s_2 \xrightarrow{i_3/o_3} s_3 \cdots\cdots s_{k-1} \xrightarrow{i_k/o_k} s_k$$

其中

1) 对于 $0 \leqslant j \leqslant k$，每个 s_j 为 C 的状态，且对于 $1 \leqslant j \leqslant k$，每个 i_j 为 C 的输入，每个 o_j 为 C 的输出；

2) s_0 为 C 的初始状态；且

3) 对于 $1 \leqslant j \leqslant k$，$s_{j-1} \xrightarrow{i_j/o_j} s_j$ 是反应 C。

例如，一个长度为 6 的构件 Delay 的执行可能为：

$$0 \xrightarrow{1/0} 1 \xrightarrow{1/1} 1 \xrightarrow{0/1} 0 \xrightarrow{1/0} 1 \xrightarrow{1/1} 1 \xrightarrow{1/1} 1$$

练习 2.1：考虑构件 Delay 的一个修改版本，称为 OddDelay。它有一个布尔输入变量 in、一个布尔输出变量 out 和两个布尔状态变量 x 和 y。两个状态变量初始化为 0，反应描述为：

```
if y then out := x else out := 0;
x := in;
y := ¬y
```

请用语言描述构件 OddDelay 的行为。如果 6 次循环的输入序列为 0,1,1,0,1,1，请列出该构件的可能执行。

2.1.6　扩展状态机

在基于模型的设计中，状态机通常用来描述系统的行为。图 2-2 描述了一个 Switch 构件，它对电灯的开关过程进行建模。该构件只有一个布尔输入变量 press。在每次循环执行过程中，输入变量的值为 1 表示开关按下。最初，灯是熄灭的，当按下开关时，灯被点亮。若再次按下开关，或者执行 10 次循环后，开关都没有按下开关，灯将熄灭。

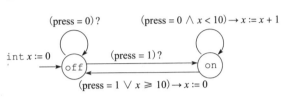

图 2-2　作为扩展状态机的构件 Switch 的描述

在状态机的符号表示中，有一个隐式状态变量，称为状态机的模式（mode），它是枚举类型。对 Switch 构件而言，模式的枚举类型范围为集合{off，on}。不同的状态机模式用圆圈表示。这种图形化的表示方法可以突出构件的不同操作模式。变量 mode 的初始值为 off，并用无源引入箭头来表示模式 off。

在扩展状态机中，使用状态模式的描述是用额外的状态变量来扩展的。在图 2-2 的例子中，Switch 构件使用额外的类型为 int 的状态变量 x。指向初始模式的初始化箭头用这些额外的状态变量的声明及它们的初始值来标志。在本例子中，只有一个 int 类型的额外的状态变量 x，并将它初始化为 0。

在扩展状态机中，用模式切换说明反应。模式切换可以描述为两种模式之间的边，且有一个关联的守卫条件和一个用来更新变量的代码段。若守卫条件为表达式 Guard，更新变量的代码为 Update，那么边可以用 Guard→Update 注释。如果守卫条件总是成立（即它等于常数 1），它可以被省略，并且边只需用代码 Update 注释；如果更新变量的代码没有修改任何变量，那么它也可省略，边只用守卫条件 Guard？来注释。

在该例子中，有 4 个模式切换。当条件 press＝1 满足时，构件由 off 模式切换至 on 模式，该切换不会改变变量 x 的值；当条件 press＝0 满足时，构件由 off 模式切换到 off 模式，也不会改变变量 x 的值；当合取条件（press＝0 ∧ x<10）满足时，构件由 on 模式切换到 on 模式，变量 x 的值增加 1；当析取条件（press＝1 ∨ x≥10）满足时，构件由 on 模式切换到 off 模式，变量 x 的值重新设置为 0。

当模式为 off 时，如果输入为 0，则满足从 off 模式切换到 off 模式的守卫条件，执行该模式切换。由于没有明确的变量更新代码，状态变量 x 的值保持不变，所以新模式与旧模式 off 相同。如果输入是 1，则满足从 off 模式切换到 on 模式的守卫条件，执行该模式切换。因此，更新的模式值是 on，x 的值不变。

当模式为 on 时，如果输入是 0 且 x 的值仍然小于超时阈值 10，那么执行从 on 到 on 的切换模式，虽然 x 增加 1 但模式没有改变。因此，该构件最多连续 10 轮执行中保持模式 on 不变。当输入变量 press 的值为 1 或 x 的值达到 10 时，满足从 on 模式切换到 off 模式的守卫条件。执行该切换，更新模式为 off，并把变量 x 设为 0。

19
～
20

在这个例子中，每个状态可表示成一个二元组，其中第一个元素属于枚举类型{off，on}，第二个元素是整数。初始状态集合〚Init〛包含唯一状态（off，0）。

我们可以结合反应集合〚React〛来形式化地刻画模式切换的含义。给定将值赋予模式、变量 x 以及将输入值赋予变量 press 的状态，假设满足相应的守卫条件，则我们可通过执行当前模式的模式切换更新代码来获得一个反应。对于每个整数 n，有如下反应：

$$(\text{off}, n) \xrightarrow{1/} (\text{on}, n); \quad (\text{off}, n) \xrightarrow{0/} (\text{off}, n); \quad (\text{on}, n) \xrightarrow{1/} (\text{off}, 0);$$

对于每个整数 $n<10$，有反应 $(\text{on}, n) \xrightarrow{0/} (\text{on}, n+1)$；对每个整数 $n \geqslant 10$，有反应 $(\text{on},$ $n) \xrightarrow{0/} (\text{off}, 0)$。

在这个例子中，构件 Switch 没有输出变量。输出变量存在时，与每个模式切换相关联的更新代码将值赋予所有的输出变量。同样，在该例子中，相同模式的两个模式切换的守卫条件是不相交的，因此，无需选择执行哪一种切换方式。一般来说，这种假设是不成立的。事实上，状态机表示是指定多种选择的一种方便方式，我们将在随后的例子中进行说明。

练习 2.2：将练习 2.1 中的构件 OddDelay 作为一个具有两种模式的扩展状态机进行描述。状态机的模式应捕获状态变量 y 的值，而状态变量 x 应利用模式切换中的赋值进行更新。

练习 2.3：我们想要设计一个反应式构件，它有 3 个布尔型输入变量 x、y 和 reset，以及一个布尔型输出变量 z。期望的行为如下所述。构件持续等待直到某次循环的输入变量 x 为 high，且输入变量 y 为 high，一旦遇到这两个条件，它将输出 z 设置为 high。当在随后的循环中，输入变量 reset 为 high 时，它将重复该行为。默认输出 z 为 low。例如，如果 x 在第 2、3、7、12 次循环中为 high，y 在第 5、6、10 次循环中为 high，且 reset 在第 9 次循环中为 high，则 z 应该在第 5 和 12 次循环中为 high。请设计一个同步反应式构件来捕获这种行为。你可能想用扩展状态机表示。

2.2 构件属性

2.2.1 有限状态构件

在许多嵌入式应用程序中，仅需要考虑有限取值的类型。类型 bool（布尔）和枚举类型是有限值，而 nat、int、real 等数值类型是无限值。当构件的所有变量都为有限类型时，输入集合 Q_I、输出集合 Q_O 以及状态集合 Q_S 也都是有限的。图 2-3 是构件 Delay 的情形。这种构件称为有限状态构件，适合采用强大的自动分析。

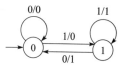

图 2-3 与构件 Delay 对应的米利机

> **有限状态构件**
>
> 如果同步反应式构件 C 的每个输入、输出及状态变量的类型都是有限的，则我们就称该同步反应式构件 C 是有限状态的。

值得注意的是，因为状态变量 x 定义为整型值，所以图 2-2 中的 Switch 构件不是有限状态的。仔细考察该构件可发现：在构件的每一次可能的执行中，x 的值不会大于 10。因此，变量 x 的相关取值范围只可能为 0 到 10，我们可以通过改变变量 x 的类型为范围类型 int[0, 10] 来修改 Switch 的描述，由此产生的构件是一个有限状态构件。在一般情况下，我们允许将数值类型为 int、nat 和 real 等限制为相应的类型范围 int[low, high]、nat[low, high] 和 real[low, high]，其中 low 和 high 是对应类型中的数值常量。产生的 int 和 nat 的限制版本是有限类型。

对于一个有限状态构件，其行为可以用标号有限图进行说明。其中，该图的节点为构件的状态。如果 s 是构件的初始状态，则有一个无源边指向 s。如果 $s \xrightarrow{i/o} t$ 是构件的一个反应，那么有一个从节点 s 到节点 t 的边，并用输入 i 和输出 o 标记。这样的图称为米利机(Mealy mechine)。构件的执行为从该图的初始状态开始遍历的简单路径。

构件 Delay 的米利机表示如图 2-3 所示。

练习 2.4：考虑练习 2.1 中的构件 OddDelay。该构件是有限状态的吗？画出其对应的米利机。

2.2.2 复合构件

考察图 2-4 所示的构件 Comparator。该构件有两个输入变量 in_1 和 in_2，它们都为
nat 类型。它还有一个布尔型输出变量 out。在
每次循环中，构件读取输入 in_1 和 in_2，并且如果
in_1 大于或等于 in_2，则设置输出变量 out 为 1，
否则设置为 0。

nat in_1 →
| if ($in_1 \geqslant in_2$) then out := 1
else out := 0 | → bool out
nat in_2 →

图 2-4 复合构件 Comparator

该构件不需维护任何内部状态，因此它没有状态变量。当构件没有状态变量时，也就
没有初始化过程，反应描述根据输入变量值指定输出变量。

当状态变量的集合 S 为空时，形式上对 S 有一个唯一的赋值，设这个唯一的状态为
$s_\varnothing$。这也是初始状态。对于每对自然数 m 和 n，如果 $m \geqslant n$，则构件 Comparator 有反应
$s_\varnothing \xrightarrow{(m,\ n)/1} s_\varnothing$；如果 $m < n$，将有反应 $s_\varnothing \xrightarrow{(m,\ n)/0} s_\varnothing$。该构件的一个可能的执行为：

$$s_\varnothing \xrightarrow{(2,\ 3)/0} s_\varnothing \xrightarrow{(5,\ 1)/1} s_\varnothing \xrightarrow{(40,\ 40)/1} s_\varnothing$$

像 Comparator 一样没有状态变量的构件称为复合构件。

复合构件
   同步反应式构件 C 称为复合的，如果其状态变量的集合为空。

注意，构件 Comparator 对应于布尔值表达式 $in_1 \geqslant in_2$。构件 C 的变量 out 可作为替
代输入变量 in_1 和 in_2 的其中一个输入变量，并且在不改变其行为的前提下，可利用表达
式 $in_1 \geqslant in_2$ 替代构件 C 的反应描述中 out 的当前值。相反，用来描述构件反应的表达式的
值也可显式地建模为复合构件。例如，为了得到两个布尔变量 x 和 y 的合取，可以简单地
使用表达式 $x \wedge y$ 或构造一个复合构件，该复合构件有两个输入变量 x 和 y 以及一个输出
变量，当两个输入变量的值都为 1 时，输出变量产生输出的值为 1。是否将所需表达式建
模为复合构件是设计的选择问题，它受描述反应所采用的建模语言的原语影响。

2.2.3 事件触发构件 *

在反应式构件的同步执行模型中，循环(round)的概念是全局的，每个构件都参与每
次循环。然而，在某些情况下这可能是不现实的，这就要求我们允许某构件能够定义自己
的循环。例如，系统可能有多个硬件构件，每个运行在不同的时钟频率下，在这种情况
下，每个构件只参与自身时钟信号为高电位的循环。为对这种行为建模，我们使用类型为
event 的输入变量。基本类型 event 可定义为枚举类型 $\{T, \perp\}$，其中，T 表示事件发
生，$\perp$ 表示事件未发生。更一般地，我们允许事件类型被另一个类型参数化，即可利用参
数类型中的值来表示事件的发生或未发生。例如，类型 event(bool) 有 3 个值 0、1 和
$\perp$。对于一个事件变量 x，布尔表达式 x? 表示事件 x 发生，可用表达式 $x \neq \perp$ 表示。注
意，虽然输入、输出和局部变量可以是类型 event，但状态变量不能是这种类型，因考虑
一个未发生的状态是毫无意义的。

例如，考虑如图 2-5 所示的构件 TriggeredCopy，该构件将输入复制到输出。输入

变量 in 的类型是 event(bool)：在每一次循环中，可能没有输入，并且如果有输入，输入是一个布尔值。当有输入时，它可表示为 in?，并将该输入复制到输出；当没有输入时，也没有输出。输出变量 out 的类型也为 event(bool)。将赋值等式 out :=in 写作 out! in 以强调事件 out 已输出。

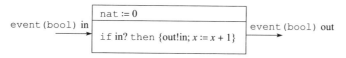

图 2-5　事件驱动构件 Triggeredcopy

默认情况下，输出事件变量为空，也就是说，在某次循环中如果事件输出变量 out 没有被显式地赋值，那么它的值假定为 ⊥。在构件 TriggeredCopy 的反应描述中，如果输入事件为空，那么程序将不给输出变量赋任何值，因此构件返回的输入值为空、输出值也为空。

构件 TriggeredCopy 确实维护一个状态变量 x，x 的初值为 0，当输入为非空时，x 就递增，当输入为空时，x 就保持不变。因此，状态 x 的值说明了在过去的循环中，有输入的循环数。对于每个自然数 n，该构件有 3 个反应：

$$n \xrightarrow{\perp/\perp} n; \quad n \xrightarrow{0/0} n+1; \quad n \xrightarrow{1/1} n+1$$

构件 TriggeredCopy 的一个示例执行为：

$$0 \xrightarrow{\perp/\perp} 0 \xrightarrow{0/0} 1 \xrightarrow{1/1} 2 \xrightarrow{\perp/\perp} 2 \xrightarrow{\perp/\perp} 2 \xrightarrow{1/1} 3$$

我们称输入变量 in 是构件 TriggeredCopy 的一个触发器，该构件是事件触发的。如果输入在一个循环中为空，则其输出为空，状态保持不变，那么称该构件是被动的。这样的反应称为口吃(stuttering)反应。在该实现中，构件不需要通过"执行"来产生这样的反应。

举另一个例子，考察图 2-6 所示的事件触发构件 ClockedCopy。它有一个 Boolean 输入变量 in 和一个充当触发器的输入事件变量 clock。每当时钟事件发生时，构件就将其状态变量 x 更新为输入变量 in 的当前值。在循环中，当事件 clock 为空时，任何对输入 in 的改

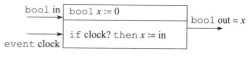

图 2-6　事件触发构件 ClockedCopy

变都被忽略。输出 out 是布尔变量，它的值等于已更新的状态。这样的输出变量称为锁存输出。在这种情况下，构件不需要显式地计算 out 的值，而是通过变量 out 与状态变量 x 在输出声明中进行关联后来表示。

输出变量 out 总是有一个值，即使在某个循环中触发器 clock 为空，并且该值等于事件变量 clock 为空时的最近一次循环中输入变量 in 的值。该构件的一个可能的执行如下所示，其中输入可用一个二元偶对来标识，第一个元素为 in 的值，第二个元素为 clock 的值：

$$0 \xrightarrow{(1,\perp)/0} 0 \xrightarrow{(1,\top)/1} 1 \xrightarrow{(0,\perp)/1} 1 \xrightarrow{(0,\perp)/1} 1 \xrightarrow{(0,\top)/0} 0$$

形式上，对于一个同步反应式构件 C，其输出变量 y 称为锁存的，如果存在一个状态变量 x，使得在构件的每个反应 $s \xrightarrow{i/o} t$ 中，输出变量 y 的值等于状态变量 x 更新后的值 x：$o(y)=t(x)$。在一个构件的实现中，锁存输出不需显式地存储或计算，相应的状态变量需要访问其他的构件。

现在我们可以定义事件触发构件的通用概念。它的每个输出变量都应该为锁存的或者

为一个事件。当触发输入事件没有时，状态应保持不变（因此，锁存输出也保持不变），并且事件输出应为空。

> **事件触发构件**
>
> 对于同步反应式构件 $C=(I,O,S,\text{Init},\text{React})$，输入变量的集合 $J\subseteq I$ 称为触发器（trigger），如果：
>
> 1）J 中的每个输入变量都为类型 event；
>
> 2）每一个输出变量或为锁存的或为类型 event；
>
> 3）如果 i 是一个输入，且 J 中的所有事件都未发生（也就是说，对所有的输入变量 $x\in J$，$i(x)=\bot$），那么对于所有状态 s，如果 $s\xrightarrow{i/o}t$ 是一个反应，则对于事件类型每一个的输出变量 y 都有 $s=t$ 和 $o(y)=\bot$。
>
> 如果存在一个输入变量的子集 $J\subseteq I$，使得 J 是 C 的一个触发器，则称构件 C 是事件触发的。

练习 2.5： 设计一个事件触发的复合构件 ClockedMax，它有两个 nat 类型的输入变量 x 和 y 以及一个输入事件变量 clock。构件的输出变量 z 应该为 event(nat) 类型，使得在 clock 为非空时 z 的值为每次循环中输入 x 和 y 的最大值。

练习 2.6： 设计一个事件触发构件 SecondToMinute，其具有输入事件变量 second 和输出事件变量 minute，使得在 second 出现 60 次时 minute 出现一次。

练习 2.7： 设计一个构件 ClockedDelay，其具有一个布尔输入变量 x、一个输入事件变量 clock 和一个类型为 event(bool) 的输出变量 y，它们有下列行为：如果 clock 在循环中为非空，即当 $n_1<n_2<n_3<\cdots$ 时，则在循环 n_1 中，输出应该为默认值 0；对于任意的 j，在循环 n_{j+1} 中，输出应该等于循环 n_j 中 x 的值，在其余循环中（即输入事件 clock 为空时的循环），输出应为空。

2.2.4 非确定性构件

到目前为止在我们的示例中，构件都是确定性的：对于一个给定的输入序列，构件都通过一个唯一的执行，产生唯一的输出序列。若一个构件有单个初始状态，且在每个状态中，对于一个给定的输入，都仅有一个可能的反应，则称该构件获得确定性行为。

> **确定性构件**
>
> 一个同步反应式构件 C 称为确定性的，如果：
>
> 1）构件 C 有单个初始状态，且
>
> 2）对每个状态 s 和每个输入 i，都仅有一个输出 o 和一个状态 t，使得 $s\xrightarrow{i/o}t$ 是 C 的一个反应。

构件 Delay、Switch、Comparator、TriggeredCopy 和 ClockedCopy 都是确定性构件。确定性是构件注定要实现的期望性质。

相比之下，非确定性构件针对同一输入序列可以产生不同的输出序列。这样的构件对未设计完全的系统部件进行建模和捕捉环境约束是非常有用的。例如，考察图 2-7 所示的构件 Arbiter。它有两个输入变量：req_1 和 req_2，和两个

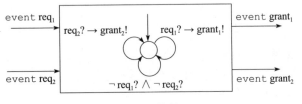

图 2-7　非确定性构件 Arbiter

输出变量：grant$_1$ 和 grant$_2$，4 个变量都为事件类型。该构件用来解决输入请求的竞争问题。构件的动态性可利用扩展状态机来描述。该状态机仅有一个模式，因此不需要显式地维护状态来记录该模式。在每次循环中，选择守卫条件满足的模式切换，并执行相应的更新代码。

当仅有请求 req$_1$ 时，模式切换的守卫条件"req$_1$? → grant$_1$!"满足，输出事件 grant$_1$。值得注意的是，在该情况下，事件 grant$_2$ 默认为空。当仅有请求 req$_2$ 为非空时，事件 grant$_2$ 也会相应地输出。如果两个请求都未发生，模式切换的守卫条件"¬req$_1$? ∧ ¬req$_2$?"满足。对于该模式切换，没有显式的代码更新，因此两个输出事件都默认为未发生。然而，如果两个输入请求都发生，则两个模式切换的守卫条件 req$_1$? 和 req$_2$? 都满足。在此情况下，任意执行二者之一。有两种构件的可能反应：grant$_1$ 输出，grant$_2$ 为空；或者 grant$_1$ 为空，grant$_2$ 输出。构件 Arbiter 应该实现捕获这种不确定性行为的功能，也就是说，仅当发出请求时 grant 时才可能输出，在任意一次循环中，至多有一个 grant 输出，并且需要如何解决竞争的约束，这就给构件留出不同实现的可能性。注意，构件 Arbiter 是一个复合的、事件驱动的构件。

另一个非确定性构件的例子如图 2-8 所示，考察虑复合的、事件驱动的构件 Lossy-Copy，它有一个输入事件 in 和一个输出事件 out。构件在每一次循环中的预期行为是：或者把输入复制给输出，或者输出为空。这也可以通过一个具有两个模式切换的单模式扩展状态机来描述：一个模式满足守卫条件 in?，运行更新代码 out! in；另一个模式拥有默认守卫条件(该条件总是成立)，并执行默认更新代码(不对输出 out 显式赋值)。当输入事件发生时，两个模式切换的守卫条件都满足。一种情况是：输入值传递给输出事件；另一种情况是：未发生任何动作，并且输出事件未发生。当输入事件未发生时，仅满足模式切换中的默认守卫条件，输出事件也未发生。这样的构件可用于对网络链路中潜在的信息损失建模。构件的可能执行为：

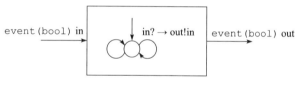

图 2-8　非确定性构件 Lossycopy

$$s_\varnothing \xrightarrow{0/0} s_\varnothing \xrightarrow{1/\bot} s_\varnothing \xrightarrow{\bot/\bot} s_\varnothing \xrightarrow{1/1} s_\varnothing \xrightarrow{\bot/\bot} s_\varnothing \xrightarrow{0/\bot} s_\varnothing$$

练习 2.8：考虑图 2-1 所示的 Delay 构件，假设用下式代替构件的反应描述：

out := x;

x := choose(in, x)

请用语言描述修改后的构件行为，并画出该构件的米利机。

练习 2.9：对于图 2-7 所示的不确定性构件 Arbiter，利用扩展状态机符号描述反应。请利用直线更新代码写出一个等价的描述。你可以利用 choose 结构给一个局部变量非确定性地赋值。

2.2.5　输入使能构件

到目前为止，我们讨论的所有构件都有以下特性：在每个状态和对每个输入，构件至少有一个反应。该属性的构件称为输入使能(input-enabled)构件。对于给定的输入序列，输入使能构件至少产生一个相应的执行。

> **输入使能构件**
>
> 对于一个同步反应式构件 C，若存在一个输出 o 和一个状态 t，使得 $s \xrightarrow{i/o} t$ 为 C 的一个反应，则称输入 i 在状态 s 是使能的。如果构件 C 的每个状态中的每个输入都是使能的，则称该构件 C 为使能的。

有时存在一些设计问题，诸如如何为环境提供可能输入的假设。例如，考察图 2-9 所示的构件 Counter，它使用状态变量 x 维护一个非负计数器，x 的初始值是 0。该构件有两个布尔输入变量 inc 和 dec，当输入变量 inc 为 1 时，计数器递增 1；当输入变量 dec 为 1，计数器递减 1。计数器不希望两个输入变量 inc 和 dec 同时为 1，也不希望当计数器值为 0 时，计数器递减。我们仅描述输入满足该假设时计数器的反应，如图 2-9 所示。构件的输出是 x 的更新值。当输入变量 inc 和 dec 都为 1 或状态 x 为 0 且 dec 为 1 时，反应描述不指派任何值作为输出，即无相应的反应。

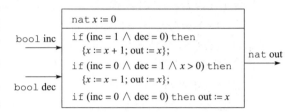

图 2-9　带有输入假设的构件 Counter

一般来说，输入假设可能是提供给构件的输入序列的约束。当具有输入假设的构件 C 作为一个更大系统的一部分时，我们需要检查提供输入的构件是否可满足其输入假设。

注意，根据定义，每个确定性构件对于一个给定的状态和输入仅有一个反应与之对应，因此，它是输入使能的。

28
~
29

练习 2.10： 设计一个非确定性构件 CounterEnv，它给图 2-9 所示的计数器提供输入。构件 CounterEnv 没有输入，其输出是布尔变量 inc 和 dec。它应产生输出的所有可能的组合，前提是只要构件 Counter 愿意接受这些作为输入：它不应该同时设置 inc 和 dec 为 1，它应该保证 dec 为 1 的循环数不超过 inc 为 1 的循环数。

2.2.6　任务图和等待依赖关系

考察图 2-10 所示的构件 Relay，它有一个布尔输入变量 in 和一个布尔输出变量 out。构件 Relay 是一个没有任何状态变量的复合构件，在每次循环中，它简单地将输入复制到输出。

让我们比较构件 Relay 和构件 Delay。可以观察到，它们有相同的输入/输出变量。在给定的循环中，构件 Delay 的输出并不取决于该循环中它的输入，而构件 Relay 仅在读取该循环的输入后产生输出。直观地说，构件 Relay 的输出必须等待其输入，而构件 Delay 的输出则不需要等待其输入。这种输入变量对输出变量的关键的循环内依赖关系可影响构件的组成方式。

在构件 Delay 的当前反应描述中，给定输入和当前状态，由两个赋值语句构成的更新代码计算输出和更新的状态。这个整体描述隐藏了输出对输入的内部循环依赖关系。为了避免这个问题，我们允许把反应描述分割成多个任务。这可通过修改构件 Delay 的描述获得图 2-11 所示的构件 SplitDelay 来说明。

图 2-10　复合构件 Relay　　　　　　图 2-11　带分割反应的构件 SplitDelay

构件 SplitDelay 的反应描述分割为两个执行任务 A_1 和 A_2。任务 A_1 利用状态变量 x 计算变量 out，而任务 A_2 利用的输入变量 in 更新状态变量 x。一般来说，每个任务都有一个关联的变量的读集合 R 和写集合 W，它根据读集合 R 的值对写集合 W 进行赋值。注意，任务的写集合不应包括构件的任何输入变量。读/写集合还可以包括用于描述反应的局部变量。因为输出变量可用于与其他构件进行通信，所以它应该恰好被一个任务写。在此约束下，一旦构件 C 的任务 A 负责写输出变量 y 的执行，那么 y 的值在当前循环中将不再改变，即使在构件 C 中的其他任务尚未执行。

在这里的表示中，我们用圆角矩形来描述任务。声明

$$A: x_1, x_2, \cdots, x_m \mapsto y_1, y_2, \cdots, y_n$$

表明任务 A 有读集合 $R=\{x_1, x_2, \cdots, x_m\}$ 和写集合 $W=\{y_1, y_2, \cdots, y_n\}$。任务的更新描述将它的计算过程描述为赋值和条件语句的序列，或者，可使用扩展状态机符号表示。更新描述可以是非确定性的：赋值可使用 choose 结构，在扩展状态机中，相同模式中的多模式切换上的守卫条件可以同时满足。这样，任务的更新描述 Update 的数学语义是读集合中的变量值与写集合中的变量值之间关系〖Update〗。也就是说，〖Update〗包含形如 (s, t) 的一个二元组，其中，$s \in Q_R$ 和 $t \in Q_W$。

在图 2-11 的示例中，对于任务 A_1，读集合为 $\{x\}$，写集合为 $\{out\}$，更新由赋值 $out := x$ 来描述；对任务 A_2，读集合为 $\{in\}$，写集合为 $\{x\}$，更新由赋值 $x := in$ 来描述。

当反应描述被分割为多个任务时，我们需指定任务执行顺序的约束。在构件 Split-Delay 的例子中，任务 A_1 必须在任务 A_2 之前执行；为了预期的行为，需要依据这两个任务的相关顺序执行它们的赋值语句。我们用优先约束 $A_1 < A_2$ 表示任务 A_1 应该在任务 A_2 之前执行。在说明中，优先约束 $A_1 < A_2$ 用从任务 A_1 到任务 A_2 的箭头表示。因此，在构件的任务图描述中，节点代表任务（包括相关的读集合，写集合和更新描述），边代表同一次循环内的任务执行顺序所对应的优先约束。

给定任务之间的优先关系 $<$，关系 $<^+$ 表示关系 $<$ 的传递闭包。对两个任务 A 和 A'，若任务图中有一条由 A 到 A' 的路径，则有 $A <^+ A'$ 成立。换句话说，如果对任意 $n > 1$，都有一个优先约束链 $A_1 < A_2 < \cdots < A_n$，则 $A_1 <^+ A_n$。若 $A <^+ A'$ 成立，则任务 A 必须在任务 A' 之前执行。因此，关系 $<^+$ 捕获所有隐含在优先约束中的执行顺序的约束。我们要求优先关系 $<$ 是无环的，即没有这样一个任务 A 满足 $A <^+ A$，也就是说，任务图不包含任何环路。特别是，如果 $A_1 < A_2$ 是一个优先约束，那么我们无法获得约束 $A_2 < A_1$。

关系 $<$ 捕获的优先约束导致输出变量与输入变量之间的等待依赖。由一个任务写入的输出变量必须等待这个任务读取的输入变量，并且如果 $A_1 <^+ A_2$，则由 A_2 写入的输出变量必须等待由 A_1 读取的输入变量。如果输出变量 y 根据任务之间的优先约束 $<$ 等待输入变量 x，则记 $y < x$。

在该示例构件 SplitDelay 中，通过上述定义，输出变量 out 不等待输入变量 in。默认情况下，当构件的反应描述没有显式地分割成多个任务时，可以将它视为单个任务，该任务带有包含所有输入和状态变量的读集合，它的写集合包含所有输出和状态变量，更新描述与反应描述相同。在这种情况下，每个输出变量等待每个输入变量。对于构件 Relay 和 Delay，输出变量 out 等待输入变量 in。

一个输出变量可以等待多个输入变量，不同的输出变量可以等待不同的输入变量。如果我们允许优先关系 $<$ 描述任务之间的偏序约束，则可以捕获上述信息。为了说明这一点，考虑复合构件 ParallelRelay（参见图 2-12），它有两个输入变量 in_1 和 in_2，两个输出变量 out_1 和 out_2。在每次循环中，该构件将输入变量 in_1 复制给输出变量 out_1，并将

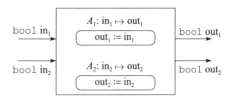

图 2-12 构件 ParalleRelay：out_1 等待 in_1 以及 out_2 等待 in_2

30
～
31

输入变量 in_2 复制给输出变量 out_2。我们希望表达 out_1 等待 in_1 而不是 in_2，out_2 等待 in_2 而不是 in_1。这是通过将反应描述分割为两个任务 A_1 和 A_2 而实现的。任务 A_1 读 in_1 并写 out_1，而任务 A_2 读取 in_2 并写 out_2。这两个任务之间没有优先约束，因此任务图没有边。这意味着这两个任务是独立的，并且可以以任何顺序执行（如果在并行硬件上实现，甚至可以并发执行）。

任务调度是与优先关系一致的所有任务的线性顺序。对构件 SplitDelay，只有一种任务调度：A_1，A_2，而对于构件 ParallelRelay，任务调度有两种：A_1，A_2 和 A_2，A_1。一般来说，对于有 k 个任务的任务图，调度是所有任务的一个排序：A_1，A_2，$\cdots$，A_k，该排序满足：对该排序中的任意两个任务 A、A'，若有一个从 A 到 A' 的优先约束，那么在任务调度中 A 必须在 A' 之前执行。

因此，由 $<$ 描述的顺序约束可以允许多种调度。任务之间的任何二元关系 $<$ 只要遵循以下准则，就可以将这种关系 $<$ 作为一个可行的优先关系。正如前面已讨论过的，第一，这种优先关系图应该是无环的，才能确保至少以一个可能的任务排序方式来进行任务调度。第二，如果任务 A_2 读取一个输出或一个局部变量 y，则在任何可能的时间调度中，优先约束都应该强制 y 值在 A_2 执行之前就已经被计算。如果有一个任务 A_1 写入 y，使得 $A_1 <^+ A_2$ 成立，那么这种约束关系是可以保证的。第三，我们要确保根据优先约束确定的两个独立的任务能够以任何不影响其执行结果。例如，在构件 SplitDelay 中，任务 A_1 读取 x，任务 A_2 写入 x。如果这两个任务没有排序（也就是说，如果没有优先边 $A_1 < A_2$），那么它应视为一个依赖于两个任务谁先执行的语法错误。一般来说，如果有一个变量属于某任务的写集合，同时属于另一任务的读集合或写集合，则这两个任务具有写冲突。构件 SplitDelay 中的任务 A_1 和 A_2 有一个写冲突，但构件 ParallelRelay 则没有。当两个任务具有写冲突时，其执行顺序很重要，因此需要在优先关系中约束其执行顺序。

作为一个描述任务一般性规范的例子，考察图 2-13 所示的构件的任务图，该构件有两个状态变量 x_1 和 x_2，两个输入变量 in_1 和 in_2，以及 3 个输出变量 out_1、out_2 和 out_3。反应描述也使用局部变量 y。每个输出变量仅由一个任务写：A_3 写 out_1、A_2 写 out_2 和 A_4 写 out_3。优先关系为：$A_1 < A_3$、$A_1 < A_4$ 和 $A_2 < A_4$，并且该关系是无环的。任务 A_4 读输出 out_2 是合法的，是因为存在一个优先边从任务 A_2 输出 out_2。同样，在局部变量 y 由任务 A_4 使用之前由任务 A_1 写入。根据优先约束不能保证任务 A_2 与任务 A_1 和 A_3 之间的优先关系，这意味着任务 A_2 不会与 A_1 和 A_3 有写冲突。确实是这种情况。最后，验证对每一个状态变量 x_1 和 x_2，任务写变量的顺序与任务读该变量的顺序相关。例如，任务 A_2 读变量 x_2 的"旧"值，任务 A_3 将读通过由任务 A_1 的写操作来更新的 x_1 的值。通过优先约束实现的等待依赖为：输出变量 out_1 等待输入变量 in_1，输出变量 out_2 不等待任何输入，输出变量 out_3 同时等待输入变量 in_1 和 in_2。于是有关系：$out_1 > in_1$、$out_3 > in_1$ 和 $out_3 > in_2$。

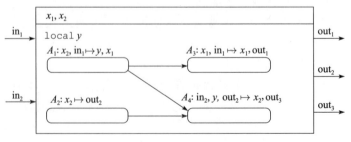

图 2-13 任务图示例

将更新分割为多个任务的定义和规则，以及它们导出的输入和输出变量之间的等待依赖关系可以总结如下。

任务图和等待依赖

对于一个同步反应式构件 C，其具有输入变量 I、输出变量 O 和状态变量 S，我们可以用由所有任务及任务集合上的二元优先关系 $\prec$ 组成的局部变量集合 L 来描述构件反应的任务图。每个任务 A 有一个读集合 $R\subseteq I\cup S\cup O\cup L$、一个写集合 $W\subseteq O\cup S\cup L$ 和一个更新描述 $[\![Update]\!]\subseteq Q_R\times Q_W$，使得：

1）优先关系 $\prec$ 为无环的。

2）每个输出变量只属于一个任务的写集合。

3）如果输出或局部变量 y 属于任务 A 的读集合，则存在一个任务 A' 使得变量 y 属于任务 A' 的写集合，且 $A'\prec^+A$。

4）如果一个状态或一个局部变量 x 属于任务 A 的写集合，并且也属于另一任务 A' 的读集合或写集合，则 $A\prec^+A'$ 或 $A'\prec^+A$。

对输出变量 y 和输入变量 x，称 y 等待 x（也记作 $y\succ x$）仅当对一个唯一的任务 A，使得 y 属于任务 A 的写集合，要么第 x 属于任务 A 的读集合，要么存在另一个任务 A'，它满足 $A'\prec^+A$ 且 x 属于 A' 的读集合。

为了执行一个有反应任务图描述的构件，我们首先选择一个任务调度，该调度具有与优先关系一致的任务执行顺序，然后任务将按该顺序一个接一个地执行。执行任务 A 的过程是基于读集合中的变量值对写集合进行赋值的过程。注意，执行的一致性确保一个输出变量仅被赋值一次，如果通过任务 A 读取，则在任务 A 执行完毕前，就完成了对输出变量的赋值。也就是说，如果任务 A 读取状态变量 x，则 A 在该循环开始时就读取 x 的值（当优先于 A 的任务的写集合都没有变量 x 时，该情况才发生），或者存在一个唯一的任务 A'，其输入变量 x 在其写集合中，且满足 A 总是读入由 A' 写入的值（此时不考虑调度选择），由于所有写入 x 的任务与任务 A 都是全序的优先关系。

在图 2-13 的示例中，任务执行有 5 个可能调度：

A_1,A_2,A_3,A_4；　A_1,A_2,A_4,A_3；　A_1,A_3,A_2,A_4；　A_2,A_1,A_3,A_4；　A_2,A_1,A_4,A_3

构件的可能的反应集合取决于 4 个任务的更新描述，但不依赖于调度方案。

构件的属性，如确定性和输入使能等，可以在任务中自然地加以定义，从而使其实现构件的相关属性：

- **确定性任务**：任务 A 具有读集合 R、写集合 W 和更新描述 Update，如果对于每一个 $s\in R$，都存在一个唯一的 $t\in W$，使得 $(s,t)\in[\![Update]\!]$，则称该任务是确定性的。因此，给定读变量的值，确定性任务将给变量写入唯一的值。如果构件只有一个初始状态，并且反应的任务图描述中的所有任务都是确定性的，则该构件必须是确定性的。这是因为构成合法优先关系的需求确保调度不影响执行任务的结果。

- **输入使能的任务**：更新任务 A 具有读集合 R、写集合 W 和更新描述 Update，如果对于每一个 $s\in R$，都至少存在一个 $t\in W$，使得 $(s,t)\in[\![Update]\!]$，则称该任务是输入使能的。因此，给定读变量的值，一个输入有效的任务至少产生一个结果。现在考察一个构件，它具有反应的任务图描述，这样所有任务都是输入有效的。给定一个状态和一个输入，我们可以执行与优先约束一致的所有更新任务。因为每个任务都是输入使能的，执行的每一步都总存在一种执行方式，所以构件将至少产生一

34

35

个反应。因此，这样的构件是输入使能的。

练习 2.11：考虑练习 2.3 中的构件。将构件的反应描述分割为两个任务，使得输出 z 等待输入 x 和 y，但不等待输入 reset。

练习 2.12：考虑一个同步反应式构件 C，该构件有输入变量 x、输出变量 y 和 z。该构件有两个任务 A_1 和 A_2，使得输出变量 y 属于任务 A_1 的写集合，输出 z 属于任务 A_2 的写集合。如果已知输出 y 等待输入 x，但输出 z 不等待 x，则我们可以可得到的关于任务 A_1 和 A_2 的优先约束的哪些结论？

练习 2.13：考虑图 2-14 所示的同步反应式构件。列出构件的所有可能的反应。输出 y 等待 x 吗？输出 z 等待 x 吗？

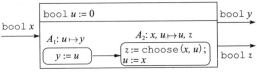

图 2-14　采用任务图说明构件

练习 2.14：设计一个同步反应式构件 ComputeAverage，它具有一个整型输入变量 x、一个输入事件变量 clock 和一个实数输出变量 y。构件有以下行为：在第一次循环中，输出 y 为 0；在随后的循环 i 中，令 $j<i$ 是循环 i 之前最近的循环，并且该循环中的事件 clock 未发生（若 i 之前的所有循环中的事件 clock 都未发生，则令 $j=0$），则输出应为循环 j，$j+1$，$\cdots$，$i-1$ 中输入 x 的平均值。下表是预期构件的一个样本行为：

Clock	$\perp$	$\perp$	$\top$	$\perp$	$\perp$	$\perp$	$\top$	$\perp$
x	5	2	-3	1	6	5	-2	11
y	0	5	3.5	-3	-1	1.33	2.25	-2

设计一个构件使得该构件的输出 y 不等待任何输入变量的输入值。

2.3　构件构成

2.3.1　方框图

36

假设想要设计一个反应式构件，它有一个布尔输入变量 in 和一个布尔输出变量 out，使得在头两个循环中输出为 0，在接下来的每个循环 n 中，输出都等于循环 $n-2$ 的输入。为了从头设计该构件，我们总是重用构件 Delay。将两个构件 Delay 以顺序方式组合成预期的构件。以此方法设计的构件 DoubleDelay 如图 2-15 所示。构件设计用显而易见的方框图表示，它可以给出直观的图解描述，几乎所有的高级嵌入式系统设计工具都支持这样的方框图。仔细检查方框图可以发现该构件有 3 个操作：

- **初始化**：构件 Delay1 和 Delay2 都是构件 Delay 的实例。这样的实例可以通过重命名输入/输出变量而获得。例如，将构件 Delay 的输出变量名 out 改为 temp 就得到构件 Delay1。

- **并行组合**：两个构件 Delay1 和 Delay2 可以并行执行。方框图显示了 Delay1 的输出与构件 Delay2 的输入相同，并以此方式完成了构件之间的通信。该通信方式是同步进行的。在每次循环中，构件 Delay1 读它的输入 in、产生输出 temp 并更新其内部状态来记录 in 的当前值。在同一次循环中，构件 Delay2 读入由构件 Delay1 产提供的输入 temp、产生其输出 out 并更新其内部状态来记录 temp 的当前值。

- **输出隐藏**：对于构件 DoubleDelay，相关输出变量为 out，变量 temp 是一个唯一的辅助变量，它仅用于实现 DoubleDelay。方框图说明：变量 temp 为局部变量，它并不输出到构件的外部。

构件 DoubleDelay 的文本定义为：

$$(\text{Delay}[\text{out} \mapsto \text{temp}] \| \text{Delay}[\text{in} \mapsto \text{temp}]) \setminus \text{temp}$$

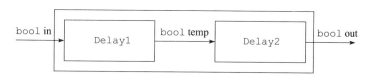

图 2-15 从构件两个 Delay 到构件 DoubleDelay 的方框图

接下来,我们将详细讨论上述表达式中的 3 个操作,它们分别称为:并行组合‖、重命名→、以及隐藏 \ 。

37

2.3.2 输入/输出变量重命名

在对构件进行组合和连接操作之前,可能需要对构件变量进行重命名,这样才能使不同构件的状态变量没有命名冲突,通过输入/输出变量的常用名可以表达构件期望的输入与输出之间的连接。在建模实践中,常常假设状态变量的重命名是隐含实现的,并由机器实现,不给设计者增加负担。例如,在图 2-15 中,假设用 x_1 代替 x 为构件 Delay1 的状态变量命名,构件 Delay2 的状态变量为 x_2。输入/输出变量的重命名需要显式地定义,因为它建立了构件之间的期望的通信模式。

令 $C=(I,O,S,\text{Init},\text{React})$ 为同步反应式构件,x 为输入或输出变量、y 是一个新的变量(也就是说,y 不是构件 C 的输入变量、输出变量或状态变量),使得 x 与 y 具有相同的类型。那么,构件 C 通过将 x 重命名为 y 而实现构件的同步反应,写作 $C[x \mapsto y]$。即同步反应式构件是通过将构件 C 描述中的变量名 x 改成 y 而获得的。

在这个表示方法中。构件 Delay1 定义为 Delay[out → temp]。对于构件 Delay1,输入变量集合为{in}、输出变量集合为{temp}、状态变量集合为{x_1}、初始化为 $x_1 := 0$,以及反应描述为 temp := x_1; $x_1 :=$ in。同样,构件 Delay2 定义为 Delay[in → temp]。

观察到变量重命名不改变构件的属性。例如,若构件为确定性的,则其重命名实例也为确定性的;若构件为事件触发的,则其重命名实例也为事件触发的。

2.3.3 并行组合

并行组合操作将两个单个构件组合为一个构件,该构件行为捕获两个构件并发执行时构件之间的同步交互。

变量名的兼容性

考察构件 $C_1=(I_1,O_1,S_1,\text{Init}_1,\text{React}_1)$ 和 $C_2=(I_2,O_2,S_2,\text{Init}_2,\text{React}_2)$。在组合两构件之前,需要检查其变量声明的兼容性。第一,状态变量的命名应该没有冲突。若 x 为构件 C_1 的状态变量,则构件 C_2 的状态变量都不能称为 x。也就是说,集合 S_1 与集合 I_1、O_1 和 S_2 都不相交;相应地,集合 S_2 与集合 I_2、O_2 和 S_1 也不相交。值得注意的是,状态变量的命名确实是构件私有的属性。我们总是通过重命名这些变量来避免组合构件时可能发生的命名冲突。例如,变量名可以加上构件名作为前缀。今后,我们假设状态变量的名称通过避免命名冲突的模式进行选择。同样,若利用局部变量进行反应描述,我们将假设那些局部变量的命名为唯一的且不与其他变量的名称冲突。

38

第二,一个变量可作为两个构件的输入变量,一个构件的输出变量可作为另一个构件的输入变量,但同一个变量不能作为两个构件的输出变量。也就是说,集合 O_1 和 O_2 不相交。其结果是仅有一个构件负责给定变量的取值控制。

积构件变量

当两个构件 C_1 和 C_2 兼容时，可定义它们的并行组合，记为 $C_1 \| C_2$，从而形成另一个同步响应构件 C。我们将构件 C 当作构件 C_1 和 C_2 的同步积。接下来的内容将进一步描述如何构造构件 C 的输入变量、输出变量、状态变量、初始化和反应描述。

构件的每个状态变量都是积构件的状态变量，即构件 C 的状态变量集合 S 是构件 C_1 和 C_2 的状态变量集合的并 $S = S_1 \cup S_2$。同样，每个构件的输出变量也都是积构件的输出变量，即构件 C 的输出变量集合 O 是构件件 C_1 和 C_2 的输出变量集合的并 $O = O_1 \cup O_2$。构件的每个输入变量是积构件的输入变量，如果它不是另一个构件的输出变量，即构件 C 的输入变量集合为 $I = (I_1 \cup I_2) \setminus O$，等于集合 $I_1 \cup I_2$ 与集合 O 的不交的那部分集合。

例如，构件 Delay1 和 Delay2 的组合形成的构件具有状态变量 $\{x_1, x_2\}$、输出变量 $\{\text{temp}, \text{out}\}$ 和输入变量为 $\{\text{in}\}$。

积构件状态

积构件 C 的状态给状态变量集合 S_1 和 S_2 中的变量赋值。构件 C 根据构件 C_1 的初始化值 Init_1 选择 S_1 中的变量并根据构件 C_2 的初始化值 Init_2 选择 S_2 中的变量来获得 C 的初始状态。若两个初始状态变量 Init_1 和 Init_2 的初始化是由赋值语句的序列给出的，那么，积构件的初始状态变量 Init 的可定义为 Init_1；Init_2，或者等价于 Init_2；Init_1，因为初始赋值的两个方框图中并没有写入冲突。在组合两个构件 Delay1 和 Dealy2 的例子中，积构件的唯一初始状态将状态变量 x_1 和 x_2 都赋值为 0，该初始化操作可以描述为 $x_1 := 0$；$x_2 := 0$。

积构件的反应描述

下面考察如何获得积构件的反应描述及相应的反应集合。若两个构件 C_1 和 C_2 的反应描述分别使用局部变量 L_1 和 L_2 表示，则积构件的反应描述的局部变量集合为 $L_1 \cup L_2$。

如果两个构件之间没有通信，并且当一个构件的输出不是另一构件的输入时也是这种情况，那么两构件就可以独立执行。为了获得积构件的反应，我们可先执行某个构件的更新代码，接着再处理另一个构件的更新代码，它们执行的先后顺序并不重要。然而，当某个构件的输出是另一个构件的输入时，在一次循环内构件的执行是有顺序约束的。若输入/输出的连接只有一种方式，就像在构件 Delay1 与 Delay2 组合的例子中一样，那么 Delay1 的输出为 Delay2 的输入，反之则不成立。那么，我们可以根据构件连接的顺序来执行构件的更新：我们可先执行构件 Delay1，然后执行构件 Delay2。换言之，积构件的反应描述由两个构件的任务图组成，任务 A_1 对应构件 Delay1 的反应描述，任务 A_2 对应构件 Delay2 的反应描述，优先级边为从 A_1 到 A_2。积构件如图 2-16 所示。积构件的反应可用如下序列表示，其中在每个状态中，我们以 (x_1, x_2) 的有序对表示状态变量的值，以 $(\text{temp}, \text{out})$ 的有序对表示输出变量的值：

$$(0,0) \xrightarrow{0/(0,0)} (0,0); \quad (0,0) \xrightarrow{1/(0,0)} (1,0); \quad (0,1) \xrightarrow{0/(0,1)} (0,0); \quad (0,1) \xrightarrow{1/(0,1)} (1,0);$$

$$(1,0) \xrightarrow{0/(1,0)} (0,1); \quad (1,0) \xrightarrow{1/(1,0)} (1,1); \quad (1,1) \xrightarrow{0/(1,1)} (0,1); \quad (1,1) \xrightarrow{1/(1,1)} (1,1)$$

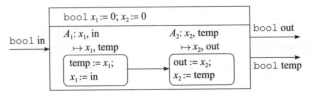

图 2-16　构件 Delay1 和构件 Delay2 的并行组合

任务图组合

作为另一个并构件行组合的例子，考察图 2-17 所示的构件组合，其中，构件 Split-Dealy 的输出 out 与构件 Inverter 的输入相连接；相反，构件 Inverter 的输出与 SplitDealy 的输入也有连接。构件 Inverter 为一个复合构件，其输出设置为输入的否定。这种构件的循环组合称为反馈组合。构件组合而成的积构件如图 2-18 所示。积构件没有输入变量，有两个输出变量 in 和 out，以及一个状态变量 x。构件 SplitDelay 更新程序的任务图描述建议积构件在每个循环执行调度。在每个循环中，我们先执行构件 SplitDelay 的任务 A_1 来为变量 out 赋值。现在，因为它的输入是有效的所以可以执行构件 Inverter，它给变量 in 赋一个值。随后，使用这个值可以执行构件 SplitDelay 的任务 A_2。事实上，我们通可过合并这两个构件的任务图来构建积构件的任务图。在本例中，构件 Inverter 有单一的任务 A，它读 out、写 in。我们保留初始的优先约束（在构件 SplitDelay 的任务图中从 A_1 到 A_2 的边），并添加反映变量依赖关系的附加优先边。对于这些附加的跨构件的优先级边的通则为：

> 如果属于一个构件的任务 A 读变量 y，它同时又是另一构件的输出变量，那么从写 y 的唯一任务到任务 A 添加一条优先边。

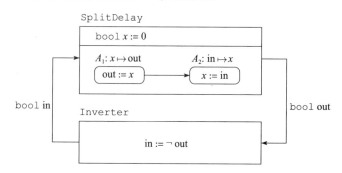

图 2-17 构件 SplitDelay 与 Inverter 的反馈组合

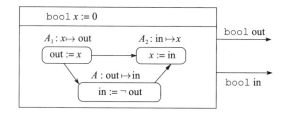

图 2-18 构件 SplitDelay 和构件 Inverter 的并行组合

由于构件 Inverter 的任务 A 读取由构件 SplitDelay 的任务 A_1 计算的变量 out，所以该规则给出了一条从构件 SplitDelay 的任务 A_1 到构件 Inverter 的任务 A 的边。同时，由于构件 SplitDelay 的任务 A_2 读取由任务 A 计算的变量 in，该规则也给出了一条从构件 Inverter 的任务 A 到构件 SplitDelay 的任务 A_2 的边。在第一个循环中，变量 out 的值为 0，变量 in 的值为 1，在接下来的每个循环中，这两个变量的值不断切换。也就是说，积构件产生的输出序列，为先列出 in 的值，再列出 out 的值，可表示为 10，01，10，01，10，…

现在，我们可以给出积构件的反应描述的精确定义。假设对两构件 C_1 和 C_2 的反应描述由任务图给出。我们知道当反应描述没有明确地分为多个任务时，我们将其视为单个任务，该任务读取所有状态和输入变量，并写入所有状态和输出变量，因此这将导致每个输出变量对输入变量的等待依赖。积构件中的任务集是这两个构件的任务集的并集。积构件的优先关系 ≺ 是构件任务图的优先关系 ≺₁ 和 ≺₂，以及根据上述规则的跨构件的边的并。

我们给出另一个例子。考察图 2-19 所示的构件 ParallelRelay 和 Inverter 的组合。构件 ParalleRelay 中有两个相互独立的任务 A_1 和 A_2。由于构件 Inverter 读 out_1、写入 in_2，所以我们得到从 A_1 到 A 以及从 A 到 A_2 的跨构件的边。这说明一个新的传递优先约束：在积构件中任务 A_1 必须在任务 A_2 之前执行。

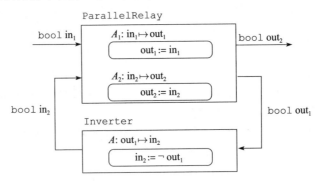

图 2-19　构件 ParallelDelay 和构件 Inverter 的并行组合

等待依赖的无环性

41
～
42

跨构件的优先边可导致优先约束形成一个环路。这个问题可追溯到输入/输出等待依赖形成的一个环路。考察图 2-17 所示的构件 SplitDelay 和 Inverter 的反馈组合，对构件 Inverter 来说，变量 in 等待变量 out，但对于构件 DplitDelay 而言，不存在变量 out 和 in 之间的等待依赖。对于一个具有良构行为的积构件来说，构件任务图中没有相互等待的依赖关系是非常重要的。具有相互循环等待依赖关系的复合构件可能导致不可预期的行为，即使在单一构件是确定性时。下面用两个例子来说明两种基本问题。

图 2-20 给出了两个 Relay 构件的组合。左边构件将它的输入 in 复制给输出 out，而右边构件将它的输入 out 复制给输出 in。对一个构件而言，变量 out 等待变量 in，而对于另一构件，变量 in 等待变量 out，这将不可能以一致的方式对构件更新进行排序。若仅考虑两个构件的反应集合并用数学方法组合这些集合以获得与这两个构件描述相一致的反应，则在每个循环中，积构件可以产生两个输出：一种可能是将变量 in 和 out 都设置为 0，另一种可能性是将两个变量都设置为 1。这样，如果我们允许组合这两个构件，则我们将通过组合确定性构件来获得非确定性构件。

与多个可能的一致性反应之一相反的问题出现在构件 Inverter 与构件 Relay 的组合中，如图 2-21 所示。左边构件 Inverter 设置其输出为输入的否定，右边构件 Relay 把输入复制给输出。对于左边的构件，变量 out 等待 in，而对于右边的构件，变量 in 等待 out 将产生一个循环等待依赖关系。在这种情形下，没有与这个构件的反应相一致的对这两个变量的赋值，因此积构件将没有任何行为。

因此，有必要检测循环等待依赖关系，

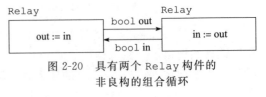

图 2-20　具有两个 Relay 构件的非良构的组合循环

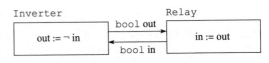

图 2-21　具有构件 Relay 和构件 Inverter 的非良构的组合循环

并排除这种非良构组合的可能性。令 $\succ_1$ 和 $\succ_2$ 代表这两个构件的等待依赖。例如，在图 2-20 所示的例子中，对顶部构件的等待依赖为 $out \succ_1 in$，而底部构件为 $in \succ_2 out$。这两个关系的并产生一个环路 $out \succ_1 in \succ_2 out$。仅当两个构件的等待依赖的并 $\succ_1 \cup \succ_2$ 为非环时，才允许对这两个构件进行组合，也就是说，不存在输入/输出变量序列 x_1，x_2，$\cdots$，x_n，$x_n = x_1$，使得对于每个 $1 \leqslant j < n$，根据两个等待依赖关系中的一个 x_{j+1} 等待 x_j。该条件可通过建模语言的编译器自动检测。

两个构件组合的相容性条件定义可总结如下。

> **构件相容性**
>
> 　　构件 C_1 的输入变量集为 I_1，输出变量集为 O_1，输入/输出等待依赖关系为 $\succ_1 \subseteq O_1 \times I_1$；$C_2$ 的输入变量集为 I_2，输出变量集为 O_2，输入/输出等待依赖关系为 $\succ_2 \subseteq O_2 \times I_2$。如果：
> 　　1) 集合 O_1 和 O_2 是不相交的；
> 　　2) 关系（$\succ_1 \cup \succ_2$）为无环的。
> 　　则称这两个构件为相容的。

仅当两构件符合上述定义中的相容性时，我们才可能进行这两个构件的并行组合。通过上述定义可观察到：在图 2-18 中，如果我们用构件 Delay 替换构件 SplitDelay，那么由于相容性检查不能通过，所以这两个构件之间的组合将不被允许。这是因为构件 Delay 有单一的任务，因此其输出 out 等待输入 in。由于构件之间的组合依赖于设计者制定的将反应描述分割为多个任务的组合语法，所以我们提出的确保良构行为组合方法是一种保守的组合方法。

接口

相容性检查的一个有意义的特点是，它仅推断了输入/输出变量及其等待依赖。我们可将输入集 I、输出集 O 和等待依赖关系 $\succ \subseteq O \times I$ 视为构件的接口。为形成包括多个构件的方框图，设计者可关注构件的接口以保证相容性和一致性，并且不需知道状态变量和任务图等的内部细节。

考察图 2-22 所示的构件，它给出了一个利用接口检验相容性的例子。构件 C_1 的接口对应于图 2-13 所示的任务图。接口简单说明了输入变量 in_1 和 in_2、输出变量 out_1、out_2 和 out_3，依赖等待为输出 out_1 等待 in_1、输出 out_3 等待 in_1 和 in_2。方框图连接构件 C_1 和另一个构件 C_2。C_2 的接口表明它的输入变量为 out_1、out_2 和 out_3、输出变量为 in_1 和 in_2，依赖等待为 in_1 等待 out_2、in_2 等待 out_1 和 out_2。需要验证的内容是：在构件组合依赖中没有环路，并且构件之间的接口

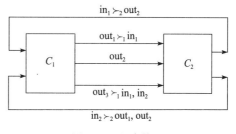

图 2-22　组合接口

43 ～ 44

是相容的。因此，我们可得出图 2-22 描述的构件组合定义是良构的。

以下命题断言若输入/输出变量上的等待依赖关系的并确定是无环路的，则积构件的任务图中的优先约束也是无环路的。

命题 2.1（等待相容性蕴含无环路积构件任务图）　令 C_1 和 C_2 为相容反应式构件。那么，基于构件 C_1 和 C_2 的无环任务图可以通过下方式获得：保留单个构件中的优先边，并在一个构件的任务 A_1 写另一个构件的任务 A_2 读的变量时，增加从一条任务 A_1 到任务 A_2

的跨构件的边。

证明：考虑两个相兼容的构件 C_1 和 C_2。令其任务集上的优先关系分别为 $<_1$ 和 $<_2$，令 $>_1$ 和 $>_2$ 为相应的输入/输出等待依赖。考虑两个构件任务集上的组合任务图，该图可通过如下方式获得：保留单个构件的优先关系，并在一个构件的任务 A_2 读另一个构件的 A_1 写入的变量，那么增加从任务 A_1 到任务 A_2 的跨构件的边。我们将证明，若该任务图包含环路，则输入和输出变量之间的并集关系（$>_1 \cup >_2$）也将包含环路，由此与两个构件是相容的假设产生矛盾。

设组合任务图中有一个环路。这个环路的类型在任务的延伸之间是交替的，每个延伸包含单个构件的一个或多个任务，从一个延伸的最后一个任务到下一个延伸的第一个任务有一条跨构件的边。令 (A_1, B_1)，(A_2, B_2)，$\cdots$，(A_k, B_k) 是由跨构件边的连接的任务，这些跨构件的边按顺序出现在环路内。对于每个 j，任务 A_j 和 B_j 属于不同的构件。令 x_j 是 A_j 写入且由 B_j 读取的变量。因此，x_j 必须为任务 A_j 所属的构件的输出变量，同时为任务 B_j 所属的另一个构件的输入变量。对每个任务 B_j，都存在一个同一个构件内的任务 A_{j+1} 的环路的延伸（对环路，定义 $A_{k+1}=A_1$）。考虑当任务 B_j 属于构件 C_1 的情况。有 $B_j=A_{j+1}$ 或 $B_j <_1^+ A_{j+1}$。x_j 为构件 C_1 的输入变量，属于读集合 B_j；x_{j+1} 为构件 C_1 的输出变量，属于写集合 A_{j+1}。因此，构件 C_1 不能在输入变量 x_j 可用之前产生输出变量 x_{j+1}。通过定义等待依赖 $x_{j+1} >_1 x_j$，在属于构件 C_2 的任务 B_j 为对称的情形下，将得到 $x_{j+1} >_2 x_j$。注意，在该论证中，任务 A_{k+1} 与 A_1 相同，因此变量 x_{k+1} 与变量 x_1 相同。这给出了等待依赖的环路，可在输入/输出变量序列 x_1，x_2，$\cdots$，x_k，x_1 中交替使用 $>_1$ 或 $>_2$。

因此，我们已建立了存在环路的积构件任务图，这意味着在组合等待依赖关系中存在一个环路，因而这两个构件是不相容的。∎

下述定义总结了并行组合操作。

构件组合

令构件 $C_1 = (I_1, O_1, S_1, \text{Init}_1, \text{React}_1)$ 和构件 $C_2 = (I_2, O_2, S_2, \text{Init}_2, \text{React}_2)$ 为相容的同步反应式构件。假设反应描述 React_1 通过具有任务集为 $\mathcal{A}_1$ 的任务图和优先关系为 $<_1$ 使用局部变量 L_1 给出；反应描述 React_2 通过具有任务集为 $\mathcal{A}_2$ 的任务图和优先关系为 $<_2$ 使用局部变量 L_2 给出。则并行组合 $C_1 \| C_2$ 是一个同步反应式构件 C，且满足：

- 状态变量集合为 $S=S_1 \cup S_2$。
- 输出变量集合为 $O=O_1 \cup O_2$。
- 输入变量集合为 $I=(I_1 \cup I_2) \setminus O$。
- 状态变量 x 的初始化由 $\text{Init}_1(x \in S_1)$ 和 $\text{Init}_2(x \in S_2)$ 给出。
- 构件 C 的反应描述使用局部变量 $L_1 \cup L_2$，并由任务图给出，任务图满足：
  1) 任务集为 $\mathcal{A}_1 \cup \mathcal{A}_2$。
  2) 优先关系是 $<_1$、$<_2$ 和任务对 (A_1, A_2) 的并集，且满足：A_1 和 A_2 都是不同构件的任务，且其中的某些变量同时出现在 A_1 的写集合和 A_2 的读集合中。

并行组合的属性

令 C_1 和 C_2 为相容的构件。通过前面的定义，积构件 $C_1 \| C_2$ 与积构件 $C_2 \| C_1$ 相同。因此，并行组合操作满足交换律。

并行组合也满足结合律。假设两个构件 C_1 和 C_2 为相容的，它们的积构件 $C_1 \| C_2$ 与第三个构件 C_3 相容。则构件 C_2 和 C_3 是相容的，构件 C_1 与构件 $C_2 \| C_3$ 也是相容的。而且，$(C_1 \| C_2) \| C_3$ 与 $C_1 \| (C_2 \| C_3)$ 是相同的。因而，若想组合多个构件，则可先组合两个构件，再将组合结果与第三个构件组合，以此类推，最终将得到与组合顺序无关的相同结果。在某些步骤中，我们可能发现由于共同的输出变量或循环等待依赖，导致构件之间不相容，因而无法将所有构件进行组合。但这个不相容的结果是不依赖于构件组合的顺序。

如果两个构件 C_1 和 C_2 都为有限状态，则积构件 $C_1 \| C_2$ 也为有限状态。若 C_1 有 n_1 个状态，C_2 有 n_2 个状态，则 $C_1 \| C_2$ 有 $n_1 \times n_2$ 个状态。例如，在构件 Delay1 和 Delay2 的组合中，每个构件都有两个状态，积构件有 4 个状态。若要依次组合构件 Delay 的 n 个实例，以便构建一个构件，它在每个循环中，输出前 n 次循环的输入值，则它有 2^n 个状态。状态数随着构件数呈指数增长的事实有时称为状态空间爆炸问题，这对分析工具的可扩展性方面提出了挑战。

注意，当两个相容构件 C_1 和 C_2 的所有任务都为确定性的时，积构件 $C_1 \| C_2$ 也一定是确定性的。同样，若两个相容构件 C_1 和 C_2 的所有任务都是输入使能的，则积构件 $C_1 \| C_2$ 也是输入使能的。

2.3.4 输出隐藏

最后操作需要定义方框图的语义来隐藏输出变量。若 y 为构件 C 的输出变量，则将 y 隐藏在 C 中的操作记为 $C \setminus y$，其含义是：给定一个构件，其行为与构件 C 相同，但 y 是构件外部不可观察到的输出。这可以通过将 y 移出输出变量集并将 y 声明为反应描述中的局部变量来实现。

再次观察图 2-16 所示的构件 Delay1 $\| \text{Delay}_2$。若我们隐藏了中间变量 temp，则那么我们就得到积构件 DoubleDelay，其状态变量集为 $\{x_1, x_2\}$、输出变量集为 $\{\text{out}\}$ 和输入变量集为 $\{\text{in}\}$。产生构件如图 2-23 所示。需要注意的是，构件 DoubleDelay 的初始状态为 $(0, 0)$，其反应为：

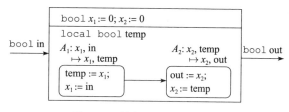

图 2-23　构件 DoubleDelay

$$(0,0) \xrightarrow{0/0} (0,0); \quad (0,0) \xrightarrow{1/0} (1,0); \quad (0,1) \xrightarrow{0/1} (0,0); \quad (0,1) \xrightarrow{1/1} (1,0)$$

$$(1,0) \xrightarrow{0/0} (0,1); \quad (1,0) \xrightarrow{1/0} (1,1); \quad (1,1) \xrightarrow{0/1} (0,1); \quad (1,1) \xrightarrow{1/1} (1,1)$$

隐藏操作保存了构件下述所有属质：有限状态、可组合的、确定性的、输入使能的和事件触发的。

当我们想隐藏多个输出变量时，我们进行隐藏操作的顺序并不重要。若变量 x 和 y 为构件 C 的两个输出变量，则构件 $(C \setminus x) \setminus y$ 和 $(C \setminus y) \setminus x$ 是完全相同的，并且我们可利用 $C \setminus \{x, y\}$ 作为隐藏两个变量的缩写。

练习 2.15：考虑练习 2.7 中的构件 ClockedDelay。构件 ClockDelayComparator 定义如下：

$$(\text{Comparator}[\text{out} \mapsto x] \| \text{ClockedDelay}) \setminus x$$

描述构件 ClockDelayComparator 的输入-输出行为。

练习 2.16：考虑定义为下式的构件 DoubleSplitDealy

$$(\text{SplitDelay}[\text{out} \mapsto \text{temp}] \,\|\, \text{SplitDelay}[\text{in} \mapsto \text{temp}]) \setminus \text{temp}$$

除了使用构件 SplitDelay 的实例代替构件 Delay 外，该构件与构件 DoubleDelay 相同。列出"编译的"构件 DoubleSplitDealy 的版本，即列出状态、输入、输出、局部变量、任务和优先约束。构件 DoubleSplitDelay 的输入变量和输出变量之间的等待依赖关系是什么？

练习 2.17： 我们知道练习 2.6 中的事件触发构件 SecondToMinute 中，它带有输入事件变量 second 和输出事件变量 minute，使得 second 每发生 60 次，minute 发生一次。现在假设我们想设计一个事件触发构件 SecondToHour，它具有输入事件变量 second 和输出事件变量 hour，使得 second 每发生 3600 次，hour 发生一次。请指出如何利用构件 SecondToMinute 的并行组合、实例化和输出隐藏等操作来构造目标构件 SecondToHour？

2.4 同步设计

在考虑描述同步模型中的某些设计问题之前，我们先简要介绍模型的主要特征和假设。

在经典的计算函数模型中，构件读它的输入然后计算，最终产生输出。构件的预期行为描述为从输入到输出的函数。与之相反，反应式构件通过输入和输出以连续方式与环境进行交互。原则上，构件不会终止。这样的预期行为可以通过输出序列来描述，该输出序列是构件响应给定的输入序列产生的。

在同步反应式计算中，计算过程是良构的循环序列。所有的构件以及提供给输入的环境对构建循环的内容达成一致。事件触发建模方法可用于描述那些不一定在每一个循环中都执行，而只是在触发事件发生的那些周期中执行的构件。同步模型的关键假设是在一个循环中的所有任务的计算和确定所有变量值的所有任务间通信都是立即局部发生的。外部输入在一个循环中不改变，当输入确实改变时，用准备处理新输入的所有任务启动一个新的循环。这个假设称为同步假设。这个理想的假设将使设计变得简化和可预测。

在一个循环中构件的计算可分割为多个任务。任务之间的优先约束捕获变量之间的读/写依赖，并导致输入和输出之间的等待依赖。构件组合时，若设计时可以验证不存在相互循环等待依赖，则可以确保积构件的良好行为执行。在一个循环中，任务的执行顺序不会影响最终反应。非确定性，也就是说，响应同一个输入的多个反应，需要在一任务的描述中显式地进行编码，不是交互模型的产物。特别是，对于确定性构件，行为是可重复的：若我们利用同一个输入序列再次执行构件，那么我们将观察到同样的输出序列。这对于复杂设计的调试和分析是有价值的。

在实现中，需要确保执行可信地实现了模型的同步语义。例如，若需要时间上界来计算反应，要求该时间上界小于输入变化的最小延迟，则这个过程可能需要构件之间的通信。第 8 章讨论的实时调度理论提供了一种验证实时性的方法。

2.4.1 同步电路

同步电路是由时钟周期序列驱动的逻辑门和存储单元构成的。逻辑门在每个时钟周期内计算一次布尔值，每个存储单元从一个时钟周期到下一个时钟周期存储一个布尔值。通过以层次化的方式将构件简单地组合并在一起，同步电路的设计提供了一个如何设计复杂系统的很好案例。我们可利用 3 个基本方框图来构建同步电路：我们利用非门 (Not) 和与门 (And) 作为最基本的逻辑门，利用建立置位复位触发器模型的锁存构件作为最基本的存储单元。将这些方框图将结合起来，并应用以下 3 个操作就可以获得电路：并行组合、变量重命名和输出隐藏。

组合电路

图 2-24 所示的电路图定义了确定性的、可组合的同步反应式构件的 3 种建模方式：非（Not）门、与（And）门和或（Or）门。在同步电路描述中，所有的变量都默认假设为布尔（bool）类型。

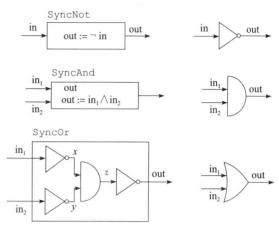

构件 SyncNot 与图 2-17 所示的构件 Inverter 相同，都对非门进行建模，给系统输入一个布尔输入变量 in，产生一个布尔输出变量 out。反应描述设置输出为输入值的逻辑否定。值得注意的是，输出 out 等待输入 in。构件 SyncAnd 以同样的方式对与门建模。该构件接收两个布尔输入变量 in_1 和 in_2，并产生布尔输出变量 out。输出设置为两个输入变量的逻辑与，并等待两个输入变量。

图 2-24   同步非门、与门和或门

利用 SyncNot 门和 SyncAnd 门，我们可以建立所有的组合电路。例如，根据德·摩根定律，或门可定义为一个与门和 3 个非门的组合，这 3 个非门是两个输入和与门输出的否定。其方框图如图 2-24 所示。注意，构件 SyncNot 和 SyncAnd 的实例由相应的电路图中的通用符号描述。产生的构件 SyncOr 有两个布尔输入变量 in_1 和 in_2，并产生一个布尔输出 out。构件 SyncOr 的局部变量 x、y、z 代表连接 4 个构件门的内部连线。构件 SyncOr 是确定性的和可组合的，其输出等待它的两个输入变量。构件 SyncOr 可利用实例化、并行组合和隐藏操作符等效地描述：

SyncNot1$=$ SyncNot$[in \mapsto in_1][out \mapsto x]$,

SyncNot2$=$ SyncNot$[in \mapsto in_2][out \mapsto y]$,

SyncNot3$=$ SyncNot$[in \mapsto z]$,

SyncAnd1$=$ SyncAnd$[in_1 \mapsto x][in_2 \mapsto y][out \mapsto z]$,

     SyncOr$=$（SyncNot 1∥SyncNot 2∥SyncAnd 1∥SyncNot 3）$\setminus \{x,y,z\}$

时序电路

组合的电路是无状态的。为了对时序电路建模，需用一个可以存储从一个循环到另一循环的状态值的构件。为对单位延迟锁存器进行建模，图 2-25 定义了一个非确定性构件。锁存器接收两个布尔输入变量 set 和 reset，并产生一个布尔输出 out。锁存器有一个布尔状态，它用状态变量 x 来表示。状态的初始值是无约束的，这可以用初始化中的 choose 结构表示。在每个循环中，锁存器首先将其状态作为输出发出，然后等待输入变量值来计算下一个状态。为了这个目的，将反应描述分为两个任务：任务 A_1 计算输出 out，任务 A_2 更新 x。状态变量 x 的更新可利用有 3 个模式切换的单模式扩展状态机来描述。若 set 的值为 1，则锁存器利用模式切换 "set $=1 \mapsto x:1$" 将其状态更改为 1；若 reset 的值为 1，则锁存器利用模式切换 "reset $=1 \mapsto x := 0$" 将其状态更改为 0。若两个输入变量的值都为 1，则两个模式切换的守卫条件都得到满足，随机执行其中的任意一个；因而，锁存器的下一个状态可能为 0 或 1。若两个输入变量的值都为 0，则利用模式切换 "set $=0 \wedge$ reset $=0$"

50
∼
51

使得状态不改变。

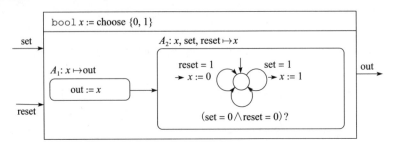

图 2-25   同步构件 Latch

注意，构件 Latch 为非确定性的、有限状态的，其输出不等待任何一个输入变量。锁存器在得知它的输入值之前它的输出是有效的，这一点对利用逻辑门组成锁存器是至关重要的，这个逻辑门在每个循环中(时钟周期)都提供独立于锁存器输出的锁存器输入。

二进制计数器

作为一个时序电路的例子，我们设计了一个 3 位的二进制计数器。计数器有两个布尔输入变量 start 和 inc，分别用于启动和递增计数器。计数器的取值范围为 0~7，并用 3 位表示。我们对初始计数器值不做任何假设。当输入 start 为 1 时，计数器的值重置为 0，与另一输入 inc 无关。否则，当输入 inc 为 1，计数器的值递增 1。如果计数器的值为 7，则递增计数器的值为 0。若在每个循环中，计数器将它的值作为输出发出——低位输出变量为 out_0，中间位输出变量为 out_1，高位输出变量为 out_2。

图 2-26 描述了 1 位计数器的一种可能的设计。它利用一个构件 Latch 存储 1 位的状态，使用两个与门、一个非门和一个或门实现它的逻辑。可以验证该设计不存在等待环路，因此该构件是相容的。输出变量 out 的值等于循环开始时构件 Latch 的状态。为理解该电路的工作状态，让我们考察所有可能的情形。

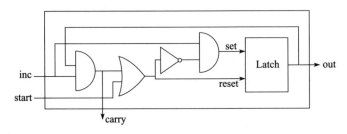

图 2-26   同步构件 1Bitcounter

假设锁存器的状态为 0(也就是说，计数器的值为 0)输出变量 carry(它表示计数器值中的溢出)为 0。局部变量 reset 的值等于输入 start，局部变量 set 的值等于合取 inc $\wedge \neg$ start。观察到变量 set 和 reset 的值不可能同时为 1。当 start 为 1 时，只有 reset 为 1，此时锁存器状态被重置为 0；当 start 为 0 时，set 的值等于 inc：若 inc 等于 1，则锁存器状态更新为 1；否则，锁存器状态仍为 0。

假设锁存器状态为 1，输入 inc 为 0。输出 carry 的值为 0。局部变量 reset 的值等于输入变量 start 的值，局部变量 set 的值等于 0。当 start 为 1 时，锁存器状态重置为 0；否则，锁存器状态将为 1。

最后，假设锁存器状态为 1，输入变量 inc 为 1。在这种情况下，输出 carry 的值为 1，表示溢出。变量 reset 的值等于 start，set 的值等于 ¬start。因而，无论 start 的值为什么，锁存器状态都更新为 0。

图 2-27 显示了以自然方式连接 3 个 1 位计数器来实现一个 3 位计数器的方框图。输入变量 start 是重启所有 3 个实例的指令。输入变量 inc 是对 1BitCounter0 的最低有效位递增 1 的指令。1BitCounter0 的输出 carry 用作对存储在 1BitCounter1 中的下一有效位递增 1 的指令，它携带的溢出输出作为递增最高有效位的指令。

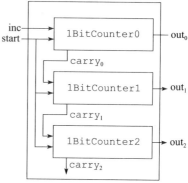

图 2-27 同步构件 3BitCounter

练习 2.18：一个异或 (Xor) 门有两个布尔输入 in_1 和 in_2 以及一个布尔输出 out。当两个输入中有一个为 1 时，输出为 1，否则输出为 0。请利用与门、或门和非门等逻辑操作的组合定义一个复合构件 SyncXor 以获得预期的功能。

练习 2.19：一个奇偶性电路有 n 个布尔输入变量 in_1，in_2，…，in_n 和一个布尔输出 out。若有奇数个输入变量的值为 1，则输出为 1，否则输出为 0。请通过组合练习 2.18 中定义的构件 SyncXor 的实例来构造计算 n 个变量的奇偶性的构件 $Parity_n$。

练习 2.20：利用与门、或门、非门和异或门的组合设计一个 1 位同步加法器构件 1BitAdder。构件 1BitAdder 有 3 个输入变量 x、y、carry-in 和两个输出变量 z、carry-out。在每个循环中，通过两个输出位 z、carry-out 编码的值（其中，z 为最低有效位）应该等于 3 个输入变量的和。通过组合 3 个构件 1BitAdder 的实例，设计一个 3 位同步加法器构件 3BitAdde，其输入集合为 x_0、x_1、x_2、y_0、y_1、y_2、carry-in，输出变量为 z_0、z_1、z_2、carry-out。在每次循环中，由输出变量 z_0、z_1、z_2、carry-out 编码的 4 位数应该等于输入变量 x_0、x_1、x_2 编码的 3 位数的和，该 3 位数由输入变量 y_0、y_1、y_2、carry-in 编码得到。

2.4.2 巡航控制系统

我们利用一个轿车的巡航控制系统的简化设计例子来阐述自顶向下的基于构件的设计方法。

高层规范

系统的输入和输出如图 2-28 所示。司机利用 3 个按钮与巡航控制系统进行交互：一个按钮用来控制巡航控制系统的启动和停止；一个按钮用于增加期望速度；一个按钮用于减小期望速度。这些用 3 个输入事件变量 cruise、inc 和 dec 来建模。事件 curise 的发生将使控制在模式开启和关闭之间切换。当系统开启时，预期巡航速度应设置为当前速度，当事件 inc 和 dec 发生时，将分别导致预期巡航速度的递增和递减。我们应该确保续航速度保持在合理的巡航范围内，范围下限由变量 minSpeed 给出，上限由 maxSpeed 给出。

52 ~ 54

巡航控制需要测量当前速度以便做出决策。这将通过两个输入事件 rotate 和 second 实现。当车轮完成一次旋转，与轮轴相关联的传感器将发出输入事件 rotate，每 1 秒钟系统时钟发出输入事件 second。因而，控制器可以计算每秒的旋转次数和当前速度。

控制器应该给显示屏发送当前设置的信息。该过程可通过输出变量 speed 进行建模，该变量记录当前速度和 curiseSpeed。如果巡航控制关闭，则 curiseSpeed 的值为空；当其开启时，curiseSpeed 的值等于驾驶员设置的当前巡航速度。

最后，将输出变量 F 发送给节气门控制系统，同时为了跟踪期望的巡航速度该输出 F 与调节节气门需要的力相一致以便控制当前的速度。

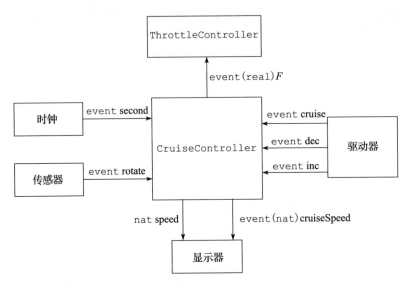

图 2-28 巡航控制系统的输入和输出

分解为子系统

作为系统设计的下一步,我们将控制器分为 3 个子系统:构件 MeasureSpeed,基于输入 rotate 和 second 计算当前速度;构件 SetSpeed,基于司机的输入和当前速度跟踪预期的巡航设置;构件 ControlSpeed,处理当前速度与预期速度之间的差,以便计算输出力。这些子构件之间的交互如图 2-29 所示。构件 ControlSpeed 的设计需理解车的动态性和控制理论,第 6 章是关于动态系统的讨论。接下来将对其他两个构件进行设计。

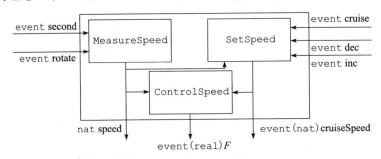

图 2-29 巡航控制系统 CruiseController 的构件

跟踪速度

构件 MeasureSpeed 的任务是基于输入事件变量 rotate 和 second 输出汽车的当前速度。该构件如图 2-30 所示。该构件用一个状态变量 count 来为事件变量 roate 的出现次数计数,事件变量 roate 因事件 seccond 最近的发生而发生。count 的初始值为 0。状态变量 s 记录当前速度:它的初始值为 0,在

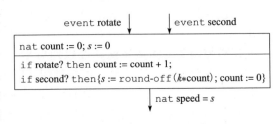

图 2-30 构件 MeasureSpeed

事件 seccond 发生的每个循环中,count 的当前值都用于更新变量 s。

更准确地讲,更新状态的规则是:若 roate 事件发生,则构件递增 count 的值,如果 second 事件发生,则 count 的当前值表示在 1 秒的时间间隔内车轮的旋转次数。为计算速

度，车轮的旋转次数乘以一个常数 k，该常数取决于轮子的周长，并且四舍五入为一个整数（函数 round-off 返回与该参数最接近的整数）。在该情形下，count 的值重置为 0。值得注意的是，若两个输入事件都未发生，状态将保持不变。若两个事件都发生，变量的 count 值先加 1，然后将它用于计算状态变量 s，最后重置为 0。

构件有一个输出变量 speed：在每个循环中，将输出变量设置为变量 s 的更新值。因此，这是锁存器输出。显示器和速度控制器可在任何循环中访问这个输出变量。构件 MeasureSpeed 是确定性的和事件触发的。

跟踪巡航设置

现考查图 2-31 所示的构件 SetSpeed。输出变量 curiseSpeed 为事件变量，或者为空（当控制器关闭时）或表示当前预期速度。该构件维护两个状态变量：布尔变量 on 记录了控制器是否开启；s 为当前期望速度。

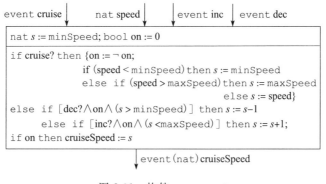

图 2-31　构件 SetSpeed

因为该构件有 3 个输入事件，每个事件的值都可能发生或未发生，所以我们应处理它们所有的组合。在我们的设计中，通过考虑这些事件的优先顺序来避免冲突，其顺序为：首先 cruise、其次 dec、最后 inc。如果司机同时按下两个或多个按钮，那么这将等效于按下优先权最高的单个按钮。或者，我们也可以假设，在任何时刻，最多只能有一个输入事件发生。

构件根据如下规则更新状态变量：当事件 cruise 出现时，切换为变量 on。更新预期速度 s 的规则为：若事件 cruise 发生，将变量 s 设置为当前速度，假设其合法的取值范围为 [min Speed, max Speed]；否则，若事件 dec 发生，若变量 s 的值大于最大阈值且控制器开启，则递减变量 s。最后，若事件 inc 发生，如果变量 s 的值小于最小阈值且控制器开启，则递增变量 s。若不符合任何一条规则，则预期速度不改变。在更新状态后，构件基于以下规则决定其输出：若 on 的值更新为 1，则输出变量 curiseSpeed 的值设置为变量 s 的更新值，否则它为空。

注意，构件 SetSpeed 是确定性的和时间触发的，它的输出变量等待所有 4 个输入变量。

练习 2.21：考虑图 2-31 所示的构件 SetSpeed 的设计。假设我们想对司机增加另一输入控制——pause，它有如下预期行为：当巡航控制器为开启状态时，如果司机按下 pause，则控制临时关闭。在按下 pause 的暂停状态下，输出 curiseSpeed 应为空，事件 inc 和 dec 也可以忽略。在暂停状态下再次按下 pause，将重新开启巡航控制器的操作，恢复暂停时的预期速度。在暂停状态按下 cruise，应将系统切换为关闭状态，当控制器为关闭状态时，按下 pause 将没有任何作用。添加输入事件 pause，重新设计构件 SetSpeed 来满足上述规定。

2.4.3 同步网络*

在同步网络中，通信发生在时隙序列中。网络拓扑结构决定了网络节点之间的单跳有向连通性。在每个时隙中，节点向出边连接它的所有邻居发送消息，同时接收入边连接它的所有邻居节点发送的消息。我们可用以将这样的网络建模为同步反应式构件。

网络节点建模

单个节点的设计应独立于网络拓扑，这样节点的实例可以用不同的连接方式建立不同的网络。基于这个目的，每个网络节点都建模为构件 NetwkNode，该构件的输入变量为 in、输出变量为 out，如图 2-32 所示。由于在每一次循环中节点可能发送或不发送消息，所以如果在每次循环中节点发出的消息类型为 msg，那么输出变量 out 的类型就为 event (msg)。输入变量 in 的类型为 set(msg)，该类型的值为类型 msg 的消息集合。我们想要设计这样一个构件，使得构件中不存在输入变量 in 和输出变量 out 之间的等待依赖：在每次循环中，构件将根据它的状态决定它的输出消息，然后更新状态来响应输入，该输入包含它接收的消息集合。

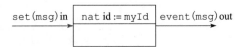

图 2-32 同步网络节点 NetwkNode 的语义

构件 NetwkNode 的描述用标识符 myId 来参数化。为建立一个预期构件网络，我们根据需要创建构件 NetwkNode 的多个实例。每个实例都有唯一的标识符，标识符用于实例化 myId，并重命名输入和输出变量以避免命名冲突。

对互连建模

通信网络可以建模为复合构件 Network。对于构件 NetwkNode 的每一个实例，它都有一个输入变量和一个输出变量。

作为一个具体的例子，考虑图 2-33 所示的通信网络，它具有 4 个节点 1、3、5 和 8。网络图的边表示图的连通性：例如，节点 3 有两个输出边，

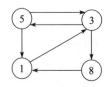

图 2-33 具有 4 个节点的通信网络的例子

它们分别连接节点 5 和 8；有两个输入边，它们分别连接节点 5 和 1。在每次循环中，若节点 3 选择发送消息，则它将消息传送给节点 5 和 8，它接收的消息集包含这次循环中节点 1 和 5 发送的消息。

图 2-34 显示了一个构件的组成。构件 NetwkNode 的 4 个实例对应于 4 个节点。该网络通过构件 Network 来描述，该构件具有 event(msg) 类型的输入变量 out_1、out_3、out_5、out_8，每个输入变量都连接到相应节点构件的输出变量。构件的输出变量为 in_1、in_3、in_5、in_8，每个变量都为 set(msg) 类型，并连接到相应节点构件的输入。在每次循环中，网络从它的所有输入变量 out_n 读取消息，对每个节点 n，它收集节点 n 的传入链接上的消息，并通过更新输出变量 in_n 传递相应的信息集合。图 2-34 中的反应描述首先将所有的输出集合 in_n 设置为空集，然后它一个个地检查所有的输入事件，将其添加到合适的输出集合中。例如，若输入消息 out_3 存在，因为节点 3 有到节点 5 和 8 的传出链接，所以消息 out_3 将加入输出集合 in_5 和 in_8 中。

更一般地，令 P 为节点标识符集合，令 $E \subset P \times P$ 表示节点间的有向单跳连接边。对每个 $n \in P$，通过实例化 myID 为 n 并把每一个输入和输出变量 x 重命名为 x_n，使得 NetwkNode$_n$ 成为 NetwkNode 的一个实例。构件 Network$_{P,E}$ 是一个确定性的复合构件，其输

入变量集为$\{out_n | n \in P\}$、输出变量集为$\{in_n | n \in P\}$。在每次循环中，对每个$n \in P$，输出变量in_n等于包含输入变量out_m的集合，使得：1)网络连接的集合E包含一条从节点m到节点n的边；2)事件out_m发生。对任意$n \in P$和互联网络构件$\text{Network}_{P,E}$，预期系统是所有构件NetwkNode_n的并行组合。

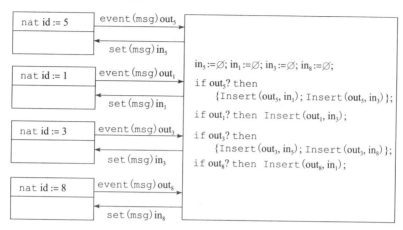

图2-34 同步网络构件 Network

领导选举

为描述同步网络的算法设计，我们先考虑一个领导选举的经典协调问题：节点交换信息以确定一个唯一的领导。更确切地讲，假设每个节点构件都有一个输出变量 status，其取值范围由枚举类型$\{unkown, leader, follower\}$给出。节点交换更新 status 的信息，使得 1)每个构件最终设置 status 输出为 leader 或 follower；2)只有一个构件改变 status 输出值为 leader。

由于每个节点都有一个唯一的标识符，所以很自然地利用这些标识符来选择领导，也就说，具有最高值的节点就是领导。刚开始时，节点不知道哪些其他节点也是网络的一部分，交换消息的目的就是为了标识这个具有最大值的标识符。我们想让算法工作在尽可能多的网络上。考虑图2-35所示的算法，它依赖于以下两个假设。

1)网络图是强连通的：对每个节点对m和n，都存在一条从m到n的有向路径。

2)每个节点都知道网络中节点总数的上界N。

为了传递节点之间的信息，第一个条件是必要；第二个条件则用于保证可终止性。

图2-35所示的算法称为泛洪算法，节点维护一个状态变量 id，它等于目前最大的标识符。起初，id 的值等于节点自己的唯一标识符。在每个循环中，节点向它的邻居输出这个标识符，若它接收到任何比当前 id 值高的标识符，它就更新这个值。反应描述分为两个任务：任务A_1计算输出变量 out 并更新状态变量r，任务A_2更新状态变量 id 并计算输出 status。需要注意的是，第一个任务不需要输入，因此只有输出变量 status 等待输入变量 in。

若强连通网络中的节点总数为N，则在每对节点间有一条至多$N-1$跳的路径。因此，在$N-1$个循环后，每个节点都能确保其标识符可向其余每个节点都传播。更准确地讲，若一个节点的唯一标识符为n，且若从该节点到其他节点m的最短路径的长度为j，则j个循环后，节点m的 id 变量将为n或更高。因此，在$N-1$个循环后，每个节点的 id 变量的值将等于网络中最高的标识符。此时，每个变量都可决定：若 id 变量的值等于它的原始标识符，则它就是领导(leader)，否则它是追随者(follower)。

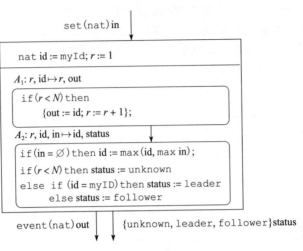

图 2-35　用于同步领导选举的构件 SyncLENode

考虑图 2-34 所示的一个 4 个节点的网络，满足每个构件都是图 2-35 所示的领导选举构件 SyncLENode 的实例化版本。下面为其执行过程：

1) 在第一个循环中，每个节点 1、3、5 和 8 都输出它们的初始标识符。节点 1 接收 $\{5，8\}$ 并将其 id 更新为 8；节点 3 接收 $\{1，5\}$ 并将其 id 更新为 5；节点 5 接收 $\{3\}$，其 id 变量仍为 5；节点 8 接收 $\{3\}$，其 id 变量仍为 8。所有节点都将其输出变量 status 设置为值 unknown。

2) 在第二个循环中，节点 1 和 8 输出 8，节点 3 和 5 输出 5。因此，节点 3 的 id 变量更新为 8，其他节点不改变它们各自的 id 变量。所有的节点再次将输出变量 status 设置为值 unknown。

3) 在第三个循环中，节点 1、3 和 8 输出 8；节点 5 输出 5。节点 5 更新其 id 变量为 8。循环计数 cround-counting 变量 r 的更新值为 $N=4$；因此，所有节点根据各自 id 变量的更新值确定：节点 8 将其输出 status 设置为值 leader，其余节点设置其输出 status 为值 follower。

注意，若网络图的直径为 D，即每两节点之间的路径长度都不大于 D，则在 D 个循环后，每个节点的变量 id 的值将等于网络图中的最大标识符。D 的一个上界为 $N-1$，但 D 可以比这个上界小很多。若节点预先知道直径 D，则节点可以在 D 个循环后确定最大标识符。

59
~
62

练习 2.22： 考虑同步网络图中的领导选举算法（如图 2-35 所示）。若 id 的值在给定循环中不改变，就没有必要将其传递给下一个循环（也就是说，在下一个循环中输出 out 为空）。这可减少发送消息的数量。请修改构件 SyncLENode 的描述来实现上述改变。

练习 2.23*： 在强连通网络图中，对每一个网络节点 n，令 D_n 为最小的整数 j，使得对每个网络节点 m，最多存在 j 条从 m 到 n 的有向路径。例如，若网络为完全图（对每一对节点 m 和 n，都存在一条从 m 到 n 的链路），则对每个节点 n，D_n 都等于 1；若网络图是用一个单循环连接所有节点的单向环，则对每个节点，D_n 都等于 $N-1$，其中 N 为节点总数。在图 2-33 所示的网络图中，D5＝3、D3＝2、D1＝2 和 D8＝2。为同步网络设计一个算法，使得每一个节点 n 都能够计算 D_n 的值。如领导选举算法的例子，假设每个节点都有一个唯一的标识符，它知道节点总数目 N。算法适用于强连通网络。请解释你的算法是如何工作的。

参考文献说明

术语反应式计算不同于传统的函数计算，在文献 [HP85] 中有介绍。从 20 世纪 80 年代以来，就有大量关于同步反应式计算的形式化模型的介绍和研究。典型例子包括 ES-TERIL[BG88]、LUSTRE[CPHP87]以及 STATECHARTS[Har87]。所有这些文献的研究成果都应用在工业级的编程环境中。文献[BCE+03]对同步语言的进行了综述。

　　在并发理论中，前人研究了大量类型的形式化模型，包括反应式模型和具有可选择构件间交互的并发计算模型。形式化方法的例子包括文献 CSP[Hoa85]、CCS[Mil89]、U-NITY[CM88]、数据流网络[Kah74，LP95]、I/O 自动化[LYN96]、TLA[Lam02]和 BIP[Sif13]。

　　本章研究的同步反应式构件模型是《Reactive Modules》[AH99b]的简化版本。该模型遵循文献[AH99a]中的概述。领导选举算法的描述基于[Lyn96]的研究，它包含了对同步网络中大型分布式协调问题的严格的算法描述。

63
∫
64

安全性需求

反应式构件通过输入和输出与环境进行交互。构件的需求描述了响应输入的一个可接受或者期望的输出序列。高保障系统的设计要求需求应该明确地描述并尽可能精确。需求可以分为两大类：安全性需求断言"坏的事情不会发生"；活性需求断言"好的事情最终会发生"。例如，在 2.4.3 节的领导人选举问题中，主要的安全性需求是，没有两个节点声明它们是领导；主要的活性需求是，某个节点应该最终声明它自身是领导，并且其他节点应该最终声明它们自身是追随者。为领导人选举问题给定一个特定的解决方案，例如，如图 2-35 中描述的方案，验证问题旨在检查给定的实现方案是否满足这些需求。对于安全性需求，能够通过使用有限的执行来分析不符合要求的行为，进而证明是否违背了需求。典型地，这些需求通过系统和监视器的组合来获取，监视器观察系统的输入和输出，当它检测到不符合要求的行为时，它就进入错误状态。然后，安全性验证问题可以简化为：检查是否存在一个使得监视器进入错误状态的系统执行。在本章中，我们首先研究如何使用可达性问题对安全性需求进行形式化，然后，针对安全性需求，探索建立系统正确性的验证技术。

3.1 安全性规约

3.1.1 迁移系统的不变量

系统的安全性需求将它的状态分为安全的和不安全的两类，并且断言在系统执行过程中不会遇到不安全的状态。由于这样的需求概念和建立一个满足此类需求的正确系统的工具并不明确地依赖于反应式构件之间交互的同步特性，所以接下来我们将在迁移系统更一般的情况下研究它们。

迁移系统

迁移系统通过使用变量来描述，变量的值描述系统的可能状态。初始化描述每个系统变量的初始值。系统的迁移描述状态是如何演进的，并且它们常常通过使用能够更新状态变量的赋值和条件语句序列来说明，可能还使用额外的局部变量。类似地，根据同步反应式构件的定义，使用 Init 来表示初始化的语法表示，使用相关联的语义 $[\![Init]\!]$ 来表示对应的初始状态集合。同样，Trans 表示迁移的语法描述，相关联的语义 $[\![Trans]\!]$ 是状态对的集合。

> **迁移系统**
> 一个迁移系统 T 有：
> - 类型状态变量的有限集合 S，它定义状态的集合 Q_S。
> - 初始化 Init，它定义初始状态集合 $[\![Init]\!] \subseteq Q$。
> - 迁移描述 Trans，它定义状态之间迁移的集合 $[\![Trans]\!] \subseteq Q_S \times Q_S$。

作为迁移系统的同步反应式构件

对于每一个同步反应式构件 $C = (I, O, S, Init, React)$，有一个自然相关联的迁移系统：状态变量集合是 S，初始化是 Init，迁移描述是 Trans。Trans 是从反应描述 React

中获得的，通过声明输入和输出变量为局部变量，这里为输入变量分配非确定性的选择值。因此，迁移的集合包含状态对 (s, t)，使得 $s \xrightarrow{i/o} t$ 是某个输入 i 和某个输出 o 的反应。

例如，考虑图 2-5 所示的构件 TriggeredCopy。在对应的迁移系统中，状态变量的集合是 $\{x\}$，初始化是通过赋值 $x := 0$ 给定的。迁移描述是通过声明变量 in 和 out 为局部变量并使用 choose 结构让输入取每个可能的值来获得的：

```
local event(bool)in, out;
   in := choose{0, 1, ⊥};
   if in? then{out! in; x := x+1}.
```

对任意给定的状态，如果输入事件发生，那么 x 的值将递增；如果输入事件没有发生，那么 x 的值保持不变。因此，对于每一个自然数 n，对应的迁移系统有迁移 (n, n) 和 $(n, n+1)$。

作为迁移系统的程序

顺序程序可以建模为迁移系统。考虑计算两个自然数的最大公约数（GCD）的经典欧几里得算法。给定两个输入数字 m 和 n，该算法使用两个变量 x 和 y 来计算它们的 GCD，这两个变量的类型是 nat。程序执行以下的代码：

```
x := m; y := n;
while(x>0 ∧ y>0)
   if(x>y)then x := x−y else y := y−x;
if(x=0)then x := y.
```

当程序终止时，变量 x 包含期望的答案。

该程序可以建模为一个扩展状态机，如图 3-1 所示。在初始模式下表示为 loop，只要条件 $(x>0 \wedge y>0)$ 为真，系统重复递减 x 或 y；当条件为假时，它切换到终止模式 stop，并根据需要修改变量 x 的值，使它包含期望的答案。需要注意的是，模式对应于程序位置，这样一个通过扩展状态机表示的程序有时称为程序的控制流图。

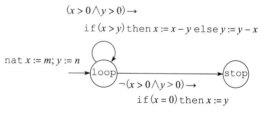

图 3-1　欧几里得的最大公约数程序

我们可以使用程序的扩展状态机表示将迁移系统与程序关联起来。对于给定的输入数 m 和 n，求 GCD 程序的行为通过迁移系统 $GCD(m, n)$ 来获取，它的描述通过数 m 和 n 来参数化。状态变量是 nat 类型的变量 x 和 y，模式包括 $\{loop, stop\}$。唯一的初始状态是 $(m, n, loop)$。考虑 $(j, k, loop)$ 形式的的状态 s。如果 $j > k > 0$，那么状态 s 有一个到状态 $(j−k, k, loop)$ 的迁移；如果 $k \geqslant j > 0$，那么状态 s 有一个到状态 $(j, k−j, loop)$ 的迁移；如果 $j = 0$，那么状态 s 有一个到状态 $(k, k, stop)$ 的迁移；如果 $j > 0$ 且 $k = 0$，那么状态 s 有一个到状态 $(j, k, stop)$ 的迁移。在模式为 stop 的状态上没有向外迁移。

可达状态

迁移系统从初始状态开始执行，然后根据 Trans 描述的迁移前进。在执行过程中遇到的状态是系统的可达状态。

66 ～ 67

迁移系统的可达状态

迁移系统 T 的**执行**包含一个形如 s_0，s_1，$\cdots s_k$ 的有限序列，使得：

1) 对于 $0 \leqslant j \leqslant k$，每个 s_j 都是 T 的状态。

2) s_0 是 T 的初始状态，且

3) 对于 $0 \leqslant j \leqslant k$，$(s_{j-1}, s_j)$ 是 T 的迁移。

对于这样的执行，状态 s_k 称为 T 的可达状态。

例如，对于 $m=6$ 和 $n=4$，迁移系统 GCD(6, 4)有如下的执行：

$$(6,4,\mathrm{loop}) \rightarrow (2,4,\mathrm{loop}) \rightarrow (2,2,\mathrm{loop}) \rightarrow (2,0,\mathrm{loop}) \rightarrow (2,0,\mathrm{stop})$$

所有的可达状态都出现在这次执行中。

不变量

对于迁移系统 T，属性是关于 T 的状态变量的布尔值表达式。如果根据 q 的值对所有变量赋值时，属性 φ 等于 1，那么 T 的状态 q 满足属性 φ。满足属性 φ 所有状态的集合表示为 $[\![\varphi]\!]$。

我们再看一看计算两个自然数的最大公约数的程序。考虑迁移系统 $GCD(m, n)$（如图 3-1所示）的以下属性：

$$\varphi_{\mathrm{gcd}} : \gcd(m,n) = \gcd(x,y)$$

其中，gcd 代表一个数学函数，它返回它的两个参数的最大公约数。该表达式精确地表达了函数执行的那些状态，在这些状态下 gcd 函数中 x 和 y 的值等于参数 m 和 n（即 GCD 程序的输入）。

如果迁移系统的所有可达状态都满足某个属性，那么这个属性称为迁移系统的不变量。对于这里的例子 GCD 程序，属性 φ_{gcd} 确实是迁移系统 $GCD(m, n)$ 的不变量。这个不变量捕获程序的核心逻辑：在程序的执行过程中，即使改变了状态变量 x 和 y 的值，它们的 gcd 也保持不变。因为 $\gcd(p, 0)$ 等于 p，所以对于每个自然数 p，它遵循这样一个规律：当变量 x 的值为 0 时，$\gcd(x, y)$ 就等于 y。根据对称的观点，当变量 y 的值为 0 时，$\gcd(x, y)$ 就等于 x。这表明，当系统通过切换到模式 stop 而终止时，变量 x 的更新值就是正确的答案。因此，蕴含式：

$$(\mathrm{mode} = \mathrm{stop}) \rightarrow (\gcd(m,n) = x)$$

是迁移系统 $GCD(m, n)$ 的一个不变量。

迁移系统的不变量

对于迁移系统 T，如果 T 的每个可达状态都满足属性 φ，那么 T 的属性 φ 是迁移系统 T 的不变量。

如果我们用 $\mathrm{Reach}(T)$ 表示迁移系统 T 的可达状态集合，那么当集合包含关系 $\mathrm{Reach}(T) \subseteq [\![\varphi]\!]$ 成立时，属性 φ 是不变量。不变量属性的双重概念是可达属性的概念：如果迁移系统 T 的某些可达状态满足属性 φ，那么 T 的属性 φ 是可达的。换句话说，当交集 $\mathrm{Reach}(T) \bigcap [\![\varphi]\!]$ 是非空集合时，属性 φ 是可达的。从定义可知，它满足以下性质：

迁移系统 T 的属性 φ 是不变量，当且仅当它的否定属性 $\neg\varphi$ 是不可达的。

另一个例子是 2.4.2 节中的巡航控制器，考虑以下属性：

$$\varphi_{\mathrm{range}} : \mathrm{minSpeed} \leqslant \mathrm{SetSpeed}.s \leqslant \mathrm{maxSpeed}$$

它表示保证构件 SetSpeed 的状态变量 s 在 minSpeed 和 maxSpeed 给出的阈值之间。这个属性是系统的不变量。这是因为，无论什么时候构件 SetSpeed 更新它的状态变量 s，进行初始化来响应输入事件 cruise，进行递增来响应输入事件 inc，或者进行递减来响

应输入事件 dec 时，它进行检查来保证更新的值在[minSpeed，maxSpeed]区间中。

不变量验证问题是这样的：给定一个迁移系统 T 和属性 φ，检查 φ 是否是系统 T 的不变量。如果它不是不变量，那么一定存在某一个状态 s，使得状态 s 是可达的，并且违反了属性 φ。在这种情况下，出于调试目的，分析技术应该产生一个到达 s 的 T 的执行。这样的执行称为反例，它声明属性 φ 是不变量，等价地，它也被为证据，它声明属性 $\neg\varphi$ 是可达的。

练习 3.1： 给定两个自然数 m 和 n，考虑程序 Mult，它使用两个变量 x 和 y（类型为 nat）计算两个输入数的乘积，如图 3-2 所示。描述迁移系统 Mult(m, n)，它捕获程序对输入数 m 和 n 的行为，即描述状态、初始状态和迁移。证明：当变量 x 的值为 0 时，变量 y 的值必须等于输入数 m 和 n 的乘积，也就是说，以下属性是这个迁移系统的不变量：

$$(\text{mode} = \text{stop}) \rightarrow (y = m \cdot n)$$

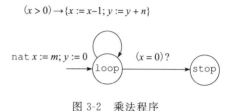

图 3-2　乘法程序

3.1.2　需求在系统设计中的作用

为了阐述嵌入式控制器设计中作为安全性需求的不变量的作用，我们考察铁路交通信号灯控制（玩具）系统。

铁路控制器的规约

图 3-3 所示的两个圆形铁轨，一个用于火车顺时针行走，另一个用于火车逆时针行走。在圆形轨道的某一位置有一座桥，桥的宽度不足以满足安放两个轨道。两个轨道需要在桥上合并，为了控制桥的访问量，在桥两端的每个入口都有一个信号灯。如果西边入口的信号灯是绿色，那么允许有一辆从西边驶来的火车进入桥上；如果信号灯是红色，那么该方向驶来的火车必须等待。在桥东边入口的信号灯，以同样的方式控制从东边驶来的火车。

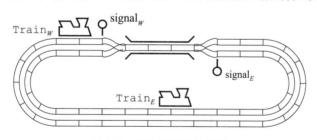

图 3-3　铁路控制器的例子

我们用图 3-4 所示的构件 Train 对火车建模。火车的状态是通过枚举变量 mode 来捕获的，它表示火车从桥上离开、等待信号或者在桥上。我们用非确定性对火车将在一个未知的时间段离开桥的假设建模：当火车离开时，或者状态保持不变，或者火车发出一个 arrive 值的输出事件并且更新为等待状态 wait。如果火车正在等待，它检查信号；如果信号是红色，那么火车保持等待；如果信号是绿色，那么火车驶入桥上。火车可以在桥上待任意次循环。当火车从桥上驶出时，它发出一个 leave 值的输出事件，并且状态更新为 away。

火车构件的反应可以很自然地使用扩展状态机来描述，该状态机有对应于 away、wait 和 bridge 的 3 个模式。但是，为了将更新描述为一个单独的任务，应该创建一个输出事件关于输入信号的等待依赖。为了避免这种情况发生，图 3-4 所示的构件将反应描述分割为两个任务，第一个任务 A_1 计算输出变量 out 的值，这不依赖于输入变量 signal。任务 A_1 是非确定性的：当模式是 away 时，输出为空或者输出为值 arrive；当模式为 wait 时，输出为空；当模式为 bridge 时，或者输出为空或者输出为值 leave。该描述由图 3-4 中的单模式扩展状态机来捕获。我们知道对于模式切换，没有守卫条件意味着模式切换总是使能的（也就是说，在默认情况下，守卫条件为常量 1，它在所有状态下都是可满足的）。没有相关的更新意味着状态变量不改变，并且没有事件输出。第二个任务 A_2 根据任务 A_1 计算的输出和输入 signal 的值来更新模式。在 away 模式，当守卫条件 out?arrive 成立时，模式更新为 wait。自循环上的条件 else 是否定条件 ¬(out?arrive) 的简写。一般而言，当没有满足这个模式切换的守卫条件时，就满足该模式的自循环上的守卫条件 else。模式 wait 和 bridge 的模式切换是类似的。

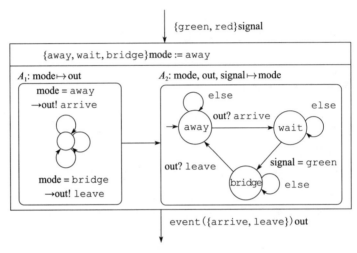

图 3-4　非确定性反应式构件的火车模型

　　因为只有两列火车，一列按顺时针行走，另一列按逆时针行走，所以我们创建了火车构件的两个实例，分别为 $Train_W$ 和 $Train_E$。

　　我们需要设计一个确定性的控制器，它确保在任何时间两列火车之间不会发生冲突，至多有一列火车在桥上。更具体地说，我们希望设计一个确定性的同步反应式构件 Controller，它具有输入事件变量 out_W 和 out_E 以及输出变量 $signal_W$ 和 $signal_E$。当组合火车的模型时，我们得到了组合系统：

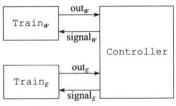

RailRoadSystem = Controller‖$Train_W$‖$Train_E$

如图 3-5 所示。注意，不考虑控制器的等待依赖，在这 3 个构件中的等待依赖没有循环，因此，以上组合定义是良构的。

图 3-5　铁路控制器的组合系统

　　设计一个控制器使得属性

72

$$TrainSafety: \neg (mode_W = bridge \land mode_E = bridge)$$

是 RailRoadSystem 的不变量。这里，状态变量 $mode_W$ 和 $mode_E$ 是火车构件的两个实例的状态变量。

铁路控制器设计的第一次尝试

图 3-6 展示了铁路控制器设计的第一次尝试。控制器 Controller1 有两个状态变量

west 和 east，分别对应于两个输出信号 signal$_W$ 和 signal$_E$ 的状态。在每一轮执行时，输出变量设置为对应状态变量的值。最初，两个信号都是绿色。无论何时，只要有一列火车靠近桥对面的入口，其中一个信号就设置为红色；无论何时，只要火车从桥上驶出，信号就设置回绿色。如果在同一轮内两列火车都靠近桥，那么只有西边的信号变为红色，优先考虑从东边驶来的火车通行。将更新拆分为 3 个任务：任务 A_1 和 A_2 不等待其他的输入就输出各自的信号值，然后，任务 A_3 根据输入事件更新状态变量。

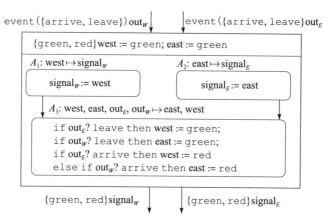

图 3-6　铁路控制器设计的第一次尝试

　　但是，产生的铁路系统

$$\texttt{RailRoadSystem1} = \texttt{Controller1} \| \texttt{Train}_W \| \texttt{Train}_E$$

不能满足希望的不变量 TrainSafety。这可以用图 3-7 所示的反例来证明，它会导致两列火车都在桥上的状态。如果两列火车同时靠近桥，那么允许东边的火车进入桥，西边的信号为红色，东边的信号为绿色。当东边的火车从桥上驶出来时，西边的信号变为绿色，允许西边的火车进入桥上。但是，东边的信号仍然是绿色。因此，如果东边的火车在西边的火车离开桥前又返回来了，那么西边的信号将变为红色，同时允许东边的火车到桥上，这会致使违反安全性需求。

west	east	mode$_W$	mode$_E$	signal$_W$	signal$_E$	out$_W$	out$_E$
green	green	away	away				
				green	green	arrive	arrive
red	green	wait	wait				
				red	green	$\bot$	$\bot$
red	green	wait	bridge				
				red	green	$\bot$	leave
green	green	wait	away				
				green	green	$\bot$	arrive
red	green	bridge	wait				
				red	green	$\bot$	$\bot$
red	green	bridge	bridge				

图 3-7　违反 TrainSafety 的 RailRoadSystem1 的执行

铁路控制器设计的第二次尝试

　　图 3-8 展示了控制器设计的另一种尝试。除了信号的状态变量 east 和 west 外，控制器 Controller2 还维护布尔状态变量 near$_W$ 和 near$_E$ 来记录各列火车是否需要使用桥。最初，near$_W$ 为 0。当西边的火车到达桥的附近时，它的值更新为 1；当西边的火车离开桥

时，它的值重置为 0。可以观察到当 $near_W$ 为 0 时，状态 $mode_W$ 是 away。同样，变量 $near_E$ 记录东边火车的状态。

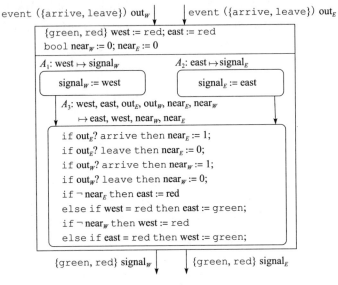

图 3-8　解决铁路问题的安全控制器

默认情况下，控制器 Controller2 通过将两个信号保持为红色来安全运转。最初，信号的状态变量 east 和 west 是红色。当火车离开时（用对应的 near 变量表示），对应的信号变量设置为红色。当东边的火车接近时，如果西边的信号是红色，那么东边的信号变为绿色。考虑当两个信号为红色且两列火车发出 arrive 的情况。那么两个 near 变量都设置为 1。在这种情况下，东边的火车优先：变量 east 变为绿色，这会阻止 west 的更新，仅当 east 的更新值为红色时，west 才变为绿色。

对于组合系统

$$\text{RailRoadSystem2} = \text{Controller2} \| \text{Train}_W \| \text{Train}_E$$

属性 TrainSafety 确实是期望的不变量。

练习 3.2：组合的系统 RailRoadSystem1 有 4 个状态变量：east 和 west 及 $mode_W$ 和 $mode_E$，east 和 west 分别可以有两个值，$mode_W$ 和 $mode_E$ 分别可以有 3 个值。因此，组合系统 RailRoadSystem1 有 36 个状态。这 36 个状态中，有多少个状态是可达的？

练习 3.3：控制器 Controller2 的反应描述包括 3 个任务，如图 3-8 所示。将任务 A_3 拆分为 4 个任务，每个任务可以写状态变量 east、west、$near_W$ 和 $near_E$ 中的一个。每个任务应该用它的读集合、写集合和更新代码以及必要的优先约束来描述。修改后的描述应该与原始的描述有相同的反应集合。这个拆分是否影响输出/输入的等待依赖？如果没有，与原始的描述相比，修改后的描述的潜在优点或者缺点是什么？

3.1.3　安全监控器

对于上述的铁路交叉路口的例子，假如我们还有一个"公平性"（fairness）需求，即如果一列火车到达桥头并且等待它的信号变为绿色，另一列火车不应该重复允许进入桥。更具体地说，当一列火车正在红色信号灯的情况下等待时，另一列火车不应该有离开桥两次的情况。这是对铁路系统运行过程中的输入和输出序列的一个明确需求，但是不能直接将它定义为不变量。然而，如果我们增加一个新的构件 WestFairMonitor，那么就可以将它表示为一个不变量，如图 3-9 所示。

该监控器可以用一个带有 4 个可能的模式的扩展状态机来描述。模式的初始值是 0。当西边的火车到达时，模式变为 1。如果东边的火车离开桥，那么模式变为 2；如果东边的火车再次离开桥，那么模式变为 3。在模式 1 和 2，如果西边的信号变为绿色，那么模式重置为 0。如果存在这样一种执行情况，即监控器的模式更新为 3，那么它证明违反了西边火车期望的公平性需求。监控器的模式 3 标记为监控器的接受模式（这个类似于形式化语言理论中自动机的最终状态）。到达

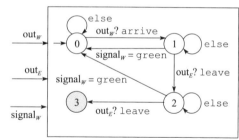

图 3-9　西边火车的公平性监控器 WestFairMonitor

这个接受模式的执行对应于期望的安全性需求的反例。为了检查是否存在违反需求的情况，我们可以确定属性 WestFairMonitor.mode = 3 在组合系统 RailRoadSystem ‖ WestFairMonitor 中是否是可达的。为了保证东边火车的公平性，我们可以将系统与一个监控器的对称版本组合起来，这可以通过重新命名 WestFairMonitor 的输入变量来定义。

这些监控器的定义总结如下。

安全监控器

　　带有输入变量 I 和输出变量 O 的反应式构件 C 的安全监控器包括一个同步反应式构件 M，使得：

- M 的输入变量集合是变量 $I \cup O$ 的子集。
- M 的输出变量集合是变量 $I \cup O$ 的交并集。
- M 的反应描述是通过扩展状态机，以及声明为接受模式的子集 F 给出的。

如果属性 $M.\mathrm{mode} \notin F$ 是组合系统 $C \parallel M$ 的不变量，则构件 C 满足监控器规约。

　　监控器 M 的输入变量是构件 C 的输入/输出变量的需求意味着 M 可以根据 C 与其他构件的交互来观察 C 的行为。M 的输出变量既不是 C 的输入也不是 C 的输出的需求保证 C 的行为不会被监控器 M 修改，同时它与 M 兼容。我们设计了监控器，以便当观察到的输入序列和相应的输出违反了期望的安全性需求时，它进入集合 F 中的错误模式。

　　不是所有的需求都可以表示为安全监控器。对于铁路交叉口的例子来说，考虑控制器总是保持两个交通灯都是红色的情况。这样的控制器满足不变量 TrainSafety 以及图 3-9 的安全监控器所表示的需求。为了排除这种通过不尝试做任何好的事情来避免坏的情况的解决方案，我们需要提出其他的需求，例如，"如果两列火车都在等待，那么控制器必须允许某一列火车进入桥。"这样的需求称为响应需求。在这个需求中，我们还没有断言火车必须等待的循环数的边界。因此，在有限的运行中，两列火车都在等待，比如等待 10 个循环，执行的循环不能认为是违反响应需求的依据。事实上，假设可能有一种控制器的正确实现，它处理请求的速度很慢，需要 11 个循环将信号变绿色。通常没有有限的执行可以证明真的违反了响应需求。这不是安全性需求，因此不能使用监控器和不变量来表示。如果我们改变需求为有界响应需求，如"如果两列火车都在等待并且两个信号都是红色，那么控制器必须在下一个循环中将其中一个信号变为绿色"，它能够通过安全监控器来获取。在第 5 章中，我们将研究响应的规约和分析以及其他形

式的活性需求。

练习 3.4：考虑一个带有类型 int 的输出变量 x 的构件 C。设计一个安全监控器来获得需求，该需求是构件 C 输出的严格递增的值序列（即，每个循环中的输出应该严格大于前一个循环中的输出）。

练习 3.5：第二次尝试设计的铁路控制器是否满足由监控器 WestFairMonitor 获得的公平性需求？即，属性 WestFairMonitor.mode≠3 是组合系统 RailRoadSystem2 ‖ WestFairMonitor 的一个不变量吗？如果不是，说明一个反例执行。

76
∼
77

3.2　验证不变量

在不变量验证问题中，我们给出了迁移系统 T 和属性 φ 检查 φ 是否是 T 的不变量。如果 φ 不是 T 的不变量，我们应该输出一个反例来证明状态违反了属性的可达性。我们首先描述一种建立不变量的通用证明方法，然后考虑开发自动化工具来解决不变量验证问题的挑战。

3.2.1　证明不变量

归纳不变量

考虑迁移系统 T 和属性 φ。如果我们能够确定在最初属性 φ 成立并在每一次迁移时保持不变，那么根据数学归纳法原理，它应该在每一次执行时遇到的每一个状态都成立，因此它应该是 T 的一个不变量。证明属性最初成立相当于确定：

　　　　每个初始状态都满足 φ。

证明每个迁移量保持属性相当于：

　　　　如果状态 s 满足 φ，并且 (s, t) 是 T 的一个迁移，那么状态 t 满足 φ。

注意这两个条件与归纳的经典证明的相似性。为了证明属性对于所有自然数 n 都能成立，我们首先证明属性对 0（这个称为基本情况）能够成立，然后假设属性对于数 k 能够成立，我们证明属性也能对 $k+1$（这个称为归纳情况）成立。对于迁移系统的可达状态的属性，基本情况对应于证明对于初始状态的属性；假设属性对任意的状态 s 能够成立，归纳情况对应于证明属性对于由状态 s 开始的迁移所到达的状态 t 能够成立。

如果系统属性在最初能够成立，并且通过迁移关系该属性也能够保持，我们就把该属性称为*归纳不变量*。

归纳不变量

迁移系统 T 的属性 φ 是 T 的*归纳不变量*，如果：

1) 每个初始状态 s 满足 φ，且
2) 如果状态 s 满足 φ，且 (s, t) 是一个迁移，那么状态 t 也满足 φ。

78

让我们考虑图 3-1 所示的程序 GCD。对于迁移系统 GCD(m, n)，考虑由 gcd$(m, n)=$ gcd(x, y) 给定的属性 φ_{gcd}。为了证明这是一个归纳不变量，让我们首先考虑对应于初始化的需求。在这种情况下，只有一个初始状态 s，其中 $s(x)=m$ 和 $s(y)=n$，并且很清楚地看到这个初始状态满足这个属性。现在让我们关注归纳情况。考虑它满足期望属性 φ_{gcd} 的状态 s。令 $s(x)=a$ 和 $s(y)=b$。根据假设，gcd$(m, n)=$gcd(a, b) 成立。如果 $s(mode)=$stop，那么状态 s 没有迁移。现在假设 $s(mode)=$loop，并且考虑系统 GCD(m, n) 的迁移 (s, t)。为了证明新的状态 t 满足属性 φ_{gcd}，只需要证明 gcd$(t(x), t(y))=$gcd(a, b)。首先，让我们考虑当 $a>b>0$ 时的情况。然后程序将 x 减去 y，在这种情况下，$t(x)=a-b, t(y)=b$。所以我们需要证明 gcd$(a-b, b)=$gcd(a, b)。该公

式遵循基本的算术属性：当 $a>b$ 时，a 和 b 的任意约数必须也是 $a-b$ 的约数；a 和 $a-b$ 的任意约数必须也是 b 的约数。在这种情况下，当 $a\leqslant b$ 和 $b>0$ 时，$t(x)=a$ 和 $t(y)=b-a$，并且通过一个对称参数 $\gcd(a,b-a)=\gcd(a,b)$。在这种情况下，当 $a=0$ 或者 $b=0$ 时，程序切换到 stop 模式。在这种情况下，要么 $a>0$ 且 $t(x)=a$ 且 $t(y)=b$，要么 $a=0$ 且 $t(x)=b$ 且 $t(y)=b$。在这两种情况下，证明 $\gcd(t(x),t(y))=\gcd(a,b)$。

对于 2.4.2 节中的巡航控制例子，属性 minSpeed$\leqslant$SetSpeed.$s\leqslant$maxSpeed 是一个归纳不变量：它在初始状态时成立，并且无论什么时候有一个迁移 (s,t)，它在状态 t 成立，因为构件 SetSpeed 在没有检查边界时。绝不会更新状态变量 s 的值。

强化不变量

为了说明属性可能是不变量但不是归纳不变量，让我们考虑迁移系统 IncDec(m)，它通过自然数 m 参数化，如图 3-10 所示。系统使用两个不变量 x 和 y，它们都是 int 类型。最初，$x=0$，且 $y=m$，并且对于每个迁移，程序递增变量 x，并且只要 x 的值不超过 m 就递减变量 y。

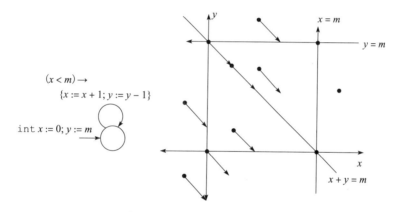

图 3-10　迁移系统 IncDec(m)

考察属性 φ_x：$0\leqslant x\leqslant m$，它表明变量 x 的值总是在 0 到 m 的范围内。让我们检查属性 φ_x 是否是迁移系统 IncDec(m) 的归纳不变量。在 IncDec(m) 的唯一初始状态下，x 的值是 0，因此属性 φ_x 最初成立。IncDec(m) 的状态是整数变量 x 和 y 的值，因此是一个整型对，将 x 的值放在前面。考虑任意状态 $s=(a,b)$。我们想要说明，如果状态 s 满足属性 φ_x，且 (s,t) 是 IncDec(m) 的迁移，那么状态 t 也满足 φ_x。假设状态 s 满足属性 φ_x。即，$0\leqslant x\leqslant m$。如果 $a<m$，那么在从状态 s 开始的迁移中，程序递增 x 和并递减 y，因此更新后的状态 t 是 $(a+1,b-1)$。在这种情况下，我们得出 $0\leqslant a+1\leqslant m$，因此状态 t 继续满足属性 φ_x。如果条件 $a<m$ 不成立，那么执行更新代码不会改变状态，因此属性 φ_x 继续成立。因此，属性 φ_x 是迁移系统 IncDec(m) 的一个归纳不变量。

现在让我们检查属性 φ_y：$0\leqslant y\leqslant m$ 是否是迁移系统 IncDec(m) 的归纳不变量。属性 φ_y 在初始状态 $(0,m)$ 成立。考虑 IncDec(m) 的任意状态 $s=(a,b)$。如果状态 s 的唯一假设是它满足 φ_y，即，$0\leqslant b\leqslant m$，那么我们可以得出在程序的一个迁移后，y 的值仍然在范围 $[0,m]$ 内吗？答案是否定的。特别地，状态 $(0,0)$ 满足 φ_y，从状态 $(0,0)$ 执行一个迁移得到状态 $(1,-1)$，它违反了 φ_y。综上所述，属性 φ_y 不是迁移系统 IncDec(m) 的归纳不变量。

但是，值得注意的是，属性 φ_y 是 IncDec(m) 的一个不变量：迁移系统 IncDec(m)

的可达状态是 $(0, m)$、$(1, m-1)$、$\cdots$、$(m, 0)$，所有这些都满足属性 φ_y。也就是说，虽然属性 φ_y 是系统的一个不变量，但是它没有强化到可以归纳。属性的归纳强化（inductive strengthening）是 φ_{xy}：

$$0 \leqslant y \leqslant m \land x + y = m$$

属性 φ_{xy} 蕴含了 φ_y：如果一个状态满足属性 φ_{xy}，那么显然它也满足 φ_y。属性 φ_{xy} 在初始状态 $(0, m)$ 成立。现在考虑状态 $s = (a, b)$，它满足属性 φ_{xy}，也就是说，假设 $a + b = m$ 和 $0 \leqslant b \leqslant m$。如果条件 $a < m$ 不成立，那么执行更新代码不会改变状态，因此属性 φ_{xy} 继续成立。假设 $a < m$，那么有一个从状态 s 到状态 $t = (a+1, b-1)$ 的迁移。因为 $a + b = m$ 和 $a < m$，所以我们可以得出 $b > 0$。它符合 $0 \leqslant b-1 \leqslant m$，也符合 $(a+1) + (b-1) = m$。由此可得，状态 t 满足属性 φ_{xy}。因此，属性 φ_{xy} 是迁移系统 $IncDec(m)$ 的一个归纳不变量。

直观地，因为当条件 $x < m$ 成立时程序递减 y，所以它不可能通过它的迁移说明属性 φ_y 是保持的，因为这个属性在断言 y 值的边界时不考虑 x 的值。强化属性 φ_{xy} 获取了两个变量的值之间的相关关系，并证明是归纳的。

图 3-10 也显示系统的状态和迁移，它有利于理解可达状态、不变量和归纳不变量的概念。系统的可达状态是连接点 $(0, m)$ 和 $(m, 0)$ 的线段上的状态。只要属性包含这个线段，它就是不变量。因此，$0 \leqslant x \leqslant m$、$0 \leqslant y \leqslant m$、$x + y = m$ 和 $x \geqslant 0$ 等属性都是不变量，但是属性 $x < m$ 不是不变量。一个归纳不变量是任意的状态集，它包含了可达的线段，并且没有从它的内部状态到外部状态边界的迁移。这些归纳不变量的例子是 $0 \leqslant x \leqslant m$、$x \geqslant 0$、$x \leqslant m$、$y \leqslant m$ 和 $x + y \leqslant m$。不是归纳不变量的属性例子包括 $y \geqslant 0$ 和 $0 \leqslant y \leqslant m \land 0 \leqslant x \leqslant m$。给定属性 φ，它的归纳强化是一个归纳属性，该属性是 φ 的子集。这样的强化不需要是唯一的：例如，当 φ_{xy} 是属性 φ_y 的归纳强化时，它就是属性 $0 \leqslant y \leqslant m \land x + y \geqslant m$。

建立不变量的证明规则

归纳强化的方法是建立不变量的通用的和有效的技术手段。

不变量的证明规则

为了建立属性 φ 是迁移系统 T 的不变量，需要找到属性 ψ 使得：

1）属性 ψ 是系统 T 的归纳不变量。

2）属性 ψ 蕴含了属性 φ（即满足属性 ψ 的状态一定满足属性 φ）。

如果属性 ψ 是归纳不变量，那么 T 的所有可达状态必定满足 ψ。如果 ψ 蕴含 φ，那么满足属性 ψ 的每个状态必须也满足属性 φ。如果它能满足以上这两个假设，那么属性 φ 是系统 T 的不变量。因此，以上的证明规则是可靠的，也就是说，它是建立不变量的正确方法。

从理论的角度来看，证明规则是完备的。它意味着，如果属性 φ 确实是不变量，那么确实存在一个蕴含 φ 的归纳属性 ψ，因此证明规则总是能够用于建立期望的不变量。特别地，令 ψ_{reach} 是只在系统 T 的这些状态是可达的时成立的公式。显然，如果属性 φ 是不变量，那么它在所有可达状态中成立，因此属性 ψ_{reach} 蕴含属性 φ。精确地获取可达状态的属性 ψ_{reach} 是归纳的：初始状态是可达的，并且从一个可达状态执行一次迁移到达另一个可达状态。如果描写公式的断言语言有足够的表达能力来描述可达状态的集合，那么我们知道证明规则给出了完备的方法。

在实践中，为了以严格的方式证明系统的不变量，用户必须识别归纳强化。为了确定 ψ 确实是归纳的且蕴含属性 φ，用户可以使用"纸和笔"证明或者使用自动化定理证明器来创建形式化证明。识别这样的归纳强化需求专业知识，但是需要注意的是这个任务能够比理解系统中可达状态的精确集合更简单。例如，通过引入一个额外的整型变量 z，并初始化为 0，以及通过修改自循环

$$(x < m) \rightarrow \{x := x + 1; y := y + 1; z := z + xy\}$$

让我们修改图 3-10 中的迁移系统 IncDec(m)。

为了证明属性 $0 \leqslant y \leqslant m$ 是修改后系统的一个不变量，只需要考虑强化的 $0 \leqslant y \leqslant m \wedge x + y = m$，也可证明该表达式是修改后系统的一个归纳不变量。注意，能够刻画修改后系统的可达状态集合的属性更复杂，因为它需要涉及 x 和 z 的当前值。换句话说，为了使用归纳不变量的技术证明变量 y 在 0～m 内，只需要解释 x 和 y 之间的关系，用户可以忽略变量 z 更新的方式。

同步领导选举协议的证明

为了说明更有趣的证明过程，我们考虑 2.4.3 节中领导选举的泛洪算法的核心正确性论证。对于节点集合 P 和构成节点上的强连接图的有向连接集合 E，考虑定义为所有节点构件 SyncLENode$_n$ 组合的系统 SyncLE，执行领导选举协议的节点（每一个节点 $n \in P$），以同步的方式传递消息的组合网络构件 NetWork$_{P,E}$。SyncLE 的迁移系统的描述总结如下。

对每个节点 n，状态变量集合包含变量id$_n$ 和 r_n。所有状态变量的类型是 nat。最初，每个变量 r_n 的值为 1，每个变量id$_n$ 的值是 n。

对于每个节点 n，SyncLE 的迁移描述使用变量in$_n$、out$_n$ 和status$_n$，它们是各个构件用于通信的输入/输出变量。在每个循环中的更新包括以下的步骤序列：

82

1) 所有节点构件的任务 A_1 执行：对每个节点 n，如果条件 $r_n < N$ 成立，那么将值id$_n$ 发送到out$_n$，并且递增 r_n 的值。否则，out$_n$ 为空，并且变量 r_n 的值保持不变。

2) 构件 NetWork 负责更新所有的变量in$_n$：对于每个节点 n，in$_n$ 的值等于包含变量 out$_m$ 的值的集合，这样就有一条从节点 m 到节点 n 的网络边且事件out$_m$ 发生。

3) 所有节点构件的任务 A_2 执行：对每个节点 n，变量值id$_n$ 的值更新为它当前值和集合in$_n$ 中值的最大值。

考虑迁移系统 SyncLE 的下列属性 φ_{leader}：

对于每个节点 n，在 N 个循环后，变量id$_n$ 的值等于 P 中的最大标识符，其中，P：$r_n = N \rightarrow \text{id}_n = \max P$。

接下来要说明这个属性不是归纳的。为了强化它，我们必须断言在每个 j 循环的开始，id$_n$ 的值是节点标识符的最大值，其中，节点之间的距离小于 $n - j$。根据 E 中的链路，令 dist(m, n) 表示从节点 m 到节点 n 的最短路径长度。节点到自身的距离是 0。考虑以下属性 ψ：

对于每个节点 n，id$_n = \max \{m \mid \text{dist}(m, n) < r_n\}$

属性 ψ 确实蕴含期望的不变量 φ_{leader}。这是因为任意节点对之间的距离至多是 $N - 1$。因此，当 r_n 等于 N 时，集合 $\{m \mid \text{dist}(m, n) < r_n\}$ 必须等于所有标识符的集合 P，所以 id$_n$ 的值必须等于最大标识符 $\max P$。

让我们来检查属性 ψ 是否是系统 SyncLE 的归纳不变量。最初它成立，因为只有从节点 n 到它自身的距离是 0。然而，它不是强化归纳，不能保证属性在每个迁移中都保持。考虑满足属性 ψ 的状态 s 和节点 n。假设循环变量 $r_n = j$，其中 $j < N$。那么，我们知道id$_n$ 的值是 $\max \{m \mid \text{dist}(m, n) < j\}$。在一次循环中，节点 n 接收所有相邻节点的 id 变量的

当前值，更新id_n为它当前值和它接收到的所有值的最大值。由于在节点n递增变量r_n的值，所以我们需要证明id_n的更新值是$\max\{m\mid\text{dist}(m,n)<j+1\}$。现在，在与节点$n$的距离小于$j+1$的任意节点$n_1$必须是与它相邻$n$个节点之一(用$n_2$表示)的距离也小于$j$的节点。我们能否得知节点$n_2$的id值在状态$s$上必须至少是$j$吗？我们知道，根据属性$\psi$，$\text{id}_{n_2}$的值是距离小于循环变量$r_{n_2}$值的所有节点的标识符的最大值。如果我们能够得出在状态s上的r_{n_2}的值是j，我们可以成功完成证明。但是，这不可能在属性ψ中获得，所以证明失败。必要的强化还必须断言所有节点的循环变量值相等。以下的属性ψ_{leader}确实是

系统 SyncLE 的一个归纳不变量，并且蕴含φ_{leader}：

> 对于每个节点n，$\text{id}_n=\max\{m\mid\text{dist}(m,n)<r_n\}$；并且，对于每一个节点
>
> 对m和n，$r_m=r_n$成立。

练习 3.6：考虑带有两个整型变量x和y以及一个布尔变量z的迁移系统T。所有变量的初始值都是0。系统的迁移对应于执行条件语句

$$if(z=0)then\{x:=x+1;z:=1\}else\{y:=y+1;z:=0\}$$

考虑由$(x=y)\vee(x=y+1)$给定的属性φ。φ是迁移系统T的不变量吗？φ是迁移系统T的归纳不变量吗？找到一个公式ψ，使得ψ比φ更强化，并且是迁移系统T的归纳不变量。验证你的答案。

练习 3.7：我们知道练习3.1中的迁移系统 Mult(m,n)。首先，证明不变量属性$(\text{mode}=\text{stop})\to(y=m\cdot n)$不是归纳不变量。然后，找出一个是归纳不变量的强化属性。验证你的答案。

练习 3.8：考虑图3-11所示的扩展状态自动机描述的迁移系统。考虑$x\geq0$给出的属性φ。请证明φ不是系统的归纳不变量。找出公式ψ，使得ψ比φ更强化，并且是归纳不变量。证明你的答案。

练习 3.9：考虑系统 RailRoadSystem2，其对应图3-8所示的控制器。对于以下列出的每个属性，说明属性是否是系统的不变量，如果是，它是否是归纳不变量。验证你的答案并做出解释。

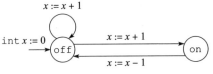

图 3-11 归纳不变量的练习

1) 当东边的火车离开时，控制器状态变量near_E是0；否则，是1：$(\text{near}_E=0)\leftrightarrow(\text{mode}_E=\text{away})$。

2) 当东边的火车在桥上时，对应于东边信号的控制器状态变量是绿色：$\text{mode}_E=\text{bridge}\to\text{east}=\text{green}$。

3) 两个信号的控制器变量不能同时是绿色：$\neg(\text{east}=\text{green}\wedge\text{west}=\text{green})$。

3.2.2 不变量的自动验证*

在我们继续考虑迁移系统不变量的验证技术前，我们先将不变量验证作为可计算问题来讨论。在理想情况下，我们更喜欢自动验证。我们面临的挑战是建立一个图3-12所示的验证工具：验证器的输入包括迁移系统T的描述和属性φ，它能够判定属性φ是否是迁移系统T的不变量。

图 3-12 理想的自动验证工具

不可判定性

一般地，验证问题是不可判定的。这意味着我们不能希望有一种完全的算法解决方案来解决不变量验证问题。图3-12所示的理想验证器是不存在的。直观地，为了检查属性φ是否是迁移系统T的不变量，验证工具需要检查T的所有可达状态。给定T的描述，验证工具能够系统地搜索可达状态并检查每个可达状态是否满足属性φ。但是，当系统的状态数量是无限的，并且使用无边界类型变量(如 nat)来描述系统的情况时，虽然验证工具不能得出系统在所有可达状态上属性能够满足，但是它有持续不停地运行来搜索越来越

多的系统状态的能力。从形式化的角度来看，验证问题的不可判定性来自计算理论的结果。事实上，如果我们限制到只有计数器变量的迁移系统，那么不变量验证问题仍然是不可判定的，这里的可数变量是 nat 类型的变量，在一个迁移中只能递增、递减或者检查是否等于 0。

有限状态系统的验证

现在，让我们把注意力转移到具有有限类型变量的系统上。对于这样的有限状态机，所有可能状态的数量是有界的。在这种特定情况下，不变量验证问题可以自动进行。验证器的输入是用源建模语言描述的迁移系统，因此是一种紧凑方式描述的。特别地，对于同步反应式构件，状态的集合通过列出所有变量的名字和类型来描述的，迁移的集合是通过赋值和条件语句的序列来描述的。如果迁移系统 T 有 k 个状态变量，并且每个状态至多可以有 m 个不同的值，那么状态数量的上界是 m^k。状态的总数随着状态变量数 k 呈指数增长，因此，基于检查所有状态的解决方案不能得到可扩展的分析工具。然而，这个指数复杂度是它固有的问题。

不变量验证问题精确计算的复杂度依赖于用于描述迁移系统的建模语言的细节。作为分析例子，让我们考虑 2.4.1 节讨论的描述为时序电路的迁移系统。时序电路是用连接非门、与门和锁存器的方框图来描述的。这个电路中的所有变量都是 bool 类型的。如果电路有 k 个锁存器，那么可能的状态数是 2^k。假设属性 φ 是布尔表达式，描述与锁存器相对应的状态变量。在这种情况下，不变量验证问题是计算问题的复杂度类 P_{SPACE} 的典型问题。P_{SPACE} 表示使用 space 多项式可解决的问题，space 多项式是关于输入大小的一个多项式。P_{SPACE} 的上界意味着，存在一种算法能够为时序电路解决不变量验证问题，它需要的内存多项式是关于电路描述中使用的锁存器和门的数量的多项式。此外，P_{SPACE} 类的不变量验证问题是很难计算的，即，该类的所有其他问题都能够重新形式化地描述为时序电路的不变量验证。

定理 3.1（有限状态不变量验证的复杂度） 给定时序电路 C，它表示为用了非门、与门和锁存器连接的方框图，属性 φ 描述为与锁存器相对应的状态变量上的布尔式。检查属性 φ 是否是迁移系统 C 的不变量的可计算问题是 P_{SPACE} 完全问题。

以严格的方式理解 P_{SPACE} 的复杂度边界需要采用计算复杂度理论，这超出了本书的范畴。我们只关注对我们有用的一些内容。首先，不变量验证问题的复杂度特点是健壮的：在应用于实际中的所有典型建模语言中，不变量验证问题对于有限状态系统是 P_{SPACE} 完全的。无论系统是确定性的还是非确定性的，复杂度保持不变。其次，P_{SPACE} 类的问题是 NP 类问题的超集，它代表可以通过非确定性算法在输入大小的多项式时间内解决的问题。NP 类的典型问题是组合电路的分析。考虑组合电路 C，它是用非门和与门描述的方框图，使得 C 有 m 个布尔输入变量 x_1，…，x_m 和一个布尔输出变量 y。假设我们想要检查是否存在一个输入，即为 m 输入变量赋值 0/1，使得 C 的输出是 1。给定一个特定的输入，计算对应的输出很简单，我们能够开发一种有效的算法来满足电路大小（即门的数量）线性时间的目标。然而，为了检查是否存在某个输入对应的输出是 1，尝试所有输入的最显著的策略会导致指数时间算法，因为有 2^m 个可能的输入。这个结构使组合电路的分析问题属于 NP 类。此外，它是所有 NP 问题的典型代表：如果组合电路分析问题能够有效地解决，那么 NP 类中的每个问题也能够解决。因此，组合电路分析问题是 NP 完全问题。这样的问题是否能够通过多项式时间解决仍然是计算机科学中的一个长期存在的开放问题。实际上，我们能够假设 NP 完全问题不存在有效的算法，因此，P_{SPACE} 完全问题（例如，有限状

85
～
86

态系统的不变量验证问题)也没有有效的算法。最后，注意组合电路分析问题是从给定状态计算反应的代表。对于与同步反应式构件相对应的有限状态系统，给定两个状态 s 和 t，判定是否存在一个从状态 s 到状态 t 的迁移是典型的 NP 完全问题，因为它需要检查所有可能的输入组合，但是对于特定的输入 i，能够通过执行更新代码来有效地判定是否状态 s 在输入 i 时是否会更新到状态 t。

总之，对于有限状态反应式构件，分析在一个循环中发生了什么是很难计算的（NP 完全问题），因为输入变量的值有多种组合；在跨多个循环中，分析在一次执行中发生了什么，将有额外的计算困难（$\mathrm{P_{SPACE}}$完全问题），因为状态变量的值有多种组合。

3.2.3 基于模拟的分析

在工业上，最常用的系统分析技术是模拟进行搜索。用户给定值 k 作为模拟的步骤数，算法为包含 k 个迁移的迁移系统生成执行，并检查不变量是否能够在执行过程中对每一个访问的状态成立。通常，迁移系统有多个给定长度的执行。例如，在对应于同步反应式构件的迁移系统中，每个状态能够有多个后继，因为在反应描述中有输入和非确定性选择。在这种情况下，仿真器必须以某种方式解决选择问题，例如，使用随机的方式。

基于模拟的算法能够处理多种不同方式描述的迁移系统，包括了从源代码到内部表示的方式。需要什么是从表示生成初始状态的方式，也是生成给定状态的后继状态的方式。更具体地，基于模拟的算法依赖于以下数据结构和操作的实现：

- 迁移系统的状态的类型是 state。常量 null 描述了虚拟状态。
- 给定迁移系统 T，ChooseSuccSate(T) 返回某个初始状态；如果 T 没有初始状态，则返回虚拟状态 null。
- 给定迁移系统 T 和状态 s，ChooseInitSate(s, T) 返回 s 的某个后继状态，即，某一状态 t 使得 (s, t) 是 T 的迁移；如果 s 没有向外迁移，则返回虚拟状态 null。
- 给定属性 φ 和状态 s，如果状态 s 满足属性 φ，那么 Satisfies(s, φ) 返回 1，否则返回 0。

模拟算法如图 3-13 所示。变量 exec 是状态的数组，对指定的步骤数，算法将数组的项目一个一个填满。在每一步，使用函数 Satisfies 来检查当前状态是否违反了期望的不变量。注意，如果没有找到违反的情况，那么算法不能对不变量是否成立做出结论。在这种情况下，我们可以重复运行算法来获得系统正确性的更多可信度。然而，这样的分析不能证明系统确实满足不变量。这种分析形式叫作证伪，它只能最终证明系统满足指定的正确性需求是假的。

表示迁移系统

基于模拟的算法的实际运行时间依赖于执行函数需要多长时间，例如，Choose-SuccSate 依赖于迁移系统的表示。迁移系统的一种可能表示方式是用源建模语言表示的系统的原始描述。对于与同步反应式构件相对应的迁移系统，系统描述是典型的兼容构件的并行组合，其中每个构件包含一个或者多个任务，每个都带有一个用直线代码给出的更新描述，同时各任务之间的优先级。对

```
输入：迁移系统T，属性φ和一个整数k > 0
输出：如果找到违反了φ的状态，那么返回一个反例
array [state] exec;
nat j := 0;
state s := ChooseInitState (T);

if s = null then return;
exec[j] := s;
if Satisfies (s, φ) = 0 then return exec;
for j := 1 to k do {
    s := ChooseSuccState (s, T);
    if s = null then return;
    exec[j] := s;
    if Satisfies (s, φ) = 0 then return exec;
}.
```

图 3-13 基于模拟的不变量证伪算法

于这种选择，函数 ChooseSuccSate 的实现可以表示如下。给定一个状态，它首先为输入变量挑选任意值。然后，它以一种与所有优先约束一致的方式对所有构件的所有任务排序。接着，按照选中的顺序执行任务的更新规约。如果在任意更新规约中有一个非确定性的赋值（使用 choose 命令），则能够做出任意的选择。这种实现方式称为模型解释：在 ChooseSuccSate 的执行过程中，根据需要解释模型描述中的不同结构。

另一种策略是模型编译：源建模语言中的系统的原始描述可以编译为操作的可执行函数，如 ChooseSuccSate 专门针对这种特殊的迁移系统。也就是说，给定迁移系统 T 的描述，模型编译器生成 ChooseSuccSate$_T$ 的可执行函数。ChooseSuccSate$_T$ 的输入是 T 的状态，它的输出将是输入状态的后继状态。图 3-14 给出了解释和编译的这两种方法。在同步反应式构件的环境中，ChooseSuccSate$_T$ 的编译版本包含了所有任务的一个固定执行顺序：这个顺序需要与所有优先约束一致，但是当生成 ChooseSuccSate$_T$ 的代码时，它只能被选择一次。非确定性结构，如单个任务的更新规约中的 choose，可以用目标语言中的随机数生成器例程的合适选择的调用来代替。模型编译方法的主要优点是性能：对 ChooseSuccSate$_T$ 的单个调用不需要处理源模型的内部表示，因此执行速度更快。

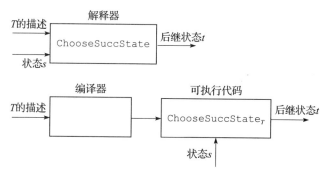

图 3-14　基于模拟分析的解释与编译

状态压缩

存储状态的分析算法所使用的内存明显受各个状态如何表示和存储的影响。对于图 3-13 所示的模拟算法，状态存储在数组 exec 中。表示一个状态的最自然的数据结构是记录（record）类型，状态变量的每个部分都有一个字段（field）。但是，这样太浪费了：如果系统有 50 个状态变量，那么在 32 位机上为每个字段分配一个字就意味着每个状态需要 400 字节，存储成千上万的状态是不实际的。因此，使用低级位编码来表示状态。对于每个状态变量，分析工具首先计算位数的上界，它能够有效地编码所有可能的值。一个布尔变量只需要 1 位，具有 3 个值的枚举类型的变量需要 2 位，对于存储汽车速度的变量，每小时公里数包括了一个小数点、10 位就够了。然后，将状态编码为位序列。

3.3　枚举搜索*

给定一个迁移系统 T 和它的一个属性，为了检查该属性是否是迁移系统的不变量，我们可以检查该属性的否定是否是可达的。这个问题可以看作在图中找到一条路径，图的节点对应于系统 T 的状态，图的边对应于系统 T 的迁移。在经典的图形搜索算法中，输入图通过列出所有的节点和边来表示。在不变量验证中，图是由状态变量、它们的初始化以及迁移的更新代码，来隐式地给出，并图可能不是有限的。因此，我们不想显式地建立图，只尽量多地搜索需要的图。

可达子图

对于一个迁移系统 T，包含了系统 T 的可达状态和这些状态的迁移的图构成系统的可达子图。为了检查属性是否是不变量，只需要检查可达子图就行了。

让我们再回到图 3-8 所示的铁路叉道口例子的控制器 Controller2。对于系统 RailroadSystem2，有 6 个状态变量：$mode_W$ 和 $mode_E$，它们的取值范围都是 {away, wait, bridge}；west 和 east，它们的取值范围都是 {green, red}；布尔变量 $near_W$ 和 $near_E$。因此，系统有 144 个可能的状态。

它表明只有少数状态是可达的。图 3-15 显示了图的可达部分。每个状态通过列出变量值来表示，按 $mode_W$、$mode_E$、$near_W$、$near_E$、west 和 east 这个顺序来表示。我们使用 a、w、b、g 和 r 来分别代替值 away、wait、bridge、green 和 red 的简写。初始化状态是 $aa00rr$，表示两列火车都离开、两个 near 变量都是 0 以及两个信号都是 red。从该状态出来的 4 个迁移对应于多种可能性之一，包括只有一列到达、两

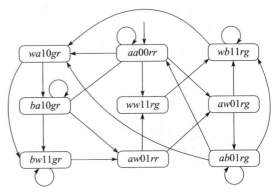

图 3-15　RailRoadSystem2 的可达子图

列同时到达或者两列都没有到达。其中一个迁移是自循环到 $aa00rr$，其他三个指向状态 $wa10gr$、$aw01rg$ 和 $ww11rg$。然后，我们可以系统地考虑从这 3 个新状态产生的所有可能的迁移，并继续直到没有新的状态被发现。在这 144 个状态中，只找到 9 个状态是可达的。

我们选择另一个例子来考虑 2.4.3 节中的同步领导选举协议。假设我们为节点标识符的集合 P 和网络链接的集合 E 选择值。由于变量的类型（如每个节点构件的 r 和 id）都是 nat 类型，所以构件 SyncLE 仍然有无限多个状态。然而，在系统执行过程中，循环变量 r 的取值范围是 {1, 2, $\cdots$, N}，这里 N 是网络中节点数的上界，标识变量 id 的取值范围是 P。因此，对于一个给定的网络，系统的可达状态数是有限的。

这些例子表明，不变量验证问题的分析算法应该只搜索从初始状态开始的系统可达状态。这样的搜索过程称为 on-the-fly，因为它以增量的方式检查系统的状态和迁移。因为它单独地处理每一个状态，所以它是枚举的。

on-the fly 深度优先搜索

正如在基于模拟的搜索案例中，on-the-fly 算法的表示不依赖于迁移系统的具体表示。在枚举搜索中，我们需要的是有一种方法可以系统地枚举迁移系统的所有初始状态，以及在给定状态 s 时有一种方法可以系统地枚举状态 s 的所有后继状态，也就是说，状态 t 使得 (s, t) 是一个迁移。正如基于模拟的搜索案例中，迁移系统的状态是 state 类型。我们将使用访问迁移系统表示的下述函数：

- 给定迁移系统 T，FirstInitState(T) 返回 T 的第一个初始状态，根据初始状态选择的枚举值，如果 T 没有初始状态，则返回虚拟状态 null。
- 给定迁移系统 T 和一个初始状态 s，根据初始状态选择的枚举值，NextInitState(s, T) 返回在状态 s 后面的初始状态，如果没有这样的状态存在，则返回 null。
- 给定迁移系统 T 和 T 的一个状态 s，FirstSuccState(s, T) 返回 s 的第一个后继状态，根据状态 t 的集合选择的枚举值，使得 (s, T) 是 T 的一个迁移，如果 s 没有向

外迁移，那么返回虚拟状态 null。

- 给定迁移系统 T 和状态 s 和 t，$\text{NextSuccState}(s, t, T)$ 返回 s 的后继状态集合选择的枚举值中的 t 后面的状态，如果不存在这样的状态，那么返回虚拟状态 null。

例如，如果迁移系统 T 有一个 nat 类型的状态变量 x 且初始化时指定 $x \geqslant 10$，那么系统 T 有无限多个初始状态，它们可以枚举为 10，11，12，…。在这种情况下，FirstInitState 能够返回 10，对于 $n \geqslant 10$，NextInitState 对于输入 n 能够返回 $n+1$。枚举搜索需要具备系统地列出所有初始状态和状态的后继的能力。能够有效地枚举初始状态集合及其后继状态集合的迁移系统 T 称为可数分支：无论什么时候在扩展执行中进行选择时，所能选择的数量就是可数的。如果 T 有 real 类型的状态变量 x 并初始化时指定 $0 \leqslant x \leqslant 1$，那么就会存在无数多的初始状态，每一个对应于区间 $[0, 1]$ 内的每一个实数。这个迁移系统称为不可数分支。对于这样的系统，不可能应用系统的搜索对状态一个一个地搜索。需要注意的是：在这个例子中基于模拟的探究仍然是可能的，因为我们可以实现 ChooseInitState 返回一个达到浮点数指定精度的随机选择的实数。

图 3-16 显示了（可数分支）迁移系统的 on-the-fly 搜索经典深度优先搜索算法。它依赖于以下的数据结构。

```
输入：迁移系统T和属性φ
输出：如果φ在T中是可达的，则返回一个证据，否则返回0
set(state) Reach := EmptySet;
set(state) Pending := EmptyStack;
state s := FirstInitState(T);

while s ≠ null do {
  if Contains(Reach, s) = 0 then
    if DFS(s) = 1 then return Reverse(Pending);
  s := NextInitState(s, T);
  };
return 0.

bool function DFS(state s)
  Insert(s, Reach);
  Push(s, Pending);
  if Satisfies(s, φ) = 1 then return 1;
  state t := FirstSuccState(s, T);
  while t ≠ null do {
    if Contains(Reach, t) = 0 then
      if DFS(t) = 1 then return 1;
    t := NextSuccState(s, t, T);
    };
  Pop(Pending);
  return 0.
```

图 3-16　用于可达性分析的 on-the-fly 深度优先算法

- Set(state) 类型的变量 Reach 是存储可达状态的集合。对这个集合数据结构的操作有：1）初始化对应于空集的常量 EmptySet；2）成员测试 Contains，需要输入一个集合和一个状态，如果输入状态属于输入集合，那么返回 1，否则返回 0；3）插入过程 Insert，需要输入一个状态和一个集合，并通过将输入状态增加到该集合中来更新输入集合。
- Stack(state) 类型的变量 Pending 用来正在搜索中的存储状态序列。对这个栈数据结构的操作有：1）初始化对应于空栈的常量 EmptyStack；2）过程 Push，它需要输入一个状态和一个栈，并通过将输入状态添加到它的栈顶来更新输入栈；
3) 过程 Pop，它需要输入一个栈，如果栈中有元素，那么通过删除栈顶元素来更新
栈；4) 函数 Reverse，它需要一个栈，并返回它包含的从栈底到栈顶的状态序列。

该算法维护它目前已经遇到的状态集合 Reach。保证该集合中的所有状态都是迁移系
统 T 的可达状态。通过函数 FirstInitState 和 NextInitState，将迁移系统的初始状态一个
一个地提供给算法。算法从每个初始状态开始搜索，并且这些状态还没有被递归函数 DFS
访问。当用输入状态 s 调用 DFS 时，它把状态 s 添加到集合 Reach 中，并将它压入栈
Pending 的栈顶。任何时候，栈包含状态序列，使得栈底的状态是初始状态，并且每一个
状态都有一个从它下面的状态开始的迁移。如果输入状态 s 满足属性 φ，那么算法发现 φ
是可达的，并且所有挂起的 DFS 调用都终止。栈包含迁移系统的执行，该执行证明满足
属性 φ 的状态的可达性，因此，依据反向栈可以作为证据执行的输出。如果输入状态 s 不
能满足属性 φ，那么算法检查所有从 s 开始的向外迁移。s 的后继状态通过函数 First-
SuccState 和 NextSuccState 一个一个地提供给算法。算法从这些还没有访问的后继状态递
归地调用 DFS。如果所有的 DFS 调用终止了，那么算法就已经访问了所有可达状态，而
没有遇到满足属性 φ 的状态并且它返回 0。

例子说明

图 3-17 展示了对应于构件 Rairoad-
System2(图 3-15 所示的可达图)的迁移系统
的深度优先搜索算法的可能执行。

首先，算法用 Reach 等于空集和
Pending 等于空栈的输入状态 $aa00rr$ 调用
DFS。在图 3-17 中，给每个状态赋值一个
唯一的数，该数表明状态发现的顺序，并
将其添加到 Reach。这样，状态 $aa00rr$ 的
值为 1。在图 3-17 中，从左到右对给定状
态的后继状态排序。也就是说，$aa00rr$ 的
第一个后继是 $aa00rr$。由于这个状态已经
被访问过了，所以没有对 DFS 进行新的调
用。然后，检查 $aa00rr$ 的下一个后继，即
状态 $wa10gr$。此时，Reach 只包含状态
$aa00rr$，栈也只包含这个状态，函数输入
状态是 $wa10gr$ 再次调用函数 DFS，它的
DFS 发现数是 2。图 3-17 给出了已访问状
态集合 Reach 的值和当有一个新的 DFS 调
用时栈 Pending 的值(简单地说，状态是用
它们的 DFS 发现的数来表示的)。需要注
意的是，当 DFS($wa10gr$) 返回时，集合
Reach 包含所有的状态，因此，依次检查
$aa00rr$ 的剩下两个后继状态 $aw01rg$ 和
$ww11rg$，不用对 DFS 进行新的调用。

当 DFS ($aw01rg$) 首先检查后继

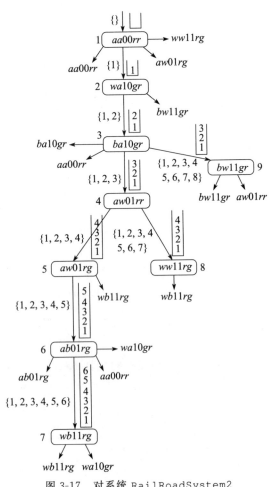

图 3-17　对系统 RailRoadSystem2
　　　　　执行深度优先搜索的例子

92
～
93

$aw01rg$ 时，它调用 DFS($aw01rg$)。该调用搜索从 $aw01rg$ 开始的所有状态，然后返回。Reach 的值包含所有的状态。因为 $aw01rr$ 的下一个后继是 $ww11rg$，并且还没有被访问，所以调用 DFS($ww11rg$)。对于两个调用，如 DFS($aw01rg$) 和 DFS($ww11rg$)，它们共享调用上下文（这里指 DFS($aw01rr$)）的直接父节点，在该调用中，栈 Pending 的值是相同的（并获取导致该调用的输入状态的执行），但是变量 Reach 的值已经改变了（在右边的一定是左边的超集）。

深度优先搜索的分析

对于可达状态 s，算法至多一次输入 s 调用 DFS，因此它最多处理一次可达状态的每个向外迁移。如果迁移系统的可达状态的数量是有限的，那么应保证算法是可以终止的，并且它的运行时间与可达状态和迁移的数量成线性比例。即使当可达状态的数量不是有限的时，算法也可以遇到满足 φ 的状态并以一个执行证据终止运行。然而，如果属性 φ 不是可达的且可达状态的数量不是有限的，那么算法只是一直检查越来越多的状态，直到它用尽可用的内存。将这些属性总结为以下的定理：

定理 3.2（不变量验证的 on-the-fly 深度优先搜索） 给定一个可数分支的迁移系统 T 和属性 φ，图 3-16 所示的深度优先搜索算法有以下的保证：

1）如果算法返回 0，那么属性 φ 在系统 T 中是不可达的。

2）如果算法返回一个状态序列，那么它的输出是证明属性 φ 可达性的证据执行。

3）如果 T 的可达状态的数量是有限的，那么算法终止，并且调用 DFS 的数量是有界的，它是可达状态的数量。

我们通过讨论枚举模型检查器常用的一些实现技术对枚举搜索的讨论进行了总结，以便改进深度优先搜索算法的效率。对于基于模拟的搜索方法，迁移系统的表示应该支持快速的初始状态和给定状态的后继状态的计算，算法的内存需求能够通过状态的紧凑编码来减少。

位状态散列

存储已访问过的状态的 Reach 集合，最常用的数据结构是散列表。散列表包含了散列函数，该函数能够将每个状态映射为 0 到 N 的整数，N 是合适选择的正整数，数组的长度是 N，数组的一个项是一个状态列表。最初，所有列表都是空的。为了在散列表中插入状态 s，首先使用散列函数将 s 映射到索引 j，然后将状态 s 添加到散列表的第 j 项。为了检查状态 s 是否已经在散列表中，使用散列函数将 s 映射到索引 j，然后，扫描列表的第 j 项来检查是否包含了 s。如果选择了合适的散列函数，那么映射到同一个索引的状态数是很小的，因此，Inset 和 Contains 都花费接近常数的时间。

虽然散列是存储已搜索状态的有效技术，但是可达状态的数量经常很大以至于无法存储在内存中。在这种情况下，可以采用一种叫作位状态散列的近似策略。这种方法使用大小为 N 的哈希表，它的第 j 项是单个位。最初，所有的位都是 0。使用散列函数将状态 s 的插入映射为整数 j，这是通过将散列表的第 j 个位设置为 1 来实现的。状态 s 的成员测试返回对应于 s 的索引上存储的值的位。这种模式不能正确地处理散列冲突。假设两个状态 s 和 t 都映射到相同的索引 j，并且状态 s 先被插入散列表。当遇到状态 t 时，因为散列表的第 j 位已经设置为 1，所以成员测试 Contains 错误地返回一个状态 t 的肯定回答。因此，深度优先搜索算法不能搜索 t 的后继。所以，可达状态集合中只有一部分被搜索了。因此，当算法返回 0 时，我们不能确定属性 φ 是不可达的，但是当它返回一个状态序列时，可以确定这是 φ 的可达性的证据。通过位状态散列可以搜索的可达状态依赖于表大小的选择以及散列函数。通过使用两位状态散列表，位状态散列的性能可以大大提高，其中每位有一个独立的散列函数：为了插入状态，两个散列表中对应位都设置为 1，并且成员测试检查两个散列表中对应于输入状态的位是否都是 1。

练习 3.10：考虑图 2-2 所示的反应式构件 Switch。它有多少个可达状态？请画出对应迁移系统的可达子图。

练习 3.11：为了节省内存，有时要修改 on-the-fly 深度优先搜索算法，使它不存储任何状态。也就是说，我们通过删除集合 Reach 来修改图 3-16 的算法，并且当遇到一个状态时，没有测试来检查该状态之前是否被访问过，这种搜索方式叫作无状态搜索。说明算法的部分正确性仍然被保持：定理 3.2 的断言 1)和 2)继续成立。但是，对终止性(定理 3.2 的断言 3))有何影响？

练习 3.12*：广度优先搜索算法首先检查所有的初始状态，然后检查初始状态的所有后继状态，以此类推。为了实现这样的算法，我们需要关于迁移系统表示的两个函数：1)InitStates 返回给定迁移系统的初始状态列表；2)SuccStates 返回迁移系统中给定状态的后继状态列表。这样的描述对于有限分支的迁移系统是合理的，即，迁移系统的初始状态数是有限的，并且每个状态只有有限多个后继状态。给定一个有限分支的迁移系统 T 和属性 φ，提出一种广度优先搜索算法来检查 φ 在 T 中是否是可达的，并精确地说明它的正确性和终止保证。

3.4 符号搜索

因为不变量验证问题是计算难题，所以我们不要期望能够找到一种有效的可扩展的解决方案。但是，在实践中，启发式方法能够对许多不变量验证问题起到较好的效果。其中一种这样的启发式方法是基于迁移系统的符号可达性分析。符号搜索算法不是一次显式地处理一个状态，而是处理通过约束表示的状态集合。例如，对于整数变量 x，约束 $20 \leqslant x \leqslant 99$ 明确地表示 80 个状态中的集合 $\{20, 21, \cdots, 99\}$。这样的符号表示很简洁，通过适当的操作，可以修改符号表示，就能够提出一种解决不变量验证问题的符号搜索算法。

3.4.1 符号迁移系统

在符号分析方法中，初始状态和迁移能够通过公式来表示，即在初始化和更新时要遵循的布尔值表达式约束。

初始化和迁移公式

对于带有状态变量 S 的迁移系统 T，初始化可以通过状态变量 S 的布尔表达式 φ_I 来表示。那么，初始状态集合包含了满足该表达式的状态。让我们回顾迁移系统 $GCD(m, n)$（如图 3-1 所示），它是对应于计算最大公约数函数 gcd 的程序，它有 3 个状态变量 x、y 和 mode。初始化公式是 $x = m \wedge y = n \wedge \text{mode} = \text{loop}$。

为了将迁移描述 Trans 表示为一个公式，我们需要将迁移之前的状态变量的值与迁移之后的状态变量的值相关联。对于变量 v，我们使用 v' 来表示 v 的迁移后(primed)版本，v' 与 v 的类型相同。这个目的复制版本用于获取迁移后的值。使用这个约定，通过状态变量 S 和对应于目的状态变量 S' 的布尔表达式 φ_T 来表示迁移描述。

让我们一步一步地为 GCD 程序创建一个迁移公式。图 3-1 的扩展状态机有两个模式切换，一个迁移对应于其中一个切换执行。因此，迁移公式是两个公式的析取，每个模式切换贡献一个析取项。让我们先来关注自循环。

考虑赋值语句 $x := x - y$。该语句转换为逻辑公式 $x' = x - y$，该逻辑公式将 x 的更新值与 x 和 y 的旧值相关联。假设"一个不显式更新的状态变量保持不变"需要通过逻辑公式中的显式的约束来获得。因此，对应 $x - y$ 的公式是 $(x' = x - y) \wedge (y' = y)$，其中 y 隐含不变。条件语句"if$(x > y)$then $x := x - y$"由下式获得：

$$(x > y) \wedge (x' = x - y) \wedge (y' = y)$$

这样的公式对系统的状态对进行评估，其中第一个状态用来获取变量 x 和 y 的值，第二个状态用来获取 x' 和 y' 的值。当 $s(x) > s(y)$ 且 $t(x) = s(x) - s(y)$ 且 $t(y) = s(y)$ 时，状态对 (s, t) 准确地满足该迁移公式。注意，如果我们简单地删除合取项 $y' = y$，那么公式代表的意思将不是我们想要的意思，当 $x > y$ 成立时，变量 y 可能够被更新为任意值。

条件分支语句"if$(x > y)$then $x := x - y$ else $y := y - x$"对应于公式 ψ，它是两种情况的析取：

$$\big[(x > y) \wedge (x' = x - y) \wedge (y' = y)\big] \vee \big[\neg (x > y) \wedge (y' = y - x) \wedge (x' = x)\big]$$

以上将条件语句映射为迁移公式模式是典型的：公式是各种情况的析取，其中每种情况是条件和对应于这个条件的更新的合取。

对于 GCD 程序的自循环，守卫条件是 $(x > 0 \wedge y > 0)$，模式切换是从模式 loop 到它自身。因此，自循环对迁移公式的贡献是公式 ψ_1：

$$\big[(x > 0) \wedge (y > 0) \wedge (\text{mode} = \text{loop} \wedge \psi \wedge (\text{mode}' = \text{loop})\big]$$

从 loop 到 stop 的模式切换的贡献可以用同样的方式来计算。特别地，更新代码 "if$(x = 0)$then $x := y$" 转换为公式 ψ'：

$$\big[(x = 0) \wedge (x' = y) \wedge (y' = y)\big] \vee \big[\neg (x = 0) \wedge (x' = x) \wedge (y' = y)\big]$$

并且这个模式切换对迁移公式的贡献是公式 ψ_2：

$$\big[\neg (x > 0 \wedge y > 0) \wedge (\text{mode} = \text{loop}) \wedge \psi' \wedge (\text{mode}' = \text{stop})\big]$$

迁移系统 $GCD(m, n)$ 的期望迁移公式 φ_T 是：$\psi_1 \vee \psi_2$。

这种类型的迁移关系规约称为声明的。不像更为熟悉的操作类型可以指定语句的执行顺序，声明的规约只能保持变量的旧值和新值之间的约束。与赋值不同，赋值作为一种可操作的和可执行的描述，同样，它是声明的和逻辑的规约，左边和右边没有太大的差别。特别地，表达式 $x' = x - y$ 和 $x - y = x'$ 是逻辑等价的，正确表示相同的约束。同样，由于逻辑合取是可交换的，所以公式 $(x' = x - y) \wedge (y' = y)$ 与 $(y' = y) \wedge (x' = x - y)$ 表示了相同的约束。

反应公式

对于通过同步反应式构件描述的迁移系统，迁移系统的符号化描述能够通过与对应的反应式构件类似的符号描述来获得。对于同步反应式构件，可以通过状态变量公式 φ_I 来进行初始化，通过（原始的）状态变量（即循环开始时的状态）输入和输出变量以及迁移后状态变量（即循环执行结束时的状态）公式 φ_R 来描述它的反应。

让我们回顾第一个反应式构件 Delay，如图 2-1 所示。对于构件 Delay 的初始化公式 φ_I 是 $x = 0$。注意，如果我们想描述 x 的初始值是 0 或者 1，那么对应的初始赋值 $x := \text{choose}\{0, 1\}$ 是通过每个状态满足常量 1 来获得的。实际上，基于约束的或者声明的类型能够更方便地描述非确定性。

对于构件 Delay，反应公式 φ_R 是

$$(\text{out} = x) \wedge (x' = \text{in})$$

它包含了旧状态、输入、输出和更新状态之间的关系。通常，带有状态变量 S、输入变量 I 和输出变量 O 的构件 C 的反应公式 φ_R 是变量 $S \cup I \cup O \cup S'$ 上的公式。对于构件 C 的状态 s 和 t、输入 i 和输出 o，当使用状态 s 为 S 中的变量赋值、使用输入 i 为 I 中的变量赋值、使用输出 o 为 O 中的变量赋值、使用状态 t 为 S' 中对应的目的变量赋值时，当满足公式 φ_R 时，$s \xrightarrow{i/o} t$ 是构件 C 的反应。

给定同步反应式构件 C 的符号描述，能够简单地获得对应迁移系统 T 的符号描述。T

的初始化公式与 C 的初始化公式相同。我们知道，对于状态 s 和 t，当存在一个输入 i 和输出 o 使得 $s \xrightarrow{i/o} t$ 是 C 的一个反应时，(s, t) 也的确是 T 的迁移。T 的迁移和 C 的反应之间的关系能够使用逻辑公式的存在量化运算来很好地表示。

如果 f 是变量集合 V 上的布尔公式，x 是 V 中的变量，那么 $\exists x. f$ 是集合 $V \setminus \{x\}$ 上的布尔公式。如果 q 能够通过将某个值赋给 x 来满足 f 来扩展，则 $V \setminus \{x\}$ 上的值 q 满足量化公式 $\exists x. f$，也就是说，对于 $V \setminus \{x\}$ 中的每个变量 y，在 V 中存在值 s 满足 $s(f)=1$ 和 $s(y)=q(y)$。例如，如果 x 和 y 是布尔变量，那么公式 $\exists x. (x \wedge y)$ 只表示了对变量 y 的约束，它与公式 y 相等（即当 y 被赋值 1 时，$\exists x. (x \wedge y)$ 等于 1）。同样，公式 $\exists x. (x \vee y)$ 等于 1（即这个公式等于 1，且与 y 的值独立）。

对应构件 Delay 的迁移系统的迁移公式是

$$\exists \text{in}. \exists \text{out}. [(\text{out} = x)] \wedge (x' = \text{in})]$$

由于无论 x 和 x' 的值是什么，这个公式都能被满足，所以该公式简化为逻辑常量 1。

[100]这反映一个事实：对于这个迁移系统，每个状态对之间都有一个迁移。

更一般地，如果公式 φ_R 是构件 C 的反应公式，那么通过存在量化所有的输入和输出变量 $\exists I. \exists O. \varphi_R$，就能够获得对应迁移系统的迁移公式 φ_T。

作为另一个例子，考虑图 2-5 所示的构件 TriggeredCopy。仅有状态变量是 nat 类型的 x，初始化公式是 $x=0$，反应公式是：

$$(\text{in?} \wedge \text{out} = \text{in} \wedge x' = x + 1) \vee (\neg \text{in?} \wedge \text{out} = \bot \wedge x' = x)$$

假设（当输入事件未发生时，构件的状态保持不变且没有输出）作为一个单独的情况——在反应公式显式地获得。对应的迁移公式通过存在量化输入和输出变量来获得：

$$\exists \text{in}, \text{out}. [(\text{in?} \wedge \text{out} = \text{in} \wedge x' = x + 1) \vee (\neg \text{in?} \wedge \text{out} = \bot \wedge x' = x)]$$

该迁移公式可简化为逻辑等价公式：

$$(x' = x + 1) \vee (x' = x)$$

组合符号表示

在 2.3 节中，我们研究了如何通过输入/输出变量重命名、并行组合和输出隐藏等运算将复杂构件组合起来。产生的构件的符号描述能够从原始构件的符号描述中获得。我们用方框图来说明图 2-15 所示的构件 DobleDelay。

变量的重命名能够用来创建构件的实例，使得不同构件的状态变量之间没有名字冲突，输入/输出变量的公共名表示输入/输出连接。给定原始构件的初始化和反应公式，实例化构件对应的公式能够通过变量名文本替换获得。例如，构件 Delay1 是从构件 Delay 获得的，通过将状态变量 x 重命名为 x_1 和将输出 out 重命名为 temp。Delay1 的初始化公式是 $x_1=0$，反应公式是 $(\text{temp}=x_1) \wedge (x_1'=\text{in})$。同样，Delay2 的初始化公式是 $x_2=0$，反应公式是 $(\text{out}=x_2) \wedge (x_2'=\text{temp})$。

考虑两个兼容的构件 C_1 和 C_2。如果 φ_I^1 和 φ_I^2 分别是构件 C_1 和 C_2 的初始化公式，那么积构件 $C_1 \| C_2$ 的初始化公式就是合取 $\varphi_I^1 \wedge \varphi_I^2$。这说明，公式 φ_I^1 约束构件 C_1 的状态变量的初始值，公式 φ_I^2 约束构件 C_2 的状态变量的初始值。同样，如果 φ_R^1 和 φ_R^2 分别是构件 C_1

[101]和 C_2 的反应公式，那么积构件 $C_1 \| C_2$ 的反应公式就是合取 $\varphi_R^1 \wedge \varphi_R^2$。这再次说明：在同步组合中，如果通过 s、i、o 和 t 等变量赋予的值与这两个原始构件的反应描述一致，那么关于输入 i 的组合状态能够反应将状态更新为 t 的输出 o。

在我们的例子中，通过 Delay1 和 Delay2 组合的构件有状态变量 $\{x_1, x_2\}$、输出变量 $\{\text{temp}, \text{out}\}$、输入变量 $\{\text{in}\}$、初始化公式 $x_1=0 \wedge x_2=0$ 和反应公式

$$\mathrm{temp} = x_1 \wedge x_1' = \mathrm{in} \wedge \mathrm{out} = x_2 \wedge x_2' = \mathrm{temp}$$

如果 y 是构件 C 的输出变量，那么我们可以使用隐藏保证 y 不再是从外部观察的输出。产生的构件 $C \setminus y$ 的初始化公式与构件 C 的初始化公式相同。如果 φ_R 是构件 C 的反应公式，那么产生的构件的反应公式是 $\exists y. \varphi_R$。在我们的例子中，如果我们隐藏了 Delay1∥Delay2 的中间输出 temp，那么我们得到期望的复合构件 DoubleDelay。它的初始化公式是：

$$x_1 = 0 \wedge x_2 = 0$$

反应公式是：

$$\exists \,\mathrm{temp}. \,(\mathrm{temp} = x_1 \wedge x_1' = \mathrm{in} \wedge \mathrm{out} = x_2 \wedge x_2' = \mathrm{temp})$$

该式可以简化为等价的公式：

$$x_1' = \mathrm{in} \wedge \mathrm{out} = x_2 \wedge x_2' = x_1$$

为了获得与构件 DoubleDelay 相对应的迁移系统的迁移公式，我们可以从使用存在量化上式的变量 in 和 out。产生的迁移公式等价于：$x_2' = x_1$。

练习 3.13：考虑练习 3.1 描述的迁移系统 Mult(m, n)，请用初始化和迁移公式对该迁移系统进行符号描述。

练习 3.14：考虑图 2-2 中的作为扩展状态自动机的构件 Switch 的描述。请给出与构件 Switch 对应的初始化和反应公式。以尽可能简单的方式给出与迁移系统对应的迁移公式。

练习 3.15*：令两个相互兼容的反应式构件 C_1 和 C_2 分别具有反应公式 φ_R^1 和 φ_R^2。我们已经知道 $C_1 \parallel C_2$ 的反应公式为 $\varphi_R^1 \wedge \varphi_R^2$。设 φ_T^1 和 φ_T^2 分别是与迁移系统 C_1 和 C_2 对应的迁移公式。我们能否得出对应于积构件 $C_1 \parallel C_2$ 的迁移系统的迁移公式是 $\varphi_T^1 \wedge \varphi_T^2$？请验证你的答案。

102

3.4.2 符号广度优先搜索

在为不变量验证提出符号算法前，让我们确定符号搜索所需的操作。

区域上的操作

我们将符号表示的状态集称为区域(region)。给定一个类型变量集合 V，V 上的状态集合表示为 reg 类型的区域。在具有状态变量 S 的迁移系统的符号表示中，初始状态用 S 上的区域来表示，迁移用 $S \cup S'$ 上的区域来表示。我们已经研究了基于变量的布尔公式表示的这样的一个特定实例。虽然使用公式描述有利于理解符号算法，但只要执行以下讨论的原语，算法就能用于任何选择。

区域的数据类型 reg 支持以下操作：

- 给定区域 A 和 B，Disj(A, B) 返回包含在 A 中或者 B 中的状态的区域。
- 给定区域 A 和 B，Conj(A, B) 返回同时包含在 A 和 B 中的状态的区域。
- 给定区域 A 和 B，Diff(A, B) 返回包含在 A 中但不在 B 中的状态的区域。
- 给定区域 A，如果区域 A 不包含状态，则 IsEmpty(A) 返回 1；否则返回 0。
- 给定区域 V 上的 A 和变量集 $X \subseteq V$，Exists(A, X) 返回投射到变量 $V \setminus X$ 上的区域 A。当 X 上存在一个值 t，使得通过组合 s 和 t 获得的 V 上的值在 A 中时，结果包含 $V \setminus X$ 上的值 s。
- 给定变量 V 上的区域 A、在 V 中的变量列表 $X = \{x_1, \cdots, x_n\}$ 和不在 V 中的变量列表 $Y = \{y_1, \cdots, y_n\}$，使得每个变量 y_i 与对应的变量 x_i 有相同的类型，Rename(A, X, Y) 返回通过重命名 x_i 为 y_i 而获得的区域。因此，当 A 上存在一个值 s，使得 $t(y_j) = s(x_j)(j = 1, \cdots, n)$，$t(z) = s(z)$（对于 $V \setminus X$ 上的所有变量 z）时，结果包含在变量 $(V \cup Y) \setminus X$ 上的值 t。

图像计算

符号搜索的核心是图像计算：给定状态变量上的区域 A，我们想要计算包含所有状态的区域，这些状态能够通过使用一个迁移从 A 中的状态到达。通过使用操作交集、重命名和存在量词，能够实现期望的操作 Post，如下所述。给定区域 A，我们首先将它与 Trans 联合，Trans 是包含了所有迁移的末目的状态和目的状态变量上的区域。交集 Conj $(A，\text{Trans})$ 是 $S \cup S'$ 上的区域，该区域包含了所有起源于 A 中状态的迁移。那么我们通过存在量化 S 中的变量，将结果投射到目的状态变量的集合 S' 上。结果是一个包含某些状态的区域，这些状态能够通过一个迁移从 A 中的状态到达。但是，它是目的变量上的一个区域。重命名每个目的变量 x' 为 x，将得到期望的区域 Post(A)。

符号图像计算

考虑一个具有状态 S 和通过 $S \cup S'$ 上的区域 Trans 给出的迁移规约的迁移系统。给定 S 上的区域 A，区域 A 的后像定义为

$$\text{Post}(A, \text{Trans}) = \text{Rename}(\text{Exists}(\text{Conj}(A, \text{Trans}), S), S', S)$$

它也是 S 上的区域，它精确地包含了这样一些状态 t：对于 A 中的某一状态 s，有迁移 (s, t)。

图像计算的例子

作为一个例子，假设系统有一个 real 类型的变量，迁移区域由公式 $x' = 2x + 1$ 给定（该公式对应于等式 $x := 2x + 1$）。考虑公式 $0 \leqslant x \leqslant 10$ 给定的区域 A。在图像计算的第一步，我们将 A 与 Trans 联合，这将得到区域 $0 \leqslant x \leqslant 10 \wedge x' = 2x + 1$。应用 x 的存在量词并简化结果，我们得到 $1 \leqslant x' \leqslant 21$。验证在执行赋值 $x := 2x + 1$ 后 $1 \leqslant x \leqslant 21$ 确实描述了 x 的所有可能值，假设在执行赋值前 $0 \leqslant x \leqslant 10$ 描述了 x 的所有可能值。

第二个例子，考虑具有两个整数变量 x 和 y 的迁移系统。假设系统的迁移对应于执行语句：

$$\text{if}(y > 0)\text{then } x := x + 1 \text{ else } y := y - 1$$

这条语句转换为下面的迁移公式：

$$[(y > 0) \wedge (x' = x + 1) \wedge (y' = y)] \vee [(x' = x)] \wedge (y' = y - 1)]$$

考虑由公式 $2 \leqslant x - y \leqslant 5$ 描述的迁移系统的区域 A。为了计算这个区域的后像，将它与迁移公式连接起来，得到

$$[(y > 0) \wedge (x' = x + 1) \wedge (y' = y) \wedge (2 \leqslant x - y \leqslant 5)]$$
$$\vee [(y \leqslant 0) \wedge (x' = x) \wedge (y' = y - 1) \wedge (2 \leqslant x - y \leqslant 5)]$$

如果我们从这个公式用存在量化变量 x，那么我们得到

$$[(y > 0) \wedge (y' = y) \wedge (2 \leqslant x' - 1 - y \leqslant 5)]$$
$$\vee [(y \leqslant 0) \wedge (y' = y - 1) \wedge (2 \leqslant x' - y \leqslant 5)]$$

现在，让我们从这个公式存在量化变量 y，得到

$$[(y' > 0) \wedge (2 \leqslant x' - 1 - y' \leqslant 5)] \vee [(y' + 1 \leqslant 0) \wedge (2 \leqslant x' - y' - 1 \leqslant 5)]$$

通过将 x' 和 y' 分别重命名为 x 和 y，并进行一些简化，得到

$$(3 \leqslant x - y \leqslant 6) \wedge (y \neq 0)$$

作为区域 A 的后像。

考虑 2.4.1 节中的同步反应式构件 3BitCounter（如图 2-27 所示）。该构件有两个输入变量 inc 和 start，以及 3 个输出变量 out_0、out_1 和 out_2。令对应于 3 位的 3 个锁存器的

状态变量是 x_0、x_1 和 x_1。构件的反应公式 φ_R 等于：

$$out_0 = x_0 \wedge out_1 = x_1 \wedge out_2 = x_2 \wedge$$

$$\begin{bmatrix} (start = 1 \wedge x_0' = 0 \wedge x_1' = 0 \wedge x_2' = 0) \vee \\ (start = 0 \wedge inc = 0 \wedge x_0' = x_0 \wedge x_1' = x_1 \wedge x_2' = x_2) \vee \\ (start = 0 \wedge inc = 1 \wedge x_0' = \neg x_0 \wedge x_1' = x_0 \oplus x_1 \wedge x_2' = (x_0 \wedge x_1) \oplus x_2 \end{bmatrix}$$

这个公式表示了这样的约束：每个输出位 out_j 与（旧的）状态 x_j 相同，并且或者 1)输入 start 是高，并且所有的更新状态位是 0；或者 2)两个输入都是低，并且状态保持不变；或者 3)输入 start 是低，inc 是高，并且计数器递增。计数器的递增条件是：最低位 out_0 跳转，中间位 out_1 的新值是两个最低位的异或（用操作符 $\oplus$ 表示），最高位 out_2 的新值是 out_2 的旧值与其他两位的合取的异或。对于对应的迁移系统，迁移公式 φ_T 是

$$\exists inc, start, out_0, out_1, out_2 \cdot \varphi_R$$

简化为

$$(x_0' = 0 \wedge x_1' = 0 \wedge x_2' = 0) \vee$$
$$(x_0' = x_0 \wedge x_1' = x_1 \wedge x_2' = x_2) \vee$$
$$[x_0' = \neg x_0 \wedge x_1' = x_0 \oplus x_1 \wedge x_2' = (x_0 \wedge x_1) \oplus x_2]$$

现在考虑由公式 $x_0 = 0 \wedge x_1 = 0$ 给定的区域 A，也就是说，区域 A 包含了两个最低位都为 0 的状态，但是最高位可能是 0 或者 1。为了计算这个区域的图像，首先将它与迁移公式 φ_T 联合，联合后的公式简化为

$$(x_0' = 0 \wedge x_1' = 0 \wedge x_2' = 0) \vee (x_1' = 0 \wedge x_2' = x_2)$$

存在量化旧的状态变量 x_2 并简化结果，我们得到 $x_1' = 0$。最后，重命名目的变量为未目的变量，得到区域 $x_1 = 0$。这就可以正确地获得 3 位计数器的一次循环的执行效果：区域 $\{000, 100\}$ 的后继集合是 $\{000, 001, 100, 101\}$。

图像迭代计算

现在，我们准备描述符号广度优先搜索算法。图 3-18 所示的算法从初始区域开始，通过反复地应用图像计算，计算可达状态集连续近似。区域 Reach 存储了目前找到的可达状态集合，区域 New 代表新找到的可达状态。New 的连续值获得可达状态所需的最小迁移数：在循环的第 j 次迭代，New 包含这些状态 s，其中从初始状态到达 s 的最短执行包含了 j 个迁移。开始时，区域 Reach 和 New 都要设置为 Init。如果 New 中任意状态满足属性 φ，即区域 New 和 φ 的交集是非空的，那么算法停止。如果区域 New 是空的，那么算法就终止，并报告没有满足属性 φ（即否定属性 $\neg\varphi$ 是不变量）的可达状态。否则，为了在下一步找到可达状态，算法将 Post 操作符应用于区域 New，并使用区域上的集合差操作来删除这些已知可达的状态。在算法的连续迭代中区域 Reach 的值如图 3-19 所示。

为了说明符号广度优先搜索算法是

```
输入：给定一个迁移系统 T，它的初始状态集是区域 Init，
      变迁条件集是 Trans，区域 φ 是属性
输出：如果 φ 是可达的，返回 1，否则返回 0
reg Reach := Init;
reg New := Init;
while IsEmpty(New) = 0 do{
  if IsEmpty(Conj(New, φ)) = 0 then return 1;
  New := Diff(Post(New, Trans), Reach);
  Reach := Disj(Reach, New);
};
return 0.
```

图 3-18 用于可达性分析的符号宽度优先搜索算法

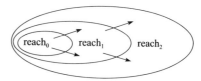

图 3-19 可达状态的符号广度优先搜索计算

[105]

如何工作的，让我们回顾与构件 RailRoadSystem2 相对应的迁移系统（如图 3-15 所示）。首先，Reach＝New＝Init＝$\{aa00rr\}$。在循环的一次迭代后，

$$\text{Reach}= \{aa\,00rr, wa\,10gr, ww\,11rg, aw\,01rg\}$$
$$\text{New} = \{wa\,10gr, ww\,11rg, aw\,01rg\}$$

在循环的第二次迭代后，

$$\text{New} = \{ba\,10gr, bw\,11rg, ab\,01rg, wb\,11rg\}$$

在循环执行的第三次迭代后，Reach 包含所有的 9 个可达状态，并且 New 等于 $\{aw01rr\}$。在第四次迭代后，New 变为空，并且 Reach 保持不变。因此，算法停止。

如果符号广度优先搜索算法终止，那么它的答案是正确的。如果属性 φ 是可达的，并且最短证据包含 j 个迁移，那么在 while 循环的 j 次迭代后，算法终止。如果属性是不可达的，那么只有当它在有限次迭代后发现了所有可达的状态后，算法才能够终止。如果 T 的可达状态数是有限的，那么它是有保证的。

定理 3.3（可达性的符号广度搜索） 给定迁移系统 T 的符号描述和属性 φ，图 3-18 所示的符号广度优先搜索算法有以下的保证：

1）如果算法终止，那么返回值正确地表明属性 φ 在 T 中是否是可达的。

2）如果属性 φ 在迁移系统 T 中是可达的，那么算法在 while 循环的 j 次迭代后终止，其中 j 是到 φ 的可达性的最短证据的长度。

3）如果存在一个自然数 j，使得 T 的每个可达状态经过至多 j 个迁移的执行后仍是可达的，那么在 while 循环的至多 j 次迭代后，算法终止。

106
～
107

区域的符号表示的自然选择是公式。特别地，对于只有布尔变量的迁移系统，可以使用布尔变量的公式作为区域的数据类型。诸如 Disj 和 Conj 这样的操作分别对应于析取和合取这样的逻辑连接词。为了对区域 A 和 B 作集合差操作，我们可用 A 合取 B 的非。变量重命名对应于文本替换。最后，存在量词删除 Exists(A, x)，对应于 $A_0 \vee A_1$，其中 x 是布尔变量，公式 A_0 是通过将变量 x 的每个值都替换为 0 而获得的，公式 A_1 是通过将 x 的每个值都替换为 1 而获得的。所有这些操作能够单独地通过公式有效地实现。然而，检查 IsEmpty(A) 对应于检查公式 A 的可满足性，即是否存在一个 0/1 赋值给布尔变量，使得公式 A 的值为 1。这个测试需要花费大量的计算。当 A 有布尔变量和逻辑连接词否定、合取和析取，但没有存在量化时，这是一个标准的 NP 完全问题，称为命题可满足性或者 SAT。此外，在图 3-18 中的符号算法的迭代广度优先搜索的情况下，将区域 Reach 和 New 表示为公式的主要缺点是：没有一种方法可以保证对表示每一步的可达状态的公式进行简化。这些公式将越来越复杂，因为应用在 while 循环的每一次迭代操作以及它们的大小将随着迭代次数呈指数增长。在下一节讨论有序二叉判定图的数据结构时将提供了一种可能的弥补方法。

练习 3.16：考虑一个迁移系统的符号图映像计算问题，该系统具有实数值变量 x 和 y，迁移描述由公式 $x'=x+1 \wedge y'=x$ 给出。假设区域 A 通过公式 $0 \leqslant x \leqslant 4 \wedge y \leqslant 7$ 描述。请计算描述 A 的后像的公式。

练习 3.17：考虑一个具有两个整数变量 x 和 y 的迁移系统 T。系统的迁移对应于执行语句：

$$\text{if}(x < y)\text{then } x := x+y \text{ else } y := y+1$$

写出捕获系统迁移关系的基于变量 x、y、x' 和 y' 的迁移公式。考虑用公式 $0 \leqslant x \leqslant 5$ 描述的上述迁移系统的区域 A。请计算描述 A 的后像的公式。

练习 3.18*：图 3-18 所示的符号广度优先搜索算法是一种前向搜索算法，它通过反复地应用图像计算操作 Post，计算从初始状态可达的状态集合。使用符号操作，如 Conj、Rename 和 Exists，定义前像计算 Pre，使得给定区域 A，Pre(A, Trans)是 S 上的区域，S 包含状态 s，满足迁移(s, t)，t 是 A 中的一个状态。为不变量验证问题提出后向搜索算法，它从违反期望的不变量的状态开始，通过反复地应用前像计算操作符 Pre 计算能够到达违反状态的状态集合。

练习 3.19*： 假设我们想要修改图 3-18 所示的符号广度优先搜索算法，使得当它发现属性 φ 是可达的时，它输出一个执行证据。为此，对区域还需要哪些操作？使用这些操作，修改算法，以便于它输出执行证据。

3.4.3 约简有序二叉判定图*

约简有序二叉判定图（ROBDD）为布尔变量（或等价的布尔函数）公式提供了一种紧凑的和标准的表示方法。

有序二叉判定图

令 V 是一个包含 k 个布尔变量的集合。V 上的布尔公式 f 表示从 bool^k 到 bool 的函数。对于 V 上的变量 x，下式，称为变量 x 的查农展开式（Shannon expansion），

$$f \equiv (\neg x \wedge f[x \mapsto 0] \vee (x \wedge f[x \mapsto 1]))$$

成立。其中，公式 $f[x \mapsto 0]$ 和 $f[x \mapsto 1]$ 是使用常量 0 和 1 来分别替换公式 f 的变量 x 而得到的。公式 $f[x \mapsto 0]$ 和 $f[x \mapsto 1]$ 不是变量 x 的函数，而是具有域 bool^{k-1} 的布尔函数。因此，香农展开式能够用于递归地简化布尔函数。这种方法可将布尔函数描述为判定图。

一个（二叉）判定图是有向无环图，它具有两种类型的顶点：终止顶点和内部顶点。终止顶点没有出边，并标记为一个布尔常量 0 或者 1。每个内部顶点标记为 V 上的一个变量，并有两条出边：左边和右边。对于每个变量 x，从内部顶点到终止顶点的每一条路径最多包含一个标记为 x 的顶点。每个顶点 u 表示一个布尔函数 $f(u)$。对 V 中所有变量给定值 q，通过遍历从 u 开始的路径获得布尔函数 $f(u)$ 的值。对于标记为 x 的内部顶点 v，如果 $q(x)$ 是 0，那么选择 v 的左后继；如果 $q(x)$ 是 1，那么选择 v 的右后继。如果路径在标记为 0 的终止顶点上终止，那么根据赋值 q，函数 $f(u)$ 的值为 0；如果路径在标记为 1 的终止顶点终止，那么根据 q，函数 $f(u)$ 的值为 1。

有序（二叉）判定图（OBDD）也是判定图，在图中我们对变量 V 选择线性顺序 $<$，它要求内部顶点的标记在顺序上与顺序 $<$ 是一致的。注意，没有要求每个变量要在从根到终止顶点的路径上以顶点标记的方式出现，但是，根据顺序 $<$，从根到终止顶点的顶点标记序列是单调递增的。通过将布尔公式与每个顶点相关联定义 OBDD 的语义。定义的形式化描述如下。

有序二叉判定图

令 V 是一个布尔变量的有限集合，且 $<$ 是 V 上的总顺序。在 $(V, <)$ 上的有序二叉判定图包括：

1）顶点：将顶点的有限集合 U 分成两个集合：内部顶点 U^I 和终止顶点 U^T。

2）根：U 中有一个根顶点 u^0。

3）标记：标记函数 label 用 V 中的变量标记每个内部顶点，并用常量 $\{0, 1\}$ 来标记每一个终止顶点。

4）左边：左子顶点函数 left 将每个内部顶点 u 映射为顶点 left(u)，使得如果 left(u) 是内部顶点，那么 label(u)<label(left(u))。

108
109

5) **右边**：右子顶点函数 right 将每个内部顶点 u 映射为顶点 $\text{right}(u)$，使得如果 $\text{right}(u)$ 是内部顶点，那么 $\text{label}(u)<\text{label}(\text{right}(u))$。

对于这样的 OBDD，每一个顶点 u 在 V 上都有一个相关联的布尔公式：如果 u 是终止顶点，则 $f(u)=\text{label}(u)$，否则它等于

$$[\neg\,\text{label}(u)\,\wedge\,f(\text{left}(u))]\,\vee\,[\text{label}(u)\,\wedge\,f(\text{right}(u))]$$

与 OBDD B 相关联的布尔公式 $f(B)$ 是与根 u^0 相关联的公式 $f(u^0)$。

布尔常量通过包含标记为常量的单个终止顶点的 OBDD 来表示。图 3-20 是公式 $(x\wedge y)\vee(x'\wedge y')$ 的一个可能的 OBDD，其顺序为 $x<y<x'<y'$。左边用空心圆圈结尾的箭头表示，右边用实心圆圈结尾的箭头表示。实际上，图 3-20 的 OBDD 是一棵树。如图 3-21 显示了具有相同变量顺序的相同公式，是一种更为紧凑的 OBDD 描述。

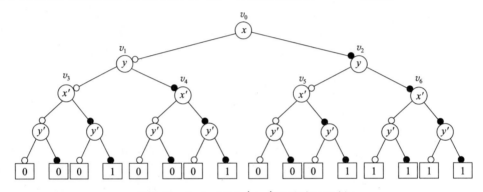

图 3-20 $(x\wedge y)\vee(x'\wedge y')$ 的有序二叉树

同构和等价

如果对应标记图是同构的，那么这两个 OBDD B 和 C 也是同构的。如果布尔公式 $f(B)$ 和 $f(C)$ 是等价的，那么这两个 OBDD B 和 C 也是等价的。因此，同构意味着两个 OBDD 的结构相同，等价意味着两个 OBDD 的语义相同。显然，同构的 OBDD 描述了相同的公式，因此它们是等价的。但是它的逆并不成立：图 3-20 和图 3-21 的有序二叉判定图不是同构的，但它们是等价的。

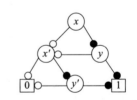

图 3-21 $(x\wedge y)\vee(x'\wedge y')$ 的有序二叉判定图的约简

等价和同构的符号也可以扩展到单个顶点。如果 B 是 $(V,<)$ 上的 OBDD，u 是 B 的顶点，那么包括了从 u 可达的节点和边的以 u 为根的子图也是 $(V,<)$ 上的 OBDD。在图 3-20 中，以顶点 v_3 为根的子图是一个 OBDD，它表示布尔公式 $x'\wedge y'$。如果 OBDD B 中以 u 和 v 为根的子图是同构的，那么它的顶点 u 和 v 也是同构的。同样，如果 OBDD B 中以 u 和 v 为根的子图是等价的，那么顶点 u 和 v 也是等价的。因为 OBDD 是无环图，所以同构的概念能够用以下规则定义：1) 如果 $\text{label}(u)=\text{label}(v)$，那么两个终止顶点 u 和 v 是同构的；2) 如果 $\text{label}(u)=\text{label}(v)$、左后继 $\text{left}(u)$ 和 $\text{left}(v)$ 同构且右后继 $\text{right}(u)$ 和 $\text{right}(v)$ 同构，那么两个内部顶点也是同构的。在图 3-20 中，所有标记为 0 的终止顶点之间都是同构的。以顶点 v_3、v_4 和 v_5 为根的子图是同构的。相反，顶点 v_5 和 v_6 之间不是同构的。

约简有序二叉判定图

约简有序二叉判定图（ROBDD）可以通过反复应用下面两个步骤从 OBDD 获得：

1）将同构的顶点合并为一个。

2）删除带有相同的左孩子和右孩子的内部顶点。

在保持等价性的同时，每一步都减少了顶点的数量。例如，考虑图 3-20 所示的 OBDD。因为 v_3 和 v_4 是同构的，能够删除它们中的一个，例如删除 v_4 以及 v_4 为根的子树，并重向定顶点 v_1 的右边到 v_3。现在，因为顶点 v_1 的两条边都指向 v_3，所以可以删除 v_1，并重定向根 v_0 的左边到 v_3。继续这种方式，就可以获得图 3-21 所示的 ROBDD。该过程表明，上述的变换方式足以获得一个规范形式：应用约简规则得到的最终 ROBDD 与约简的序列无关，并且如果我们对两个非同构但等价的 OBDD 进行约简，我们得到相同的 ROBDD。

> **约简有序二叉判定图**
>
> 在布尔变量的总序集合 $(V，<)$ 上的 ROBDD 是 $(V，<)$ 上的有序二叉判定图 $B=(U，u^0，\text{label}，\text{left}，\text{right})$，使得：
>
> 1）U 中没有两个不同的顶点 u 和 v，满足 $\text{label}(u)=\text{label}(v)$、$\text{left}(u)=\text{left}(v)$ 和 $\text{right}(u)=\text{right}(v)$，且
>
> 2）对于每个内部顶点 u，两个子顶点 $\text{label}(u)$ 和 $\text{right}(u)$ 是不同的顶点。

ROBDD 的直接构造：一个例子

让我们考虑布尔公式

$$\varphi_0 : (x \vee \neg y) \wedge (y \vee z)$$

并假设变量顺序为 $x<y<z$。我们试图直接构造一个 ROBDD，而不是首先建立一个 OBDD，然后再使用两个约简规则对它进行约简。图 3-22a 阐述了构造过程的第一步，它描述了用变量 x 标记的根顶点 v_0。注意，根顶点必须标记为 x，因为 x 是选择顺序中的第一个变量，并且公式 φ_0 的值依赖于 x 的值。顶点 v_0 的左后继应该是一个顶点，比如说 v_1，它表示公式 $\varphi_1=\varphi_0[x \mapsto 0]$，该式可以简化为 $\neg y \wedge z$；顶点 v_0 的右后继应该是一个顶点，比如说 v_2，它表示公式 $\varphi_2=\varphi_0[x \mapsto 1]$，该式可以简化为 $y \vee z$。

110 ~ 112

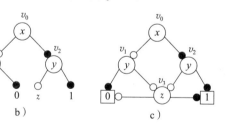

图 3-22 为 $(x \wedge y) \vee (x' \wedge y')$ 构造 ROBBD

顶点 v_1 对应于公式 φ_1：$\neg y \wedge z$，并且因为变量 y 是选择顺序中的下一个变量，所以顶点 v_1 标记为 y。它的左后继应该是一个顶点，比如说 v_3，它代表公式 $\varphi_1[y \mapsto 0]$，该式与公式 z 等价；顶点 v_1 的右后继应该是一个代表公式 $\varphi_1[y \mapsto 1]$ 的顶点，该式等于常量 0，因此它一定是一个终止顶点。

与顶点 v_2 对应的 ROBDD 代表公式 φ_2：$y \vee z$，该式是使用与顶点 v_1 相同的逻辑得到的（如图 3-22b 所示）。顶点 v_2 标记为变量 y，它的左后继应该是一个代表公式 $\varphi_2[y \mapsto 0]$ 的顶点，它与公式 z 等价。因为顶点 v_3 已经代表公式 z，并且约简规则要求共享越多越好，所以顶点 v_2 的左子顶点必须是 v_3。顶点 v_2 的右后继应该是一个代表公式 $\varphi_2[y \mapsto 1]$ 顶点，它等于常量 1，因此它一定是一个终止顶点。

最后，对应于公式 z 的顶点 v_3 标记为 z，终止顶点 0 作为它的左后继，终止顶点 1 作

为它的右后继。这就完成了公式 φ_0 的期望 ROBDD，如图 3-22c 所示。

ROBDD 的属性

下面定理断言使用 ROBDD 表示布尔函数的基本事实。每个布尔函数都有一个唯一的、同构的、可表示为 ROBDD 的图。此外，一旦我们确定了变量顺序，在同一个布尔函数的所有 OBDD 中，它的 ROBDD 具有最少的顶点数。

113   **定理 3.4**（ROBDD 的存在性、唯一性和最小性）   设 V 是一个变量集合，$<$ 是 V 上的总序。

1）如果 f 是 V 上的布尔公式，那么在 $(V,<)$ 上存在一个 ROBDD B，使得 $f(B)$ 和 f 是等价的。

2）如果 B 和 C 是 $(V,<)$ 上的两个 ROBDD，那么 B 和 C 是等价的当且仅当它们是同构的。

3）如果 B 是 $(V,<)$ 上的一个 ROBDD 且 C 是 $(V,<)$ 上的一个 OBDD，使得它们是等价的，那么 C 包含的顶点数至少与 B 的一样多。

检查两个具有相同变量顺序的 ROBDD 的等价性来检查这两个图的同构性，因此，能够在顶点数的线性时间内完成。布尔常量 0 用具有标记为 0 的单个终止顶点的 ROBDD 来表示，布尔常量 1 用具有标记为 1 的单个终止顶点的 ROBDD 来表示。由 ROBDD B 表示的布尔公式是可满足的当且仅当 B 的根不是标记为 0 的终止顶点。由 ROBDD B 表示的布尔公式是有效的当且仅当 B 的根是一个标记为 1 的终止顶点。这样，如果使用 ROBDD 表示，检查布尔公式的可满足性或有效性就变得特别简单了。

布尔公式的 ROBDD 表示的大小可能是变量数的指数级。表示给定公式的 ROBDD 的大小依赖于变量顺序的选择。考虑公式 $(x=y)\wedge(x'=y')$。图 3-23 显示了两个不同变量顺序的两个 ROBDD。这个例子说明顺序能够极大地影响图的大小：一个顺序可能产生一个大小与变量数成线性关系的 ROBDD，然而另一个顺序可能产生一个大小与变量数成指数关系的 ROBDD。虽然选择一个最优的变量顺序会导致呈指数关系的内存空间节省，但是一个优化的变量顺序求解却是一个计算难问题。

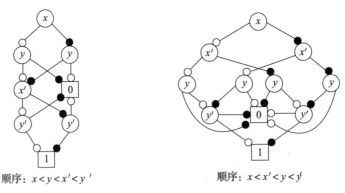

顺序：$x<y<x'<y'$ 顺序：$x<x'<y<y'$

图 3-23 $(x\wedge y)\vee(x'\wedge y')$ 的两个 ROBBD

ROBDD 表示的布尔函数并不依赖于选择的顺序，并且当不考虑顺序时，某些函数的 ROBDD 表示的大小与变量数呈指数关系。前者的例子是奇偶函数，而后者是乘法函数：

● **奇偶性**。给定布尔变量集合 V 中的一个赋值 s，当满足 $s(x)=1$ 的变量 x 的个数是偶数时，奇偶函数返回 1。如果 V 包含 k 个变量，那么不考虑选择的顺序，奇偶函数的 ROBDD 包含 $2k+1$ 个顶点。

- **乘法**。考虑变量集合$\{x_0,\cdots,x_{k-1},y_0,\cdots,y_{k-1}\}(0\leqslant j\leqslant 2k)$，设$\text{Mult}_j$表示布尔函数，它表示了两个$k$位输入的乘积的第$k$位一个编码为$x$位，另一个编码为$y$位。对于变量的每个顺序$<$，描述所有函数$\text{Mult}_j$的ROBDD中的顶点总数一定是随着$k$呈指数增长。更具体地说，创建了下面的下界结界：存在一个索引$0\leqslant j\leqslant 2k$，使得Mult_j的ROBDD至少有$2^{k/8}$个顶点。

ROBDD 的共享数据结构

让我们把注意力集中到 ROBDD 的实现区域。ROBDD 的每一个顶点都是以那个顶点为根的一个 ROBDD。这表明一个 ROBDD 能够用全局数据结构的一个索引来表示，该数据结构存储了所有的顶点，使得任意两个顶点都不是同构的。与将每个 ROBDD 存储为单独的数据结构不同，该模式有两个显著的优点。首先，检查同构性，因此等价性对应于比较索引，并且不需要遍历 ROBDD。其次，两个非同构的 ROBDD 可能有同构的子图，因此，它们可以共享顶点。

设V是一个有k个布尔变量的有序集合。ROBDD 的类型是 bdd，它要么是布尔常量（表示终止顶点），要么是一个指向全局数据结构 BDDPool 中项的指针。BDDPool 的类型是 set(bddnode)，它存储 ROBDD 的（内部）顶点。内部顶点记录变量标记，它的类型为 nat$[1,k]$，取值范围是$\{1,\cdots,k\}$的数字，它有 bdd 类型的一个左指针与一个右指针。因此，RPBDD 的顶点的类型为 bddnode，它等于 nat$[1,k]\times$bdd$\times$bdd。类型 bddnode 支持如下操作：

- 操作 Label(u)，对于内部顶点u，返回u的第一个构件，它是标记为u的变量的数字。
- 操作 Left(u)，对于内部顶点u，返回u的第二个构件，它要么是一个布尔常量，要么是一个指向u的左后继的指针。
- 操作 Right(u)，对于内部顶点u，返回u的第三个构件，它要么是一个布尔常量，要么是一个指向u的右后继的指针。

114
~
115

类型 set(bddnode)，除了支持常用的操作（如 Insert 和 Contains）外，它也支持如下操作：

- 对于 BDDPool 的内部顶点，Index(u)返回一个指向u的指针。
- 对于指针B，BDDPool[B]操作返回B指向的顶点。

对于这样的表示：给定一个 bdd 类型的指针B，我们用$f(B)$来表示与B指向的与 ROBDD 相关的布尔函数。为了避免在操作 ROBDD 的时重复出现同构的顶点，需要使用图 3-24 所示的 AddVertex 函数来创建新的顶点。如果在调用 AddVertex 函数前，全局集合 BDDPool 中没有两个顶点是同构的，那么即使在调用后，BDDPool 中也没有两个顶点是同构的。

```
function AddVertex
Input: 变量标记 j 在 nat [1, k]中, ROBDD B₀, B₁是bdd类型
Output: ROBDD B 使得f(B)等于(¬xⱼ∧f(B₀))∨
    (xⱼ∧f(B₁))

if B₀ = B₁then return B₀;
if Contains ((j, B₀, B₁), BDDPool) = 0 then
    Insert ((j, B₀, B₁), BDDPool);
return Index ((j, B₀, B₁))
```

图 3-24　生成 ROBBD 顶点

作为一个说明性的例子，我们来检查图 3-25 中的全局数据结构 BDDPool 的快照。每行表示存储在这个数据结构中的一个内部顶点。例如，ROBDD B_0指向标记为变量x_4的顶点，它的左后继是终止顶点

Index	Label	Left	Right
B_0	4	0	1
B_1	2	B_0	1
B_2	3	1	B_0
B_3	1	0	B_1
B_4	1	0	B_2

图 3-25　数据结构 BDDPool 的说明性快照

0，右后继是终止顶点 1；ROBDD B_4 指向标记为变量 x_1 的顶点，它的左后继是终止顶点 0，右后继是 ROBDD B_2。与每个顶点对应的布尔函数如下所示：

$$f(B_0) = x_4$$
$$f(B_1) = x_2 \lor x_4$$
$$f(B_2) = \neg x_3 \lor x_4$$
$$f(B_3) = x_1 \land (x_2 \lor x_4)$$
$$f(B_4) = x_1 \land (\neg x_3 \lor x_4)$$

可以看到：ROBDD B_3 和 B_4 共享 ROBDD B_0。

ROBDD 上的操作

为了创建给定布尔公式的 ROBDD 表示，实现符号可达性算法的原语，我们需要一种方式来计算 ROBDD 的合取和析取。我们给出了一种递归算法来获取 ROBDD 的合取。算法如图 3-26 所示。

```
Input: bdd B, B′
Output: bdd B″ 使得 f(B″) 等于 f(B) ∧ f(B′)

table [(bdd × bdd) × bdd] Done = EmptyTable

return Conj(B, B′)

bdd Conj(bdd B, B′)
  bddnode u, u′; bdd B″, B_0, B_1, B_0′, B_1′; nat[1, k] j, j′

  if (B = 0 ∨ B′ = 1) then return B;
  if (B = 1 ∨ B′ = 0) then return B′;
  if B = B′ then return B;
  if Done [(B, B′)] ≠ ⊥ then return Done [(B, B′)];
  if Done [(B′, B)] ≠ ⊥ then return Done [(B′, B)];
  u := BDDPool [B]; u′ := BDDPool [B′];
  j := Label (u); B_0 := Left (u); B_1 := Right (u);
  j′ := Label (u′); B_0′ := Left (u′); B_1′ := Right (u′);
  if j = j′ then B″ := AddVertex (j, Conj (B_0, B_0′), Conj (B_1, B_1′));
  if j < j′ then B″ := AddVertex (j, Conj (B_0, B′), Conj (B_1, B′));
  if j > j′ then B″ := AddVertex (j′, Conj (B, B_0′), Conj (B, B_1′));
  Done [(B, B′)] := B″;
  return B″
```

图 3-26   ROBDDS 合取的算法

考察两个 ROBDD，B 和 B'，假设我们希望计算合取 $f(B) \land f(B')$。如果它们中的一个是布尔常量，那么可以立刻得到结果。例如，如果 B 是终止常量 0，那么合取的结果也是终止常量 0。如果 B 是终止常量 1，那么合取等价于 $f(B')$，因此算法结果能够返回 B'。同样，当两个 ROBDD 相同时，我们能够使用 $f \land f$ 总是等于 f 的事实，因此计算结果与输入参数一致。

有趣的情况是，当两个 ROBDD 是两个指向不同内部顶点(如 u 和 u')的指针。设 j 为标记 u 和 u' 的索引的最小值。那么 x_j 是 $f(u) \land f(u')$ 函数能够依赖的最小变量。合取的根的标记为 j，左后继为 $(f(u) \land f(u'))[x_j \mapsto 0]$ 的 ROBDD，右后继为 $(f(u) \land f(u'))[x_j \mapsto 1]$ 的 ROBDD。让我们考虑左后继。观察等价公式：

$$(f(u) \land f(u'))[x_j \mapsto 0] \equiv f(u)[x_j \mapsto 0] \land f(u')[x_j \mapsto 0]$$

如果 u 标记为 j，那么 $f(u)[x_j \mapsto 0]$ 的 ROBDD 是 u 的左后继。如果 u 的标记超过了 j，那么 $f(u)$ 不依赖于 x_j，并且 $f(u)[x_j \mapsto 0]$ 的 ROBDD 是 u 本身。以类似的方式计算 $f(u')$ $[x_j \mapsto 0]$ 的 ROBDD，那么根据上述表达式，可以递归地应用函数 Conj 来计算合取。

让我们应用这种模式来计算图 3-25 所示的 ROBDD B_3 和 B_4。对应于 B_3 的顶点有标记 x_1、左后继 0 和右后继 B_1，而对应于 B_4 的顶点有标记 x_1、左后继 0 和右后继 B_2。因此，

$$\mathrm{Conj}(B_3,B_4) = \mathrm{AddVertex}(1,\mathrm{Conj}(0,0),\mathrm{Conj}(B_1,B_2))$$

使用了常量 ROBDD 的规则调用函数 $\mathrm{Conj}(0, 0)$ 返回 0。为了计算 B_1 和 B_2 的合取，算法检查对应的顶点：对应于 B_1 的顶点有标记 x_2、左后继 B_0 和右后继 1，而对应于 B_2 的顶点有更高的标记 x_3。这就能够推导出：

$$\mathrm{Conj}(B_1,B_2) = \mathrm{AddVertex}(2,\mathrm{Conj}(B_0,B_2),\mathrm{Conj}(1,B_2))$$

该式又生成了对函数 Conj 的两次递归调用：当其中一个参数是常量时，第二次调用 Conj $(1, B_2)$ 使用约简规则立即返回答案 B_2。第一次调用 $\mathrm{Conj}(B_0, B_2)$ 需要检查对应顶点：对应于 B_0 的顶点有标记 x_4，而对应于 B_2 的顶点有标记 x_3、左后继 1 和右后继 B_0。这就能够推导出：

$$\mathrm{Conj}(B_0,B_2) = \mathrm{AddVertex}(3,\mathrm{Conj}(B_0,1),\mathrm{Conj}(B_0,B_0))$$

在这种情况下，两次对 Conj 的递归调用都立即返回：$\mathrm{Conj}(B_0, 1)$ 返回 B_0，使用同一个 ROBDD 的合取规则，$\mathrm{Conj}(B_0, B_0)$ 也返回 B_0。因此，调用就变成 AddVertex(3, B_0, B_0)。此时不会创建新的顶点，因为约简规则不允许左后继和右后继都是相同的。调用 AddVertex(3, B_0, B_0) 简单地返回 B_0：

$$\mathrm{Conj}(B_0,B_2) = \mathrm{AddVertex}(3,B_0,B_0) = B_0$$

现在，函数 $\mathrm{Conj}(B_1, B_2)$ 调用 AddVertex(2, B_0, B_2)。数据结构 BDDPool 没有包含标记 2 的顶点、左后继 B_0 和右后继 B_2。因此，AddVertex 将创建一个索引为 B_5 的新数据项 $(2, B_0, B_2)$：

$$\mathrm{Conj}(B_1,B_2) = \mathrm{AddVertex}(2,B_0,B_2) = B_5$$

最后，函数 $\mathrm{Conj}(B_3, B_4)$ 调用 AddVertex(1, 0, B_5)。而且，BDDPool 没有包含这样的顶点，所以创建一个索引为 B_6 的新数据项，并且它是期望的结果，即，由 B_3 和 B_4 表示的函数的合取的 ROBDD 表示：

$$\mathrm{Conj}(B_3,B_4) = \mathrm{AddVertex}(1,0,B_5) = B_6$$

避免重复计算

上述的递归算法利用相同的两个参数反复地调用函数 Conj。为了避免不需要的计算，用一个表来存储参数和每次 Conj 调用的结果。当用两个参数 B 和 B' 调用函数 Conj 时，它首先查询该表来检查 $f(B)$ 和 $f(B')$ 的合取是否在前面已经计算过了。只有第一次执行实际的递归计算，结果存储在该表中。

数据结构 table 存储可以通过主键进行索引的值。如果存储的值的类型是 value，索引主键的类型是 key，那么表的类型是 table[key×value]。这个数据类型像数组一样支持检索和更新操作：$D[k]$ 是存储在表 D 中主键 k 的值，并且赋值 $D[k]:=m$ 更新存储在表 D 中的主键为 k 的值。常量表 EmptyTable 在每个主键上有默认值 $\perp$。表示通过数组或者散列表来实现。算法使用一对 ROBDD 作为主键和将 ROBDD 存储为值来使用表。

让我们分析图 3-26 中算法的时间复杂度。假设 B 指向的 ROBDD 有 n 个顶点，B' 指向的 ROBDD 有 n' 个顶点。假设集合 BDDPool 的实现支持常数时间成员测试和插入，表 Done 支持常数时间创建、访问和更新。那么在每次 Conj 调用中，除了递归调用外，所有的步骤在常数时间完成。因此，在常数因子内，算法的时间复杂度与 Conj 调用的总数是一样的。对于任意对顶点，函数 Conj 只在第一次调用 Conj 时，用这对顶点作为输入产生

116
〜
119

两次递归调用，并且在后序的调用过程中 0 次递归调用。这就得出了算法总时间复杂度为 $O(n \cdot n')$。

定理 3.5 （ROBDD 的合取）　给定两个 ROBDD B 和 B'，图 3-26 中的算法正确地计算 $f(B) \wedge f(B')$ 的 ROBDD。如果 B 指向的 ROBDD 有 n 个顶点，B' 指向的 ROBDD 有 n' 个顶点，那么算法的时间复杂度是 $O(n \cdot n')$。

可以提出类似的算法实现其他的操作，如 Disj（逻辑析取）、Diff（差集）和 Exists（存在量化）。

使用 ROBDD 的符号搜索

我们现在已经有使用 ROBDD 表示区域的机制来实现符号搜索算法。我们已经讨论过如何构造一个迁移系统的符号描述作为初始化和迁移公式 φ_I 和 φ_T。如果源描述中的所有变量都是布尔变量，那么公式 φ_I 和 φ_T 也是用逻辑连接词和存在量化构造的布尔公式。我们能够使用我们已经讨论过的操作创建与这些公式相对应的 ROBDD。

如果公式是形如 $x=1$ 的原子公式，那么对应的 ROBDD 就可以通过调用 AddVertex 函数获得的：如果变量 x 在变量顺序中的位置是 j，那么期望的 ROBDD 是 AddVertex(j, 1, 0)。如果公式 f 是 $f_1 \wedge f_2$ 形式，那么我们首先分别建立与公式 f_1 和 f_2 相对应的（更简单的）ROBDD 图 B_1 和 B_2，然后通过调用 Conj(B_1, B_2) 获得 f 的 ROBDD。ROBDD 的操作 Disj、Diff 和 Exists 可用来处理公式中对应的操作：析取、否定和存在量化。我们能够定义函数 FormulaToBdd，它将布尔公式映射到 ROBDD：

$$\text{FormulaToBdd}(x_j = 1) = \text{AddVertex}(j, 0, 1)$$
$$\text{FormulaToBdd}(x_j = 0) = \text{AddVertex}(j, 1, 1)$$
$$\text{FormulaToBdd}(f_1 \wedge f_2) = \text{Conj}(\text{FormulaToBdd}(f_1), \text{FormulaToBdd}(f_2))$$
$$\text{FormulaToBdd}(f_1 \vee f_2) = \text{Disj}(\text{FormulaToBdd}(f_1), \text{FormulaToBdd}(f_2))$$
$$\text{FormulaToBdd}(\neg f) = \text{Diff}(1, \text{FormulaToBdd}(f))$$
$$\text{FormulaToBdd}(\exists X. f) = \text{Exists}(\text{FormulaToBdd}(f), X)$$

对于符号不变量验证，给定属性 φ，我们还需要为公式 φ 建立 ROBDD。然后我们就能够使用图 3-18 中的算法进行验证，其中每个区域都是一个指向存储 ROBDD 顶点的全局数据结构的指针。

120

当所有系统变量都是 bool 类型时，虽然 ROBDD 能够直接使用，但它们也能够用于分析带有枚举型变量或者通过使用布尔变量序列编码的其他有限类型变量的有限状态系统。例如，考虑构件 Train 的状态变量 mode，该构件有 3 个可能值：away、wait 和 birdge（如图 3-4 所示）。我们可以使用两个布尔变量 mode_0 和 mode_1 对变量 mode 编码，使用值 00、01 和 10 对 mode 的 3 个可能值进行编码。表达式 mode=away 可用 $\text{mode}_0 = 0 \wedge \text{mode}_1 = 0$ 来代替；表达式 mode=wait 可用 $\text{mode}_0 = 0 \wedge \text{mode}_1 = 1$ 来代替；表达式 mode=bridge 可用 $\text{mode}_0 = 1 \wedge \text{mode}_1 = 0$ 来代替。

布尔公式的 ROBDD 表示是变量数的指数，并且与变量顺序有关。给定一个具有布尔状态变量 S 的系统，为了创建初始化和迁移公式的表示，我们需要选择变量集合 $S \cup S'$ 中变量的顺序 $<$。我们知道图像计算中的一个步骤是将所有目的状态变量重命名为非目的状态变量。如果目的的变量的顺序与对应的非目的变量的顺序是一致的，那么这个重命名步骤能够通过重命名 ROBDD 的内部顶点的标记来实现。这样可以得出选择顺序 $<$ 的第一条规则：对于所有变量 x, $y \in S$，$x < y$ 当且仅当 $x' < y'$。另一条常用的选择顺序规则是：规定一个变量只能排在它依赖的所有变量的后面。例如，当使用任务图来说明更新时，如

果任务 A 写状态变量 x，那么根据优先约束，x' 应该在 A 和在 A 之前的任务读变量后出现。最后，彼此相互关联的变量应该聚集在一起。特别地，不是将所有目的变量都排在所有非目的变量之后，我们能够尽量最小化相互依赖的目的变量和非目的变量之间的距离。

利用 ROBDD 分析系统的实践工具，采用了大量的技术来平衡 ROBDD 大小的增长与变量数的关系。因此，使用 ROBDD 的符号不变量验证方法在分析工业规模的硬件设计和嵌入式控制器方面已经取得显著成功。但是，它也不是万能的，基于 ROBDD 工具的性能仍然是不可预测的：有时它们能够在复杂系统中找到迄今为止还未知的缺陷；有时在创建的 ROBDD 顶点数与可用的内存相比变得太大前，相对小于可用的内存，广度优先搜索算法只能够完成少量的迭代计算。

练习 3.20：考虑布尔公式

$$(x \vee y) \wedge (\neg x \vee z) \wedge (\neg y \vee \neg z)$$

请画出该公式对应于变量顺序 $x < y < z$ 的 ROBDD。

练习 3.21：考虑布尔公式

$$(x_1 \wedge x_2 \wedge x_3) \vee (\neg x_2 \wedge x_4) \vee (\neg x_3 \wedge x_4)$$

从变量 $\{x_1, x_2, x_3, x_4\}$ 中选择一个变量顺序，并画出最终的 ROBDD。你能否通过重新排列变量的顺序来减少 ROBDD 的大小？

练习 3.22：设 V 为集合 $\{x_0, x_1, y_0, y_1, z_0, z_1, c\}$，请选择一个适当的变量顺序，并针对如下需求构造 ROBDD：输出 $z_1 z_0$ 和结合进位 c 是输入 $x_1 x_0$ 和 $y_1 y_0$ 的和。

练习 3.23*：给定一个计算 ROBDD 存在量化的算法：给定 ROBDD B 和变量集合 X，对于公式 $\exists X. f(B)$，$\mathrm{Exists}(B, X)$ 应该返回 ROBDD。

练习 3.24*：具有补集边的有序二叉判定图（COBDD）与有序二叉判定图 B 类似，B 有能够将每一条右边分类为正的（＋）或者负的（－）的额外构件。对内部顶点 u 的函数 $f(u)$ 重新定义，使得：1）如果 u 的右边是正的，那么 $f(u) = (\neg \mathrm{label}(u) \wedge f(\mathrm{left}(u))) \vee (\mathrm{label}(u) \wedge f(\mathrm{right}(u)))$；2）如果 u 的右边是负的，那么 $f(u) = (\neg \mathrm{label}(u) \wedge f(\mathrm{left}(u))) \vee (\mathrm{label}(u) \wedge \neg f(\mathrm{right}(u)))$。因此，当右边为负时，我们对与右后继相关联的函数取否。例如，在图 3-27 中，标记为 y 的顶点表示函数 $y \wedge z$，而根表示函数 $(x \wedge \neg(y \wedge z))$。

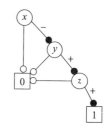

图 3-27 带补集边的决策图

1）在相同变量顺序的情况下，有比 ROBDD 表示更小的 COBDD 表示的函数吗？

2）我们可以定义带有补集边的约简二叉判定图（RCOBDD）作为 COBDD 的子集，使得每个布尔函数都有一个唯一的表示吗？

参考文献说明

不变量和归纳不变量的概念是在 20 世纪 60 年代提出的，在早期的论文中形式化地定义了程序正确性的概念[Hoa69]。对于程序验证的原理和工具的介绍，我们建议读者参考 [Lam02] 和 [BM07]。近年来，软件验证在工业项目中取得了突出的成就，参见 [BLR11, BBC+10, IBG+11, Hol13]。

不变量验证的有效 on-the-fly 枚举搜索是在 20 世纪 80 年代提出的，它形成了模型检查器 SPIN 中的核心分析引擎[Hol04, Hol97]（也可参见模型检查器 MURPHI[Dil96]）。

Bryant 提出 ROBDD 作为布尔函数的一个有效表示[Bry86]。使用 ROBDD 的符号搜索在模型检查器 SMV 中第一次提出，它有助于用于分析硬件协议的验证工具的完成[BCD+92,

McM93](也可以参见模型检查器 VIS 和 NUSMV，以及 ROBDD 操作的相关优化实现
[BHSV+96，CCGR00])。

　　本章中许多说明性例子借用了《Computer Aided Verification》(计算机辅助验证)的草
稿教材[AH99a]。

　　我们已经简单地提到了计算机理论中的相关概念，例如，可判定性和 NP 完全性。为
了全面地介绍这些内容，可参见[Sip13]。

异步模型

现在我们将重点转移到异步计算模型，该模型不需要并发活动从锁步执行。这种模型通常应用在多处理器机器和分布式网络计算平台中。本章首先讨论这种计算模型的形式化方法，然后研究如何设计解决异步计算问题的协调协议。

4.1 异步进程

与同步反应构式件类似，异步进程通过输入和输出与其他进程进行交互，并维护内部状态。然而，执行过程并不是以循环方式进行的，并且不同进程的执行速度是独立的。在一个进程中，输入的接收与输出的产生是解耦的，这与内部计算任务消耗的时间未知但是非零的假设相吻合。

作为例子，考虑图 4-1 所示的进程 Buffer，它是图 2-1 所示的同步反应式构件 Delay 的异步模型。进程的输入和输出变量称为通道。进程 Buffer 有一个布尔输入通道 in 和一个布尔型输出通道 out。

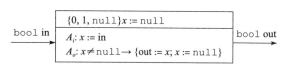

图 4-1 异步进程缓冲区

进程 Buffer 的内部状态是一个大小为 1 的缓冲区，它要么为空，要么包含一个布尔值。该内部状态可以通过变量 x 来建模，x 的取值范围为枚举类型 {null，0，1}。最初缓冲区为空。同步构件 Delay 与异步进程 Buffer 之间的主要区别在于它们的动态规约。进程 Buffer 有两种可能的动作。第一，它可以通过将输入通道 in 中的输入值复制到缓冲区来处理它；第二，如果缓冲区不为空，那么该进程可以通过将缓冲区状态写入输出通道 out 来输出缓冲区状态，然后将缓冲区重置为空。使用任务说明每一种动作，在每一步中只执行一个任务。

4.1.1 状态、输入和输出

通常，异步进程 P 通常由 3 个元素组成：输入通道类型的集合 I、输出通道类型的集合 O 和状态变量类型的集合 S，3 个集合均是有限集合，且两两之间不相交，因此没有名称冲突。

与同步反应式构件的情况相似，进程 P 的状态是状态变量集合 S 上的取值，而状态集合就是集合 S 所有可能值的集合 Q_s。初始化 Init 将初始值赋予 S 中的所有状态变量。如前所述，我们允许多个初始值来刻画只有一部分初始值是已知的状况。对于每个状态变量 x，若值 $q(x)$ 与变量 x 的初始化一致，则状态 q 称为初始状态。初始状态集合表示为 〚Init〛。

在异步计算模型中，当有多个输入通道时，不同通道上的输入值并不是同步到达的。因此，进程的输入包括一个输入通道 x 以及与通道 α 的类型一致的值 v。可以将该输入表示为 $x?v$。这样的输入可以解释为在输入通道 x 上接收值 v。

对输出的建模是对称的。当有多个输出通道时，进程在每一步中只能为一个输出通道产生输出值。进程的输出包括一个输出通道 y 以及与通道类型一致的值 v。我们将这样的

输出表示为 $y!v$。这样的输出可以解释在输出通道 y 上发送值 v。

对于进程 Buffer，状态变量集合 $S=\{x\}$，输入变量集合 $I=\{\text{in}\}$，输出变量集合 $O=\{\text{out}\}$，状态集合为 $\{0, 1, \text{null}\}$，初始状态集合为 $\{\text{null}\}$，输入集合为 $\{\text{in?0, in?1}\}$，输出集合为 $\{\text{out?0, out?1}\}$。

4.1.2　输入、输出和内部动作

我们用任务集来表示同步反应式构件在一次循环中的执行，其中单个任务的执行消耗计算的原子单元。我们也可用任务集来表示异步进程的计算。与以前一样，任务的更新描述使用读集合中的变量值对其写集合中的变量进行赋值，并且通常描述为包含条件和赋值语句的直线编码(straight-line code)。与同步构件相反，在每一步中，异步构件不是执行所有任务，而是只执行一个任务。为了表明任务是否准备执行，我们明确地将一个守卫条件与每个任务关联。这些条件定义为状态变量的布尔公式，如果状态满足该公式，那么任务在该状态下就是使能的。如果有多个任务同时是使能的，则采用非确定性方式选择其中一个任务来执行。由于不需要在一个循环内对任务进行排序，所以任务之间的优先约束不再有意义。在同步模型中，任务读和写的状态变量的子集的细致规约对识别可能存在的写冲突很有必要，同时我们要求有写冲突的任务必须通过优先约束进行排序，以便在一个循环中进行调度。而在异步模型中并不是这样的，我们假设每个任务读和写所有的状态变量。为了保证进程在每一步中或者接收一个输入值或者发送一个输出值，我们要求每个任务最多只能在一个输入通道进行读或者只能在一个输出通道进行写。

输入任务

输入处理称作输入动作。在输入动作中，进程只能更新它的状态，不能产生输出。使用输入任务来说明输入动作，每个输入任务与一个输入通道相关联。与输入通道 x 相关联的输入任务 A 的描述由 Guard→Update 给出，其中 Guard 表示任务在将在通道 x 上处理输入的条件，Update 表示任务如何根据状态变量的旧值和在通道 x 接收的输入值来更新状态变量。语义上，Guard 定义了集合 S 上的取值集合 $[\![\text{Guard}]\!]$，Update 定义从读集合 $S \cup \{x\}$ 的取值到写集合 S 的取值的对应关系 $[\text{Update}]$。如果状态 s 满足守卫条件 Guard 时，则输入任务 A 在状态 s 中是使能的。这种任务定义了形为 $s \xrightarrow{x?v} t$ 的输入动作集合，使得状态 s 满足守卫条件 Guard 且通过执行由输入通道 x 的值 v 给出的状态 s 中的描述 Update 获得状态 t，即如果 $s \in [\![\text{Guard}]\!]$ 且 $(s[x \mapsto v], t) \in [\text{Update}]$。

对于图 4-1 中的进程 Buffer，有一个输入任务 A_i，它读输入通道 in。该任务总是使能的，意味着进程总是可以接收通道 in 上的输入。这种情况下，守卫条件等于布尔常量 1，它可以在描述中删除。该任务使用赋值 $x := \text{in}$ 来更新状态变量 x。该任务产生 6 个输入动作：对于每个状态 $s \in \{0, 1, \text{null}\}$，$s \xrightarrow{\text{in?0}} 0$ 和 $s \xrightarrow{\text{in?1}} 1$。需要注意的是，如果当缓冲区为非空时给进程提供输入值，则旧的状态将丢失。

通常，每个输入通道 x 都有一个与它对应的输入任务。如果没有与通道相关联的输入任务，则进程不能在该通道接收任何输入。我们可以将多个任务与同一个通道相关联来说明该通道上处理输入值的不同方法。A_x 表示与输入通道 x 相关的所有输入任务的集合。在给出的例子中，$A_{\text{in}} = \{A_i\}$。

输出任务

产生一个输出称作输出动作。使用输出任务来说明输出动作，其中每个输出任务都与

一个输出通道 y 相关联。与输出通道 y 相关联的输出任务 A 使用守卫条件 Guard(该条件说明输出任务准备执行时所处的状态集合)和更新描述 Update(该更新描述说明任务如何根据其读取的状态变量值更新状态变量和 y 的输出值)来描述。因此,对于这样的任务,〚Update〛定义了从状态变量集合 S 上的值到集合 $S \cup \{y\}$ 上的值的关系。给定满足守卫条件 Guard 的状态 s,可以执行更新描述 Update 来计算产生状态 t 的状态变量的新值,以及在输出通道 y 上发出的值 v。因此,这样的任务定义了输出动作 $s \xrightarrow{y!v} t$ 的集合,使得 $s \in$ 〚Guard〛且 $(s, t[y \mapsto v]) \in$ 〚Update〛。与输入任务的情况相似,多个输出任务可以关联到同一个通道上,与输出通道 y 相关联的所有任务的集合表示为 $\mathcal{A}_y$。

对于 4-1 中的进程 Buffer,有一个输出任务 A_o,它表示在通道 out 产生一个输出。该任务的守卫条件为 $x \neq$ null,表示输出任务仅当缓冲区包含一个非空值的情况下是使能的。更新操作描述为赋值序列 out := x; x := null。这导致以下两个输出动作 $0 \xrightarrow{out!0}$ null 和 $1 \xrightarrow{out!1}$ null。

内部任务

作为第二个例子,考虑图 4-2 所示的进程 AsyncInc。该进程不包含任何输入或输出通道,但它包含了两个状态变量 x 和 y,它们都定义为 nat 类型,且初始值为 0。由于进程没有输入和输出通道,所以它也没有输入或输出任务。

nat $x := 0; y := 0$
A_x: $x := x + 1$
A_y: $y := y + 1$

图 4-2 异步进程 AsyncInc

128

使用内部动作描述进程的内部计算。这样的动作既不处理输入,也不产生输出,但更新内部状态,并使用内部任务来描述。内部任务 A 有一个布尔守卫条件 Guard 和一个更新描述 Update。守卫条件说明任务在该状态是使能的,更新描述说明任务如何根据旧值更新状态变量。给定一个状态 s,我们评估守卫条件 Guard 来检查任务是否准备执行,如果准备执行,则执行更新描述 Update 来计算导致状态 t 的状态变量的新值。所以,内部任务说明内部动作 $s \xrightarrow{\varepsilon} t$ 的集合,使得 $s \in$ 〚Guard〛且 $(s, t) \in$ 〚Update〛。标记 ε 表示在内部动作期间没有可见的通信。

对于进程 AsyncInc,通过两个内部任务 A_x 和 A_y 来更新状态。任务 A_x 总是使能的(即总是满足守卫条件)且状态变量 x 根据更新代码 $x := x+1$ 不断在递增。任务 A_y 是对称的,并递增变量 y。进程的所有内部任务的集合表示为 $\mathcal{A}$,对于 AsyncInc $\mathcal{A} = \{A_x, A_y\}$。进程的一步对应于执行其中一个任务。因此,内部动作的集合针对每对自然数 i 和 j 有两个动作 $(i, j) \xrightarrow{\varepsilon} (i+1, j)$ 和 $(i, j) \xrightarrow{\varepsilon} (i, j+1)$。

异步融合

作为第三个例子,考虑图 4-3 中的进程 Merge,它有两个输入通道 in_1 和 in_2,都是 msg 类型。该进程使用缓冲区来存储在输入通道接收的值,每个输入通道有一个专用的缓冲区。我们使用类型 queue 来建立缓冲区模型:null 表示空队列;操作 Enqueue(v, x) 将值 v 添加到队列 x 的队尾,操作 Dequeue(x) 删除队列 x 的队首元素并返回队列的队首元素;操作 Front(x) 返回队列 x 的队首元素但不将其从队列中删除;操作 Empty(x) 表示当队列 x 为空时返回 1,否则返回 0;操作 Full(x) 表示当队列 x 满时返回 1,否则返回 0。

输入任务 A_1^i 表示如何处理输入通道 in_1 接收的值:如果队列 x_1 未满,则将 in_1 的值添加到 x_1 的队尾。该操作由守卫条件 $\neg$Full(in_1) 和更新代码 Enqueue(in_1, x_1) 来完成。

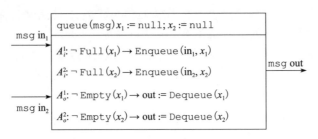

图 4-3　异步进程 Merge

与进程 Buffer 相比，该进程完成了不同类型的同步操作：如果进程 Merge 的内部队列 x_1 是满的，则环境或通道 in_1 上发送值的操作将被阻塞。与通道 in_2 处理相对应的输入任务 A_i^2 与任务 A_i^1 类似。

　　进程 Merge 有两个输出任务。任务 A_o^1 从队列 x_1 的首部删除一个元素，并将其传送到输出通道 out。当队列 x_1 非空时这是可能的。因此，该任务可以通过守卫条件 $\neg\mathrm{Empty}(x_1)$ 和更新代码 out := $\mathrm{Dequeue}(x_1)$ 来描述。任务 A_o^2 是对称的，对应于将队列 x_2 的队首元素传送到输出通道。需要注意的是，这两个输出任务与同一个通道相关联，因此 $\mathcal{A}_{\mathrm{out}}=\{A_o^1,\ A_o^2\}$。当队列 x_1 和 x_2 为非空时，这两个输出任务都是使能的，并且可以执行其中任意一个。

　　异步进程的定义如下所示。

异步进程

　　异步进程 P 具有：

- 类型为输入通道的有限集合 I，定义形如 $x?v$ 的输入集合，其中 $x\in I$，v 是 x 的值。
- 类型为输出通道的有限集合 O，定义形如 $y!v$ 的输出集合，其中 $y\in O$，v 是 y 的值。
- 类型为状态变量的有限集合 S，定义状态集合 Q_S。
- 初始化 Init，定义初始状态集合 $[\![\mathrm{Init}]\!]\subseteq Q_S$。
- 对每个输入通道 x，由 S 上的守卫条件和从读集合 $S\cup\{x\}$ 到写集合 S 的更新来描述的输入任务集合 $\mathcal{A}_x$，定义了输入动作 $s\xrightarrow{x?v}t$ 的集合。
- 对每个输出通道 y，由 S 上的守卫条件和从读集合 S 到写集合 $S\cup\{y\}$ 的更新来描述的输出任务集合 $\mathcal{A}_y$，定义了输出动作 $s\xrightarrow{y!v}t$ 的集合。
- 由 S 上的守卫条件和从读集合 S 到写集合 S 的更新来描述的内部任务集合 $\mathcal{A}$，定义了内部动作 $s\xrightarrow{\epsilon}t$ 的集合。

129
～
130
练习 4.1： 设计一个异步加法器进程 AsyncAdd，该进程有输入通道 x_1 和 x_2，输出通道 y，三者都定义为 nat 类型。如果到达通道 x_1 的第 i 个输入消息是 v，到达通道 x_2 的第 i 个输入消息是 w，则进程 AsyncAdd 在它的输出通道上输出的第 i 个值应为 $v+w$。描述进程 AsyncAdd 的所有构件。

4.1.3　执行

　　异步进程的操作语义可以通过定义它的执行来获得。执行从一个初始状态开始。在每一步，选择当前状态中的一个使能的任务并执行，该任务可以是输入任务、输出任务或内部任务。在每一步只能执行一个任务，并且不同任务的执行顺序是完全不受限制的。这样的异步交互语义称为交叉语义。

图 4-4 显示了图 4-2 所示的异步进程 AsyncInc 可能的执行路径。每个状态是分别对
应于变量 x 和 y 的值的自然数对 (i, j)。状态 $(0, 0)$ 是唯一的初始状态，且每个状态有两个可能的迁移：一是对应于内部任务 A_x 执行的递增 x 的值；二是对应于任务 A_y 执行的递增 y 的值。一次执行是图 4-4 所示的从根开始贯穿图的一条(有限)路径。注意，对进程 AsyncInc 而言，每个形如 (i, j) 的状态都是可达状态。特别地，状态 $(i, 0)$ 通过执行 i 次任务 A_x，并且从未执行任务 A_y 所得到的，对应于图 4-4 中的最左边的路径。

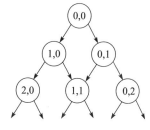

图 4-4　进程 AsyncInc 的执行

形式化地，异步进程 P 的有限次执行由如下形式的有限序列组成

$$s_0 \xrightarrow{l_1} s_1 \xrightarrow{l_2} s_2 \xrightarrow{l_3} s_3 \cdots s_{k-1} \xrightarrow{l_k} s_k$$

其中 $0 \leqslant j \leqslant k$，每个 s_j 是进程 P 的一个状态，s_0 是 P 的初始状态；当 $1 \leqslant j \leqslant k$ 时，$s_{j-1} \xrightarrow{l_j} s_j$ 是进程 P 的输入动作、输出动作或内部动作。

例如，图 4-1 所示的进程 Buffer 的一条可能的执行路径为：

$$\text{null} \xrightarrow{\text{in?1}} 1 \xrightarrow{\text{out!1}} \text{null} \xrightarrow{\text{in?0}} 0 \xrightarrow{\text{in?1}} 1 \xrightarrow{\text{in?1}} 1 \xrightarrow{\text{out!1}} \text{null}$$

需要注意的是，在进程 Buffer 在执行输出动作前，它可以执行无限数量的输入动作，发出接收的最新输入值。

对于图 4-3 所示的进程 Merge，一条可能的执行路径如下所示，其中每个状态分别列出了队列 x_1 和 x_2 的内容：

$$(\text{null,null}) \xrightarrow{\text{in1?0}} ([0],\text{null}) \xrightarrow{\text{in}_1?2} ([02],\text{null}) \xrightarrow{\text{in}_2?5} ([02],[5]) \xrightarrow{\text{out!5}} ([02],\text{null}) \xrightarrow{\text{in}_2?3}$$

$$([02],[3]) \xrightarrow{\text{out!0}} ([2],[3]) \xrightarrow{\text{out!3}} ([2],\text{null}) \xrightarrow{\text{in}_1?0} ([20],\text{null})$$

状态 $([02], [5])$ 表示两个缓冲区都不为空，假设这两个输入缓冲区都未满，则 4 个任务都是使能的。对于每个类型为 msg 的可能值 v，可能的输入动作有：$([02], [5]) \xrightarrow{\text{in}_1?v} ([02v], [5])$ 和 $([02], [5]) \xrightarrow{\text{in}_2?v} ([02], [5v])$，分别由正在执行的输入任务 A_i^1 和 A_i^2 获得。可能的输出动作有：$([02], [5]) \xrightarrow{\text{out!0}} ([2], [5])$ 和 $([02], [5]) \xrightarrow{\text{out!5}} ([02], \text{null})$，分别由正在执行的输入任务 A_o^1 和 A_o^2 获得。

需要注意的是，进程输出的值序列表示在两个输入通道上接收的输入值序列的融合。输入通道 in_1 接收的值的相对顺序保存在输出序列中，同样通道 in_2 接收的值的相对顺序也保存在输出序列中，但是在通道 in_2 接收值前，通道 in_1 接收的输入值可能会稍晚出现在输出通道上。

在该例中，每个单独的任务都是确定性的：对于任务，给定一个任务使能状态，该任务的执行会导致在写集合中变量的唯一更新。然而，异步执行模型本身就是非确定性的：在每一步，选择其中一个使能任务并执行它，且任务的执行顺序影响输出。

练习 4.2：设计一个异步进程 Split，它是双重 Merge。进程 Split 有一个输入通道 in，两个输出通道 out_1 和 out_2。使输入通道接收的消息以非确定的方式路由到其中一个输出通道中，使得输入流的所有可能的分裂是可执行的。请描述期望进程 Split 的所有构件。

131

4.1.4 扩展的状态机

在 2.1.6 节中，我们使用扩展的状态机来说明同步反应式构件的行为。扩展状态机也
可以用来描述异步进程的行为。在扩展状态机的描述中，有一个有限枚举类型的隐状态变
量 mode。通过图来描述该行为，其中图的顶点对应于模式，图的边对应为模式切换。在
异步进程中，每个模式切换最多可以访问一个输入通道或最多访问一个输出通道，每个模
式切换对应于一个任务。我们将使用图 4-5 所示的异步进程模型（异步非门）来证明以上
概念。

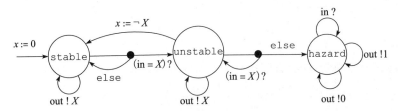

图 4-5　一个异步非门 AsyncNot

与同步电路不同，异步电路没有全局时钟，并且由输入值的改变引起的输出值的改变
会发生延迟。当异步逻辑门的输出是输入的预期函数时，该逻辑门是稳定的；否则是不稳
定。如果逻辑门是稳定的，而且输入以违反稳定条件的方式改变，则逻辑门变成不稳定
的。只有当逻辑门处于不稳定状态时，异步门的输出才可以发生改变，且逻辑门变成稳定
状态。假设逻辑门更新输出所消耗的时间是任意的，这样正确设计的异步电路不依赖于延
迟参数的具体值。如果逻辑门不稳定且输入的任何改变没有使稳定条件变为真，则该逻辑
门保持不稳定。然而，如果不稳定逻辑门的任何输入以导致稳定条件变为真的方式改变，
则危险发生且逻辑门失效。如果逻辑门失效，则其输出会任意改变。异步门和锁存器必须
组合在一起形成一个异步电路，以便保证逻辑门永不失效。

图 4-5 所示的异步进程 AsyncNot 有一个输入通道 in 和一个输出通道 out，它们建立逻
辑门的输入/输出线的模型。扩展状态机有 3 个模式{stable，unstable，hazard}，分别
对应逻辑门的 3 个操作模式。状态变量 x 获取输出值，并在输出通道 out 上发出该值。

一开始，逻辑门处于 stable 模式，且输出 $x=0$。如果输入通道 in 接收的值等于当
前输出，则这不符合非门的逻辑，使得逻辑门不稳定；如果输入通道的值是输出 x 的否
定，则逻辑门继续保持稳定。通过有多个目标的条件模式切换来描述以上规则：对应于处
理输出的 stable 的切换没有守卫条件（即任务一直是使能的）；那么如果条件(in=x)满
足，则模式切换为 unstable；否则模式切换为 stable。

当逻辑门处于不稳定模式时，它也可以切换回稳定模式，且切换 x 值。不稳定模式下
对输入值的处理导致逻辑门通过保持模式不变（如果输入值等于当前输出，则维持待切换
输出的有效性）或切换为模式 hazard（如果输入值是当前输出的否定，那么这表示输入值
连续不断的有效改变，不会给逻辑门任何更新输出的机会）来忽略输入。因此，输入处理
又可以通过包含两个可能目标的条件模式切换来表示。

在模式 hazard 下，逻辑门忽略输入值（即，处理输入值不会对状态有影响），并且以
非确定性的方式发出两个输出值。

每个模式切换对应一个任务，在每一步中，只执行状态机的一个模式切换。在我们的
例子中，在模式 stable 上的自循环提供了一个有守卫条件（mode=stable）的输出任务

和更新代码 out!x。包含输出通道的其他 3 个自循环的每一个都提供了一个输出任务。从模式 unstable 切换到模式 stable 提供了包含：守卫条件 mode＝unstable 和更新代码 $x := \neg x$；mode := stable 的唯一的内部任务。stable 的条件模式切换表示包含守卫条件 mode＝stable 和更新代码 if(in＝x)then mode := unstable 的输入任务。对应于模式 unstable 的条件模式切换的输入任务是类似的。最后，标记为 in? 的模式 hazard 上的自循环包含守卫条件 mode＝hazard，空更新代码(即状态不发生改变)的输入任务。进程的可能执行路径如下所示：

$$(\text{stable},0) \xrightarrow{\text{out!0}} (\text{stable},0) \xrightarrow{\text{in?0}} (\text{unstable},0) \xrightarrow{\text{in?0}} (\text{unstable},0) \xrightarrow{\varepsilon}$$

$$(\text{stable},1) \xrightarrow{\text{out!1}} (\text{stable},1) \xrightarrow{\text{out!1}} (\text{stable},1) \xrightarrow{\text{in?1}} (\text{unstable},1) \xrightarrow{\text{in?0}}$$

$$(\text{hazard},1) \xrightarrow{\text{out!0}} (\text{hazard},1) \xrightarrow{\text{out!1}} (\text{hazard},1) \xrightarrow{\text{in?0}} (\text{hazard},1)$$

需要注意的是，在初始状态下，如果给进程的输入是 in?0，紧接着是 in?1，没有输出动作，则可能会切换为 hazard 或 unstable。后者是可能的，如果在两个输入动作之间，进程执行切换状态变量 x 的内部动作。注意，切换 x 的内部动作与在输出通道 out 上发出输出的动作是分离的。保证逻辑门不进入 hazard 模式的唯一方式是，在该环境下，在提供输入 in?0 后，在发出后面的输入 in?1 前等待输出 out!1。

使用扩展状态机说明进程的执行语义是非常直观、简单，并且可以直接集成到异步进程的模拟和分析工具中。另外，还可能将扩展状态机描述转换成基于任务的形式化定义。条件模式切换的通用格式如图 4-6 所示。如果当前模式是 m 且守卫条件 Guard 成立，则可以执行模式切换。更新代码与评

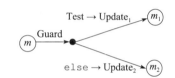

图 4-6　扩展状态机中的条件模式切换

估条件 Test 相对应，如果条件满足，则执行代码 Update$_1$，且模式变量切换为 m_1；否则执行代码 Update$_2$，模式变量切换为 m_2。这样的模式切换包含了具有守卫条件(mode＝m)∧Guard 和更新代码 if Test then{Update$_1$；mode?m_1}else{Update$_2$；mode?m_2}的任务。

在两个条件 Guard 和 Test 以及两个更新 Update$_1$ 和 Update$_2$ 中访问的变量应该使任务可以分成一个内部任务、与一个输入通道相关联的输入任务和与一个输出通道相关联的输出任务等类型。尤其是关键限制是守卫条件 Guard 不能涉及输入值。这就是为什么我们不能将模式 stable 的条件模式切换替换成两个独立的模式切换：一个是在守卫条件(in＝x)下从模式转换成模式 unstable；另一个是在否定守卫条件(in≠x)下的自循环。

练习 4.3：描述一个异步进程 AsyncAnd，它对有两个布尔输入通道 in$_1$ 和 in$_2$，以及一个布尔输出通道 out 的异步逻辑与门建模。该进程可以描述为与图 4-5 中的进程 AsyncNot 相似的具有 3 个模式的扩展状态机，并有 3 个布尔状态变量。

134
～
135

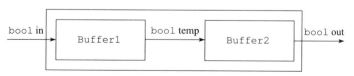

图 4-7　两个缓冲区生成的 DoubleBuffer 的方框图

4.1.5　进程操作

根据第 2 章的描述，方框图可以用来描述同步构件的组合以便构建层次化系统。相同

的设计方法也可用于异步进程。例如，考虑图 4-7 所示的方框图，它用异步进程 Buffer 的两个实例来构建复合进程 DoubleBuffer。该方框图与图 2-15 所示的同步构件 DoubleDelay 的方框图在结构上完全一致。如前所述，这种方框图的含义可通过 3 个操作精确地解释：实例化、并行组合和输出隐藏。使用这 3 个操作的进程 DoubleBuffer 的文本描述是：

$$(\text{Buffer}[\text{out} \mapsto \text{temp}] \mid \text{Buffer}[\text{in} \mapsto \text{temp}]) \setminus \text{temp}$$

输入/输出通道重命名

输入或输出通道重命名的操作可以用于获得期望的通信模式。在图 4-7 中，异步进程 Buffer1 是通过将进程 Buffer 的输出通道 out 重命名为 temp 获得的，并对应于重命名表达式 Buffer[out ↦ temp]。类似地，进程 Buffer2 是通过将进程 Buffer 的输入通道 in 重命名为 temp 获得的，并对应于表达式 Buffer[in ↦ temp]。当这两个进程组合时，共享的名称 temp 保证进程 Buffer1 的输出被进程 Buffer2 用作它的输入。

当组合进程时，假设状态变量名是私有的，通过隐式地重命名变量名来避免名称冲突。在我们的例子中，我们假设 Buffer1 的状态变量是 x_1，而不是 x；Buffer2 的状态变量是 x_2。

进程输入/输出通道重命名操作的形式化定义与同步构件的相应定义类似，对应于整个描述中通道名称的句法替代。

[136]

并行组合

并行组合操作将两个进程合并成一个进程，该进程的行为捕获同时运行的两个进程之间的交互，使得一个进程的输出动作与具有相同通道名的另一个进程的输入动作同步，并且重命名动作是交错的。为了区别异步组合与同步组合($\parallel$)，使用 $P_1 \mid P_2$ 来表示异步进程 P_1 与 P_2 的组合。

在同步进程中，只有当两个进程的变量声明相互一致时它们才可以组合：状态变量中没有名称冲突，两个输出通道集合也互不相交。这些需求验证了只有一个进程负责控制任何给定变量值的假设。一个进程的输入通道可以是另一个进程的输入或输出通道。需要注意的是，同步进程中讨论的相互循环等待依赖的问题不会在异步交互中出现。如果 x 既是进程 P_1 的输出通道，也是进程 P_2 的输入通道，y 既是 P_1 的输出通道，也是 P_2 的输入通道，则 P_1 和 P_2 可以非常简单地进行组合。这是因为输出的产生是独立于处理每个进程输入的步骤，因此在同一步骤中，变量之间没有依赖关系。

组合进程的输入通道集合、输出通道集合和状态变量集合的定义与同步进程类似。构件进程的每个状态变量都是组合进程的状态变量。构件进程的每个输出通道都是组合进程的输出通道。构件进程的每个输入通道不是另一个进程的输出都是组合进程的输入通道。

组合进程的状态定义为(s_1，s_2)，其中 s_1 是进程 P_1 的状态，s_2 是进程 P_2 的状态。这两个进程独立地初始化各自的状态，因此如果两个状态 s_1 和 s_2 分别是进程 P_1 和 P_2 的初始状态，那么组合状态(s_1，s_2)也是初始状态。

组合进程的任务

当输入通道 x 是两个进程的公共输入通道时，这两进程同时在通道 x 上消耗输入值，并且对应于这种输入的组合进程的可能的输入动作可以通过同时执行这两个进程的输入动作来获得。即，当 $s_1 \xrightarrow{x?v} t_1$ 是 P_1 的输入动作且 $s_2 \xrightarrow{x?v} t_2$ 是 P_2 的输入动作时，$(s_1, s_2) \xrightarrow{x?v} (t_1, t_2)$ 表示是组合进程的输入动作。考虑与通道 x 相关联的进程 P_1 的输入任务是 A_1，假设它的守卫条件为 Guard_1，更新描述为 Update_1。类似地，假设与通道 x 相关联的进程

P_2 的输入任务是 A_2，守卫条件为 Guard_2，更新描述为 Update_2。通过组合任务 A_1 和 A_2，可以得到与通道 x 相关联的组合进程的输入任务 A_{12}：其守卫条件为 $\text{Guard}_1 \wedge \text{Guard}_2$，更新代码为 Update_1；Update_2。也就是说，当两个组合进程的对应输入任务是使能的时，通道 x 上处理输入值的任务 A_{12} 是使能的，并且它使用更新代码 Update_1 来更新 P_1 的状态变量，然后执行更新代码 Update_2 来更新 P_2 的状态变量。两个更新描述的执行顺序没有关系，因为它们更新的是互不相交的变量集合。当进程 P_1 和 P_2 有多个与通道 x 相关联的输入任务时，组合进程有对应于这两个进程的所有可能的任务对。

如果通道 x 是进程 P_1 的输出通道，也是另一个进程 P_2 的输入通道，则这两个进程同步使用该通道：当 P_1 执行在通道 x 上发送一个值的输出动作时，接收端 P_2 执行匹配的输入动作。对于组合进程，该联合动作就是一个输出动作。即当 $s_1 \xrightarrow{x!v} t_1$ 是 P_1 的输出动作且 $s_2 \xrightarrow{x?v} t_2$ 是 P_2 的输入动作时，$(s_1，s_2) \xrightarrow{x!v} (t_1，t_2)$ 是组合进程的输出动作。如果与通道 x 相关联的进程 P_1 的输出任务 A_1 的描述为 $\text{Guard}_1 \to \text{Update}_1$，与通道 x 相关联的进程 P_2 的输入任务 A_2 的描述为 $\text{Guard}_2 \to \text{Update}_2$，则组合进程的任务 A_{12} 的描述可以通过这两个任务对获得：$\text{Guard}_1 \wedge \text{Guard}_2 \to \text{Update}_1$；$\text{Update}_2$。因此，当这两个任务的守卫条件均满足时，该组合任务是使能的。更新描述 Update_1 更新进程 P_1 的状态变量，并计算通道 x 的输出值。然后，更新代码 Update_2 使用该值来更新进程 P_2 的状态变量。有必要强调的是，对应于通道 x 的输入任务的守卫条件只涉及状态变量：一个进程是否愿意处理通道 x 上的输入取决于它的状态，而不取决于通道 x 上提供的值。因此，在使用通道 x 的在两个进程 P_1 和 P_2 之间进行同步中，使用任务 A_1 和 A_2 进行同步的意愿由条件 $\text{Guard}_1 \wedge \text{Guard}_2$ 来获得，可以通过在进程 P_1 执行其更新代码确定在通道 x 上传送哪个输出值前在给定的组合状态中给这个条件进行评估。如果进程 P_1 有多个与通道 x 相关联的输出任务和 P_2 有多个与通道 x 相关联的输入任务，则在组合进程中与通道 x 相关联的任务集合可通过考虑所有可能的任务对来获得。

现在考虑这样一种情况，当进程 P_1 有一个输入通道 x，而且它不是其他进程 P_2 的通道。为了处理通道 x 上的输入值，组合进程仅仅需要执行对应于通道 x 的进程 P_1 的输入任务，在执行此输入动作过程中，P_2 的状态保持不变。对于进程 P_1 的每个输入动作 $s_1 \xrightarrow{x?v} t_1$ 和进程 P_2 的每个状态 s，组合进程有一个输入动作 $(s_1，s) \xrightarrow{x?v} (t_1，s)$。为此，我们声明与通道 x 相关联的进程 P_1 的每个输入任务也是组合进程的输入任务。需要注意的是，这种任务的守卫条件和更新描述保持不变，且与进程 P_2 的变量无关。

这同样适用于只有一个进程的通道上的输出动作。如果 y 是进程 P_1 的输入通道，但它不是 P_2 的通道，则与输出通道 y 相关联的进程 P_1 的输出任务声明为组合进程的输出任务，两者具有相同的守卫条件和更新描述。这种任务的使能性不依赖于进程 P_2，执行这样的任务不会对 P_2 的状态产生影响。因此，对于进程 P_1 的每个输出动作 $s_1 \xrightarrow{y!v} t_1$ 和进程 P_2 的每个状态 s，组合进程有输出动作 $(s_1，s) \xrightarrow{y!v} (t_1，s)$。

最后，组合进程的内部动作是其中一个构件进程的内部动作，而另一个进程的状态保持不变。因此，这两个进程的每个内部任务都声明为具有相同守卫条件和更新描述的复合进程的内部任务。

图 4-8 显示了进程 Buffer1 和 Buffer2 的组合进程。该进程有状态变量 $\{x_1，x_2\}$、输出通道 $\{\text{temp}，\text{out}\}$ 和输入通道 $\{\text{in}\}$。对于该组合进程，其输入任务 A_i 与进程 Buffer1

所对应的输入任务相同，其输出任务 A_o 与进程 Buffer2 所对应的输出任务相同。因为 temp 是公共通道，所以对应的输出任务 A_t 可通过组合负责在通道 temp 上产生输出的进程 Buffer1 的输出任务与负责在通道 temp 上处理的进程 Buffer2 的输入任务的规约来获得。该任务的守卫条件是两个贡献任务的守卫条件的合取结果，只是 $(x_1 \neq \text{null})$ 因为 Buffer2 的输入任务在约束条件为 1 时总是处于使能状态。更新描述执行 Buffer1 的输出任务的更新代码，然后执行 Buffer2 的输入任务的更新代码。该组合进程没有内部任务。因此，只有进程 Buffer1 参与了通道 in 的处理，这两个进程在通道 temp 上同步，只有进程 Buffer2 参与了通道 out 上的输出产生过程。

[139]

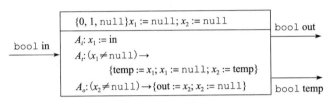

图 4-8　两个 Buffer 进程的异步并行组合

关异步进程的并行组合的形式化定义如下。

异步进程组合

令两个异步进程 $P_1 = (I_1, O_1, S_1, \text{Init}_1, \{\mathcal{A}_x^1 | x \in I_1\}, \{\mathcal{A}_y^1 | y \in O_1\}, \mathcal{A}_1)$ 和 $P_2 = (I_2, O_2, S_2, \text{Init}_2, \{\mathcal{A}_x^2 | x \in I_2\}, \{\mathcal{A}_y^2 | y \in O_2\}, \mathcal{A}_2)$，使得 O_1 和 O_2 不相交。则并行组合进程 $P_1 | P_2$ 是异步进程 P，P 定义为：

- 状态变量集合 $S = S_1 \cup S_2$。
- 输出通道集合 $O = O_1 \cup O_2$。
- 输入通道集合 $I = (I_1 \cup I_2) \setminus O$。
- 初始化操作定义为 $\text{Init}_1; \text{Init}_2$。
- 对于每个输入通道 $x \in I$，1）如果 $x \notin I_2$，则输入任务 $\mathcal{A}_x$ 的集合是 $\mathcal{A}_x^1$；2）如果 $x \notin I_1$，则输入任务 $\mathcal{A}_x$ 的集合是 $\mathcal{A}_x^2$；3）如果 $x \in I_1 \cap I_2$，则对于每个任务 $A_1 \in \mathcal{A}_x^1$ 和 $A_2 \in \mathcal{A}_x^2$，输入任务 $\mathcal{A}_x$ 的集合包含由 $\text{Guard}_1 \wedge \text{Guard}_2 \rightarrow \text{Update}_1; \text{Update}_2$ 描述的任务，其中 $\text{Guard}_1 \rightarrow \text{Update}_1$ 是任务 A_1 的描述，$\text{Guard}_2 \rightarrow \text{Update}_2$ 是任务 A_2 的描述。
- 对于每个输出通道 $y \in O$，1）如果 $y \in O_1 \setminus I_2$，则输出任务 $\mathcal{A}_y$ 的集合是 $\mathcal{A}_y^1$；2）如果 $y \in O_2 \setminus I_1$，则输出任务 $\mathcal{A}_y$ 的集合是 $\mathcal{A}_y^2$；3）如果 $y \in O_1 \cap I_2$，则对于每个任务 $A_1 \in \mathcal{A}_y^1$ 和 $A_2 \in \mathcal{A}_y^2$，输出任务 $\mathcal{A}_y$ 的集合包含由 $\text{Guard}_1 \wedge \text{Guard}_2 \rightarrow \text{Update}_1; \text{Update}_2$ 描述的任务，其中 $\text{Guard}_1 \rightarrow \text{Update}_1$ 是任务 A_1 的描述，$\text{Guard}_2 \rightarrow \text{Update}_2$ 是任务 A_2 的描述；4）如果 $y \in O_2 \cap I_1$，则对于每个任务 $A_1 \in \mathcal{A}_y^1$ 和 $A_2 \in \mathcal{A}_y^2$，输出任务 $\mathcal{A}_y$ 的集合包含由 $\text{Guard}_2 \wedge \text{Guard}_1 \rightarrow \text{Update}_2; \text{Update}_1$ 描述的任务，其中 $\text{Guard}_1 \rightarrow \text{Update}_1$ 是任务 A_1 的描述，$\text{Guard}_2 \rightarrow \text{Update}_2$ 是任务 A_2 的描述；
- 组合进程的内部任务的集合是 $\mathcal{A} = \mathcal{A}_1 \cup \mathcal{A}_2$。

输出隐藏

如果 y 是进程 P 的输出通道，则在进程 P 中隐藏 y 的结果是，给出一个与进程 P 完全类似的进程，但 y 在外部不可见。可以通过从输出通道的集合中删除 y，这可以通过将 y 声明为局部变量，将与 y 相关联的每个输出任务都转变成内部任务来实现。我们知道局部变量是任务更新代码描述中使用的辅助变量，不会存储在状态中。 [140]

回顾进程 Buffer1|Buffer2。如果隐藏中间输出通道 temp，则可以获得期望的组合进程 DoubleBuffer：状态变量集合为 $\{x_1, x_2\}$，输出通道集合为 $\{out\}$，输入通道集合为 $\{in\}$，初始化操作为 $x_1 :=$ null；$x_2 :=$ null。输入任务 A_i 和输出任务 A_o 与 Buffer1|Buffer2 相同。进程 DoubleBuffer 有一个内部任务，描述如下：

$(x_1 \neq$ null$) \rightarrow$

    $\{$local bool temp;

    temp $:= x_1$；$x_1 :=$ null;

    $x_2 :=$ temp$\}$

练习 4.4： 考虑由进程 Merge 的两个实例组成的异步进程

$$\text{Merge}[out \mapsto temp] \,|\, \text{Merge}[in_1 \mapsto temp][in_2 \mapsto in_3]$$

说明这个组合进程的"编译"版本类似于图 4-8 中的描述。解释这个组合进程的输入/输出行为。

4.1.6 安全性需求

在第 3 章中，我们研究了如何说明和验证迁移系统的安全性需求，相同的技术同样适用于异步进程。给定异步进程 P，迁移系统 T 的定义如下所示：

- 进程 P 的状态变量 S 是 T 的状态变量。
- 进程 P 的初始化规约 Init 也是 T 的初始化。
- T 的迁移描述对应于选择进程 P 的内部任务、输入任务或输出任务 A，使得满足 A 的守卫条件，并执行相应的更新描述。对于输出任务，将对应的输出通道转换为局部变量；对于输入任务，将对应的输入通道转换为局部变量，并且变量值在开始时被非确定性地选择。

因此，$s \rightarrow t$ 是 T 的一个转换，当进程 P 有从状态 s 到 t 的一个输入动作或输出动作或内部动作。

关于异步进程的状态变量的属性 φ 是系统的不变量，如果对应的迁移系统的所有可达状态满足属性 φ。例如，考虑图 4-4 所示的进程 AsyncInc，它有两个变量 x 和 y，其需要是，对于给定的常数 c，两个变量的值最多相距 c。这相当于检查属性 $|x-y| \leqslant c$ 是否是系统的不变量。结果是，不管常数 c 取多大，进程 AsyncInc 都不是系统的不变量。 [141]

归纳不变量的概念可以用于证明异步进程的安全性需求。例如，为了说明安全属性 φ 是归纳不变量，需要说明 1)初始时满足安全属性；2)每次迁移时都满足安全属性。因为一次迁移对应于执行一个任务，所以需要说明 φ 在每个任务执行时都满足。

安全监控器可用于获取那些不能直接用状态变量表示的安全性需求。在异步设置中，一个具有输入变量 I 和输出变量 O 的进程的安全监控器，是另一个具有内部任务和输入变量 $I \cup O$ 的异步进程。这样的监控器与在进程 P 的输入/输出动作上的可观察系统 P 同步。监控器通过扩展状态机来描述，以监控器的"错误"模式结束的执行表示违反了期望的安全性需求。

在 3.3 节和 3.4 节中讨论的枚举和符号可达算法同样适用于异步进程的验证。

练习 4.5： 考虑图 4-5 所示的进程 AsyncNot。设计一个与 AsyncNot 交互的异步进程 AsyncNotEnv。

该进程 AsyncNotEnv 有一个布尔输入通道 out 和一个布尔输出通道 in。它首先输出 0，然后

才能接收输入。它等待直到接收的输入值等于 1 并继续输出值 1，然后等待直到接收的输入值等于 0。重复执行该循环。将期望的异步进程 AsyncNotEnv 建模为扩展状态机。考虑异步组合 AsyncNot | AsyncNotEnv，并讨论（AsyncNot. mode ≠ hazard）是组合进程的一个不变量。

4.2 异步设计原语

4.2.1 阻塞同步与非阻塞同步

在异步模型中，两个进程间通过同步来交换信息。当一个进程产生的输出与另一个进程的对应输入的消耗相匹配时，进程间的同步就发生了。设 x 既是进程 P_1 的输出通道，也是另一个进程 P_2 的输入通道。令 A_1 是对应于通道 x 的进程 P_1 的输出任务。假设 P_1 处于状态 s_1，在该状态下这个输出任务 A_1 是使能的。那么进程 P_1 准备在它的输出通道 x 上发送值。假设 P_2 的当前状态为 s_2，如果在状态 s_2 下与通道 x 相关联的 P_2 的某个输入任务 A_2 是使能的，则 P_2 将接收来自通道 x 的一个输入，同时组合进程在通道 x 上执行同步行动。然而，在状态 s_2 下没有与通道 x 相关联的 P_2 输入任务是使能的，则进程 P_2 不会接收来自通道 x 的输入，同时进程 P_1 被执行它的输出任务阻塞。这就是阻塞通信，其中生产者 P_1 需要接收者 P_2 的合作，才能在通道 x 上产生一个输出。当一个进程在每一个状态都可以接收输入且不会阻止生产者产生输出时，该进程称为非阻塞。

在我们的模型中，当与通道 x 相关联的输入任务的守卫条件满足时，进程可以处理通道 x 上的输入。对于非阻塞进程，我们要求与输入通道对应的所有任务的守卫条件的析取是有效的公式，即，等于布尔常量 1。

> **非阻塞进程**
>
> 如果对于每个输入通道 x 和每个状态 s，与通道 x 相关联的任务集合 A_x 中的某个任务在状态 s 是使能的，则称该异步进程 P 是非阻塞的。

图 4-1 所示的进程 Buffer 是非阻塞的：该进程的环境总是为输入通道 in 提供一个值，即使有些值丢失了。然而，图 4-3 所示的进程 Merge 是阻塞的：如果队列 x_1 已满，则无法处理通道 in_1 上的输入，因此通道 in_1 上的输出的生产者必须等待直到队列变为不满。图 4-5 所示的进程 AsyncNot 是非阻塞的：进程总是接收输入，即使接连不断地提供输入会导致它进入危险状态。

由两个 Buffer 进程组合而成的进程 DoubleBuffer 是非阻塞的。事实上，很容易验证 4.1.5 节中的定义所有操作将属性保护为非阻塞：如果方框图中的所有构件进程都是非阻塞的，则对应于这方框图的组合进程也是非阻塞的。

在设计异步系统时，非阻塞同步和阻塞同步是相同的。在非阻塞设计中，如果进程 P_1 向另一个进程 P_2 发送一个输出值，则 P_1 要求进程 P_2 向 P_1 发送回一个显式确认，用以保证 P_1 的输出已被 P_2 接收。在阻塞同步的实现中，运行时系统必须在某种程度上保证接收者愿意参与同步化动作。

4.2.2 死锁

死锁是异步设计中经常出现的错误。在一个由多个进程组合而成的系统中，死锁是指每个进程都在等待其他进程执行任务，但没有任务是使能的，因此导致整个系统无法继续执行下去的情况。

以图 4-9 所示的由进程 P_1 和 P_2 组成的系统为例来说明死锁是如何发生的。进程 P_1 产生由进程 P_2 提供服务的请求。交换的数据值与我们的目的完全不相关。因此，将进程 P_1 的请求当作消息，值为 req_1，由 P_1 通过通道 x_1 发送给 P_2；将进程 P_2 的响应也当作一个消息，值为 $resp_1$，由 P_2 通过通道 x_2 发送给 P_1。类似地，进程 P_2 生成另一种的请求，每个这样的请求被当作一个消息，值为 req_2，由 P_2 通过通道 x_2 发送给 P_1。每个这样的请求由进程 P_1 提供服务，相应的响应也被当成一个值为 $resp_2$ 的消息，由 P_1 通过通道 x_1 发送给 P_2。

图 4-9 显示了进程 P_1 的描述。该进程有一个内部队列 y_1，它用来存储从输入通道 x_2 接收的消息。进程的任务描述使用目前已知的两种规约方式的混合：明确列出输入任务，而对应于内部任务和输出任务进程的计算是使用扩展状态机来描述的。输入任务 A_2 总是使能的，它简单地将输入通道上接收的每个消息排在队列 y_1 的尾部。最初，模式是 idle，如果进程在队列 y_1 的队首发现消息 req_2，则它将该请求从队列中删除，并切换到模式 busy。模式 busy 捕获进程 P_1 的内部状态，其中出现需要处理计算的传入请求。然后在输出通道上发出相应的响应(由更新代码 $x_1!resp_2$ 捕获)，进程返回模态 idle。在空闲(idle)模式下，进程可以对自身产生一个请求，这可以通过用输出动作为 $x_1!req_1$ 将模式切换为 wait。在模式下 wait，进程 P_1 等待来自其他进程的响应，不会处理来自 P_2 的请求。因此，只有当队列 y_1 中的第一个消息是响应消息 $resp_1$ 时，则该进程才能从模式 wait 切换回 idle，如果是这样，它将该消息从队列中删除。

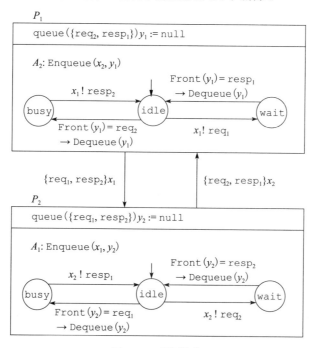

图 4-9 死锁说明

进程 P_2 的描述是对称的。现在考虑组合进程 $P_1 \mid P_2$。假设 P_1 在通道 x_1 上发出请求 req_1，且 req_1 保存在进程 P_2 的内部队列 y_2 中。该步骤可以通过如下所示的动作实现，其中每个状态依次通过变量 $P_1.\text{mode}$、y_1、$P_2.\text{mode}$、y_2 的值来描述：

$$(\text{idle},\text{null},\text{idle},\text{null}) \xrightarrow{x_1!req_1} (\text{wait},\text{null},\text{idle},[req_1])$$

此时，这两个任务都是使能的：进程 P_2 的内部任务对应于从模式 idle 到模式 busy 的切换过程；进程 P_2 的输出任务对应于从模式 idle 到模式 wait 的切换过程。如果前者先执行，则计算将按预期进行。然而，如果后者先执行，则对应的迁移为：

$$(\text{wait}, \text{null}, \text{idle}, [\text{req}_1]) \xrightarrow{x_2 ! \text{req}_2} (\text{wait}, [\text{req}_2], \text{wait}, [\text{req}_1])$$

在结果状态中，没有任务是使能的：进程 P_1 期待 P_2 的响应，反之亦然。这种状态就是死锁，它应该视为设计中的错误。

总之，异步进程 P 的状态 s 是死锁状态，如果 1)状态 s 中任务都不是使能的；2)状态 s 不是系统对应的有效终止状态。后者是设计问题。例如，在领导选举问题中，所有进程已经决定成为领导或随从的状态看作一个有效的终止状态。除了这样的成功终止状态外，我们希望系统继续执行。因此，死锁不发生通常是一个通用安全性需求，期望是所有异步设计的不变式。

4.2.3　共享存储器

144
∼
145

在共享存储器架构中，进程通过读和写共享变量或共享对象来通信。本节将说明如何将共享变量作建模为异步进程。在异步模型中，不同任务交叉执行。主要关心在一次任务的执行过程中发生多少次计算，即共享对象支持哪些操作作为在一步中执行的原子操作。首先讨论原子寄存器模型，这里唯一允许的操作是最基本的读和写操作。

原子寄存器

图 4-10 显示了进程 AtomicReg，它建立了两个进程 P_1 和 P_2 之间共享的变量(或寄存器)x 的模型。该共享对象仅支持的原子操作是读和写，这种对象称作原子寄存器。通过原子寄存器保存的值的集合参数化的描述表示为 val，寄存器的初始值表示为 initVal。

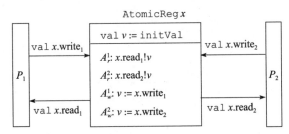

图 4-10　支持读和写操作的原子寄存器

共享对象的内部状态变量 v 保存其当前值，并初始化为 initVal。使用通道 $x.\text{read}_1$ 和 $x.\text{read}_2$ 为读操作建模。通道 $x.\text{read}_1$ 既是原子寄存器的输出通道，也是进程 P_1 的输入通道。当进程 P_1 想要读寄存器时，它执行输入动作 $y := x.\text{read}_1$，其中 y 是 P_1 的状态变量，它与任务 A_r^1 的输出动作同步。执行该动作将发送寄存器 x 的当前状态，因此，将 P_1 的状态变量 y 的更新值是寄存器的当前值，但寄存器的状态保持不变。因此，原子寄存器和进程 P_1 在通道 $x.\text{read}_1$ 上的同步将寄存器的值传送到 P_1。需要注意的是，进程 AtomicReg 的任务 A_r^1 总是使能的，因此，进程 P_1 是否可以执行访问寄存器的任务仅仅依赖于 P_1 中任务的守卫条件。

类似地，使用通道 $x.\text{write}_1$ 和 $x.\text{write}_2$ 为写操作建模。当进程 P_1 想要通过写入值 u 来更新寄存器时，它执行输出动作 $x.\text{write}_1!u$，它与任务 A_w^1 的输入动作同步，并且它将寄存器 x 的内部状态更新为通道上接收的值。如果 y 是进程 P_1 的状态变量，则将共享寄存器 x 更新为 y 的当前值，同时进程执行输出语句 $x.\text{write}_1 := y$。因为任务 A_w^1 总是使能

146

的，则该联合活动的使能性仅仅依赖于 P_1 中相应任务的守卫条件。

进程 P_2 的通信模式是类似的。

数据竞争

考虑图 4-11 所示的异步系统，它包含 3 个进程。共享存储器 x 是进程 AtomicReg 的实例，其中类型 val＝nat，初始值 initVal＝0。在我们的描述中，这种共享寄存器使用一种常见的声明变量的语法来声明，并且通过不明确地提到相关的读/写通道来访问共享变量。例如，进程 P_1 读取寄存器 x 就是其输入通道 $x.\mathrm{read}_1$ 的简略表达，进程 P_2 更新共享寄存器 x 就是对其输出通道 $x.\mathrm{write}_2$ 的更新。

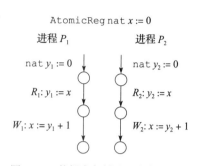

图 4-11　数据竞争例子：共享计数器

两个异步进程 P_1 和 P_2 通过读/写共享寄存器 x 来通信。进程 P_1 的状态变量 y_1，y_1 初始化为 0。该进程首先通过执行语句 $y_1 := x$（任务 R_1）读取 x 的值。该语句的执行涉及进程 P_1 和通道 $x.\mathrm{read}_1$ 上 x 的同步。接着，进程 P_1 通过执行语句 $x := y_1 + 1$（任务 W_1）将值 $y_1 + 1$ 写回共享寄存器 x，这语句同样涉及进程 P_1 和通道 $x.\mathrm{write}_1$ 上 x 的同步。

进程 P_2 是对称的：它读取它的内部状态变量 y_2 中共享寄存器 x 的值（任务 R_2），并将递增的值写回共享寄存器（任务 W_2）。

组合系统的一步对应于执行两个进程的某一个任务。图 4-12 显示了 4 个任务之间所有可能的交叉运行所引起的组合系统的执行。针对每次执行，我们将变量 x、y_1 和 y_2 的值在执行结束时列出来。根据结果可以观察到，当所有任务都执行一次时，共享寄存器 x 的终值可能是 1 或 2。如果每个进程定义对 x 的值做增量操作，则终值为 1 对应于失去一次增量，即一个潜在错误。这种错误是由一个进

交叉运行	x	y_1	y_2
$R_1; R_2; W_1; W_2$	1	0	0
$R_1; W_1; R_2; W_2$	2	0	1
$R_1; R_2; W_2; W_1$	1	0	0
$R_2; R_1; W_2; W_1$	1	0	0
$R_2; W_2; R_1; W_1$	2	1	0
$R_2; R_1; W_1; W_2$	1	0	0

图 4-12　图 4.11 所示的共享计数器的所有可能的执行

程在执行读和写语句的过程中，其他进程也访问了共享寄存器引起的。这种异步进程并行访问共享对象时发生的冲突称作数据竞争。

互斥问题

图 4-11 显示了共享计数器的说明性例子，假设进程 P_1 希望其在执行读和写语句时确保共享对象 x 的值维持不变。需要注意的是，共享对象并不支持在一个原子步骤中同时执行读和写操作：进程 P_1 不能使用语句 $x := x + 1$ 自动增加计数器的值，因为该进程在两个独立通道 $x.\mathrm{read}_1$ 和 $x.\mathrm{write}_1$ 上涉及两个不同的同步操作。为了保证进程 P_1 在读和更新共享寄存器时，对共享对象拥有独立访问权限，我们需要设计一个协议来解决经典的互斥协调问题。

假设有两个或多个异步进程需要访问一个重要的共享资源，如我们例子中的共享计数器。在任何时刻，只允许一个进程使用共享资源。中心协调者不控制资源的分配，但是进程之间需要相互协调以保证互斥访问。假设进程可以通过原子寄存器通信。开始时，一个进程处于空闲模式 Idle。它在模式 Crit 访问共享资源，即临界区。在我们的例子中，一旦进程进入临界区，它就可以读取共享计数器的值，将它加 1，并且将更新值写回共享寄存器。我们需要设计当进程从模式 Idle 切换到模式 Crit 时进程应该执行的入口代码，以及当进程在它在返回模式 Idle 前在临界区已经完成它的任务时进程应该执行的退出代

147
148

码。安全性需求就是互斥：两个进程不能同时在临界区内。另一个需求是无死锁：不能出现一个进程想要进入临界区，但没有一个进程允许进入的情况。需要注意的是，安全性需求可以使用不变式精确地表示，第 5 章讲述无死锁的形式化作为活性需求。

Peterson 互斥算法

图 4-13 所示的 Peterson 协议是解决两个进程互斥问题的经典方法。进程之间通过 3 个共享原子寄存器 turn，$flag_1$，$flag_2$ 进行通信。进程 P_1 的初始模式为 Idle，该进程有 7 个任务，每个任务对应于如下所述的模式切换，

1) 模式 Idle 的自循环表示进程在任意多个步骤中都保持在该模式。

2) 在模式 Idle，当进程需要访问共享资源时，它将布尔寄存器 $flag_1$ 设为 1，并切换到模式 Try1。

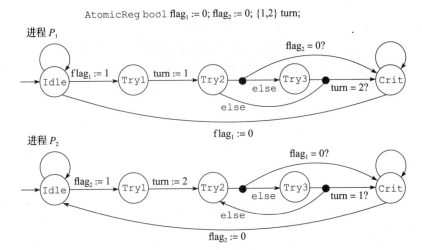

图 4-13   Peterson 的互斥协议

3) 在模式 Try1，进程将共享变量 turn 更新为它的标示符 1，并切换到模式 Try2。

4) 在模式 Try2，进程读取变量 $flag_2$ 的值。如果 $flag_2$ 为 0，则它表示其他进程不需要资源，并继续占用临界区。否则，它切换为模式 Try3。这形式化为涉及进程 P_1 和共享寄存器 $flag_2$ 之间的读通道的条件模式切换。

5) 在模式 Try3，进程使用条件切换检查共享寄存器 turn 的值。如果 turn 等于 2，则它表示在进程 P_1 将 turn 更新为 1 后，进程 P_2 将 turn 更新为 2，并且在该情况下，进程 P_1 继续占用临界区。如果它发现 turn 的值为 1，则它表示在进程 P_1 将 turn 更新为 1 前，进程 P_2 将 turn 更新为 2 且返回模式 Try2 来再次检查 $flag_2$ 的值。

6) 对应于临界区的模式 Crit 有一个自循环，它表示进程可以在临界区消耗任意多的步骤。

7) 在模式 Crit，当进程不再需要共享资源时，将变量 $flag_1$ 更新为 0，并返回到初始模式 Idle。

进程 P_2 是对称的。

我们需要讨论 Peterson 算法确实满足互斥需求。首先，观察到只有进程 P_1 对共享寄存器 $flag_1$ 进行写操作。当该进程离开模式 Idle 时，它将 $flag_1$ 设置为 1；当该进程返回模式 Idle 时，它将 $flag_1$ 重置为 0。因此，当进程 P_1 处于模式 Idle 时，$flag_1$ 的值为 0。同样，当进程 P_2 处于模式 Idle 时，布尔变量 $flag_2$ 的值也为 0。

使用反证法来证明没有一个执行可以使得两个进程同时进入临界区。令 $\rho = s_0$，$s_1 \cdots$，s_k 为最短执行路径，使得在状态 s_k 下两个进程的模式都为模式 Crit。在该执行中，最后一步必须与某些进程例如，进程 P_1 相对应，将其模式切换为模式 Crit（如果不是，在状态 s_{k-1} 下，两个进程都已经进入它们临界区，因此 ρ 就不是证明违反了期望需求的最短反例）。进程 P_1 可以将其模式从 Try2 更新为 Crit，假设flag$_2$ 等于 0；或者从 Try3 更新为 Crit，假设 turn 等于 2。在状态 s_{k-1} 下，进程 P_2 已经在临界区内，因此flag$_2$ 必须为 1，所以只有后一种情况是可能的。假设从状态 s_{j-1} 到 s_j 的迁移是进程 P_1 对 turn 最新的写操作，从状态 s_{l-1} 到 s_l 的迁移是进程 P_2 对 turn 最新的写操作。因为执行结束时 turn 等于 2，所以可以得到 $j<l$（即，对 turn 的最新更新操作必须由进程 P_2 执行）。图 4-14 描述了对应于该执行的情况。进程 P_1 的模式在所有状态 s_j，s_{j+1}，…，s_{k-1} 必须是 Try2 或 Try3，因此，在这些状态下flag$_1$ 的值必须为 1。我们可以得到，在所有状态 s_l，s_{l+1}，…，s_{k-1} 下，turn 的值等于 2，flag$_1$ 的值等于 1。这意味着进程 P_2 有两种可能的方法进入临界区（（flag$_2=0$）从 Try2 开始或（turn=1）从 Try3 开始），在此过程中切换条件为 false。由于进程 P_2 在状态 s_l 的模式为 Try2，在状态 s_k 的模式为 Crit，所以我们得到一个矛盾（即，表示违反安全性需求的假设执行 ρ 不可能存在）。

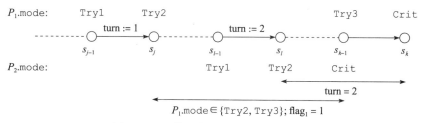

图 4-14　对潜在计数器例子执行的分析

我们还要说明 Peterson 协议不会死锁：它不可能发生一个进程想要进入临界区，但任意进程都不允许进入的情况。如果只有一个进程（如进程 P_1）想要进入临界区，那么另一个进程 P_2 处于模式 Idle，且变量flag$_2$ 等于 0。这种情况下，当进程 P_1 在模式 Try2 检测flag$_2$ 的值时，P_1 将成功进入。如果两个进程都在尝试进入临界区，则不可能发生两个进程陷入 Try2 和 Try3 之间的循环中：一旦两个进程都将它们的更新值传送到变量 turn 中，它的值不会改变，并且根据 turn 的值，其中一个进程一定会在模式 Try3 的测试中成功。

测试 & 设置寄存器

图 4-15 显示了进程 Test&SetReg，它对存储了一个布尔值的共享对象建模，但它支持测试 & 设置（test&set）以及重置的基本操作。在返回旧值时，测试 & 设置操作将共享寄存器设置为 1，而重置操作将共享寄存器更新为 0。状态变量 v 存储寄存器的当前值，它初始化为 0。当进程 P_1 想要执行测试 & 设置操作时，它在通道 $x.t\&s_1$ 上执行一个输入动作，并与寄存器执行输出动作同步。当寄存器的值等于 0 时，输出任务 A_{ts0}^1 是使能的，并且在将状态更新为 1 时它传输 0。当寄存器的值等于 1 时，输出任务 A_{ts1}^1 是使能的，并且当保持状态不变时它传输 1。需要注意的是，当前值的传输和它的更新都是在一步内原子操作，这导致一种更有效的通信模式。如果进程 P_1 和 P_2 企图与进程 Test&SetReg 同步，则第一个进程同步接收 0，它设置寄存器状态为 1，并导致后续进程接收响应的值 1。

不管进程 P_1 何时想要重置寄存器，它都要在通道 $x.\mathrm{reset}_1$ 上执行输出动作，该动作与将寄存器更新为 0 的输入任务 A_r^1 的执行同步。需要注意的是，没有值需要与重置操作相关联。

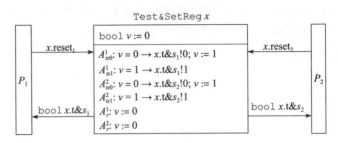

图 4-15   支持 test&set 和 reset 操作的布尔寄存器

对于寄存器 Test&Set，可以很容易地实现互斥问题的解决方法。图 4-16 显示了一种使用单个共享 Test&Set 寄存器 free 的算法。当该共享对象的值等于 0 时，临界区未被占用。当一个进程想进入临界区时，它简单地在共享寄存器上执行 test&set（测试 & 设置）操作。如果操作返回 0，则进程进入临界区；当操作返回 1 时，进程再次尝试。一旦离开临界区，进程将共享寄存器的值重置为 0。需要注意的是：两个进程是完全相同的。可以很容易地验证协议满足互斥需求且它是无死锁的。

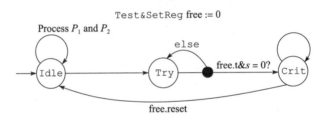

图 4-16   采用 Test&Set 寄存器的互斥

可以对共享对象（如 AtomicReg 和 Test&SetReg）的规约进行泛化，这样对象可以在多个进程中共享，而不仅限于两个进程。

练习 4.6：考虑与 Peterson 互斥协议相对应的迁移系统。该系统状态变量集合包含变量 $P_1.\text{mode}$、$P_2.\text{mode}$、turn、flag_1 和 flag_2。画出该迁移系统的可达子图，并计算有多少个可达状态？

练习 4.7：在试图对图 4-13 所示的两个进程互斥协议进行 "优化" 时，有人提出共享寄存器 turn 不是必需的。考虑图 4-17 所示的修改后的算法，它只使用共享布尔寄存器 flag_1 和 flag_2。该算法满足互斥需求吗？如果满足，给出正确性的非形式化论证或说明一个反例的执行。该改进协议是互斥问题的满意解吗？

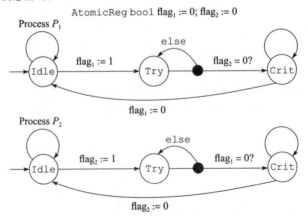

图 4-17   改进的 Peterson 互斥协议

练习 4.8：在图 4-13 所示 Peterson 互斥协议中，当进程 P_1 想要进入临界区时，它首先将寄存器 flag$_1$ 设为 1，然后将寄存器 turn 设为 1。假设我们改变这两个步骤的执行顺序，也就是说，对于 Peterson 协议的修改版本，当进程 P_1 想要进入临界区时，它首先将寄存器 turn 设为 1，然后将寄存器 flag$_1$ 设置为 1；同样，当进程 P_2 想要进入临界区时，它首先将寄存器 turn 设为 2，然后将寄存器 flag$_2$ 设为 1。其他的保持不变。改进的协议满足互斥需求？如果满足，给出一个简单的理由；如果不满足，给出一个反例。

练习 4.9*：考虑两个异步进程 P_1 和 P_2，它们通过 nat 类型的共享原子寄存器 x 进行通信，寄存器的初始值为 1。进程 P_1 读取共享寄存器，并将值存储在它的内部状态变量 u_1 中，再读取寄存器，将值存储在另一个状态变量 v_1 中，将共享寄存器的值更新为 $u_1 + v_1$，重复（读、读、写）的顺序列。进程 P_2 类似：P_2 读取共享寄存器，并将值存储在内部状态变量 u_2 中，再读取寄存器，将值存储在另一个状态变量 v_2 中，将共享寄存器的值更新为 $u_2 + v_2$，重复这个操作序列。如果一次系统执行结束时使得共享寄存器 x 的值为 n，我们就认为 n 是可达的。请问以上操作中，哪些值是可达的？提示：尽量找出那些能证明值 5、6、7、8 的可达性的执行。

4.2.4 公平性假设*

异步模型中进程的执行可以通过不同任务的交叉执行获得。在执行的每一步中，如果可以执行多个任务，则有一个选择。例如，对进程 Buffer（见图 4-1），在每一步中，通过执行输入任务 A_i 或输出任务 A_o 获得下一个状态（假设状态为非空）。我们不想假设两个任务执行的相对频率，但我们可以阻止这样一种执行，即输出任务从未被执行。同样，对于进程 Merge（见图 4-3），当到达两个输入通道上的值的顺序被设计成任意合并时，则可以很自然地假设这些值最终会出现在输出通道上。对于共享对象（如 AtomicReg 和 Test&SetReg），如果多个进程对它们进行写操作的竞争，则计算的异步模型允许它们以任意顺序执行，可能一个进程在另一个进程可以执行一次写操作前执行了多次写操作。然而，如果一个进程拒绝了一次永远成功进行写操作的机会，则它再也不会发生有意义的计算。因此，我们假设进程在共享寄存器上进行的读/写操作永远都不会延迟。

无限执行

有关一个任务的执行可以被延迟任意长的时间，但不是永远的非形式化假设的标准数学框架，要求我们考虑无限执行的概念。进程 P 的无限执行，也称为 ω 执行，从一个初始状态开始执行，有一个无限的状态序列，该序列中的每个状态是通过前一个状态执行一次进程动作得到的。

回顾图 4-2 所示的进程 AsyncInc：该进程有两个一直使能的任务 A_x 和 A_y，并分别对变量 x 和 y 执行增量操作。考虑如下所示的进程 AsyncInc 的 ω 执行：

$$(0,0) \xrightarrow{A_x} (1,0) \xrightarrow{A_x} (2,0) \xrightarrow{A_x} (3,0) \xrightarrow{A_x} (4,0) \cdots$$

其中，我们通过执行的任务对每个内部任务进行了标识。在该 ω 执行中，下一个状态总是可以通过执行内部任务 A_x 来获得。我们说，这种 ω 执行对任务 A_y 是不公平的：每一步，任务 A_y 都是使能的，但它从未执行过。可以合理地假设，没有实现产生这种不公平的执行。当我们提出需求时，我们仅仅要求所有公平的执行应该满足需求。考虑进程 AsyncInc 和 y 的值不应该一直为 0 的正确性需求，即使任务 A_y 在 ω 执行中从未执行违反了该需求，但我们仍然希望得到进程 AsyncInc 满足该需求的结论，因为在所有公平执行中已经保证了 y 的值会递增。

考查进程 AsyncInc 的有限执行，假设执行 1000 步。虽然该执行中的所有行动对应于 x 的增量操作，任务 A_y 每一步都是使能的且不被执行，但它仍看作进程合理或有效的

149
〜
154

执行。如果要求的正确性需求提出"当 x 的值等于 1000 时，y 的值不能为 0"，我们将得出进程 AsyncInc 是有缺陷的，因为有限执行将任务 A_x 执行了 1000 次，它证明状态 (1000，0) 的可达性违反了该需求。如果我们对执行步数给定一个具体的定量边界，但不仅限于这个边界，使得忽略一个使能的任务变得可以接受，则不管我们选择多少步数，都看作进程执行的任意假设。这就是为什么公平性被定义为关于无限执行的假设：根据以上证明，进程 AsyncInc 不公平执行的每个有限前缀可以看作合法的，但无限执行是不公平的。从某种意义上来说，这可以从数学上很精确地表示，公平性是有限执行的属性限制。当我们将在第 5 章研究它时，即使无限执行是一种抽象的数学概念，且第一眼看上去很难推论，但也存在有效的分析算法来推导这种执行，因为这种推导可以减少可达状态图的分析周期。

考查进程 AsyncInc 的 ω 执行，在该进程中任务 A_x 和 A_y 以一种可选的方式执行，比如 1000 次，但在 1000 次后，只有任务 A_x 可以无限地执行。在这种无限执行中，y 的值被"阻塞"在 1000，但 x 以无界方式持续递增。关于任务 A_y 执行的公平性假设也阻止了这次执行。对于进程 AsyncInc 的 ω 执行关于任务 A_y 是公平的，它必须包含无限多次递增 y 的动作。同样，只有在任务 A_x 包含无限多次递增 x 的操作时，才会认为任务 A_x 的 ω 执行是公平的。在图 4-4 中的无限树中，一个公平的 ω 执行就是一条贯穿树的无限路径，该路径在左右分支中以任意方式曲折行进，但也保证重复左右分支。尤其是对于每步 n，每次公平执行都要保证 x 和 y 的值都会大于 n。

对于进程 Buffer，在每一次的 ω 执行中只有输入任务 A_i 被执行，这对输出任务 A_o 不公平，我们通过假设任务 A_o 的公平性来排除这种执行。对于进程 Buffer 关于输出任务公平的 ω 执行，它必须包含无限多次输出动作。当我们再次提出消息最终会传递的需求时，我们要求所有公平执行都应该满足该需求。对于进程 Buffer，我们不对输入任务 A_i 的执行做任何公平性假设。需要注意的是，对于这个特定的进程，每次无限执行必须包含无限多次输入动作：这是因为每次进程 Buffer 执行一个输出动作时，缓冲区将清空，且直到接收另一个输入后，才能产生下一个输出。

现在考虑 4-3 所示的进程 Merge 的无限执行。该进程在输入通道 in_1 上接收一个值。然后它重复执行接收输入通道 in_2 上的值的循环，并通过执行任务 A_o^2 将值传递给输出通道。换句话说，任务的无限序列是先执行 A_i^1，接着周期地执行 A_i^2；A_o^2。这就明确要求输出任务 A_o^1 将元素从队列 x_1 传送到输出通道，而这在每一步中都是使能的，但从未执行过。当不公平时我们再次想要排除该 ω 执行。

在准确定义公平的 ω 执行的概念前，我们可以要求任务只有在它是使能的才执行。不公平的 ω 执行就在某个点后，任务总是使能的，但却从未执行过。

考虑进程 Merge 的另一个无限执行：进程重复接收来自输入通道 in_2 的值，并通过执行任务 A_o^2 将该值传送给输出通道。我们将这个执行看作一次公平执行。输入任务 A_i^1 从未执行，但仍然是合理的情况，并且在该执行中发现的错误可能是一个真实的错误。要求输入任务的重复执行意味着我们正在对环境做隐含假设。因此，公平性只针对进程所控制的任务。如果进程 Merge 与另一个进程 P 组合 (进程 P 的输出通道为 in_1)，则进程 P 在通道 in_1 上的输出任务的公平性可以迫使动作与通道 in_1 相关。在一个循环中重复执行 A_i^2 和 A_o^2 的 ω 执行对于输出任务 A_o^1 也 (显然) 是公平的。这是因为队列 x_1 总是为空，所以任务 A_o^1 也从不是使能的。

强公平性

到目前为止，我们所讨论的公平性都是弱公平性。任务的弱公平性假设：如果任务是持续使能的，则任务最终将执行。而更强一点的假设就是强公平性，它要求重复使能的任务应该最终执行。

作为说明性例子，考虑图 4-18 所示的进程 Asyn-cEvenInc。与图 4-2 中的进程 AsyncInc 类似，该进程有两个状态变量 x 和 y，通过内部任务 A_x 和 A_y 分别对其进行递增操作。但现在，只有当 x 值为偶数时，任务 A_y 才是使能的。进程 AsyncEvenInc 的 ω 执行如下所示：

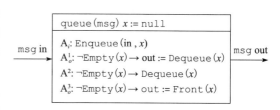

$$\text{nat } x := 0; y := 0$$
$$A_x : x := x + 1$$
$$A_y : \text{even}(x) \rightarrow y := y + 1$$

图 4-18　异步进程 AsyncEvenInc

$$(0,0) \xrightarrow{A_x} (1,0) \xrightarrow{A_x} (2,0) \xrightarrow{A_x} (3,0) \xrightarrow{A_x} (4,0) \cdots$$

在该执行过程中，任务 A_y 的状态在使能和不使能之间切换。因此，该执行满足两个任务的条件"如果持续可用，则最终执行"，并且对这两个任务而言它是弱公平的。然而，该执行对任务 A_y 不是强公平的：任务 A_y 是无限多次使能的，但从未被执行。如果我们假设实现平台仅仅确保弱公平性，则这种执行是可能的执行，没有保证 y 会递增。如果我们假设实现平台确保强公平性，则这种执行表示可能的执行，并且保证 y 会递增。

对不可靠的 FIFO 链路建模

另一个说明性例子，考虑图 4-19 所示的进程 UnrelFIFO，它建立了不可靠的 FIFO 缓冲区模型。输入任务 A_i 仅仅将输入消息传送给内部队列 x。消息从队列 x 传送到输出通道通过 3 个任务来完成。任务 A_o^1 通过将消息从队列 x 中删除并将它传送给输出通道来将消息从队列 x 传送到输出通道。（内部）任务 A^2 对消息的丢失建模，并将消息从队列 x 中删除而不传送它。任务 A_o^3 消息的冗余建模：将队列 x 的队首的消息传递给输出通道，而没有将该消息从队列中删除。因此，该进程既可以对失去消息也可以对复制消息的通信链路建模。然而，该链表保存消息的顺序，不会重新排序。公平性假设应该保证输入消息最后会出现在输出通道中。

```
queue(msg) x := null
A_i: Enqueue(in, x)
A_o^1: ¬Empty(x) → out := Dequeue(x)
A^2: ¬Empty(x) → Dequeue(x)
A_o^3: ¬Empty(x) → out := Front(x)
```

图 4-19　非可靠连接的异步进程 UnreFIFO

考查进程 UnrelFIFO 的执行。消息到达通道 in，并且插入队列 x 的队尾。任务 A^2 删除该消息。由于该任务的执行对消息丢失建模，所以它不能将消息传送给输出通道。假设任务 A_i 和 A^2 交叉重复执行。对于成功传送消息的任务 A_o^1 而言，ω 执行是弱公平的。这是因为，每次输入任务将输入消息插入队列 x 的队尾时，任务 A_o^1 是使能的，但每次内部任务 A^2 删除该消息时，任务 A_o^1 不是使能的。因为任务 A_o^1 不是持续使能的，所以弱公平性假设不能保证任务的最终执行。然而，该无限执行对任务 A_o^1 而言，不是强公平的：任务重复使能，但从未被执行。因此，为了获得重复尝试传递消息最终执行的非形式化假设，我们应该对任务 A_o^1 的强公平 ω 执行进行限制。

公平性规约

进程 UnrelFIFO 的规约也强调不需要给所有任务都假设公平性。尤其是，在无限执行中，复制消息的任务 A_o^3 或丢失消息的任务 A^2 从未在可接受的和现实的执行中执行过。丢失或复制消息不是一个可以执行的活跃任务，也不需要重复执行。当系统的正确运行可以依赖任务 A_o^1 的公平性时，它应该不会依赖 A^2 的公平性：当一个协议的底层网络不断重复丢失消息时，虽然该协议正确运行，但不能认为是正确的协议。

这表明异步进程的描述应该注释它的输出任务和内部任务：哪些任务是强公平性假设，哪些是弱公平性假设，哪些没有任何公平性假设。

公平性假设

异步进程 P 的 ω 执行由一个无穷序列组成，$s_0 \xrightarrow{l_1} s_1 \xrightarrow{l_2} s_2 \xrightarrow{l_3} s_3 \cdots$，其中 s_j 是进程 P 的状态，s_0 是 P 的初始状态。对于每个 $j > 0$，$s_{j-1} \xrightarrow{l_j} s_j$ 是进程 P 的输入、输出或内部动作。如果迁移 $s_{j-1} \xrightarrow{l_j} s_j$ 对应于任务 A 的执行，则认为在第 j 步运行任务 A。内部或输出任务 A 的 ω 执行是弱公平的，对于所有 j，如果任务在状态 s_j 下是使能的，则存在一个点 $l > j$，使得任务 A 要么在第 l 步执行，要么在状态 s_l 不是使能的。内部或输出任务 A 的 ω 执行是强公平的，如果 j 无穷大，任务 A 在状态 s_j 下是使能的，则对于无穷大的 l，任务 A 在第 l 步执行。异步进程 P 的公平性假设由要求强公平性的内部和输出任务子集 SF 和要求弱公平性的内部和输出任务子集 WF 组成。鉴于这种规则，进程 P 的公平 ω 执行对于 SF 中的任务是强公平的，对于 WF 中的任务是弱公平的。

根据以上的形式化定义，弱公平性假设是，如果是使能的，则最终要么执行要么不是使能的，它等价于重复地不使能或重复地执行。类似地，强公平性假设是，如果重复地使能，则重复地执行，它等价于持续不使能或重复地执行。需要注意的是，如果一个任务的执行是强公平的，则它也是弱公平的，反之不成立。在第 5 章中，我们将采用时序逻辑来说明公平性假设，这有助于更加深入地了解弱公平性假设和强公平性假设之间的细微差别。

互斥的公平性假设

为了说明如何用公平性假设描述进程，我们先回顾互斥问题的解决方法。首先，让我们考虑图 4-13 所示的 Peterson 协议。每一个模式切换都对应一个任务，我们可以测试进程 P_1 的所有任务（进程 P_2 的任务假设是相同的）。从模式 Idle 开始的模式切换没有公平性假设。这意味着协议并没有假设进程在模式 Idle 下需要等待多长时间，也不依赖于进程是否重复要求进入临界区。从模式 Try1 开始的模式切换表示进程 P_1 的输出动作，我们假设该任务有弱公平性。因此，在无限执行中，进程 P_1 在模式 Try1 下需要等待执行语句 turn := 1，而此时进程 P_2 正在重复执行。从模式 Try2 和 Try3 开始的条件模式切换对应于测试共享寄存器的值。这种读操作就是图 4-10 中的共享寄存器进程 AtomicReg 的输出动作。假设寄存器 $flag_2$ 和 turn 的输出任务 A_j^1 具有弱公平性。这就确保了进程 P_1 不会在模式 Try2 中等待读取 $flag_2$，而进程 P_2 却在重复执行。临界模式 Cril 的自循环没有公平性假设，因为我们不希望进程 P_1 在具体时间中处于临界区。但我们会假设进程 P_1 最终会离开临界区（否则进程 P_2 会永远被阻塞），因此我们假设从模式 Crit 到模式 Idle 的切换具有弱公平性。需要注意的是，弱公平性满足因为任务一旦是使能的，就会在执行之前一直可用。

现在以图 4-16 中的协议为例。在 Peterson 协议中，我们没有对模式 Idle 和 Crit 上的自循环，以及从模式 Idle 到 Crit 之间的切换做任何公平性假设。从模 Crit 到 Idle 转换的弱公平性假设是为了得到进程最终会离开临界区的假设。关于检查共享寄存器 free 值的从模式 Try 开始的条件切换，注意这对应于共享寄存器的输出动作，因此对应于 free 的描述应该添加公平性假设（如图 4-15 所示的进程 Test&SetReg 的描述）。假设以下 4 个输出任务具有强公平性：A_{tso}^1、A_{ts1}^1、A_{tso}^2 和 A_{ts1}^2。需要注意的是，每个任务都有一个守卫条件，由于共享寄存器的值改变，所以任务可以在使能和非使能之间切换。任务 A_{tso}^1 的强公平性确保如果进程 P_1 在模式 Try 中且寄存器为 0，则任务 A_{tso}^2 最终会执行，导致一个将 0 返回给进程 P_1 的同步。因此，当进程 P_2 重复进入和离开临界区时，进程 P_1 在模式 Try 中一直等待的情况不会发生。需要注意的是，任务 A_{tso}^1 的弱公平性也有这种情况。

公平性假设下的正确性

当证明具有公平性假设的异步进程的活性需求时，我们可以只关注公平的 ω 执行。例如，针对进程 Merge，假设输出任务 A_o^1 和 A_o^2 具有弱公平性。在该公平性假设下，如果进程在任何步处理输入动作 $in_1?\ v$，则可以保证在接下来的某步中处理输出动作 $out!\ v$。这是因为在每一次公平执行时，如果第 i 步动作处理输入动作 $in_1?\ v$，则将消息 v 插入队列 x_1。一旦队列 x_1 中有消息，则输出任务 A_o^1 至少会在消息传输到输出通道前一直是使能的。输出任务 A_o^1 的弱公平性假设保证任务一定会执行：如果队列 x_1 在消息 v 的前面有多个消息，则这些消息一定会被传递出去，最后只剩下消息 v。对于不公平的执行，这种需求不会满足，但这种执行仅仅是建模定义的产物，并不象征违反真实实现。 [160]

以图 4-13 和图 4-16 中的互斥协议为例，在每次公平执行中，如果进程 P_1 想要进入临界区，则它最终一定会进入该临界区。

公平性假设的选择显然影响了异步进程满足的需求。我们通过考虑进程 AsyncInc 和 AsyncEvenInc 的不同需求来说明该观点：

- 需求 φ_1 是指 "x 值最终大于 10"。如果没有公平性假设，进程 AsyncInc 不满足该需求，但是如果假设任务 A_x 是弱公平的，则满足该需求。类似地，如果没有公平性假设，进程 AsyncEvenInc 不满足该需求，但是如果假设任务 A_x 是弱公平的，则满足该需求。

- 需求 φ_2 是指 "y 的值最终大于 10"。如果没有公平性假设，进程 AsyncInc 不满足该需求，但是如果假设任务 A_y 是弱公平的，则满足该需求。相反，如果没有公平性假设，进程 AsyncEvenInc 不满足该需求，或者如果仅仅假设了弱公平性，也不满足该需求，但是如果假设任务 A_y 是强公平的，则满足该需求。

- 需求 φ_3 是指 "y 的值最后会大于 x"。进程 AsyncInc 不满足该需求。即使为两个任务都假设了公平性，仍然无法满足这需求。特别地，在无限执行中，先执行任务 A_x，再执行任务 A_y，重复这种公平模式，在这种情况下，每个状态中的条件 $y \leqslant x$ 都满足(因违反了需求 φ_3)。利用类似的方法，进程 AsyncEvenInc 不管是否给出任何形式的公平性假设，都不满足需求 φ_3。

公平性假设只保证任务的最终执行，并不能迫使特定模式以不同任务的相对执行频率执行。如果要求这种模式，针对需求 φ_3，则必须修改系统的协调逻辑来满足该需求。

练习 4.10：回顾练习 4.2 设计的异步进程 Split。要想获得以下假设，在两个输出通道之间消息的分布在某种程度上应该是公平的，如果无穷多个消息到达输入通道 in，则输出通道 out_1 和 out_2 应该有无穷多个传输的消息。如何给设计添加公平性假设来获得以上假设？如果使用强公平性，则论述弱公平性不足以获得以上假设(即描述一个弱公平的无限执行，但消息的分割并不如期望的一样公平)。 [161]

练习 4.11：通过修改图 4-19 中的进程 UnrelFIFO 的描述，构建进程 VeryUnrelFIFO 的准确规约，除了丢失和复制消息外，它还可以重新排序消息。改进进程的公平性假设是什么？

练习 4.12：考虑图 4-17 中的 Peterson 互斥协议的改进版本。在该描述中应该添加何种公平性假设？根据这些公平性假设，协议是否满足如下需求：如果进程想要进入临界区，则最终它一定会进入临界区吗?

练习 4.13: 异步进程 P 有两个 nat 类型的变量 x 和 y,x 初始化为 0,y 初始化为 2。通过两个任务描述进程行为。任务 A_1 一直是使能的,其更新代码为 $x := x+1$。任务 A_2 一直是使能的,其更新代码为 $y := x+y$。简短地回答以下问题。当增加公平性假设时,请简单描述每个任务用的是强公平性还是弱公平性。

    1) 能否保证 x 的最终值一定会大于 5? 如果不能,针对这两个任务有没有一个合适的公平性假设以满足以上需求?

    2) 能否保证 y 的最终值一定会大于 5? 如果不能,针对这两个任务有没有一个合适的公平性假设以满足以上需求?

    3) 能否保证在执行过程中,某一步骤使得 x 等于 y? 如果不能,针对这两个任务有没有一个合适的公平性假设以满足以上需求?

4.3 异步协调协议

在进程异步通信网络中,一个进程的每一步执行都要进行一次计算,这样的步要么从输入通道获取输入值,要么从输出通道发送输出值。因此,解决协调问题的算法不能像同步情况那样以锁步循环的方式处理。我们用 3 个经典问题来论述设计的挑战:在进程的循环中选举一个领导,使用不可靠链接实现可靠通信和使用共享对象在两个进程之间达成共识。

4.3.1 领导选举

回顾 2.4.3 节中讨论的领导选举的协调问题,现在考虑异步情况。假设基础网络以单向环连接各个节点(如图 4-20 所示的 5 个节点的环)。每个节点有一个唯一的标识符,并且该协议包含了节点消息交换策略,最后只有一个节点声明自己是领导,其他节点声明自己为追随者。

将网络节点建模成异步进程 P。输入通道 in 接收由环中节点 P 的前驱节点发送的标识符,输出通道 out 给 P 的后继节点发送标识符。使用内部队列 x 存储通道 in 接收的消息,队列 y 存储需要发送的消息,通过通道 out 上的输出任务一个接一个地发送出去。当进程表示它要么是领导,要么是追随者时,可在输出通道 status 上发出该决定。进程的描述可以通过对应于网络节点的标识符来参数化,表示为 myID。假设每个标识符为正数。为了构建一个环,创建进程 P 的多个实例,并通过异步组合操作将它们组合起来。例如,对应于图 4-20 所示的 5 个进程环组成的系统为 $P = P_a \mid P_b \mid P_c \mid P_d \mid P_e$,其中

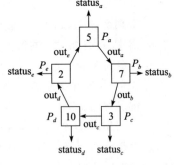

图 4-20 具有环形拓扑的异步网络

$$P_a = P[\text{status} \mapsto \text{status}_a][\text{in} \mapsto \text{out}_e][\text{out} \mapsto \text{out}_a][\text{myID} \mapsto 5]$$

$$P_b = P[\text{status} \mapsto \text{status}_b][\text{in} \mapsto \text{out}_a][\text{out} \mapsto \text{out}_b][\text{myID} \mapsto 7]$$

$$P_c = P[\text{status} \mapsto \text{status}_c][\text{in} \mapsto \text{out}_b][\text{out} \mapsto \text{out}_c][\text{myID} \mapsto 3]$$

$$P_d = P[\text{status} \mapsto \text{status}_d][\text{in} \mapsto \text{out}_c][\text{out} \mapsto \text{out}_d][\text{myID} \mapsto 10]$$

$$P_e = P[\text{status} \mapsto \text{status}_e][\text{in} \mapsto \text{out}_d][\text{out} \mapsto \text{out}_e][\text{myID} \mapsto 2]$$

我们的目标是完成进程 P 的描述,使得当进程的多个实例组成一个环时,就可以满足以下需求:1)进程最终会停止,即没有协议的无限执行;2)在每一次终止执行中,只有一

个进程在其输出通道 status 上输出值 leader，其他进程在各自的输出通道 status 上输出值 follower。

我们知道在同步方法中，如果网络中的节点个数为 N，则假设网络是强连接的，可以推断出节点可以在 N 次循环中表明它的标识符可以到达网络中的所有节点。在异步情况下，这种结论不成立，因为节点以独立的速率执行，并且进程中没有循环的概念。如果节点从它的前驱节点接收输入消息，则它可以推断出节点在输出通道 out 上发送给后继节点的消息会传播给环中的所有进程。因此，一个进程不需要知道进程的数目。

通过采用 2.4.3 节中的泛洪算法，选举环中的异步领导者，即选出标识符最大的进程。提出一个更有趣的算法，可以减少交互消息的数量。如果环包含 N 个进程，则该算法只生成 $N\log N$ 个消息，而泛洪算法生成 N^2 个消息。事实证明，$N\log N$ 是交互消息数的下限，可以在环网络异步通信的进程中选举领导。

图 4-21 所示的算法，输入任务 A_i 总是使能的，且在内部队列 x 中存储输入消息。输出任务 A_o 将挂起消息从队列 y 发送到输出通道 out，并且在假设队列 y 不为空时，在任何时刻都可以执行。

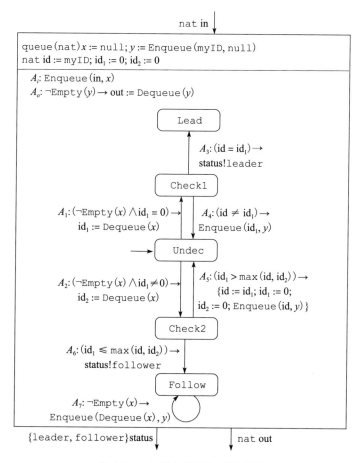

图 4-21   在环中的异步领导选举

将进程的核心计算描述为扩展状态机。初始时，进程模式不确定。一旦做出判定，进程就切换成领导模式或追随者模式，在此切换期间，将判定输出到通道 status 上。在追随者模式，进程仅仅将消息从输入队列 x 传输到输出队列 y 中，这可以通过内部任务 A_7

获得。

算法在多个阶段执行，在每个阶段，未判定进程的数量以系数 2 递减，直到只有一个进程未判定，则将这个进程作为领导。

开始时，每个进程将自己的标识符发送给环中的两个后继进程。为此，每个进程首先将标识符以及它接收的第一个消息发送到输出通道上。当进程接收到输入通道上的两个消息时，它知道自己的标识符，进程自己的标识符赋值给变量 id，前驱节点的标识符赋值给变量 id_1，前驱的前驱的标识符赋值给变量 id_2。

最初，变量 id 的设置为 myID，它是与进程相关联的一个唯一的正数。变量 id_1 和 id_2 都设置为 0。将标识符插入传出队列，等待传输到下一个进程。直到在传入队列 x 中有妥处理的消息前，进程一直等待。当 id_1 的值等于 0 时，处理队列 x 队首的消息，它是来自前驱节点的值，将该值赋值给 id_1 并从队列 x 中删除，进程切换到模式 Check1（见任务 A_1）。如果 id_1 的值不为 0，则下一个要处理的输入消息是前驱的前驱。任务 A_2 将该消息从队列中删除，并保存为变量 id_2 的值，最后切换为模式 Check2。

在模式 Check1，进程检查存储在 id_1 中的前驱标识符的值。当该值等于 id 的当前值时，该进程赢得选举。在这种情况下，进程在通道 status 上输出值 leader，模式更新为 Lead（见任务 A_3）。否则，当前驱标识符的值不等于 id 的当前值时，将该值插入传出队列 y 发送给后继进程，模式切换为 Undec（见任务 A_4）。

一旦进程接收了 id_1 和 id_2 的值，在模式 Check2，将这两个标识符与 id 值比较。如果 id_1 是三者中最大的，则进程的状态仍然非确定，采用 id_1 作为它的标识符，并且在模式 Undec 下开始一个新的开始阶段（见任务 A_5）。如果 id_1 不是三者中最大的，则进程在通道 status 上输出判定 follower，并切换到模式 Follow（见任务 A_6）。随后，进程将只传送消息，而不检查消息。

需要注意的是，每个进程都在重复相同的计算。假设进程 P，id$=m_0$，$id_1=m_1$，$id_2=m_2$。如果 $m_1>m_0$ 且 $m_1>m_2$，则进程 P 维持不确定状态。考虑进程 P 的前驱 P'。那么，对于进程 P'，它的标识符就是 id 的值 m_1，P' 前驱的标识符就是 id_1 的值 m_2。这就保证了，如果 P 判定采用 m_1 作为它的标识符维持未判定状态，则 P' 就变成追随者。因此，继续保持未判定的进程数最多是当前未判定进程的一半。此外，未判定进程数至少为 1：在所有未判定进程中，标识符最大的进程的后继一定是未判定的。

以图 4-20 所示的通信网络为例，进程 P_c 的初始标识符为 3，id、id_1、id_2 在第一阶段的值分别是 3、7、5，在下一阶段它仍然是未判定的进程，并将 7 作为它的标识符。进程 P_b 的初始标识符为 7，id、id_1、id_2 在第一阶段的值分别是 7、5、2，进程变成追随者。在第一阶段后，只有进程 P_c 和 P_e 保持未判定的，且标识符分别改为 7、10。

当进程保持未判定的时，进程再次重复选举协议。进程将当前标识符（从前驱接收的值）和下一个输入消息发送给输出通道。在接收了两个输入值后，进程检查自己和两个（未判定的）前驱节点的标识符的顺序，像前面所述的那样做出判定。即在每个后继阶段，未判定的进程数逐渐减少的当前环重复选举协议，因此再一次减少未判定的进程的数量，直到还剩至少一半。剩下的追随者不影响逻辑论述，因为它们仅用于传送消息。

当未判定的进程接收输入消息（该消息等于它的当前标识符）时，表示它是仅剩的未判定的进程，并且声明自己为领导。注意，即使该标识符是所有初始标识符中最大的，它也不是该领导进程的初始标识符。

继续图 4-20 所示的例子，在第二阶段中，对于进程 P_c，id、id_1 和 id_2 的值分别是 7、

10 和 7。它将继续下一个阶段作为采用标识符 10 的唯一未判定进程。在第三阶段中，进程发送的第一个消息返回给它作为前驱的标识符，而其他进程仅仅传递该消息。这会导致进程 P_c 声明自己是领导。

通过各个阶段不同步的事实来论证形式正确性是复杂的过程，在任意给定时间，相邻进程可以执行不同阶段。在每个阶段，每个进程最多发送两个消息。如果环包含 N 个进程，则每个阶段最多发送 $2N$ 个消息，最多有 $\log N$ 个阶段，这导致消息数的上限是 $2N \log N$。

在该协议中，没有进程重复发送消息。因此，不可能有无限执行，正确性也不需要任何公平性假设。

练习 4.14：对于图 4-21 的领导选举协议，假设环有 16 个节点，各个进程标识符的顺序是：25，3，6，15，19，8，7，14，4，22，21，18，24，1，10，23。哪个进程会被选举为领导？

练习 4.15：针对图 4-21 中的领导选举协议，描述最好的和最坏的场景：(a)描述在第一阶段后只有一个节点是活跃的场景；(b)描述协议在选举前需要 $\log N$ 个阶段的场景。

4.3.2 可靠传输

给定一个不可靠的通信介质，我们如何实现以接收顺序正确传输每个消息的可靠的 FIFO 链路？更具体地，我们要设计进程 P_s 和 P_r 使得图 4-22 所示的组合系统采用不可靠通信链路 UnrelFIFO(如图 4-19 所示)的两个实例，作为有输入/输出通道的可靠的 FIFO 缓冲区。进程 P_s 是发送方的接口，P_r 是接收方的接口。不可靠链路 UnrelFIFO1 将消息从进程 P_s 传输给进程 P_r，不可靠链路 UnrelFIFO2 将消息从进程 P_r 传输给进程 P_s。 |167|

图 4-22 可靠通信的方框图

换位协议(ab 协议)

为了传送进程 P_s 在输入通道 in 上接收的消息，需要向进程 P_r 重复发送消息，因为链路 UnrelFIFO1 可能丢失消息，并且进程 P_r 需要向进程 P_s 发送回一个显示确认，以表示 P_s 成功发送消息。该确认也需要重复发送，以确保消息最终传送成功，来说明丢失的消息。主要的设计难点是当消息和确认都冗余时，如何将消息与确认匹配。一个经典的解决方法是换位协议，它利用交换布尔标签位使得发送者和接送者进程同步。

图 4-23 显示了发送者接口进程 P_s。它维护消息队列 x，该队列接收输入通道 in 的消息，并通过输入任务 A_i 处理该队列。状态变量 tag 定义为布尔变量，并初始化为 1。当进程 P_s 通过队列 x_1 上的不可靠 FIFO 链路将内部队列 x 的队首的消息发送给接收者进程 P_r 时，得到变量 tag 的当前值消息，且未将该消息从队列 x 删除。输出任务 A_1 可能会重复执行。当发送者进程 P_s 在通道 x_2 上获得来自发送者的标签位形式的确认时，它检查接收到的标签与自己的标签是否匹配；如果检查成功，它将消息从队列 x 中删除并置换该标签。通过输入任务 A_2 建立确认标签的处理模型。标签的置换可能会导致重复发送队列 x 上的下一个消息，在输出通道上增强更新后的标签。需要注意的是，任务 A_2 一直是使能的，但是如果传入确认标签与期望标签不一致，则它不改变状态。公平性假设包含输出任务的弱公平性：一旦将消息插入队列 x，任务 A_1 就保持使能状态，并且应该最终在通道 x_1 上发送第一个消息。

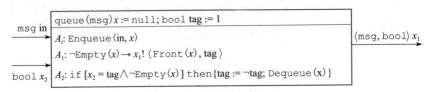

图 4-23　换位协议的发送者进程

图 4-24 显示了接收者进程 P_r。它接收的消息存储在内部队列 y 中。该进程还需要维护一个布尔值标签状态变量，它初始化为 0。需要注意的是，发送者进程 P_s 和接收者进程 P_r 的标签位的初始值是彼此互补的：开始以及每一个步骤中，发送者进程 P_s 期望来自接收者的传入标签与 P_s 的内部标签相同，而接收者期望来自发送者的传入标签与自己的内部标签互补。当接收者进程 P_r 在输入通道 y_1 上接收消息时，它检查传入消息的标签是否与它的内部标签互补。如果互补，则认为传入消息是新消息，并将它加入队列 y 中。这可以通过输入任务 A_1 实现，其中使用原语 First 和 Second 来检索传入消息的两个字段。再次注意，任务 A_1 一直是使能的，如果传入标签不是它所期待的，则忽略该传入消息。队列 y 中的消息通过输出任务 A_o 传输到输出通道中。接收者 P_r 也通过通道 y_2（由输出任务 A_2 实现）不断地向发送者进程 P_s 发送其标签的当前值作为确认。为了保证消息最终在两条输出通道上传输，输出任务 A_2 和 A_o 的公平性假设包括弱公平性。因为这些任务可以用于竞争动作，所以不需要强公平性。

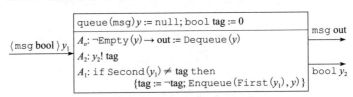

图 4-24　换位协议的接收者进程

以下场景描述了协议是如何执行的。假设进程 P_s 在输入通道 in 上接收消息 m_1，P_s 将通过不可靠通道向进程 P_r 重复发送消息（m_1，1）。每个这样的消息可能会丢失或复制。同时，进程 P_r 可以向进程 P_s 重复地发送标签位 0，但是 P_s 将忽略所有这样的确认。当消息（m_1，1）通过通道 y_1 第一次成功发送给进程 P_r 时，P_r 将标签位设置为 1，并且将 m_1 插入输出队列 y。消息 m_1 最终会被传输到输出通道 out 中。进程 P_r 将忽略通道 y_1 接收的消息（m_1，1）的另一个副本，因为它的当前标签为 1：只有当消息的标签为 0 时，才会将下一个消息作为最新消息。进程 P_r 将重复向 P_s 发送标签 1 作为通道 y_2 的确认。每个这样的消息也会丢失或复制，但进程 P_s 最终会在通道 x_2 上接收标签 1。此时，进程 P_s 将从其内部队列 x 中删除消息 m_1，并将它的标签变量置换为 0。如果在此期间通道 in 接收了其他消息，则将这些消息插入队列 x，如果 m_2 是下一个挂起的消息，则进程 P_s 将通过通道 x_1 开始向 P_r 发送消息（m_2，0）。如果进程 P_s 在通道 x_2 上接收了其他标签消息 1，则这些消息被忽略。只有当接收到标签 0 时，进程 P_s 才将消息 m_2 从队列 x 中删除。

练习 4.16： 假设我们已经知道从接收者到发送者之间的通信链路是可靠的。那么如何修改换位协议来并利用它？即设计简化的进程 P_s 和 P_r，当进程 UnrelFIFO2 被替换为进程 Buffer 时，使得图 4-22 中的组合系统能使用可靠的 FIFO 缓冲区。

练习 4.17*：考虑练习 4.11 中设计的进程 VeryUnrelFIFO 的描述，它是一个不可靠的链路，可能会丢失消息、复制消息或重排消息。首先，说明如果我们将 UnrelFIFO 的每个实例替换为对应进程 VeryUnrelFIFO 的实例，则换位协议无法正确工作。如何修改进程 P_s 和 P_r，使得能够保证可靠通信，即使是添加重新排序的复杂性？论述修改后的协议能够正确工作。提示：一个布尔值标签是不够的，并且消息需要一个 nat 类型的计数器变量。

4.3.3　等待无关共识*

为了了解共享对象支持的原子原语的选择如何影响分布式协调问题的解决能力，我们考虑一个等待无关两进程共识的经典问题。每个进程开始时都有一个只有自己知道的最初偏好。进程想通信并达成一个公认的判定值。该问题已经通过多种形式提出，例如，要求两个拜占庭将军负责协调被敌军分开的军队，以便在到达相互同意的攻击时刻交换消息。在面对无法预测的延迟时，达成协议的核心问题是许多分布式计算问题的重点问题。

168
∼
170

问题描述

更具体地，我们有两个异步进程 P_1 和 P_2，每个进程都有一个初始布尔值 v_1 和 v_2，并且互相不知道。进程想分别获得布尔判定值 d_1 和 d_2，使得满足了以下 3 个需求：1)两个进程的判定值 d_1 和 d_2 是相同的；2)判定值必须等于 v_1 或 v_2 的初始值；3)在任意时刻，如果只涉及一个进程的任务重复执行，则该进程将获得一个判定值。第一个需求又称为约定，意味着两个进程需要达成同一个判定，即使它们从不同的偏好开始。第二个需求称为有效性，如果两个进程都偏向相同值，则它们必须判定该值。该需求排除了输入未知方法，例如，不管两个进程的初始偏好是什么，两者都判定 0。第三个需求称为等待无关，确保一个进程可以自己决定，而不需要无限期地等待另一个进程。

假设想要设计进程 P_1 和 P_2，使得它们可以通过共享对象如原子寄存器和测试 & 设置寄存器来通信。在组合系统中，每个动作可以是进程的内部动作，也可以是一个进程在某一个共享对象上的原子操作。

使用原子寄存器的错误方法

问题的正确性需求和设计一个正确方法的挑战可以使用只满足某些需求的协议最好地证明。首先，考虑图 4-25 所示的方法。该方法使用两个共享原子寄存器 x_1 和 x_2，每个都是图 4-10 所示的进程 AtomicReg 的实例。这里，值集合 val 是 {0, 1, null}，每个共享寄存器的初始值 initVal 是 null。

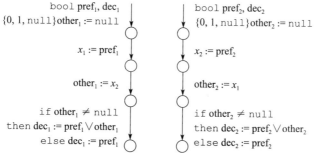

图 4-25　利用原子寄存器实现的两进程一致性的第一种解决方案

进程 P_1 的初始偏好保存在它的状态变量 $pref_1$ 中，它的目标是终止时将判定变量 dec_1 设置为判定值。进程 P_1 首先将偏好写入共享寄存器 x_1，类似地，进程 P_2 将偏好(由状态变量 $pref_2$ 的初始值确定)写入共享寄存器 x_2。进程 P_1 在将偏好写入 x_1 后，读取共享寄存器 x_2，并保存在内部状态变量 $other_1$ 中。由于这两个进程异步执行，所以当进程 P_1 执行

取 x_2 的操作时，不能保证进程 P_2 已经将偏好写入 x_2。考虑这个可能性，进程 P_1 检查它读取的值是否为 null。如果是 null，则选择自己的偏好值；否则，P_1 获知 P_2 的偏好，P_1 选定两个偏好的逻辑析取值。进程 P_2 同理。

但是，该协议是有缺陷的。假设 P_1 和 P_2 的初始偏好分别为 0 和 1。首先执行仅仅涉及进程 P_1 的任务，直到结束。然后执行进程 P_2 的所有操作。在这种场景下，当进程 P_2 读取 x_2 时，它的值仍然是 null，因此 P_1 选择自己的偏好 0。然而，当进程 P_2 读取 x_1 时，接收值为 0，并且选择两个初始偏好的析取为 1。因此，该协议违反了约定需求。可以观察到，该协议不满足有效性需求（如果两个初始偏好为 0，则都选择 0；如果两个初始偏好为 1，则都选择 1，不管两个进程操作的执行顺序）和等待无关需求（每个进程在终止前明确地执行 3 次操作，且进程中的操作不依赖于其他进程）。

我们可以尝试通过要求每个进程一直等待，直到知道其他进程的偏好来"修复"约定。图 4-26 显示了修改后的约定：在进程 P_1 读取共享寄存器 x_2 后，如果它的值为 null，则返回并重读 x_2。修改版本满足了约定需求，因为两个进程只有在它们知道了两个偏好后才做决定。有效性需求也成立。然而，违反了等待无关需求。原因是，如果进程 P_2 还没执行对 x_2 的写操作，则进程 P_1 将重复地读取 x_2，且不能获得自己的判定。

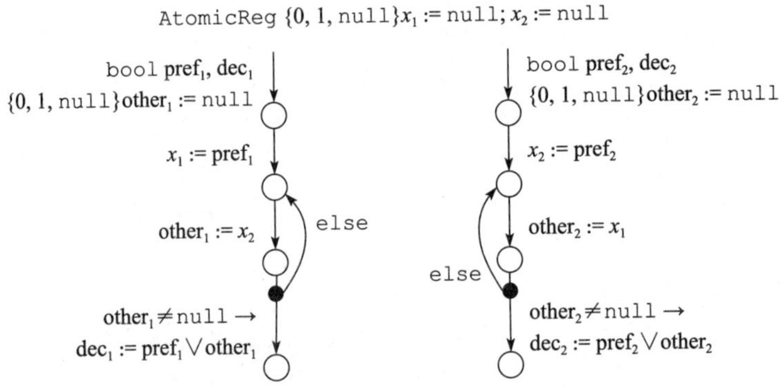

图 4-26　利用原子寄存器实现两进程一致性的第二种解决方案

使用测试 & 设置寄存器的方法

使用单个测试 & 设置寄存器解决共识问题是可以的。考虑以下使用了两个布尔原子寄存器 x_1、x_2 和测试 & 设置寄存器 y（如图 4-27 所示）的协议。寄存器 x_1、x_2 的初始值不重要，y 的初始值为 0。进程 P_1 执行以下动作序列，进程 P_2 遵循对称协议。进程 P_1 首先将它自己的偏好写入原子寄存器 x_1。然后它在寄存器 y 上执行 test&set 操作。如果返回值（存储在状态变量 s_1 中）为 0（表示在执行进程 P_1 的 test&set 操作前，寄存器 y 为 0），则 P_1 继续，并且选定自己的偏好。如果 test&set 操作在 y 上接收的值为 1，则进程 P_1 总结出以下结论，另一个进程 P_2 已经成功执行了

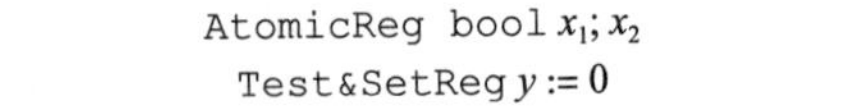

图 4-27　采用测试 & 设置寄存器实现两进程共识问题的解决方案

test&set 操作，因此寄存器 x_2 必须包含进程 P_2 的偏好。然后进程 P_1 读取 x_2，并且选定它包含的值。总之，每个进程都在一个共享原子寄存器上发布它的偏好，通过执行 test&set 操

作来解决问题，并且基于这个测试结果来决定采用谁的偏好。每个进程执行固定次数的操作，因此可以直接决定，而不需要等待其他进程。

使用原子寄存器解决共识问题的不可能性

图 4-27 的正确方法的关键在于使用原子操作 test&set，它更新寄存器并返回旧值，无需干涉其他进程。如果要求只能使用原子寄存器，其中读和写操作是无关的，则不管协议使用了多少个共享寄存器以及每个寄存器可以保存多少值，都没有什么好的方法可以同时满足约定、有效性和等待无关这 3 个需求。

对于图 4-27 的协议，考虑初始状态 $pref_1 = 0$ 和 $pref_2 = 0$。从两个判定都是可行的意义上讲，这样的状态称作无约束的：从这样的状态开始，在一个可能的执行中，两个进程结束时选择 0，而另一个可能的操作将导致两个进程选择 1。以下证明过程的第一步是假设无约束状态必须存在于每个协议中，以便正确解决共识问题。图 4-27 中的协议，从 $pref_1 = 0$ 和 $pref_2 = 0$ 的状态开始，当两个进程都执行一步后，将各自的偏好写入变量 x_1 和 x_2。该状态仍然不受约束，但如果由 P_1 执行下一步，则最后的判定一定是 0（不管执行顺序如何）。同时，如果由 P_2 执行下一步，则最后的判定一定是 1。该证明的关键部分在于假设对于每个共识协议，必须有一个不受约束的可达状态，使得下一步就是最终判定的决定性因素。对于图 4-27 中的协议，该关键步骤与共享寄存器上的 test&set 操作有关。通过证明如果进程在一步内所能做的操作是读或写原子寄存器，则可以证明该步骤不是关键决定因素，因此，只使用原子寄存器不能解决共识问题。

定理 4.1（使用原子寄存器解决共识问题的不可能性）　没有一个两进程共识协议，使得：1）进程只使用原子寄存器作为共享对象来通信；2）协议满足约定、有效性、等待无关等 3 个需求。

证明　假设对于两进程共识问题，存在一个只使用原子寄存器的解决方法。考虑迁移系统 T，其对应的系统由两个进程 P_1 和 P_2 组成，并且协议使用了所有原子寄存器。T 的状态 s 包含两个进程的内部状态和所有共享原子寄存器的状态。系统 T 的迁移要么是两个进程中一个进程的内部动作，要么是涉及一个进程和一个共享寄存器的读动作，要么是涉及一个进程和一个共享进程的写动作。 ■

171
～
174

从一个给定状态开始，许多执行都是可能的，但是每个执行都是有限的，都在两个进程决定的状态结束。如果两个判定 0 和 1 仍然是可能的，我们认为状态 s 是不受约束的：存在一个从状态 s 开始的执行，其中两个进程都选择 0，存在另一个从状态 s 开始的执行，其中进程都选择 1。如果所有执行从状态 s 开始，且进程选择 0，则该状态称作 0 约束的；如果所有执行从状态 s 开始，且两个进程都选择 1，则该状态称作 1 约束的。

如果进程 P_2 的内部状态在状态 s 和 t 下都是一样的，并且每个共享寄存器的状态在状态 s 和 t 下也是一样的，则称两个状态 s 和 t 是 P_2 无法区分的。即，从进程 P_2 的角度看，状态 s 和 t 是一样的：如果 P_2 能在状态 s 下执行动作，则它能在状态 t 下执行同样的动作。

作为证明的第一步，首先确定以下引理：

引理 1　如果两个状态 s 和 t 是 P_2 无法区分的，则没有状态 s 是 0 约束的、状态 t 是 1 约束的情况。

等待无关需求指的是在任何状态下开始，如果执行只涉及其中一个进程的任务，则它必须做出判定。如果两个状态 s 和 t 是 P_2 无法区分的，则状态 s 是 0 约束。在状态 s，如果只让进程 P_2 执行动作，则它最终会做出判定，根据所有在状态 s 下开始的执行将导致判定 0 的假设，则做出的判定一定是 0。现在考虑如果只让进程 P_2 在状态 t 下开始执行，将发生什么。由于状态 s 和 t 对于进程 P_2 来说是一样的，所以进程将执行相同的动作序列，并且做出同一个判定 0。因此，状态 t 不可能是 1 约束。

证明的下一步是下面的引理：

引理 2 存在一个不受约束的初始状态。

考虑初始状态 s，在该状态下，两个进程的偏好 v_1 和 v_2 是不同的，分别为 0 和 1。我们声明该状态必须是不受约束的。如果不是，假设它是 0 约束。在状态 s，进程 P_2 有偏好 1。既不是共享寄存器的初始值，也不是属于 P_2 的状态变量的初始值反映了进程 P_1 的初始偏好。考虑初始状态 t，在初始状态下，共享寄存器的初始值和 P_2 的状态变量与状态 s 下的那些变量一样，但选择进程 P_1 的初始状态，使它的初始偏好为 1。即，状态 s 和 t 的唯一不同就在于进程 P_1 的初始偏好。从结构上状态 s 和 t 是 P_2 不可区分的。根据引理 1，我们得出状态 t 不可能是 1 约束。但是这与有效性需求相反：在状态 t，两个偏好都为 1，因此每个在状态 t 开始的执行一定会导致判定 1（否则，协议不满足有效性需求）。

接着证明以下引理：

引理 3 存在一个不受约束的可达状态 s，使得状态 s 的所有后继状态都是受约束的。

用反证法来证明引理。首先，注意协议不可能终止在一个不受约束的状态，因为两个进程都要求做出一个相同的终止判定。如果引理 3 不成立，假设每个不受约束的可达状态有一个不受约束的后继状态。考虑引理 2 保证的不受约束的初始状态 s_0。更确切地说，状态 s_0 是可达的，根据假设，s_0 一定有一个不受约束的后继状态 s_1。再次重复该论证：在第 j 步，有一个不受约束的可达状态 s_j，根据假设，在下一步有一个不受约束的后继状态 s_{j+1}。这意味着，存在一个无限执行，在该执行中进程还没做出判定，通过违反正确性需求取得约定需求。下面证明引理 3 一定成立。

考虑满足引理 3 的状态 s。状态 s 是不受约束的，也就是说，两个判定仍然是可能的，但是执行多步就可以使进程限制协议做出最终判定。不失一般性，假设存在使用任务 A_1 的进程 P_1 的操作 $s{\rightarrow}s_1$ 和使用任务 A_2 的进程 P_2 的操作 $s{\rightarrow}s_2$，使得每次都以状态 s_1 开始执行，结束于判定 0，从状态 s_2 开始的执行导致判定 1（如图 4-28 所示）。每个动作可以是内部动作、共享寄存器的读操作，或共享寄存器

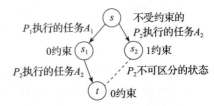

图 4-28　利用原子寄存器解决共识问题的不可能结果

的写操作。为了完成证明，我们考虑任务 A_1 和 A_2 的所有可能类型，在每种情况下都得出一个矛盾的结论。

假设进程 P_1 的任务 A_1 对应于共享原子寄存器的读操作。该任务的执行不会修改任何共享对象的状态，也不会修改进程 P_2 的内部状态。因此，状态 s 和 s_1 是进程 P_2 不可区分的。由于这两个状态对进程 P_2 是一样的，所以它可以在状态 s_1 执行任务 A_2，并使得结果状态为 t（如图 4-28 所示）。状态 t 和 s_2 是 P_2 不可区分的。但是当状态 t 是 0 约束时，状态 s_2 是 1 约束，这与引理 1 矛盾。

其中一个任务是内部任务的情况与任务 A_2 所涉及的读操作的情况相类似。有趣的情况是，当两个任务 A_1 和 A_2 都执行写操作。有两个子情况：它们两个对同一个寄存器进行写；以及对不同的寄存器进行写。我们考虑前一种情况，将后一种情况留作练习。

考虑两个进程对同一个原子寄存器 x 进行写的情况。即，在状态 s，进程 P_1 向寄存器

x 写某个值 m_1，得到状态 s_1，同时进程 P_2 向同一个寄存器 x 中写入某个值 m_2，得到状态 s_2。需要注意的是，在状态 s_1，即使寄存器 x 的值与它在状态 s 下的值不同，进程 P_2 的内部状态在状态 s 和 s_1 下也是一样的。关键在于对应于写寄存器的任务执行不会受寄存器的当前值的影响。因此，在状态 s_1，进程 P_2 可以对寄存器 x 写相同的值 m_2，得到状态 t（如图 4-28 所示）。进程 P_1 对 x 写的值 m_1 实际上丢失了，并且不会影响进程 P_2 在状态 s 所做的事情。在状态 s_2 和 t，进程 P_2 的内部状态是一样的，所有共享寄存器的状态也是一样的。因此，状态 s_2 和 t 是进程 P_2 不可区分的，状态 s_2 是 1 约束，状态 t 是 0 约束，这与引理 1 矛盾。∎

练习 4.18：通过考虑能使任务 A_1 写共享寄存器 x，任务 A_2 写不同的共享寄存器 y 的情况，完成定理 4.1 的证明。

练习 4.19：考虑以下异步模型中两进程共识问题的解决方法。进程使用共享原子寄存器 x 和共享测试 & 设置寄存器 y。寄存器 x 的可能取值为 null、0 和 1，初始值为 null。寄存器 y 的可能取值为 0 和 1，并且初始值为 0。每个进程执行以下步骤：

1）将它的初始偏好写入寄存器 x。
2）在寄存器 y 上执行测试 & 设置操作。
3）如果步骤 2）返回值 0，则选择自己的初始偏好。
4）如果步骤 2）返回值 1，则读取寄存器 x 并判定读取的值。

考虑共识问题的 3 个需求：有效性、约定和等待无关。该协议能满足哪个需求？证明你的答案。

176 ~ 177

练习 4.20*：考虑多个进程的一般性共识问题，每个进程从初始偏好位开始并选择一个共用的布尔值。协议必须满足约定需求（所有都判定相同的值）、有效性需求（判定值必须是一个进程的偏好）和等待无关需求（如果进程自己执行，则在有限步骤内做出判定，而不需要等待其他进程）。假设原子寄存器的描述和 4.2.3 节描述的测试 & 设置寄存器是广义的，使得一个寄存器可以被多个进程访问。解释为什么在基于单个 Test&SetReg 寄存器的两进程协议解决竞争中描述（如图 4-27 所示）的策略不能适用于 3 个进程。尝试设计一个使用两个 Test&SetReg 寄存器解决三进程共识问题的方法，并说明你的尝试失败了（注意：当进程个数为 3（或更多）时，没有只使用原子和测试 & 设置寄存器的方法）。

练习 4.21*：考虑在原子寄存器的情况下支持读和写操作的共享对象 StickyBit，只做一些调整。进程 StickyBit 的内部状态可以是 null、0 和 1，其初始值为 null。读操作输出当前值。写操作有一个与它相关的布尔（0 或 1）输入值：如果当前状态为 null，则将状态更新为写入的值，但如果它不是 null（即如果状态已经是 0 或 1），则值保持不变。描述使用单个 StickyBit 对象（可以使用任意数量的原子寄存器）解决两进程共识问题的协议。你可以使用多个 StickyBit 和 AtomicReg 对象解决 3 个（或更多，n）进程的共识问题吗？

练习 4.22*：该练习描述一个经典难题，它要求设计一个异步协调策略。开始时有 N 个囚犯一起判定策略。然后每个囚犯被带到他自己的房间。一个狱警走向一个房间，并将囚犯锁进有开关的房间。开关状态可以是开或关。允许囚犯检查开关的状态，然后可以选择摇动开关。将囚犯带进自己的格子里。狱警经常无限多次重复这个过程。狱警带囚犯进格子的顺序是任意的，尤其是在其他囚犯查看房间开关前，一个囚犯对房间开关的检查次数没有限制。然而，狱警要保证公平性：每个囚犯都可以无限多次访问房间。在任意时刻，任意囚犯都可以大声说出"我证明每个囚犯都检查了房间的开关至少一次"。根据这个声明，如果它确实是正确的，则所有的囚犯都是自由的；如果它不正确，则所有囚犯立即处决。那么囚犯应该采取何种策略保证他们的最终自由？注意，因犯不知道开关的初始状态，但是作为热身练习，你可以考虑相同的问题除了知道开关的初始值。

参考文献说明

有关异步并发进程的形式化模型和分布式算法的研究历史非常丰富，可以追溯到文献 Dijkstra[Dij65]。这里描述的形式化模型是基于 I/O 自动机模型的[LT87，Lyn96]。

文献[Fra86]讨论了公平性的不同概念，关于公平迁移系统模型的文献包含了许多异步系统规约和验证的例子以及公平性的弱和强的概念[MP91]。

数十年来，在不可靠通道中存在的互斥、一致性、领导选举和不可靠通信的协调问题是分布式计算和形式化验证的核心研究问题(参见文献[CM88]、[Lyn96]和[Lam02])。我们讨论的规约成果包括 Peterson 的两进程互斥协议[Pet81]、使用 $O(N \cdot \log N)$ 个消息的环领导选举协议[Pet82]、用于不可靠通信的换位协议[BSW69]，以及使用原子寄存器解决共识不可能性[FLP85，Her91]。

活 性 需 求

如第 3 章所述，需求可以分为两类：安全性(safty)需求，表示"坏的事情永远不会发生"；活性(liveness)需求，表示"好的事情总是会发生"。举例来说，在领导选举问题中，核心的安全性需求是没有两个节点同时声明自己是领导，而核心的活性需求是每个节点最终都做出一个判定。在第 3 章中，我们学习了怎样说明和验证安全性需求。在本章中我们将关注活性需求。这些需求利用时序逻辑来描述。检查一个模型是否满足时序逻辑所描述的性质称为模型检验。

5.1 时序逻辑

我们再看一看 3.1.2 节中铁路信号灯系统的例子。给定火车的模型和所要求的需求，设计问题就是构建一个控制器，使得由控制器和火车所组成的系统满足需求。一个基本的需求是两列火车不应该同时在桥上行驶。这条安全性需求可以用以下属性描述

$$\text{TrainSafety:} \neg \big[(\text{mode}_W = \text{bridge}) \wedge (\text{mode}_E = \text{bridge}) \big]$$

并且我们要求该属性是组合系统的不变量。很明显，对于所要求的控制器，这并不是一条完整的规约：保持所有控制信号一直是红灯的控制器对属性 TrainSafty 是安全的，但这是不能接受的，因为这让所有的火车都无法进入该桥。我们需要在这条安全性需求的基础上增加活性需求，以确保控制器允许火车通过该桥。对于以火车系统为例的资源分配问题，虽然通常有经典的安全性需求，但活性需求则要求满足不同的要求。例如，我们可能要求"如果有一列火车要求进入该桥，那么最终有一列火车将允许进入该桥"，或者我们可以要求一个更强的需求"如果一列火车要求进入该桥，那么最终该列火车应该允许进入该桥"。

安全性需求的违反是通过一条有限执行路径来验证的，该有限执行路径引导系统从初始状态迁移到一个错误状态。例如，图 3-7 的反例就是一条有限执行路径，它说明我们第一次为铁路系统设计的控制器是错误的。而活性需求的违反并不是通过这样的有限路径来说明。相反，它是一个状态环路，这个环路在初始状态是可达的，如果这个环路是可重复执行的，那么活性需求就不满足。因此，活性需求的数学形式考虑系统的无限执行。说明无限执行需求的自然形式化表示就是时序逻辑。时序逻辑包含很多变量，它不但能表示安全性需求，而且还能表示活性需求。我们将学习经典的时序逻辑——线性时序逻辑(Linear Temporal Logic，LTL)。线性时序逻辑是属性规约语言(Property Specification Language，PSL)的核心。PSL 是 IEEE 标准，在电子设计自动化领域，许多商业化模拟和验证工具都支持它。

5.1.1 线性时序逻辑

令 V 是类型变量的集合，假设我们所描述的需求包含这些类型变量允许的值。给定 V 的值 q，也就是说对 V 分配稳定类型的值，以及定义在 V 上的布尔表达式，$q(e)$ 表示对表达式 e 使用赋值 q 后的结果值。当 $q(e)$ 等于 1 时，我们就说 q 的赋值满足表达式 e。

因此我们可以用布尔表达式 e 的不同赋值来表示一个约束或需求：当根据赋值表达式为 1 时，满足需求 e。例如，假设集合 V 包含两个布尔变量 x 和 y。那么表达式 $(x=y)$ 表示这样的需求：这些变量都应该取相同的值。当值 $q(x)$ 与值 $q(y)$ 相同时，赋值 q 满足该需求。

当定义在变量集 V 上的表达式被相应地赋值时，则定义在 V 上的时序逻辑公式被赋值为无限序列。这就是说，为了解释时序逻辑公式，我们需要考虑一个无限序列 $q_1 q_2 \cdots$，其中序列的每个元素 q_i 是一个赋值。例如，当集合 V 包含两个布尔变量 x 和 y 时，每个赋值就是布尔变量 x 和 y 的赋值，时序逻辑公式则被赋值为无限序列 $\rho=(x_1, y_1)(x_2, y_2)\cdots$。我们称这个赋值的无限序列为 V 上的路径（trace）。

布尔表达式用来表达对不同赋值的约束，使用时序操作符把这样的表达式结合起来，这些时序操作符描述路径中赋值序列的需求。因此，定义在 V 上的布尔表达式 e 是时序逻辑公式的最简单形式。如果路径 ρ 中的第一个赋值满足布尔表达式 e，那么我们就说该路径 ρ 满足 e。在我们的例子中，路径 $\rho=(x_1, y_1)(x_2, y_2)\cdots$ 满足 LTL 公式 $(x=y)$，当该路径中的第一个赋值满足该表达式时，即当 $x_1=y_1$ 时。

时序操作符

我们先考虑时序操作符 always，用 □ 表示。当一条路径上的所有赋值都满足 e 时，该路径满足 LTL 公式 □e。例如，如果路径 $\rho=(x_1, y_1)(x_2, y_2)\cdots$ 上的每个赋值都满足表达式 $(x=y)$（即对于每个 j，$x_j=y_j$），那么该路径就满足该 LTL 公式 □$(x=y)$。因此，公式 □$(x=y)$ 表示需求：变量 x 和 y 应该永远相等。图 5-1 说明了不同时序逻辑公式的需求。

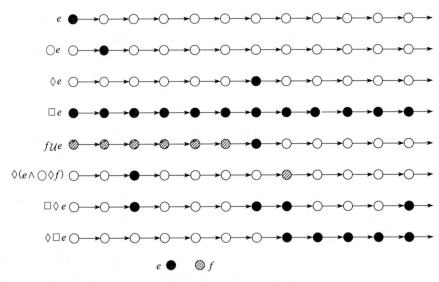

图 5-1　解释 LTL 的时序操作

182
∼
183

与操作符 always 配对的时序操作符是 eventually，用 ◇ 表示。当一条路径上的某个赋值满足 e 时，这条路径满足 LTL 公式 ◇e。例如，当路径 $\rho=(x_1, y_1)(x_2, y_2)\cdots$ 中的某个赋值满足表达式 $(x=y)$ 时（即针对某些 j，$x_j=y_j$），该路径 ρ 就满足 LTL 公式 ◇$(x=y)$。因此，公式 ◇$(x=y)$ 表示需求：最终在某一步，变量 x 和 y 的值相等。

时序操作符 next 用 ○ 表示，经常用来断言在路径上的下一个赋值的需要。当赋值 q_2 满足表达式 e 时，路径 $q_1 q_2 \cdots$ 满足 LTL 公式 ○e。例如，当 $x_2=y_2$ 时路径 $\rho=(x_1, y_1)$

$(x_2,\ y_2)\cdots$满足 LTL 公式$\bigcirc(x=y)$。

最后一个时序操作符是 until，用$\mathcal{U}$表示，该操作符需要两个公式作为参数。如果直到遇到一个赋值满足 e 后序列中的每个赋值才满足表达式 f，则在路径中满足 LTL 公式 $f\,\mathcal{U}\,e$。这就是说，路径 $q_1q_2\cdots$满足公式 $f\,\mathcal{U}\,e$，当存在一个位置 j，使得赋值 q_j 满足表达式 e，并且从 q_1 到 q_{j-1} 的每个赋值都满足表达式 f。例如，路径 $\rho=(x_1,\ y_1)(x_2,\ y_2)\cdots$满足 LTL 公式$(x=0)\mathcal{U}(y=1)$，当存在某个位置 j，使得 $y_j=1$ 且 $x_k=0(1\leqslant k<j)$。这个例子表示需求应该变为 1，直到 x 应该保持 0。

时序逻辑公式可以使用标准的逻辑操作符组合起来，这些逻辑操作符包括：合取（$\wedge$）、析取（$\vee$）、蕴含（$\rightarrow$）和否定（$\neg$）。例如，如果 φ_1 和 φ_2 是两个 LTL 公式，那么我们可以使用合取操作符将它们组合起来得到 LTL 公式 $\varphi_1\wedge\varphi_2$。路径 ρ 满足这个合取 $\varphi_1\wedge\varphi_2$ 仅当 ρ 同时满足 φ_1 和 φ_2。这样，如果一条路径 ρ 上的每个赋值，x 的值都等于 y，并且存在一个赋值使得 x 等于 0，那么 ρ 就满足 LTL 公式$\Box(x=y)\wedge\Diamond(x=0)$。

目前为止，我们所考虑的 LTL 公式中时序操作符中的参数是包含有独特的赋值的。一般情况下，时序操作符是可以嵌套的，也就是说，时序操作符的参数可能是复杂的时序逻辑公式。例如，考虑 LTL 公式$\bigcirc\Box(x=y)$。这个公式表示在下一步中，$(x=y)$ 总是成立：路径 $\rho=(x_1,\ y_1)(x_2,\ y_2)\cdots$在第一个位置满足该公式，当它在第二个位置满足$\Box(x=y)$，也就是说，$x_j=y_j$，对于所有的位置 $j\geqslant2$。

为了形式化带有嵌套时序操作符的 LTL 公式，我们要定义给定位置的满足 LTL 公式的路径：对于一条路径 ρ，以及位置 $j\geqslant1$ 和 LTL 公式 φ，$(p,j)\vDash\varphi$ 代表"路径 ρ 在位置 j 满足公式 φ"。如果赋值 q_j 满足 e，那么路径 $\rho=q_1q_2\cdots$满足布尔表达式 e(没有任何时序操作符)。如果路径 ρ 在位置 $j+1$ 满足公式 φ(这里 φ 可能是任何 LTL 公式 ρ)，那么路径 ρ 在位置 j 满足 next 公式$\bigcirc\varphi$。这就是说，"next φ"在某个位置成立，如果在下一位置 φ 成立。类似地，如果路径 ρ 在某个位置 $k(k\geqslant j)$ 满足公式 φ(这里 φ 有可能是任何 LTL 公式)，那么路径 ρ 在位置 j 满足 eventually 公式$\Diamond\varphi$。这就是说，"eventually φ"在某个位置成立，如果 φ 在某个后面的位置成立。类似地，"always φ"在某个位置成立，如果 φ 在每个后续位置成立。

184

语法和语义

下面我们将给出逻辑 LTL 的准确定义。下面的定义不仅定义了逻辑的语法(规定了逻辑 LTL 公式的正确语法形式)，而且还定义了逻辑的语义(规定了逻辑 LTL 公式的含义，根据规则在路径上给公式赋值)。这个逻辑 LTL 定义是可归纳的，例如，假设我们已经定义了如何给公式 φ 赋值，那么它描述了给公式$\bigcirc\varphi$赋值的规则。

> **线性时序逻辑**
>
> 给定类型变量的集合 V，线性时序逻辑的公式集合由下列规则归纳地定义：
> - 如果 e 是定义在 V 上的布尔表达式，那么 e 是一个 LTL 公式。
> - 如果 φ 是一个 LTL 公式，那么 $\neg\varphi$、$\bigcirc\varphi$、$\Diamond\varphi$ 和$\Box\varphi$ 也是 LTL 公式。
> - 如果 φ_1 和 φ_2 是 LTL 公式，那么 $\varphi_1\wedge\varphi_2$、$\varphi_1\vee\varphi_2$、$\varphi_1\rightarrow\varphi_2$ 和 $\varphi_1\mathcal{U}\varphi_2$ 也是 LTL 公式。
>
> 给定一条路径 $\rho=q_1q_2\cdots$(即，定义在 V 上的无限赋值序列)，一个位置 $j\geqslant1$ 和一个 LTL 公式 φ，满足关系 $(p,j)\vDash\varphi$ 表示在位置 j 路径满足 LTL 公式 φ，可以通过以下规则归纳地定义如下：

- $(p, j) \vDash e$，如果赋值 q_j 满足布尔表达式 e。
- $(p, j) \vDash \neg\varphi$，如果它不是 $(p, j) \vDash \varphi$ 的情况。
- $(p, j) \vDash \varphi_1 \wedge \varphi_2$，如果 $(p, j) \vDash \varphi_1$ 且 $(p, j) \vDash \varphi_2$。
- $(p, j) \vDash \varphi_1 \vee \varphi_2$，如果 $(p, j) \vDash \varphi_1$ 或 $(p, j) \vDash \varphi_2$。
- $(p, j) \vDash \varphi_1 \rightarrow \varphi_2$，如果 $(p, j) \vDash \neg\varphi_1$ 与 $(p, j) \vDash \varphi_2$ 至少有一个满足。
- $(p, j) \vDash \bigcirc\varphi$，如果 $(p, j+1) \vDash \varphi$。
- $(p, j) \vDash \square\varphi$，如果对于每个位置 $k \geq j$，$(p, k) \vDash \varphi$。
- $(p, j) \vDash \Diamond\varphi$，如果对于某个位置 $k \geq j$，$(p, k) \vDash \varphi$。
- $(p, j) \vDash \varphi_1 \, \mathcal{U} \, \varphi_2$，如果对于某个位置 $k \geq j$，$(p, k) \vDash \varphi_2$，且对于所有位置 i 使得 $j \leq i < k$，$(\rho, i) \vDash \varphi_1$。
- 路径 ρ 满足 LTL 公式 φ，如果 $(\rho, 1) \vDash \varphi$。

[185]　　　注意，路径 $\rho = q_1 q_2 \cdots$ 在位置 j 的公式满足性只取决于该路径从位置 j 开始的后缀，也就是说，取决于赋值 $q_j q_{j+1} \cdots$ 的序列。这是因为所有的时序操作符都涉及未来的位置。值得强调的是，当前位置是未来考虑的一部分："eventuallyφ" 在位置 j 的满足性要求在某个位置 $k \geq j$ 满足 φ。因此，如果在某个位置满足公式 φ，那么在那个位置满足 "eventuallyφ"。同样注意，在某个位置 j 满足 until 公式 $\varphi_1 \, \mathcal{U} \, \varphi_2$，我们要求在某些位置 $k \geq j$ 满足公式 φ_2，并且公式 φ_1 从 j 以后的所有位置（包括 j 本身）都成立，并严格执行到位置 k。eventually操作符仅是 until 操作符的一种特殊情况：$\Diamond\varphi$ 和 until 公式 $1 \, \mathcal{U} \, \varphi$ 有一样的含义，其中 1 是每个赋值都满足的布尔常量。

说明性的时序模式

　　　时序操作符的嵌套带来了有趣和有用的公式。这里我们强调说明一些典型的模式（参见图 5-1）。

　　　排序：eventually 操作符的嵌套应用可以用来要求某种特别顺序的事件序列。举例来说，考虑对应于公式 φ_1 和 φ_2 满足性的两个事件。如果有两个位置 i 和 $j (i < j)$，使得在位置 i 满足 φ_1，在位置 j 满足 φ_2，则路径满足 LTL 公式 $\Diamond(\varphi_1 \wedge \bigcirc\Diamond\varphi_2)$。例如，路径 $\rho = (x_1, y_1)(x_2, y_2) \cdots$ 满足 LTL 公式 $\Diamond((x=1) \wedge \bigcirc\Diamond(y=1))$，当我们找到两个位置 i 和 j 使得 $i < j$ 且 $x_1 = 1$ 且 $y_j = 1$ 时。注意 next 操作符的使用要求两个事件发生在不同的位置。如果有两个位置 i 和 $j (i \leq j)$，使得在位置 i 满足 φ_1，在位置 j 满足 φ_2，则该条路径满足修改后的公式 $\Diamond(\varphi_1 \wedge \Diamond\varphi_2)$。

　　　递归公式：考虑 always-eventually 公式 $\square\Diamond\varphi$。如果 $\Diamond\varphi$ 在路径 ρ 上的每个位置 i 都满足，那么该条路径 ρ 在初始位置满足公式 $\Diamond\square\varphi$。如果对于每个位置 i 都存在一个未来的位置 $j \geq i$，使得路径 ρ 在位置 j 满足 φ，那么这个条件成立。进行推理，让你相信这个条件可以重新形式化为：存在一个位置 $j_1 < j_2 < j_3 \cdots$ 的无限序列，使得 φ 在这些位置的每个位置都满足。换句话说，如果 φ 以递归或者重复方式满足，则 $\square\Diamond\varphi$ 满足。例如，路径 $\rho = (x_1, y_1)(x_2, y_2) \cdots$ 满足递归公式 $\square\Diamond(x=0)$，当对于无限多个位置 j，$x_j = 0$ 时。这表示需求给 x 重复地赋值 0。

　　　持续公式：使用 always-eventually 表式的双重递归需求的是 eventually-always 公式 $\Diamond\square\varphi$。如果存在一个位置 j 使得 always 公式 $\square\varphi$ 满足，也就是说，在 j 后的每个位置都满足 φ，那么 $\Diamond\square\varphi$ 就满足。换句话说，需求是公式 φ 最终满足并且以持续方式继续成立。

[186]　例如，路径 $\rho = (x_1, y_1)(x_2, y_2) \cdots$ 满足持续公式 $\Diamond\square(x=0)$ 当对于某个位置 j，每个 $k \geq$

j，有 $x_k=0$ 时（或者说，如果 x 在有限多个位置上不等于 0）。

让我们考虑另一个例子来理解嵌套时序公式。假设有一个 nat 类型的变量 x。考虑当 x 的值分别是偶数、奇数和质数时，满足表达式 even(x)、odd(x)和 prime(x)。考虑路径 $\rho=1$，2，3，…（即在这条路径的第 j 个位置将值 j 赋予变量 x）。那么路径 ρ 满足式

$$\Box[\text{even}(x) \rightarrow (\bigcirc \text{odd}(x) \wedge \bigcirc\bigcirc \text{even}(x))]$$

该式断言在每个位置，如果 x 是偶数，则在下一个位置，x 是奇数，在下下一个位置，x 是偶数。这条路径 ρ 还满足下面的递归公式

$$\Box\Diamond \text{prime}(x)$$

它断言路径包含无限多个质数。

在另一个例子中，假设有一个 real 类型的变量 x，考虑路径 $\rho=1$，$\frac{1}{2}$，$\frac{1}{4}$，$\frac{1}{8}$…（即，在这条路径的第 j 个位置将值 2^{-j} 赋予变量 x）。那么这条路径 ρ 不满足 eventuality 公式 $\Diamond(x=0)$，但是满足 persistence 公式 $\Diamond\Box(x \leqslant \varepsilon)$，对于每个较小的 $\varepsilon > 0$。

时序蕴含和等价

如果每条路径 ρ 都满足 LTL 公式 φ，则说该公式 φ 是有效的。有效的 LTL 公式也称为时序重言式：不管我们在每一步怎样选择将值赋予变量它都满足。对于两个 LTL 公式 φ_1 和 φ_2，如果蕴含式 $\varphi_1 \rightarrow \varphi_2$ 是有效的，则当路径 ρ 满足公式 φ_1 时，我们确信路径 ρ 也满足公式 φ_2。在这种情况下，φ_1 表示的需求比 φ_2 表示的需求强，因为满足一个也就意味着满足另一个。两个 LTL 公式 φ_1 和 φ_2 是等价的，记为 $\varphi_1 \leftrightarrow \varphi_2$，如果蕴含式 $\varphi_1 \rightarrow \varphi_2$ 和 $\varphi_2 \rightarrow \varphi_1$ 都是有效的。对于两个等价的公式，路径要么都满足要么都不满足。

为了得到更直观的有关时序操作的含义，我们考虑几个有效的蕴含和等价公式。

如果路径 ρ 满足 LTL 公式 $\Box\varphi$，则该路径在所有位置都满足 φ，特别是在初始位置，因此，e 满足 φ。这里的讨论与 φ 的选择无关。因此，对于每个 LTL 公式 φ，蕴含式 $\Box\varphi \rightarrow \varphi$ 是有效的，即 $\Box\varphi$ 是比其 φ 更强的需求。相反的情况则不成立：很容易找到这路径满足 LTL 公式 φ，但是不满足 $\Box\varphi$ 的例子。然而，下面的等价式对于每个 LTL 公式 φ 都是有效的：

$$\Box\varphi \leftrightarrow [\varphi \wedge \bigcirc\Box\varphi]$$

当当前位置满足 φ 且下一位置满足 always 公式 $\Box\varphi$ 时，它表示满足 $\Box\varphi$。这个等价式可以看成是 always 公式的"归纳"定义。eventually 和 until 操作符的类似归纳定义在练习 5.1 中可以找到。

如果路径在特定的位置（比如第一个位置）满足递归公式 $\Box\Diamond\varphi$，则在这个位置的下一位置它也满足相同的递归公式 $\Box\Diamond\varphi$。反之也成立。事实上，对于每条路径 ρ，对于所有的位置 i 和 j，$(\rho, j) \models \Box\Diamond\varphi$ 当且仅当 $(\rho, j) \models \Box\Diamond\varphi$。因此，对于任何 LTL 公式 φ，所有下面 3 个公式是等价的：

$$\Box\Diamond\varphi \leftrightarrow \bigcirc\Box\Diamond\varphi \leftrightarrow \Diamond\Box\Diamond\varphi$$

时序和逻辑操作符的规则

通过考虑逻辑和时序操作符如何相互分配，可以帮助我们理解时序和逻辑操作符之间的相互作用。令 φ_1 和 φ_2 是两个 LTL 公式，ρ 是一条路径。该路径 ρ 满足 always 公式 $\Box(\varphi_1 \wedge \varphi_2)$ 当对于每个位置 j，$(\rho, j) \models (\varphi_1 \wedge \varphi_2)$。当对于每个位置 j，$(\rho, j) \models \varphi_1$ 和 $(\rho, j) \models \varphi_2$ 时这路径也满足 always 公式 $\Box\varphi_1 \wedge \varphi_2$。这相当于说，当路径 ρ 同时满足 $\Box\varphi_1$ 和 $\Box\varphi_2$ 时，也即路径 ρ 满足合取式 $\Box\varphi_1 \wedge \varphi_2$ 时它成立。因此，我们建立了 always 操作符

对合取的分配。所以，对于任何两个 LTL 公式 φ_1 和 φ_2，下面的等价关系是有效的：

$$\Box(\varphi_1 \wedge \varphi_2) \leftrightarrow (\Box\varphi_1 \wedge \Box\varphi_2)$$

让我们检查如果一个类似的分配性满足析取式：公式 $\Box\varphi_1 \vee \varphi_2$ 和 $(\Box\varphi_1 \vee \Box\varphi_2)$ 是否是一样的？考虑一条路径 ρ。假设 ρ 满足 $\Box\varphi_1$。那么对于每个位置 j，$(\rho, j) \vDash \varphi_1$。根据析取语义，我们可以得出对于每个位置 j，$(\rho, j) \vDash (\varphi_1 \vee \varphi_2)$。由此可见 ρ 满足 always 公式 $\Box(\varphi_1 \vee \varphi_2)$。语义推理允许我们得出，如果 ρ 满足 $\Box\varphi_2$，那么 ρ 也满足 $\Box(\varphi_1 \vee \varphi_2)$。路径满足析取 $\Box\varphi_1 \vee \Box\varphi_2$ 当它要么满足 $\Box\varphi_1$ 要么满足 $\Box\varphi_2$ 时，并且无论何种情况，我们已经建立了它满足 $\Box(\varphi_1 \vee \varphi_2)$。所以，下面的蕴含式是有效的：

$$(\Box\varphi_1 \vee \Box\varphi_2) \to \Box(\varphi_1 \vee \varphi_2)$$

但是，相反的蕴含式并不是有效的。如果我们知道路径 ρ 满足 always 公式 $\Box(\varphi_1 \vee \varphi_2)$，那么我们知道对于每个位置，要么满足 φ_1 要么满足 φ_2。但是这并不需要意味着要么所有位置满足 φ_1，要么所有位置满足 φ_2。作为一个具体的反例，假设给变量 x 分配一个布尔值。考虑路径 $\rho = 010101\cdots$，其中值 0 和 1 以交替方式赋予 x。该条路径满足 $\Box(x=0 \vee x=1)$，但是它既不满足 $\Box(x=0)$ 也不满足 $\Box(x=1)$。

为了对本节内容进行总结，让我们注意时序操作符和逻辑非的相互影响。第一个，注意 $\neg\Box\varphi$ 等价于 $\Diamond\neg\varphi$（类似地，$\neg\Diamond\varphi$ 等价于 $\Box\neg\varphi$）。这导致递归和持续公式之间的对偶性：当否定属性 $\neg\varphi$ 是持续的，则属性 φ 不是递归的。这就是说，$\neg\Box\Diamond\varphi$ 等价于 $\Diamond\Box\neg\varphi$。next 操作符的对偶是其本身：一条路径在位置 j 不满足 next 公式 $\bigcirc\varphi$，当该条路径在位置 $(j+1)$ 不满足公式 φ 时，当该条路径在位置 j 满足公式 $\bigcirc\neg\varphi$ 时。因此，LTL 公式 $\neg\bigcirc\varphi$ 和 $\bigcirc\neg\varphi$ 是等价的。

练习 5.1： 我们知道 always 公式 $\Box\varphi$ 与 $\varphi \wedge \bigcirc\Box\varphi$ 是等价的。找出与 eventually 公式 $\Diamond\varphi$ 和 until 公式 $\varphi_1 \mathcal{U} \varphi_2$ 等价的类似公式。证明你的答案。

练习 5.2： 对下面的每对公式，说明它们是否是等价的，如果不等价，那么每对中的一个是否是比另一个更强的需求。证明你的答案。

1) $\Diamond(\varphi_1 \wedge \varphi_2)$ 和 $\Diamond(\varphi_1 \wedge \Diamond\varphi_2)$
2) $\Diamond(\varphi_1 \vee \varphi_2)$ 和 $\Diamond(\varphi_1 \vee \Diamond\varphi_2)$
3) $\Box\Diamond(\varphi_1 \wedge \varphi_2)$ 和 $(\Box\Diamond\varphi_1 \wedge \Box\Diamond\varphi_2)$
4) $\Box\Diamond(\varphi_1 \vee \varphi_2)$ 和 $(\Box\Diamond\varphi_1 \vee \Box\Diamond\varphi_2)$

练习 5.3： LTL 公式 $\neg\varphi_1 \mathcal{U} \varphi_2$ 和 $(\neg\varphi_2)\mathcal{U}(\neg\varphi_1)$ 是否等价？如果不是等价的，其中一个是否是比另一个更强的需求？证明你的答案。

练习 5.4： LTL 公式 $\Box\Diamond(\varphi_1 \wedge \varphi_2)$ 和 $\Box\Diamond(\varphi_2 \wedge \varphi_1)$ 是否是等价的？证明你的答案。

5.1.2 LTL 规约

我们可以利用 LTL 公式描述同步和异步系统的需求。首先我们关注同步系统。

考虑一个同步反应式构件 C，该构件的输入变量为 I，输出变量为 O。这种构件的观测变量的自然选择是输入和输出的集合 $I \cup O$。构件 C 的 LTL 规约是 LTL 公式 φ，φ 定义在观测变量的集合 $I \cup O$ 上。当构件的执行时，这个构件产生的输入和输出的无限序列就是这个构件的路径。从形式化上，构件 C 的无限执行是由以下形式的无限序列形式构成的

$$s_0 \xrightarrow{i_1/o_1} s_1 \xrightarrow{i_2/o_2} s_2 \xrightarrow{i_3/o_3} s_3 \cdots$$

使得 s_0 是 C 的初始状态，并且对于每个 $j > 0$，$s_{j-1} \xrightarrow{i_j/o_j} s_j$ 是反应 C。给定这样的一个执行，输入和输出的无限序列 $(i_1, o_1)(i_2, o_2)(i_3, o_3)\cdots$ 是 C 的路径。构件 C 满足属性规约 φ 如

果 C 的每条路径都满足 φ。如果对应的路径不满足 φ，那么无限执行称为该规约的一个反例。检查构件是否满足时序逻辑规约的问题也是模型检验。

例如，我们的第一个构件 Delay(见图 2-1)有输入变量 in 和输出变量 out。定义在这些变量上的 LTL 公式可以用来表示对期望时序行为的约束。特别是，考虑下面这个规约：

$$\Box[in = 0 \to \bigcirc(out = 0)] \land \Box[(in = 1) \to \bigcirc(out = 1)]$$

这条规约说明在路径的每个位置，如果 in 的值是 0，那么在下一位置 out 的值是 1，如果 in 的值是 1，那么在下一位置 out 的值是 1。确实，Delay 构件的每条路径都满足这个规约，所以我们说这个构件满足这个规约。

另一个例子，考虑构件 ClockedCopy，(见图 2-6)。它有输入变量 in 和 clock，以及输出变量 out。考虑如下的 LTL 公式

$$\Box[(out = 0) \to (out = 0)\,\mathcal{U}\,clock?] \land \Box[(out = 1) \to \bigcirc(out = 1)\,\mathcal{U}\,clock?]$$

这个公式说明如果输出变量 out 的值在给定的循环中是 0(或 1)，那么它保证维持 0(或 1，分别地)直到 clock 事件发生。它描述需求：在每个循环中如果事件 clock 没发生，那么输出变量应该不改变。构件 ClockedCopy 确实满足这个需求。

领导选举的需求

现在我们再考虑 2.4.3 节中讨论过的领导选举问题。每个节点的判定是由输出变量 status 捕获的，status 是枚举类型{unknown, leader, follower}。虽然节点使用变量 in 和 out 相互交换信息，但问题的设计需求说明可以接受哪些不同进程的 status 变量值的路径。节点 n 最终需要做出判的需求可以用下式表示

$$\Diamond[status_n \neq unknown]$$

这个公式说明对于给定的节点 n，对应于该节点的进程 SyncLENode 的实例的状态变量的值最终不应是 unknown。安全性需求是两个节点不应该考虑它们自己是领导，它可以用下式表示。该式说明对于不同的节点 m 和 n，要么 m 永远不是领导节点，要么 n 永远不是领导节点：

$$\Box(status_m \neq leader) \lor \Box(status_n \neq leader)$$

火车控制器的需求

让我们再看一看 3.1.2 节中的火车控制器系统。我们考虑系统的观测变量 $signal_W$ 和 $signal_E$(这两个变量描述了信号灯)；变量 $mode_W$ 和 $mode_E$(描述火车的状态)。后面并没有建模为输出变量，因为对环境的建模也是设计中规约的一部分，所以在写需求的时候也是可以涉及描述环境的模型状态。

当一个 LTL 公式涉及构件的状态变量 x 时，路径的每位置的赋值都应该说明 x 的值：在对应于无限执行的路径中，在位置 j 的 x 的值是在第 j 次循环的开始 x 的值。

基本的安全性需求是：两列火车不应该同时在桥上，该需求可以用 always 公式表示：

$$\Box \neg[(mode_W = bridge \land (mode_E = bridge)]$$

考虑下面的活性需求，该需求断言西边的火车应该反复进入桥：

$$\Box\Diamond\, mode_W = brideg)$$

对于给定的火车模型，没有控制器能够满足这个需求，因为这个模型没有并不要求火车到达桥上：一列火车可以一直保持模式 away。确实，这对于资源分配问题不是一个合适的需求。准许响应是(控制器设置信号为绿色是请求的前置条件)火车在桥上等待。考虑以下修改的活性需求，该需求断言如果西边的火车正在等待那么最终西边的信号灯将变为绿色：

191
$$\square[(\text{mode}_W = \text{wait} \rightarrow \lozenge(\text{signal}_W = \text{green})]$$

这个 LTL 公式说明在每一步，如果条件 mode_W＝wait 成立，那么在后面的几步，条件 signal_W＝green 必须成立。这就是 LTL 公式的典型模式：总是（请求蕴含最终响应）。

我们想要检查系统 RailRoadSystem2（见图 3-8）的每条路径是否满足这个规约。但是证明它是不满足的。反例在图 5-2 中解释了，反例包含步骤的初始序列和其后重复的循环执

图 5-2   说明活性违反的循环反例

行。在图 3-7 中，每个状态用变量 mode_W、mode_E、near_W、near_E、west 和 east 的值来证明，a、w、b、g 和 r 分别是 away、wait、bridge、green 和 red 的缩写。反例中的循环对应了这样的情况：当东边的火车在桥上拒绝离开时，西边的火车正在等待。我们可以得出结论：如果控制器让东边的火车在桥上，而这列火车从来不离开桥，这种情况与给定的火车模型是一致的，则控制器不可能让西边的火车进入桥。因为没有控制器能够满足这个需求，所以我们需要修改需求的规约。

活性需求的另一种标准形式由修改的公式 φ_{df} 描述，该式描述了如果西边的火车在等待，则最终要么相应的信号灯变为绿色，要么东边的火车在桥上：

$$\square[(\text{mode}_W = \text{wait}) \rightarrow \lozenge[(\text{signal}_W = \text{green}) \vee (\text{mode}_E = \text{bridge})]]$$

这种形式的需求称为无死锁：虽然它不能确保当西边的火车请求进入桥时控制器对西边的火车有反应，但可以它确保了资源的利用。特别地，保持两个信号灯一直都是红色的控制器将违反这个需求，由于设计缺陷保持两列火车以死锁方式互相等待的控制器也违反这个需求。图 3-8 中的控制器 contoller2 是没有死锁的并满足规约 φ_{df}。

通过准予分配资源给请求者来满足每个请求的更严格的需求称为无饥饿。在我们的例子中，如果西边的火车想要进入，无饥饿要求它应该被允许进入。我们已经讨论过，这是可行的仅当东边的火车不会永远停留在桥上。下面的公式 φ_{sf} 断言假设东边的火车是不断地离开桥，如果西边的火车正在等待，西边的信号灯最终应该变为绿色：

192
$$\square\lozenge(\text{mode}_E = \text{bridge}) \rightarrow \square[(\text{mode}_W = \text{wait}) \rightarrow \lozenge(\text{signal}_W = \text{green})]$$

注意 φ_{sf} 表示的需要比 φ_{df} 强：任何满足 φ_{sf} 的路径也满足 φ_{df}，但是反之并不成立。图 3-8 中的控制器 Controller2 事实上是无饥饿的，并满足规约 φ_{sf}。特别地，可以排除图 5-2 的反例；因为该路径违反前置条件 $\square\lozenge(\text{mode}_E＝\text{bridge})$，所以它满足 φ_{sf}。

练习 5.5： 考虑 2.4.1 节中同步 3 位计数器的设计。写一个 LTL 公式来表示需求：如果输入信号 inc 反复地设置为高电平，则保证计数器将反复地处于其最大值（也就是说，3 个输出位 out_0，out_1 和 out_2 都是 1）。图 2-27 中的电路 3BitConuter 是否满足这个规约？

练习 5.6： 回顾 2.4.2 节中的巡航控制器系统的同步设计。考虑如下的需求：当巡航控制器是 "on" 时，假设驾驶员没有发出任何进一步的输入事件，最终车速将变成所期望的巡航速度并保持此速度。请用 LTL 描述这个需求，使用变量 on、speed、cruiseSpeed、cruise、inc 和 dec。

5.1.3   异步进程的 LTL 规约*

LTL 公式也可以用来描述异步进程执行的约束。考虑异步进程 P，它有状态变量 S，输入通道 I 和输出通道 O。则定义在集合 $I \cup O$ 上的 LTL 公式可以用来描述有关输入/输出序列的需求。我们可以采用把同步构件的执行与路径相关联方式，把 P 的无限执行与无限路径相关联，只是有两点改变。第一，在异步模型中，每一个动作要么是内部的动作（并不涉及任何输入输出通道），要么是输入动作（涉及一条输入通道 x），要么是输出动作（涉及一条输入通道 y）。为了解释定义在变量集合 $I \cup O$ 上的 LTL 公式，我们需要赋值的

无限序列，这里每个赋值需要给所有的输入和输出变量分配值。为了把 P 的一个动作解释为所有输入和输出变量的赋值，我们将未定义的值 $\bot$ 分配给动作中未涉及的输入或输出通道。第二，因为异步进程都有与它的任务相关联的(弱或强)的公平性假设，所以为了检查进程是否满足 LTL 规约，我们考虑只与公平执行相对应的路径：如果对应于异步进程 P 的每个公平无限执行都满足 LTL 规约 φ，那么 P 就满足 φ。

假设可靠地通信缓冲区具有输入通道 in 和输出通道 out，我们想要描述在输入通道上发送的消息最终将出现在输出通道上(见 4.3.2 节)。下面的 LTL 公式描述了这个需求，其中 v 表示 msg 类型：

$$\square((\text{in} = v) \rightarrow \Diamond(\text{out} = v))$$

193

4.3.2 节中讨论的换位协议在这里讨论的公平性假设下满足这个需求。

在某些问题中，异步方案的需求与同步设计的相应需求并没有不同。一个例子是领导选举问题。我们已经学习了用 LTL 公式描述这样的需求：每个节点 n 最终将判定，对于每对节点 m 和 n，要么节点 m 永远不是领导，要么 n 永远不是领导。相同的公式可以用作异步情况的需求。

同步和异步需求的不同点突出表现在逻辑门的规约上。考虑一个有输入 in 和输出 out 的反相器。在同步情况下的自然规约是 always 公式

$$\square(\text{out} = \neg \text{ in})$$

它描述了输出总是等于输入的否定。在异步情况下，该规约不能满足，因为输出的变化与相应输入的变化是解耦的。我们可以要求，如果输入是 0，那么我们期望输出最终是 1，假设输入保持 0 不变。这个需求可以用下面的公式表示：

$$\square\left[(\text{in} = 0) \rightarrow (\text{in} = 0)\,\mathcal{U}(\text{in} = 1 \vee \text{out} = 1)\right]$$

一个对称的公式可以表示这个需求：如果输入是 1，则除非输入变回 0，否则输出最终是 1。

我们也可以写涉及状态变量以及输入和输出通道的 LTL 需求。为了解释这样的公式，ω 执行相对应的路径也保持状态变量的值。

公平性假设

在 4.2.4 节中，我们讨论了怎样用公平性假设解释异步进程的任务，这样就只需考虑这些能够使任务永远不会推迟的无限执行。为了检查异步进程是否满足给定的 LTL 公式的规约，我们检查每个公平执行是否满足该规约。现在我们讨论怎样在 LTL 规约中捕获公平性假设。与公平性假设相对应的 LTL 公式对于更好地理解弱公平与强公平之间的区别是有用的，并且提出检查所有执行是否满足给定 LTL 公式的分析工具怎么更容易适应以便检查所有公平的执行是否满足 LTL 规约。

考虑一个异步进程 P，它有状态变量 S，输入通道 I 和输出通道 O。为了在 LTL 中表示公平性需求，在执行的每一步，我们需要能够表示一个任务是否是使能的和一个任务是否是被使用的。对于 P 的每个输出和内部任务 A，用 Guard(A) 作为任务 A 的守卫条件，守卫条件是定义在状态变量上的布尔值表达式，这些状态变量的值表示任务 A 在这状态是否是使能的。因此，当任务 A 在执行的无限多步后是使能的时，那么一个无限执行就满足 LTL 公式 $\square\Diamond$Guard(A)。虽然一个异步进程的状态包含足够的信息描述任务是否是使能的，但是为了说明任务是否被使用，我们引入额外的变量 taken，这个变量定义在任务集合上：在每一步它的值表示最近执行的任务。修改任务 A 的更新代码，使得它将 taken 值设置给 A。

194

　　为了解释这些，再看一看 4.2.4 节中的异步进程 AsyncEvenInc(见图 4-18)。图 5-3 展示了具有额外变量 taken 的进程。当任务 A_y 无限多次执行时，则这个修改后的进程的无限执行满足递归公式 $\Box\Diamond(\text{taken}=A_y)$。

$\text{nat } x := 0; y := 0; \{A_x, A_y\}\text{taken}$
$A_x: x := x + 1; \text{taken} := A_x$
$A_y: \text{even}(x) \rightarrow \{y := y + 1; \text{taken} := A_y\}$

图 5-3　AsyncEvenInc 的修改版本

　　根据这个修改，对于给定的输出或内部任务 A，考虑下面的公式

$$\text{wf}(A): \Diamond\Box\text{Guard}(A) \rightarrow \Box\Diamond(\text{taken} = A)$$

这个公式表示需求：如果任务 A 一直是使能的，那么它必须不断地被使用。因此，当路径对应于无限执行(对于任务 A 是弱公平的)时，该路径满足这个公式。为了检查进程 AsyncEvenInc 是否保证 x 的值最终超过 10，假设对于任务 A_x 是弱公平的，守卫条件总是真，我们检查图 5-3 中的修改进程是否满足下面的 LTL 公式

195

$$\Box\Diamond(\text{taken} = A_x) \rightarrow \Diamond(x > 10)$$

这条 LTL 规约确实在进程的每次无限执行时都是满足的。为了检查 y 的值是否保证最终超过 10，假设对于任务 A_y 是弱公平的，我们检查图 5-3 的进程是否满足以下 LTL 公式

$$[\Diamond\Box\text{even}(x) \rightarrow \Box\Diamond(\text{taken} = A_y)] \rightarrow \Diamond(y > 10)$$

这个需求并不成立：在无限执行中，任务 A_x 在执行的每一步都不满足这条规约，因此任务 A_y 的弱公平假设并不足以确保 eventually 公式 $\Diamond(y > 10)$ 的满足性。

　　注意公式 $wf(A)$ 与下面的公式是等价的，它断言如果任务 A 在给定的一步是使能的，则在后一个位置它要么被使用要么是不可执行的：

$$\text{wf}(A): \Box[\text{Guard}(A) \rightarrow \Diamond((\text{taken} = A)] \vee \neg\,\text{Guard}(A))]$$

给定的任务 A 的强公平性假设可以由下式表示：

$$\text{sf}(A): \Box\Diamond\text{Guard}(A) \rightarrow \Box\Diamond(\text{taken} = A)$$

该式断言如果任务是重复使能的，则它必须是重复执行的。因此，当路径对应于无限执行(对于任务 A 是强公平性的)时，该路径满足这个公式。

　　为了检查进程 AsyncEvenInc 是否保证 y 的值最终超过 10，假设任务 A_y 是强公平性，我们检查图 5-3 的进程是否满足 LTL 公式

$$[\Box\Diamond\text{even}(x) \rightarrow \Box\Diamond(\text{taken} = A_y)] \rightarrow \Diamond(y > 10)$$

事实上，这个 LTL 公式在进程的每条无限执行的路径上都是满足的。

　　注意，在每一步路径如何给表达式 Guard(A) 和(taken＝A)赋值是无关的，下面的时序蕴含是有效的：

$$\text{sf}(A) \rightarrow \text{wf}(A)$$

它解释了"强公平性"确实是比弱公平性更强的需求。

　　不要求异步进程 P 的所有公平执行都满足 LTL 公式 φ，我们要求进程 P 的所有执行都满足条件 LTC 公式 $\varphi_{\text{fair}} \rightarrow \varphi$，其中 φ_{fair} 是任务 A 的弱公平假设 wf(A) 和强公平假设 sf(A) 的合取。例如，对于图 4-19 中的进程 UnrelFIFO，我们假设内部任务 A_1 的强公平性是正确将一个元素从队列 x 传递到队列 y，输出任务 A_{out} 的弱公平性是将元素从内部队列 y 传送到输出通道。为了要求所有的公平执行满足 LTL 公式 φ，等价于要求所有的执行都满足下式

$$(\text{sf}(A_1) \wedge \text{wf}(A_{\text{out}})) \rightarrow \varphi$$

练习 5.7：考虑两个弱公平性的规约：

$$\varphi_1: \Diamond\Box\text{Guard}(A) \rightarrow \Box\Diamond(\text{taken} = A)$$

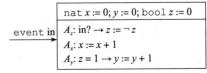

图 5-4　练习：公平性假设下的满足

和
$$\varphi_2 : \Box [\, \mathrm{Guard}(A) \to \Diamond((\mathrm{taken} = A) \lor \neg \, \mathrm{Guard}(A)))\,]$$
请证明这两个 LTL 公式是等价的。

练习 5.8： 考虑 5.4 中的一个进程 P，它有输入任务 A_z，内部任务 A_z 和 A_y。对于下面的每个 LTL 公式，进程 P 满足这个公式？如果不满足，存在当进程满足这个规约时关于任务执行的合适的公平性假设吗？当增加公平性假设时，明确指出你使用强公平性还是弱公平性，并给出理由。

1) $\Diamond(x > 5)$

2) $\Diamond(y > 5)$

3) $\Box \Diamond(z = 1) \to \Diamond(y > 5)$

5.1.4 超越 LTL*

通过说明一些逻辑 LTL 的限制作为编号需求的规约语言来总结本节。这些限制引出了许多 LTL 的扩展和变种。虽然详细地学习各种时序逻辑和它们各自的优点超出了本书的范围，但下面的讨论仅仅是对丰富的时序逻辑的简单介绍。

分支时间时序逻辑

当系统的所有执行都满足 LTL 公式时，在对应系统的单个执行的路径上对该公式进行评估，并且系统满足该公式。在这个解释下，不可能要求一些执行满足一种类型的需求，而另一些执行满足其他类型的需求。尤其是，对于 4.3.3 节讨论的一致性问题，考虑需求 "如果两个进程 P_1 和 P_2 的偏好在初始时是不一样的，那么两个判定都是可能的。" 这个需求不能用 LTL 来描述，但是可以用 "分支时间" 时序逻辑来描述。使用变量 pref_1 和 pref_2 来描述两个进程的初始偏好，变量 dec_1 和 dec_2 描述终止时的判定。下面的分支时间时序逻辑 CTL(Computation Tree Logic)的公式用来描述这个需求：
$$(\mathrm{pref}_1 \neq \mathrm{pref}_2) \to [\, \exists \Diamond(\mathrm{dec}_1 = \mathrm{dec}_2 = 0) \land \exists \Diamond(\mathrm{dec}_1 = \mathrm{dec}_2 = 1)\,]$$
除了逻辑和时序操作符以外，逻辑 CTL 还允许存在量词（∃）和全称量词（∀）。这式解释为所有执行的树形结构，其中树的节点对应于状态，分支对应于每个节点的各种可能选择的后继状态。存在量词的分支时间公式 $\exists \varphi$ 在某个节点满足，如果存在一个从对应状态上开始的执行 ρ，使得 ρ 满足公式 φ，其中 φ 可能包含时序操作符。

状态时序逻辑

给定一个布尔变量 e，考虑如下的需求：变量 e 的值在每个偶数位置都为 1。可以证明没有 LTL 公式正确描述这样的需求。注意 LTL 公式
$$\bigcirc(e = 1) \land \Box[(e = 1) \to \bigcirc \bigcirc(e = 1)]$$
表示更强的需求：对于要满足这个公式的路径，不仅需要在每个偶数位置 e 的值必须为 1，而且如果 e 的值在某个奇数位置碰巧为 1，那么只有当 e 的值在所有后续的奇数位置都是 1 时满足这公式。直观地，要求的需求 "e 的值在每个偶数位置都为 1" 要求规约逻辑维护一个描述一个位置是奇数还是偶数的内部状态变量，而 LTL 公式不能维护这样的状态。这个缺陷已经导致带有正则表达式的 LTC 的扩展（或者等价的确定性有限自动机）来表示有状态时间约束。IEEE 标准属性规约语言(PSL)允许时序操作符和正则表达式相结合。

有限路径上的解释

在我们的 LTL 形式化定义中，LTL 需求描述只针对在系统的无限执行的约束。因此，如果同步反应式构件 C 没有无限执行（如果构件 C 不是输入使能的，则这可能发生），则不管我们考虑哪个 LTL 公式 φ，构件 C 毫无意义地满足需求 φ。同样，因为不是每个可达状态都需要出现在某个有限执行上，所以给定一个状态属性 φ，系统可以满足 always 公

式□φ，尽管属性 φ 不是系统的不变量。如果我们重新定义 LTL 公式的语义，使得公式可以在有限路径上评估，则有可能避免这个异常。如果 $\rho = q_1 q_2 \cdots q_m$ 是有限路径，且 $1 \leqslant j \leqslant m$ 是这条路径上的一个位置，则

$$(\rho, j) \vDash \square \varphi \quad \text{如果} (\rho, k) \vDash \varphi \text{ 对于所有位置} k (j \leqslant k \leqslant m)$$

且

$$(\rho, j) \vDash \bigcirc \varphi \quad \text{如果} j < k \text{ 且} (\rho, j+1) \vDash \varphi$$

这样，主要的区别是：$\bigcirc \varphi$ 现在意味着它不是路径的结束并且下一个位置满足 φ。现在，如果每个无限路径和有限路径(对应于 C 的最大执行)都满足 LTL 公式 φ，则构件 C 满足 φ。这里，最大执行是指 C 的有限执行，它在执行的结束状态没有后继(也就是说，执行不能扩展至另一个状态)。直观地，最大路径对应于终结(或死锁)执行，以及确保在评估 LTL 公式时包括的这些执行我们检查构件的所有可达状态。注意，在对所有有限执行的 LTL 公式的评估是没有意义的：如果一个系统在 5 次循环后满足 eventuality φ，则少于 5 次的系统执行时不满足 eventually 公式 $\Diamond \varphi$，但不能作为反例(尽管存在一些不包含满足 φ 的状态的最大执行，但它确实表示违反了需求 $\Diamond \varphi$)。建立满足 LTL 规约的系统的所有分析技术都易于修改以说明这样的修改解释。

5.2 模型检查

在第 3 章中，我们看到典型的安全性验证问题是不变量验证问题：给定一个迁移系统 T 和定义在它的状态变量上的属性 φ，我们想要检查迁移系统 T 的所有可达状态是否都满足属性 φ。对于自动验证，我们简化不变量验证为可达性问题：为了检查属性 φ 是否是迁移系统 T 的不变量，我们检查违反 φ 的状态是否是可达的，如果是，则相应的执行就是不变量验证问题的反例。然后我们学习了解决可达性问题的枚举和符号算法。

重复性问题

在模型检验中，给定描述为同步反应式构件或者异步进程的系统，以及一个 LTL 规约，我们想要检查系统的每个执行是否满足给定的 LTL 规约。活性验证的核心计算问题就是一个重复性问题：给定一个迁移系统 T 和定义在它的状态变量上的属性 φ，存在一个 T 的无限执行，该系统重复遭遇满足属性 φ 的状态(也就是说，某些系统的无限执行满足递归公式 □$\Diamond \varphi$)吗？这个重复性形式也称为 Büchi 可达性，Büchi 是以逻辑学家 J. Richard Büchi 命名的，他研究了在无限字上的有限自动机，总结了一种优雅的理论——ω 正则语言，这种语言反映了有限字上的正则语言的经典理论。我们将说明 LTL 模型检验问题，也就是检查给定系统的每条路径是否满足给定的 LTL 规约，这可以转化为从 LTC 规约派生出的系统和监控器的组合的重复性问题。在安全性需求检查中，说明监视器的某些错误状态可达性的有限执行就是表示需求违反的反例。类似地，在模型检查中，说明监视器的某些错误状态的重复性的无限执行就是表示活性需求违反的反例。

> **迁移系统的重复性问题**
>
> 　　迁移系统 T 的一条无限执行包含一个形式为 $\rho = s_0, s_1, \cdots$ 的无限序列，使得 s_0 是 T 的初始状态，对于每个 $j > 0$，(s_{j-1}, s_j) 是 T 的迁移。如果存在 T 的某个无限执行 ρ，使得 ρ 满足递归 LTL 公式 □$\Diamond \varphi$，那么定义在 T 的状态变量上的属性 φ 是重复的。给定迁移系统 T 和定义在 T 的状态变量上的属性 φ，重复性问题就是检查 φ 是否是重复的。

对于给定的迁移系统 T 和属性 φ，当重复性问题的答案是正的时，我们想要论证属性 φ 中的一条无限执行是重复的。用状态 s 举例说明这样一个典型执行，使得 1）状态 s 从初始状态开始是可达的；2）状态 s 从其自身经过一个或更多个迁移是可达的；3）状态 s 满足属性 φ。这就是说，作为证据，我们将产生一个循环，这个循环从初始状态是可达的并且包含一个满足 φ 的状态。

再考虑图 3-1 中的一个迁移系统 GCD(m，n)，它是计算两个数 m 和 n 的最大公约数的程序。注意只要变量 x 和 y 都是正数，系统在模式 loop 更新这些变量。假设我们想要检查该循环总会终止的活性需求。这对应于检查属性（mode＝lopp）的重复性：满足重复这个条件的无限循环，对应于无终止的执行。

5.2.1 Büchi 自动机

现在我们讨论怎样将 LTL 公式编译为一个特殊类型的监控器，这个监视器也称为 Büchi 自动机，以便可以将模型检验问题简化为系统和监视器组合的重复性问题。

200

定义

给定布尔变量的集合 V，定义在 V 上的 Büchi 自动机是一个同步反应式构件 M，它的输入变量集合为 V，该自动机称为扩展的状态机。这个自动机的唯一状态变量是它的模式，所以它只有有限多个状态。它没有输出。因此，一个模式切换或者一条边，可以被切换的源和目标状态以及守卫条件完整地描述，其中约束条件是定义在输入变量上的布尔表达式。给定输入的无限序列，也就是说，定义在 V 上的一条路径，自动机的执行产生一个状态的无限序列。状态的子集 F 声明为可接受的。如果某些可接受的状态在这个执行上无限多次地重复，则对应于输入路径的执行是可接受的。这个自动机是不确定的：根据给定的状态和给定的输入，多个传出切换的守卫条件可以同时为真。因此，对于给定的输入路径，多个执行是可能的。如果当提供输入的系列 ρ 时存在一个可接受的无限执行，那么自动机 M 接受定义在 V 上的 ρ。Büchi 自动机的形式化定义如下：

Büchi 自动机

Büchi 自动机 M 包含：

V：布尔输入变量的有限集合。

Q：状态的有限集合。

Init：初始状态集合，Init$\in Q$。

F：可接受的状态集合，$F \subseteq Q$。

E：边的有限集合，其中每条边都是(q，Guard，q')形式，$q \in Q$ 是源状态，$q' \in Q$ 是目标状态，Guard 是定义在输入变量 V 上的布尔表达式。

对于两个状态 q 和 q'，以及输入 $v \in Q_v$，如果存在一条边(q，Guard，q')，使得输入 v 满足表达式 Guard，那么 $q \xrightarrow{v} q'$ 是自动机的迁移。给定定义在输入变量上的路径 $\rho = v_1 v_2 \cdots$，在输入路径 ρ 上的自动机的执行是形为 $q_0 \xrightarrow{v_1} q_1 \xrightarrow{v_2} \cdots$ 的有限序列，使得 q_0 是初始状态，并且对于每个的 $i \geq 1$，$q_{i-1} \xrightarrow{v_i} q_i$ 是迁移。如果存在 ρ 上的一个执行，使得对于无限多个索引 i，$q_i = q$（对于某个可接受的状态元 $q \in F$），那么 Büchi 自动机 M 接受输入路径 ρ。

如果从给定输入上的每个状态只能选择一条边，则 Büchi 自动机 M 是确定的：对于每个状态 q 以及每对边 (q, Guard_1, q_1) 和 (q, Guard_2, q_2)，合取 $\text{Guard}_1 \land \text{Guard}_2$ 是不满足的（确保满足守卫条件 Guard_1 的输入 v 不能满足守卫条件 Guard_2，反之亦然）。

例子

图 5-5 展示 Büchi 自动机 M 只接受满足递归公式 $\Box\Diamond\varphi$ 的路径。这个自动机有一个布尔输入变量 e，它是有两个状态 a 和 b 的状态机。状态 a 是初始状态，状态 b 是可接受的状态（用双圆圈表示）。在每次循环中，如果输入 e 是 1，则自动机迁移到状态 b；如果输入 e 是 0，则自动机迁移到状态 a。给定输入的路径 $v_1 v_2 \cdots$，自动机 M 有一个唯一的执行，当输入序列包含无限多个 1 时，在这个执行上状态 b 就无限多次重复。因此，当输入路径包含无限多个 1 时，即当路径 ρ 满足 LTL 公式 $\Box\Diamond e$，自动机 M 接受该路径 ρ。

图 5-6 展示了另一个 Büchi 自动机。这个自动机还有一个单一的布尔输入变量 e，是一个有两个状态 a 和 b 的状态机，状态 a 是初始状态，状态 b 是可接受的状态。这个自动机是非确定性的。在初始状态，在每次循环中，不说输入值是 0 还是 1，自动机要么保持在状态 a，要么迁移到状态 b。一旦自动机迁移到状态 b，如果输入是 0，则没有迁移是使能的，自动机陷入僵持。因为 b 是唯一的可接受状态，并且一旦进入状态 b，只有当所有的后继输入都是 1 时自动机能够产生无限的执行，当从输入路径只包含 1 的某个位置开始时，则自动机在状态 b 上无限执行。这就是说，自动机接受满足 LTL 公式 $\Diamond\Box e$ 的那些路径。没有与 LTL 公式 $\Diamond\Box e$ 相对应的非确定性 Büchi 自动机，因此非确定性对于构造与 LTL 公式相对应的 Büchi 自动机是非常重要的。

201
～
202

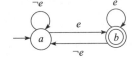   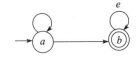

图 5-5　$\Box\Diamond\varphi$ 的 Büchi 自动机　　图 5-6　$\Diamond\Box e$ 的 Büchi 自动机

对活性需求违反的监控

为了说明 Büchi 自动机是怎样用于监视器来检测活性需求的违反情况，我们重新再看一看火车控制器例子和活性需求，该需求断言如果西边的火车正在等待，则最终西边的信号灯将变为绿色：

$$\Box[(\text{mode}_w = \text{wait}) \to \Diamond(\text{signal}_w = \text{green})]$$

对于形如 $\varphi: \Box(e \to \Diamond f)$ 的活性需求来说，这是一个常见的模式，其中 e 和 f 都是定义在系统的观测变量上的表达式。为了检查系统的每条路径是否满足 φ，我们首先对规约取反，然后检查是否存在满足这个否定规约的系统执行。否定的规约是 $\neg\Box[e \to \Diamond f]$，这与 $\Diamond[e \land \Box\neg f]$ 是等价的。因此，需求违反是无限执行（在该无限执行上属性 e 在某个位置上成立），那么属性 f 前面的不成立。考虑图 5-7 中的的非确定性的 Büchi 自动机 M，这个自动机只接受满足取反公式的那些路径。只有当这个自动机遇到满足属性 e 的输入时，它才能够切换到可接受的状态 b，而一旦进入状态 b，当每一步的输入都不满足属性 f 时，

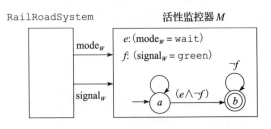

图 5-7　使用 Büchi 自动机监控活性违反

它可以一直执行。在组合系统 RailRoadSystem‖M 中，当且仅当构件 RailRoadSystem 能够产生满足 ¬φ 的路径时，存在一条在其上的自动机状态重复为 b 的无限执行。因此验证系统的每条路径是否满足 LTL 公式 φ 的模型检查问题，简化为检查组合系统的属性重复性问题(M. mode＝b)。如前所述，RailRoadSystem2(见图 3-8)不满足规约：在系统 RailRoadSystem2‖M 中，由于状态具有 $\text{mode}_W=\text{wait}$、$\text{mode}_E=\text{bridge}$、$\text{near}_W=\text{near}_E=1$、$\text{signal}_W=\text{red}$、$\text{signal}_E=\text{green}$ 和 M. mode＝b 是可达的且自循环的，所以属性(M. mode＝b)是重复的。

作为监控活性需求违反的另一个例子，考虑这个 LTL 规约：φ：□◇e→□◇f，其中 e 和 f 都是定义在构件 C 的观测变量上的表达式。它断言条件递归的要求：如果属性 e 是递归的，那么 f 也是递归的。为了检查构件 C 的每条路径是否满足 φ，我们首先对规约取反，然后检查是否存在满足该否定规约的构件 C 的某条执行。

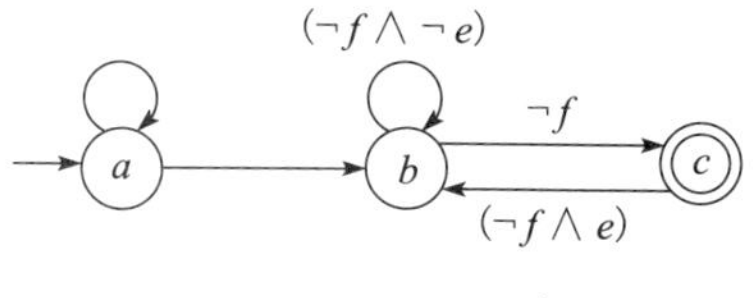

图 5-8　检查 φ：□◇e→□◇f 违反的 Büchi 自动机

否定的规约等价于 □◇e∧◇□ ¬f，它说明属性 e 是递归的，而属性 ¬f 是持续的。因此，我们想要找到这样一条无限执行：在某个位置后，¬f 一直成立，并且 e 重复成立。这个可以用图 5-8 所示的有 3 个状态的 Büchi 自动机 M 来描述。初始状态是 a，自动机在初始状态循环任意步，然后非确定性地切换到状态 b。随后，每当条件 e 满足，它就迁移到状态 c 并在下一步迁移回状态 b。在状态 b 和 c，只有当条件 ¬f 成立时执行才能继续。只有当属性 e 是递归的且属性 ¬f 是持续的时，无限执行才能重复地访问状态 c。因此，模型检查问题可以重新形式化检查组合系统 C‖M 的属性(mode＝c)的重复性问题。

广义 Büchi 自动机

考虑 LTL 公式□◇e∧□◇ ¬e，它说明变量 e 应该无限多次为 1，同时也应该无限多次为 0。描述这个需求的方便方法是利用像图 5-5 那样的自动机结构，并且使用两个可接受的集合：$F_1=\{a\}$ 和 $F_2=\{b\}$。如果这两个集合都重复无限多次，那么这个自动机在输入路径上的执行是可接受的。这个 Büchi 自动机的扩展使用可接受的需求的合取，称为广义 Büchi 自动机。

形式化地，一个广义 Büchi 自动机有输入变量集合 V、状态集合 Q、初始状态集合 Init，形如(m, Guard, m')的边，以及可接受状态集合 F_1，F_2，…，F_k。如果对于每个 j 和无限多个索引 i，状态 q_i 属于可接受的状态集合 F_j，那么自动机在输入路径 $v_1 v_2 \cdots$ 上的执行 $q_0 \xrightarrow{v_1} q_1 \xrightarrow{v_2} \cdots$ 是可接受的。换句话说，对应于执行的状态上路径 $q_0 q_1 \cdots$ 应该满足公式 $\wedge_{j=1,\cdots k}\square\lozenge(\text{mode}\in F_j)$。

203
∼
204

事实证明广义 Büchi 自动机并不比 Büchi 自动机的表达能力强。将关于输入路径的需求表示为具有多个可接受集合的广义 Büchi 自动机，可以采用只有少数状态的自动机的设计，但是无需改变它可接受的输入路径的集合，就可以将它编译为 Büchi 自动机(只有一个可接受的集合)。

命题 5.1　(从广义 Büchi 自动机到 Büchi 自动机)　*给定一个定义在输入变量 V 上的广义 Büchi 自动机 M，存在一个定义在输入变量 V 上的 Büchi 自动机 M'，使得对任何 V 上的每条路径 ρ，当自动机 M' 接受路径 ρ 时，自动机 M 也接受 ρ。*

证明　令 M 表示广义 Büchi 自动机，它的输入是 V，状态是 Q，初始状态是 Init，边是 E，可接受的集合是 F_1，$\cdots F_k$。我们想要构建一个 Büchi 自动机 M'，使得 M' 重复访问它的一个可接受的状态确保原始自动机 M 重复访问集合 F_j 的可接受的状态。为此，自动机 M' 维持 M 的状态，以及一个通过值 1，2，…，k，0 来记录循环的计数器。计数器的初始值是 1。当 M 的状态在集合 F_1 中时，计数器增加到 2。当遇到可接受的集合 F_2 中的一个状态时，计数器增加到 3。更一般地，当计数器是 j 时，自动机等待访问可接受的集合 F_j 中的一个状态。当遇到这样的状态时，计数器增加到 $j+1$。当计数器 j 等于 k 时，当遇到可接受集合 F_k 中的一个状态时，计数器更新为 0，并且在下一个迁移它又变为 1。如果沿着这个执行，计数器重复为 0，那么它重复循环所有的这些值，执行也重复地访问可接受的集合 F_j 中的每个状态。相反，如果一个可接受的集合 F_j 沿着这个执行重复无限多次，则计数器不能在 j 值上卡住，因此，如果所有的可接受的集合都重复无限多次，则计数器重复循环置 0。

从形式上，M' 的状态集合是集合 $Q \times \{0, 1, \cdots, k\}$。$M'$ 的初始状态是 $<q, 1>$，$q \in$ Init。对 M 每条边 $(q,\ \text{Guard},\ q')$，自动机 M' 有边 $(<q, 0>,\ \text{Guard},\ <q', 1>)$；对每个 $1 \leqslant c < k$，如果 $q \in F_c$，则自动机 M' 有边 $(<q, c>,\ \text{Guard},\ <q', c+1>)$ 否则有边 $(<q, c>,\ \text{Guard},\ <q', c>)$；如果 $q \in F_k$，则自动机 M' 有边 $(<q, k>\text{Guard},\ <q', 0>)$ 否则有边 $(<q, k>\text{Guard},\ <q', k>)$。$M'$ 的可接受的集合是形如 $<q, 0>$ 的状态集合。

为了完成这个证明，我们需要说明当输入路径 ρ 被 Büchi 自动机 M' 接受时，e 也被广义 Büchi 自动机 M 接受，但根据定义它遵循直接的方式。∎

练习 5. 9：对下面每一个 LTL 公式，分别构建一个 Büchi 自动机，该自动机准确地接受满足这个公式的路径：

1) $\square \Diamond e \vee \Diamond \square f$
2) $\square \Diamond e \wedge \square \Diamond f$
3) $\square (e \rightarrow e \mathcal{U} f)$

205

练习 5. 10：写一个 LTL 公式，该公式准确地描述图 5-9 所示的 Büchi 自动机接受的路径集合。解释你的答案。

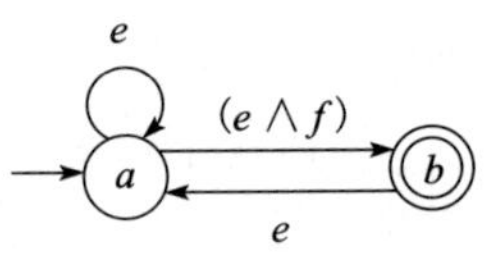

练习 5. 11：给定两个有相同输入变量集合 V 的 Büchi 自动机 M_1 和 M_2，说明如何构建输入 V 上的 Büchi 自动机 M，使得当自动机 M_1 和 M_2 接受 V 上的输入路径 ρ 时，该自动机 M 也接受 ρ。

图 5-9　练习：从 Büchi
自动机到 LTL

练习 5. 12：给定一个有状态 Q 和可接受的状态 F 的 Büchi 自动机 M，考虑通过切换 M 中的可接受的状态的作用获得 Büchi 自动机 M'：M' 的状态、M' 的初始状态和 M' 的边与原始自动机 M 的一样，但是 M' 的可接受的状态是 $Q \setminus F$（也就是说，当一个状态在 M 中是不可接受的时，在 M' 中是可接受的）。考虑这个声明：当一条输入路径 ρ 不被自动机 M 接受，则自动机 M' 接受 ρ。请问声明"当输入路径 ρ 不被自动机 M 接受时，它被自动机 M' 接受。"是否成立？如果你的答案是"成立"，用证据证明。如果你的答案是"不成立"，给出反例。在后一种情况下，如果自动机 M 是确定性的，则这个声明成立吗？

5. 2. 2　从 LTL 到 Büchi 自动机 *

构造用于检测 LTL 规约违反的 Büchi 自动机是可以自动完成的。LTL 规约 φ 可以编译成一个(广义)Büchi 自动机 M_φ，这个自动机只接受满足公式 φ 的那些路径。期望的自动机的状态是 φ 的子公式的集合。这样的自动机称为 Tableau。我们首先用一个例子来阐述它的构造。

样本 Tableau 构造

为了阐述 Tableau 构造的主要原理，我们考虑 LTL 公式 $\varphi = \square (e \vee f) \wedge \Diamond e$。Tableau

的状态是来源于 LTL 公式 φ 的集合。每个状态 q 是一个公式的集合，我们想要确保在状态 q 中的每一个公式都被沿着从状态 q 中开始的有限可接受的执行的输入路径所接受。

206

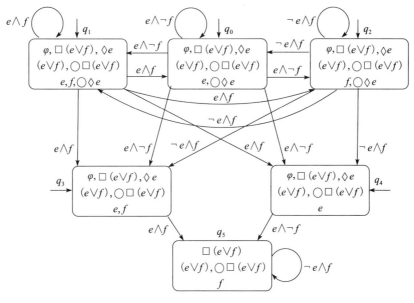

图 5-10　$\varphi = \square (e \vee f) \wedge \lozenge e$ 的 Tableau 构造

要求 Tableau 的初始状态包含给定的公式 φ。根据合取的语义，当 $\square(e \vee f)$ 和 $\lozenge e$ 同时满足时，公式 φ 才满足，所以初始状态必须包含这些公式。根据 always 操作符的语义，如果 $(e \vee f)$ 和 next 公式 $\bigcirc \square(e \vee f)$ 都满足，那么 $\square(e \vee f)$ 才满足。因此，我们给要求的初始状态增加这两个。为了满足析取 $(e \vee f)$，状态必须包含 e，或 f，或 e 和 f。next 公式 $\bigcirc \square(e \vee f)$ 的包含对没有当前状态中产生任何额外的需求，只是在状态之间增加迁移的规则确保它的满足性。根据 eventuality 操作符的语义，如果至少有一个 e 和 next 公式 $\bigcirc \lozenge e$ 被满足，则 $\lozenge e$ 被满足。综合这些满足 $(e \vee f)$ 的不同方式的情形（如图 5-10 所示），得到了 5 个初始状态：q_0、q_1、q_2、q_3 和 q_4。例如，状态 q_0 对应于这个公式集合 $\{\varphi, \square(e \vee f), \lozenge e, (e \vee f), \bigcirc \square(e \vee f), e, \bigcirc \lozenge e\}$：对于一个从状态 q_0 开始的执行，我们希望在这个集合中的每个公式都满足，而不在集合中的公式（如 f）不被满足。

无论何时当一个状态包含原子表达式，（比如 e）时，这意味着要处理的输入必须满足这个表达式，因此 e 应该作为这个状态的传出边的守卫条件的合取出现。类似地，当一个状态没有包含原子表达式 e 时，要处理的输入必须不满足 e，因此 $\neg e$ 应该作为这个状态的传出边的守卫条件的合取出现。这就解释了自动机的所有边上的守卫条件。特别地，状态 q_0 传出边都有一个守卫条件 $(e \wedge \neg f)$。

为了获得一个状态的后继，我们检查该状态中的 next 公式。对于每个形 $\bigcirc \psi$ 的公式，当且仅当后继状态包含 ψ 时，$\bigcirc \psi$ 应该属于当前状态。因为状态 q_0 同时包含 $\bigcirc \square(e \vee f)$ 和 $\bigcirc \lozenge e$，所以要求它的后继既包含 $\square(e \vee f)$ 又包含 $\lozenge e$。这样的 q_0 后继状态必须满足这两个公式的合取，也就是原始公式 φ。这就意味着状态 q_0 的后继，以及 q_1 和 q_2 的后继都是一样的逻辑，都是包含 φ 的初始状态。现在我们考虑状态 q_3，这个状态包含了 $\bigcirc \square(e \vee f)$，但不包含 $\bigcirc \lozenge e$，因此，它的后继状态应该包含 $\square(e \vee f)$，但不包含 $\lozenge e$（因此不包含 φ）。为了满足 always 公式 $\square(e \vee f)$，状态必须满足 $(e \vee f)$ 和 $\bigcirc \square(e \vee f)$。因为它不包含 $\lozenge e$，所以

它不能包含 e，因此满足 $(e \lor f)$ 的唯一方法是包含 f。因此，状态 $q_5 = \{\Box(e \lor f),(e \lor f),\bigcirc\Box(e \lor f),f\}$ 是 q_3 状态的唯一后继，并且状态 q_4 和 q_5 是一样的逻辑。

我们想要确保如果 $\rho_0 \xrightarrow{v_1} \rho_1 \xrightarrow{v_2} \cdots$ 是对应于从某个状态 ρ_0 开始的输入路径是 $\rho = v_1 v_2 \cdots$ 的通过 Tableau 的有限执行，那么公式 ψ 在 ρ_0 中当且仅当输入路径 ρ 满足公式 ψ。这并不完全正确。例如，一个执行能够在状态 q_2 永远循环，假设每个输入都满足 f：每个状态包含 $\Diamond e$，但是没有输入满足原子表达式 e。直观地，在这个无限执行上，满足 $\Diamond e$ 的选择永远被推迟。通过增加一个要求满足 $\Diamond e$ 的 Büchi 可接受的条件就可以避免这种情况，它最终满足 e。这可以用 Büchi 可接受条件的集合 $F_1 = \{q_0, q_1, q_3, q_4\}$ 来表示，该集合包含的状态要么包含 e，要么不包含 $\Diamond e$。对于 always 公式 $\Box(e \lor f)$，如果状态不包含这个公式，那么我们希望确保这个公式确实是不满足的。注意 always 公式的否定就是 eventually 公式，所以 Büchi 可接受的条件集合 F_2 包含所有不包含 $(e \lor f)$ 或者包含 $\Box(e \lor f)$ 的状态，在我们的例子中，它是所有状态的集合。因此，根据两个可接受的状态集合，如果它不总是终止于状态 q_2 上循环，那么无限执行是可接受的。检查这个 Büchi 自动机，图 5-10 的 Tableau 所给出了状态和迁移，当它满足公式 φ 时，这个自动机接受 $\{e, f\}$ 上的输入路径。

总之，在 Tableau 构造中，状态是公式的子集。每个公式要求关于其他公式的需求，这些其他的公式必须被沿着从当前状态开始的路径的输入序列满足。定义边以便确保从一个状态到它的后继的 next 公式的传播。广义 Büchi 自动机可接受的需求确保最终满足 eventually 公式。

Tableau 构造

我们继续形式化 Tableau 构造。对于形式化构造，我们假设 LTL 公式是由使用否定、合取和析取逻辑连接词，以及时序操作符（next、always 和 eventually）等原子表达式构造的。处理 until 操作符这样的扩展构造留作练习。

给定一个 LTL 公式 φ，V_φ 是出现在 φ 中的原子表达式的集合。为了评估公式 φ，在每一步我们需要知道 V_φ 的每个表达式是否满足。因此，我们可以把每个原子表达式都当作布尔变量，然后在布尔变量的集合 V_φ 上解释关于路径上的公式 φ。这些变量是 Büchi 自动机 M_φ 的输入变量的集合。

我们首先定义与评估给定公式有关的公式的集合。LTL 公式 φ 的闭包 $\text{Sub}(\varphi)$ 定义为：

1) 如果 ψ 是出现在 φ 中的句法，则 ψ 属于 $\text{Sub}(\varphi)$。
2) 如果 ψ 形如是 $\Diamond\psi'$ 或 $\Box\psi'$ 的子表达式，那么 $\bigcirc\psi$ 也是属于 $\text{Sub}(\varphi)$。

为了说明图 5-10 中的 Tableau 构造，对于 $\varphi = \Box(e \lor f) \land \Diamond e$，

$$\text{Sub}(\varphi) = \{e, f, (e \lor f), \Diamond e, \bigcirc\Diamond e, \Box(e \lor f), \bigcirc\Box(e \lor f), \varphi\}$$

当作为样本构造说明时，公式 φ 的满足性取决于 $\text{Sub}(\varphi)$ 中的公式的满足性。检查如果公式 φ 的长度是 k，那么在它的闭包中的公式数最大为 $2k$。

现在，Tableau 的状态是闭包的公式的子集，使得用这些公式表示的约束集合是局部一致的。φ 的闭包的子集 $q \subseteq \text{Sub}(\varphi)$ 是一致的，如果满足下面的条件：

- 当 ψ 不属于 q 时，$\neg\psi$ 属于 q。
- 当 ψ_1 和 ψ_2 都属于 q 时，$\psi_1 \land \psi_2$ 属于 q。
- 当 ψ_1 或者 ψ_2 或者两个都属于 q 时，$\psi_1 \lor \psi_2$ 属于 q。
- 当 ψ 或者 $\bigcirc\Diamond\psi$ 或者两个都属于 q 时，$\Diamond\psi$ 属于 q。
- 当 ψ 和 $\bigcirc\Box\psi$ 都属于 q 时，$\Box\psi$ 属于 q。

在图 5-10 的例子中，注意所有 6 个状态都是一致的。但并不是所有的状态都是一致

的，图 5-10 只是展示了那些从初始状态开始是可达的状态。例如，状态 $q_6 = \{f, (e \vee f)\}$ 209
是一致的状态但它不可达的状态。

给定 $\text{Sub}(\varphi)$ 的一个一致的子集 q，使用 Guard_q 来标记，Guard_q 表示将 q 包含的每个原子表达式 e 和不属于 q 的每个原子表达式 e 的取反连接起来。例如，如果 q 包含原子表达式 e 但是不包含原子表达式 f，则 Guard_q 是表达式 $e \wedge \neg f$，它描述在状态 q 的下一输入的约束。

现在我们可以定义广义 Büchi 自动机 M_φ，也就是对应于公式 φ 的 Tableau：

- 输入变量的集合是 V_φ，V_φ 是出现在 φ 中的原子表达式。
- 状态的集合是闭包 $\text{Sub}(\varphi)$ 的一致子集的集合。
- 当状态包含公式 φ 时，一个状态 $q \subseteq \text{Sub}(\varphi)$ 是初始状态。
- 对于一对状态 q 和 q'，如果当 ψ 属于 q' 时，$\text{Sub}(\varphi)$ 中的每一个 next 公式 $\bigcirc \psi$ 属于 q，则存在一条边 (q, Guard_q, q')。
- 对于闭包 $\text{Sub}(\varphi)$ 中的每个 eventually 公式 $\psi = \Diamond \psi'$，存在一个包含状态 q 的可接受的集合 F_ψ 使得 $\psi' \in q$ 或 $\psi \notin q$；对于闭包 $\text{Sub}(\varphi)$ 中的每个 always 公式 $\psi = \Box \psi'$，存在一个包含状态 q 的可接受的集合 F_ψ 使得 $\psi' \notin q$ 或 $\psi \in q$。

构造的正确性是由下面证明。

命题 5.2　（LTL Tableau 构造的正确性）　对于定义在原子表达式 V 上的每个 LTL 公式 φ，当广义 Büchi 自动机 M_φ 接受 V 上的路径 ρ 时，ρ 满足 φ。

证明：令 φ 是 LTL 公式，$\rho = v_1 v_2 \cdots$ 是定义在 φ 中出现的表达式集合 V_φ 上的一条路径。假设 $\rho \nvDash \varphi$。对 $i \geq 0$，令 $q_i \subseteq \text{Sub}(\varphi)$ 表示在路径 ρ 中的位置 $i+1$ 上的公式集合 $\{\psi \in \text{Sub}(\varphi) \mid (\rho, i+1) \vDash \psi\}$。根据这个定义，它遵循：1）对于所有 i，集合 q_i 是一致的；2）对于所有 i 和公式 $\bigcirc \psi \in \text{Sub}(\varphi)$，当 $\psi \in q_{i+1}$ 时，$\bigcirc \psi \in q_i$；3）集合 q_0 是 M_φ 的初始状态；4）对于所有 i，输入 v_{i+1} 满足守卫条件 Guard_{q_i}；5）对于每个 $\Diamond \psi \in \text{Sub}(\varphi)$，如果对于无限多个位置 i，$(\rho, j) \vDash \Diamond \psi$，则对于无限多个位置 j，$(\rho, j) \vDash \psi$；6）对于每个 $\Box \psi \in \text{Sub}(\varphi)$，如果对于无限多个位置 i，$(\rho, j) \vDash \Box \psi$，则对于无限多个位置 j，$(\rho, j) \vDash \psi$。它遵循 $q_0 \xrightarrow{v_1} q_1 \xrightarrow{v_2} \cdots$ 是 Tableau M_φ 中的一个可接受的执行，自动机 M_φ 接受路径 ρ。

现在考虑自动机 M_φ 在输入路径 $\rho = v_1 v_2 \cdots$ 上的一条可接受的执行 $q_0 \xrightarrow{v_1} q_1 \xrightarrow{v_2} \cdots$。 210
我们想要建立对于所有的 $\psi \in \text{Sub}(\varphi)$，对于所有 $i \geq 0$，$\psi \in q_i$ 当且仅当 $(\rho, i+1) \vDash \psi$。通过对 ψ 的结构进行归纳来证明它，将证明留作练习。由此得出 $\rho \vDash \varphi$ ∎

注意自动机 M_φ 的状态数与公式的大小呈指数级。这个打击是不可避免的。使用命题 5.1 中描述的构建方法，可以将广义 Büchi 自动机 M_φ 转换为 Büchi 自动机。

模型检查

为了检查构件 C 是否满足 LTL 公式 φ，我们首先对公式 φ 取反。我们构建了对应于公式 $\neg \varphi$ 的 Büchi 自动机 M，使得重复遇到的 M 的 Büchi 状态中的组合系统 C 的无限执行对应于满足否定规约 $\neg \varphi$ 的构件 C 的无限执行，因此它是模型检查问题的反例。在应用 Tableau 前对公式取反的方法可以避免计算完整 Tableau 的任务，是模型检查在实际应用中的关键。下面我们总结结果。

定理 5.1（从 LTL 模型检查到重复性）　给定一个定义在原子表达式 V 上的 LTL 公式 φ，V 涉及系统 C 的可观测变量，存在一个构建非确定性 Büchi 自动机 M 的算法，M 有输入变量 V 和可接受的状态的子集 F，使得当对于组合系统 $C \| M$，属性 "M 的状态属于 F"

是可重复的时，系统 C 满足规约 φ。

练习 5.13： 考虑 LTL 公式 $\varphi = \Box \Diamond e \vee \Box f$。首先计算闭包 $\mathrm{Sub}(\varphi)$。然后应用 Tableau 构造建立一个广义 Büchi 自动机 M_φ。它足够说明可达的状态。

练习 5.14： Tableau 构造的形式化描述只考虑使用 next、eventually 和 always 的时序操作符的公式。当允许使用 until 操作符时，描述如何对构建方法进行必要的修改。

练习 5.15： 考虑 LTL 公式 $\varphi = (e\,\mathcal{U}\,\bigcirc f) \vee \neg e$。首先计算闭包 $\mathrm{Sub}(\varphi)$。然后应用 Tableau 构造建立一个广义 Büchi 自动机 M_φ。它足够说明可达的状态。

练习 5.16： 在 5.1.4 节，我们提到下面的属性不能用 LTL 描述："在每个偶数位置表达式 e 是 1"。画出一个有输入变量 e 的 Büchi 自动机 M，当 M 满足这个属性时，M 接受一条路径。

练习 5.17*： 完成命题 5.2 的证明：对于在输入路径 $\rho = v_1 v_2 \cdots$ 上的自动机 M_φ 的一条可接受的执行

$$q_0 \xrightarrow{v_1} q_1 \xrightarrow{v_2} \cdots,$$

请证明当且仅当 $(\rho, i+1) \vDash \psi$ 时，对于所有的 $\psi \in \mathrm{Sub}(\varphi)$，对于所有的 $i \geqslant 0$，$\psi \in q_i$。通过对公式 ψ 的结构进行归纳来证明。

211

5.2.3 嵌套深度优先搜索*

给定一个迁移系统 T 和一个属性 φ，为了检查 φ 是否是可重复的，我们搜索违反 φ 的状态，从初始状态开始该状态是可达的，并且包含在一个环路中。这里的核心计算问题是检测环路。在 3.3 节中已经讨论过，我们假设迁移系统是可数的分支并使用函数 FirstInit-State、NextInitState、FirstSuccState 和 NextSuccState 描述，这些函数用于枚举初始状态和给定状态的后继状态。我们希望我们的算法是 on-the-fly 模型检验算法的：它应该只在需要时搜索状态和这些状态的迁移，并且一旦当它找到一个反例它就应该终止并返回反例。因此，理想的算法不应该首先检查所有的可达集合然后再寻找环路。结果，检测图中环路的经典算法依赖于计算图中的强连接构件，但该算法并不适合我们的应用（在有向图中的强连接构件是顶点的最大子集，这样在子集中的每对顶点之间都存在一个路径）。相反，我们将提出一个环路检测算法，这个算法使用两个深度优先算法遍历，一个嵌套在另一个中。

算法利用与图 3-6 中的深度优先搜索算法（使用栈 Pending 和集合 Reach 来存储已访问的状态）相类似的方法搜索迁移系统的正达状态。关键的不同点是：在检查属性的可达性时，当遇到一个满足属性的状态时，搜索就终止；在检查一属性的重复性时，当遇到一个满足属性的状态 s 时，算法启动另一个搜索去发现一个包含状态 s 的环路。为了实现这种搜索，假定每次遇到满足属性 φ 的状态时，启动一个全新的搜索，这个搜索检查状态 s 从其本身是否是可达的，并且搜索使用它自己已访问的状态集合。虽然这样的策略会导致一个正确的算法，但它的时间复杂度是状态数量的二次方，并且这可以被极大改进。原始算法如图 5-11 所示。

该算法包含两个嵌套搜索：函数 DFS 执行的初步搜索和函数 NDFS 执行的二次（嵌套）的搜索。在初步搜索中遇到的状态存储在集合 Reach 中，而在二次搜索中访问的状态存储在集合 NReach 中。在标准的深度优先搜索中，对于 T 的每个可达状态 s，用状态 s 作为输入最多调用函数 DFS 一次。一旦从状态 s 开始的初步搜索终止，如果状态 s 满足期望的重复属性 φ，那么它是一个环路反例的潜在候选。然后通过调用函数 NDFS 启动二次搜索，函数 NDFS 使用状态 s 作为它的输入。二次搜索的目标是发现开始于状态 s 的环路。当调用函数 NDFS(s) 时，栈 Pending 包含一个从初始状态到状态 s 的执行。二次搜索并不修改栈 Pending。因此，如果二次搜索遇到一个通向属于这个栈的状态的迁移，则它认为存在一个包含状态 s 的环路。这样就建立了每当算法返回 1 时，迁移系统包含一个可达的环路，该环路包含一个满足属性 φ 的状态。

二次搜索使用一个独立的集合 NReach 来记录在二次搜索中遇到的状态。但是，这个集合对于所有调用函数 NDFS 都是共享的：每次用状态 s 作为它的输入调用 NDFS 时，将状态 s 添加到这个集合中，只有当状态 t 不在集合 NReach 中时，才能用状态 t 作为它的输入调用 NDFS。因此，二次搜索最多搜索可达状态一次，二次搜索的总运行时间与初步搜索是一样的。为了理解两次搜索之间的相互影响以及关于搜索策略正确性的争论，考虑在初步搜索中遇到的两个状态 s 和 t，假设这两个状态都满足属性 φ。假设首先从状态 s 调用二次搜索，从状态 s 开始搜索所有的可达状态，把这些状态加入集合 NReach 中，但是没有发现环路。随后，当从状态 t 调用二次搜索时，它正好跳过这些已经在集合 NReach 中的状态。那么什么保证没有使这个算法漏掉检测包含状态 t 的环路？

为了回答这个问题，让我们根据初步搜索终止时间对状态进行排序：对每个可达状态 s，关联一个数字 d_s，使得如果在调用 DFS(t) 之前调用 DFS(s) 终止，则 $d_s < d_t$。根据这个编号，令 $s_0, \cdots, s_k$ 是可达状态的排序，并满足属性 φ。用 s_i 表示属于环路中排序的第一个状态，用 Q 表示从状态 $s_j (j < i)$ 可达的所有状态的集合。

```
Input: A transition system T and property φ;
Output: If φ is a repeatable property of T return 1, else return 0;
set(state)Reach := EmptySet;
set(state)NReach := EmptySet;
stack(state)Pending := EmptyStack;
state s := FirstInitState(T);

while s ≠ null do {
  if Contains(Reach, s) = 0 then
    if DFS(s) = 1 then return 1;
  s := NextInitState(s, T);
};
return 0.

bool function DFS(state s)
  Insert(s, Reach);
  Push(s, Pending);
  state t := FirstSuccState(s, T);
  while t ≠ null do {
    if Contains(Reach, t) = 0 then
      if DFS(t) = 1 then return 1;
    t := NextSuccState(s, t, T);
  };
  if Satisfies(s, φ) = 1 then
    if Contains(NReach, s) = 0 then
      if NDFS(s) = 1 then return 1;
  Pop(Pending);
  return 0.

bool function NDFS(state s)
  Insert(s, NReach);
  state t := FirstSuccState(s, T);
  while t ≠ null do {
    if Contains(Pending, t) = 1 then return 1;
    if Contains(NReach, s) = 0 then
      if NDFS(t) = 1 then return 1;
    t := NextSuccState(s, t, T);
  };
  return 0.
```

图 5-11　检查重复性的嵌套深度优先搜索算法

我们首先声明包含状态 s_i 的环路与集合 Q 是不相交的。如果相交，则存在一个属于集合 Q 的状态 t，使得状态 s_i 和 t 属于一个环路。这就意味着状态 s_i 是从某个状态 $s_j (j < i)$ 可达的（因为状态 t 必须从这些状态可达）。因此，从状态 s_j 开始的搜索保证会检查状态 s_i，但是给定状态的排序，我们知道在调用 DFS(s_i) 前，调用 DFS(s_j) 终止。这只有当调用 DFS(s_j) 时调用 DFS(s_i) 是挂起的时才可能发生。这就意味着状态 s_j 也是从状态 s_i 可达的，这样状态 s_j 也在环路中，这就与假设（假设状态 s_i 是属于一个环路中的排序的第一个状态）出现了矛盾。

当从状态 s_i 开始的初步搜索终止时，集合 NReach 包含二次搜索目前已访问的状态的集合 NReach 等于集合 Q。因为状态 s_i 不属于集合 Q，所以用状态 s_i 作为输入调用函数 NDFS。因为存在一个包含状态 s_i 但不涉及已经在集合 NReach 中的任何状态的环路，所以二次搜索一定保证可以发现这个环路。

为了理解这个算法的工作原理，我们考虑图 5-12 中的迁移系统。初始状态是 A，状态 B 和 E 满足属性。算法的执行在图 5-13 中阐述。第一列列举了对函数 DFS 和 NDFS 的调用，其中缩进表示哪个调用是挂起的。随后的列列举了栈 Peuding 的值（最左边的元素是栈顶元素），以及集合 Reach 和 NReach 的值。

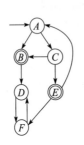

	Pending	Reach	NReach
DFS(A)	[]	{}	{}
DFS(B)	[A]	{A}	{}
DFS(D)	[B, A]	{A, B}	{}
DFS(F)	[D, B, A]	{A, B, D}	{}
NDFS(B)	[B, A]	{A, B, D, F}	{}
NDFS(D)	[B, A]	{A, B, D, F}	{B}
NDFS(F)	[B, A]	{A, B, D, F}	{B, D}
DFS(C)	[A]	{A, B, D, F}	{B, D, F}
DFS(E)	[C, A]	{A, B, D, F, C}	{B, D, F}
NDFS(E)	[E, C, A]	{A, B, D, F, C, E}	{B, D, F}

图 5-12　解释重复性算法的样本迁移系统　　图 5-13　解释嵌套深度优先搜索算法的执行过程

最初，使用初始状态 A 作为输入调用 DFS，然后调用 DFS(B)，依次调用 DFS(D) 和 DFS(F)。因为状态 F 的唯一后继已经在集合 Reach 中，所以调用 DFS(F) 终止。因此，$d_F = 1$。接着，DFS(D) 调用也终止了（$d_D = 2$）。此时，在 DFS(B) 的执行中，状态 B 没有更多的后继状态，并且因为状态 B 满足要求的属性，所以二次搜索第一次通过调用 NDFS(B) 开始执行。然后依次调用 NDFS(D) 和 NDFS(F)。所有这些调用都终止报错：栈 Pending 包含状态 A 和 B，但并没有遇到通向这些状态的任何一个的迁移。当调用 DFS(B) 终止（$d_B = 3$）时，集合 NReach 包含从状态 B 可达的所有状态，也就是说，状态 B、D 和 F。从状态 A 开始的初步搜索现在开始调用 DFS(C)，接着调用 DFS(E)。状态 E 的所有后继状态都已经在集合 Reach 中，但是因为状态 E 满足属性，所以通过调用 NDFS(E) 调用另一个二次搜索。此时，已经假设状态 B、D 和 F 被二次搜索访问过了，因此不会搜索从状态 E 到状态 F 的迁移用于建立状态 E 的重复性。根据这个算法的正确性论证，这是合理的：因为 DFS(B) 已经终止，但并没有发现包含的状态 B 的环路，包含状态 E 的环路不可能包含从状态 B 出发的可达状态。事实证明，状态 E 有一个后继状态，即栈中的状态 A。结果，调用 NDFS(E) 终止报告成功，导致所有的挂起调用都终止并返回 1。

注意，与图 3-16 所示的深度优先搜索算法一样，嵌套深度优先搜索算法可以在搜索所有可达状态前发现一个环路。例如，对于图 5-12 的迁移系统，如果我们引入一条从状态 D 到状态 B 的迁移，则 NDFS(B) 调用将发现一个环路，并且这个算法不用访问状态 C 或 E 就终止了。如果迁移系统的可达状态数量是有限的，则它肯定能终止并返回正确的答案。这些属性在下面的定理中进行了总结。

定理 5.2（重复性检查的嵌套深度优先搜索）　给定一个可数分支迁移系统 T 和一个属性 φ，图 5-11 的嵌套深度优先搜索算法有如下的保证：

1）如果算法终止，则它的返回值正确地表明属性 φ 是否是 T 的重复属性。

2）如果 T 的可达状态数是有限的，则算法终止，并且调用 DFS 和 NDFS 的数量是有界的，其界限为可达状态数。

练习 5.18：修改图 5-11 所示的嵌套深度优先搜索算法，使其输出一个反例，该反例包含一条从初始状态到满足 φ 的状态 s 的执行，并有一个从 s 再回到自身的环路执行。

5.2.4　符号重复性检查

回想在 3-4 节讨论的通过迭代的图像计算的不变量验证的符号广度优先搜索算法。我们现在开发一种符号嵌套搜索算法来检查迁移系统是否有重复访问给定属性的无限执行。与之前一样，我们假设类型变量集合 V 上的状态集合可以用 reg 类型的区域表示。在有

状态变量 S 的迁移系统的符号表示中，初始状态用定义在变量 S 上的区域 Init 表示，变迁用定义在变量 $S \cup S'$ 上的区域 Trans 表示。属性 φ（需要检查它的重复性）也用定义在变量 S 上的区域表示。与 3.4 节讨论的一样，区域的数据类型 reg 支持一些操作，如 Conj、Diff 和 IsSubset。

图像和前像计算

符号检验算法的核心步骤是图像计算。给定一个定义在状态变量 S 上的区域 A，这个区域包含从区域 A 中的状态一步到达的所有状态，可以使用如下定义的 Post 操作符计算这个区域 A：

$$\text{Post}(A, \text{Trans}) = \text{Rename}(\text{Exists}(\text{Conj}(A, \text{Trans}), S), S', S)$$

对偶操作符对应于前像计算：给定一个定义在状态变量 S 上的区域 A，这个区域包含从区域 A 中的某个状态一步可达的所有状态，该区域称为区域 A 的前像。给定一个区域 A，为了计算它的前像，我们首先重命名未加撇号变量为加撇号变量，并将它与 $S \cup S'$ 上的迁移区域 Trans 相交，以便包含通向区域 A 中状态的所有迁移。然后我们通过存在量化 S' 中的变量，将结果投射到定义在未加撇号状态变量的集合 S 上。因此，前图操作符 Pre 定义为：

$$\text{Pre}(A, \text{Trans}) = \text{Exists}(\text{Conj}(\text{Rename}(A, S, S'), \text{Trans}, S')$$

我们考虑用一个例子来解释前像计算。假设系统有一个 real 类型的变量 x，根据如下的条件语句对它进行更新

$$\text{if}(1 \leqslant x \leqslant 5)\text{then } x := x-1 \text{ else } x := x+1$$

则迁移区域是由下式定义

$$[(1 \leqslant x \leqslant 5) \wedge (x' = x+1)] \vee [((1 > x) \vee (x > 5)) \wedge (x' = x+1)]$$

考虑公式 $1 \leqslant x \leqslant 2$ 给出的区域 A，我们应用必要的步骤序列计算区域 A 的前像。首先，我们重命名变量 x 为 x'，这给出了公式 $1 \leqslant x' \leqslant 2$。其次，我们将这个区域与迁移区域 Trans 连接，这可以得到下面简化后的结果

$$[(1 \leqslant x \leqslant 5) \wedge (x' = x-1) \wedge (1 \leqslant x' \leqslant 2)] \vee [((1 > x) \vee (x > 5))$$
$$\wedge (x' = x+1) \wedge (1 \leqslant x' \leqslant 2)]$$

最后，应用存在量化删除变量 x'，结果为

$$[(1 \leqslant x \leqslant 5) \wedge (1 \leqslant x-1 \leqslant 2)] \vee [((1 > x) \vee (x > 5)) \wedge (1 \leqslant x+1 \leqslant 2)]$$

这个公式可以简化为

$$(2 \leqslant x \leqslant 3) \vee (0 \leqslant x < 1)$$

它精确地描述了期望的 x 值的集合，在经过条件赋值后其结果值在区间 [1, 2]。

嵌套符号搜索

图 5-14 中的检查重复性的符号算法使用了图像和前像计算。这个算法有两个阶段：第一阶段包含一个 while 循环；第二阶段包含两个嵌套的 while 循环。

算法的第一个阶段要通过重复地应用图像计算操作符 Post，计算从初始状态的区域 Init 开始的所有状态可达区域 Reach。这与图 3-19 所示的算法类似。我们通过图 5-12 所示的样本迁移系统来解释这个算法。图 5-15 展示了在初始时、每次迭代后以及在算法的第一个阶段中区域 Reach 和 New 的值。

第二阶段尝试发现属性 φ 重复出现的无限执行。表明成功重复出现的状态集合使用区域 Recur 描述。这个区域最初包含所有满足属性 φ 的可达状态，并可用第一阶段结束时计算的区域 Reach 与表示属性的区域相交来进行计算。我们称这个区域为 Recur_0。对于这个

集合中的每个状态 s，我们想要确定是否存在一条执行，这条执行包含一条或多条从状态 s 出发到 $Recur_0$ 中的某些状态的迁移。为了计算这些信息，内层循环重复地应用前像计算寻找那些经过一个或多个迁移到达 $Recur_0$ 的可达状态。这个计算过程与计算可达状态类似：区域 Reach 初始化为空集，它包含已搜索的状态；区域 New 初始化为从当前集合 Recur 一步可达的状态，它包含要搜索的状态。在内层循环的每次迭代中，通过给区域 New 增加未搜索的状态来更新区域 Reach。通过计算当前集合 New 的前像并使用集合差操作删除 Reach 中已搜索的状态来获得最新搜索的状态集合。当没有新的状态要检查时，内层循环就终止。此时，区域 Reach 精确地包含到 $Recur_0$ 中某个状态那些状态。通过将这个区域与 Recur 相交，得到集合 $Recur_1$，$Recur_0$ 的子集。外层循环开始使用修改后的 Recur 值来重复计算。

```
输入：由完成状态初始化的区域 Init、完成变迁的区域 Trans 和
      区域属性三者决定的一个迁移系统 T
输出：如果系统 T 的性质是可重复，则返回值为1，否则返回值为0

reg Reach := Empty;
reg New := Init;
while IsEmpty(New) = 0 do {
  Reach := Disj(Reach, New);
  New := Diff(Post(New, Trans), Reach);
  };
reg Recur := Conj(Reach, φ);
while IsEmpty(Recur) = 0 do {
  Reach := Empty;
  New := Pre(Recur, Trans);
  while IsEmpty(New) = 0 do {
    Reach := Disj(Reach, New);
    if IsSubset(Recur, Reach) = 1 then return 1;
    New := Diff(Pre(New, Trans), Reach);
    };
  Recur := Conj(Recur, Reach);
  };
return 0.
```

图 5-14 检查重复性的符号嵌套搜索算法

	Reach	New
初始时	{}	$\{A\}$
第一次迭代后	$\{A\}$	$\{B, C\}$
第二次迭代后	$\{A, B, C\}$	$\{D, E\}$
第三次迭代后	$\{A, B, C, D, E\}$	$\{F\}$
第四次迭代后	$\{A, B, C, D, E, F\}$	{}

图 5-15 解释图 5-14 所示算法第一阶段的执行过程

为了解释算法的第二阶段，我们继续使用图 5-12 所示的迁移系统的例子。图 5-16 展示了在每次迭代时区域 Recur、Reach 和 New 的值。最初，集合 Recur 包含状态 B 和 E 作为重复状态的潜在候选。外层循环的一次迭代发现没有从状态 B 返回这个集合的执行，因此 Recur 集合就更新为 $\{E\}$。在外层循环的第二次迭代中，内层循环计算从这些状态到状态 E 的状态集合。在内层循环的第三次迭代中，将状态 E 加入区域 Reach 中，这导致算法成功终止。

外层循环	Recur	内层循环	Reach	New
初始时	$\{B, E\}$			
		初始时	{}	$\{A, C\}$
		第一次迭代后	$\{A, C\}$	$\{E\}$
		第二次迭代后	$\{A, C, E\}$	{}
第一次迭代后	$\{E\}$			
		初始时	{}	$\{C\}$
		第一次迭代后	$\{C\}$	$\{A\}$
		第二次迭代后	$\{C, A\}$	$\{E\}$
		第三次迭代后	$\{C, A, E\}$	

图 5-16　解释图 5-14 所示算法第二阶段的执行过程

正确性

用 Recur_1，Recur_2，… 表示在外层 while 循环结束时赋给区域变量 Recur 的连续值。每个集合 Recur_i 都是集合 Recur_{i-1} 的子集，包含 Recur_{i-1} 中经过一条或多条迁移的执行从 Recur_{i-1} 中的某个状态到达 Recur_{i-1} 的那些状态。因此，每个集合 Recur_i 包含状态 s 使得状态 s 从某个初始状态是可达的，状态 s 满足属性 φ，存在一条从状态 s 出发的执行，这条执行遇到满足属性 φ 的状态至少 i 次。

假设对于迁移系统 T 来说，属性 φ 是可重复的。存在一个状态 s，该状态从某个初始状态是可达的，并且状态 s 满足 φ，存在一条从状态 s 开始的无限执行，这条执行遇到满足属性 φ 的状态无限多次。这样的状态 s 将属于每个集合 Recur_i，因此决不会从 Recur 中删除。结果，如果在算法执行的任何时刻的值变成空集，那么不存在这样的状态 s，该算法就会终止声称属性 φ 是不可重复的。

相反，假设对于当前非空集合 Recur_i，从 Recur_i 中的每个状态，Recur_i 中某个状态经过一条或多条迁移的执行是可达的。在外层循环的连续迭代中，集合 Reach 的终值是 Recur_i 的超集。因为区域 Reach 是通过增加越来越多的经过一条或多条迁移到达 Recur_i 的状态来迭代地计算的，所以当算法发现 Reach 是 Recur_i 的超集时，算法就终止报告属性 φ 的重复性。在这个情况下，我们讨论确实存在一条属性 φ 重复的无限执行。用 s_0 表示 Recur_i 的任何状态。因为 Recur_i 是 Recur_0 的子集，所以状态 s_0 从初始状态是可达的。因此，它足以证明存在一条从状态 s_0 开始的无限执行，属性 φ 重复无限多次。从状态 s_0 开始，存在一个经过一条或多条通向 Recur_i 中的某个状态 s_1 的迁移的执行。从状态 s_1 开始，在一个经过一条或多条通向 Recur_i 中的某个状态 s_2 的迁移的执行。这个过程可以永远重复。把这些有限执行都连接起来就得到了期望的满足属性 φ 的无限执行。

复杂性分析

如果 T 的可达状态数是有限的，那么保证它是可以终止的。假设 T 的可达状态数是 n，有 k 个状态满足属性 φ。那么则集合 Recur_0 包含 k 个状态，外层循环的迭代数最多为 k（因为状态仅仅从 Recur 中删除，并且如果 Recur 的值不发生变化，那么该算法就终止）。在外层循环的每次迭代中，由于内层循环迭代计算 Recur 中的可达状态，所以内层循环最多执行 n 次。算法的实际运行时间依赖于在区域上不同操作执行的效率，但是符号操作数是平方级的。

算法的正确性和复杂性总结如下。

定理 5.3（检查重复性的符号嵌套搜索）　给定一个迁移系统 T 的符号表示和一个属性 φ，图 5-14 所示的符号嵌套搜索算法有以下的保证：

1）如果算法终止，则返回值正确地表明对迁移系统 T 属性 φ 是否是重复的。

2）如果迁移系统 T 有 n 个可达状态，其中 k 个状态满足属性 φ，则在区域上最多 $O(nk)$ 次操作后算法终止。

练习 5.19：考虑一个有两个 nat 类型的变量 x 和 y 的迁移系统。假设系统的迁移是由以下条件语句描述的：

$$\text{if}(x>y)\text{ then } x:=x+1 \text{ else } y:=x$$

首先，使用有 x、y、x' 和 y' 的公式 Trans 来描述迁移区域。考虑通过公式 $1 \leqslant y \leqslant 5$ 给定的区域 A。计算区域 A 的前像。

练习 5.20*：图 5-14 的算法既使用后像计算又使用前像计算。假设我们通过用调用 Post 替换调用 Pre 来修改算法，也就是说，在第二阶段，用 New := Post(Recur, Trans) 和 New := diff (Post(New, Trans), Reach) 分别替换 New := Pre(Recur, Trans) 和 New := diff(Pre (New, Trans), Reach)。这样的修改对算法的正确性有什么影响吗？请证明你的答案。

221

5.3 活性证明*

在 3.2.1 节中，我们学习了建立迁移系统不变量的一般证明方法：给定一个迁移系统 T 和一个定义在状态变量上的属性 φ，为了证明属性 φ 是迁移系统 T 的不变量，我们寻找另一个属性 ψ 并证明：1）属性 ψ 是迁移系统 T 的递归不变量；2）属性 ψ 蕴含属性 φ。基于递归不变量的证明技术是有吸引力的，原因是：第一，这种方法是来源于直觉和为了说服系统自身正确性的非正式的讨论。第二，规则的形式化在数学上是精确的，并且该规则能够用来产生系统正确性的机器可检查的证明。第三，这个规则适用于所有不变量属性。现在，我们关注证明迁移系统活性的技术。

考虑一个有状态变量 S 的迁移系统 T。这种迁移系统的活性属性可以用定义在变量集合 S 上的 LTL 公式来表示：如果迁移系统 T 的每个无限执行都满足 LTL 公式 φ，则迁移系统 T 满足 φ。建立满足 LTL 公式 φ 的迁移系统的证明规则的精确细节依赖于公式 φ 的结构。我们关注最常出现的模式 eventuality 属性和 response 属性假设为弱公平的。

5.3.1 eventuality 属性

我们重新回顾 2.4.3 节中的领导选举协议。我们想要建立这样一个协议：每个节点最终都会做出决定。由于当一个节点的状态变量 r 的值等于 N（N 是网络中节点的总数量）时，该节点通过更新输出变量状态来宣布它的决定，所以我们想要说明最终 r 的值成为 N。更准确地说，我们想要证明对应于协议的迁移系统的每个无限执行都满足 eventually 公式 $\Diamond(r_n = N)$，其中 n 是一个任意节点。

为了让人信服图 2-35 的构件满足 eventually 公式 $\Diamond(r_n = N)$，观察以下情况：变量 r_n 的初始值是 1，在每次循环中只要它小于 N 就给它递加 1。为了形式化地描述这种说法背后的直觉，我们定义一个从迁移系统的状态到自然数的函数 rank：在迁移系统的给定状态 s，$\text{rank}(s)$ 的值是 N 和状态 s 赋予变量 r_n 的值的差。函数 rank 描述了从期望的未来某一目标到该状态的距离。为了证明每个执行都满足 eventually 公式 $\Diamond(r_n = N)$，我们说明如果状态 s 不满足期望的未来某一状态（也就是说，状态 s 中的循环变量的值还不是 N），则执行协议多步并递减 rank，也就是说，如果 (s, t) 是系统的一条迁移，则 $\text{rank}(t) < \text{rank}(s)$。因为 rank 的返回值是自然数，所以它不能一直递减，这就意味着满足期望的未来某一状态必须在有限步内达到。

222

函数 rank 需要将每个状态映射到自然数，并不仅仅是我们非正式知道的可达状态。在我们的例子中，我们定义：如果 $s(r_n) \leqslant N$，给定状态 s 的排名函数 $\text{rank}(s)$ 是 $N - s(r_n)$，否则为 0。对于将 $N+1$ 赋给变量 r_n 的状态 s，排名是 0，在这样的状态上执行一个迁移不能递减排名。尽管如此，我们知道这种状态是不可达的。更准确地说，我们说明 $0 \leqslant r_n \leqslant N$ 是系统的不变量，这可以利用已经学习的证明技术去建立。为了说明执行一步迁移可以递减排名，现在可以关注满足不变量的那些状态。也就是说，我们说明对于系统的每个状态 s，假设状态 s 满足不变量 $0 \leqslant r_n \leqslant N$，如果 (s, t) 是系统的迁移，则要么状态 t 满足未来某一状态要么它的排名严格小于状态 s 的排名。

这个推理总结在下面的证明规则中，该证明规则用于建立 eventuality 属性：

> **eventuality 属性的证明规则**
>
> 为了建立满足 eventually 公式 $\Diamond\varphi$ 的迁移系统 T，其中 φ 是定义在 T 的状态变量上的属性，确定状态属性 ψ 和将 T 的状态映射到 nat 类型自然数的函数 rank，并说明：
>
> 1) 属性 ψ 是 T 的一个不变量；
>
> 2) 对于满足 ψ 的每个状态 s 和 T 的每个迁移 (s, t)，要么状态 t 满足 φ，要么 rank$(t)<$rank(s)。

为了建立可靠的证明规则，我们需要讨论：如果我们建立规则的两个前提，则迁移系统必须满足公式 $\Diamond\varphi$。考虑迁移系统的无限执行 s_0, s_1, s_2, …。显然，出现在这个执行上的每个状态 s_i 都是可达的，并且根据第一个前提满足不变量属性 ψ。为了说明在这个执行上的某个状态 s_j 必须满足期望的 eventuality φ，假设相反的情况。然后根据第二个前提，因为在每个相邻状态对 (s_j, s_{j+1}) 之间存在一个迁移，所以对于每个 $j \geqslant 0$，我们有 rank$(s_{j+1})<$rank(s_j)。但是，这并不可能：如果 rank(s_0) 是 K，则因为每个状态的排名是非负数，所以排名可以最多递减 K 次，因此它不能在无限执行的每一步都递减。

练习 5.21：回顾图 3-1 所示的迁移系统 GCD(m, n)，它描述了计算两个数 m 和 n 的最大公约数的程序。假设我们想要建立程序终止，也就是说，最终 mode 等于 stop。通过选择合适的不变量和排名函数，使用 eventually 公式的证明规则来证明 eventuality 属性。

223

5.3.2　条件 response 属性

典型的活性属性是 response 属性"每个请求 φ_1 最终都有 response φ_2"，用 LTL 公式 $\Box(\varphi_1 \to \Diamond\varphi_2)$ 表示。

回忆建立 eventually 公式 $\Diamond\varphi$ 的规则：我们找到一个将状态映射为自然数的排名函数，确定不变量属性 ψ，并说明在满足该不变量的任何状态上执行一个迁移，要么导致目标实现，要么递减排名。首先，我们考虑如何归纳这个推理来建立 response 公式 $\Box(\varphi_1 \to \Diamond\varphi_2)$。现在我们想要说明不论何时当 φ_1 成立时，执行系统的迁移必须产生满足目标属性 φ_2 的状态。我们再次使用将状态映射为自然数的排名函数，并且说明排名持续递减直到满足目标。这主要依赖下面的证明原理：

> **response 属性的证明规则**
>
> 为了建立满足 response 公式 $\Box(\varphi_1 \to \Diamond\varphi_2)$ 的迁移系统 T，其中 φ_1 和 φ_2 是状态属性，确定状态属性 ψ 和一个将 T 的状态映射为 nat 类型自然数的函数 rank，并说明：
>
> 1) 每个满足属性 φ_1 的状态也满足属性 ψ；
>
> 2) 对于满足 ψ 的每个状态 s 和 T 的每个迁移 (s, t)，要么状态 t 满足 response 属性 φ_2，要么状态 t 满足属性 ψ 且 rank$(t)<$rank(s)。

在 eventuality 规则的情况下，属性 ψ 描述状态，其中从这些状态执行迁移，导致要么目标实现，要么递减排名。但是，不要求属性 ψ 是一个系统不变量，而要求无论何时当 φ_1 成立时，属性 ψ 也成立，并且它应该继续成立直到 responseφ_2 满足。

为了解释建立 response 属性的证明技术，我们考虑一个有两个整型变量 x 和 y 的迁移系统。假设 x 的初始值是 1，y 的初始值是 0，系统的迁移对应于执行下面每步的代码：

$$\text{If}(x>0)\text{then}\{x:=x-1;\ y:=y+1\}\text{ else } x:=y$$

x 值的序列是 1，0，1，0，2，1，0，4，3，2，1，0，8，7，…，所以程序满足循环属性 $\square\diamond(x=0)$。为了证明系统满足这个循环公式，我们应用 response 属性的证明规则，即将 φ_1 设置为 1(也就是说，永真)，φ_2 设置为 $(x=0)$。我们选择 ψ 和 φ_1 一样，因此规则的前提 1 就满足了。考虑状态 $s=(a,b)$(也就是说，x 等于 a，y 等于 b)。如果 $a>0$，则排名函数 rank 将这个状态 s 映射为 a，如果 $a=0$ 则映射为 $b+1$。为了建立前提 2，考虑状态 $s=(a,b)$。如果 $a>0$，则 rank$(s)=a$，让系统执行一步通向状态 $t=(a-1,b+1)$。如果 $a=1$，则状态 t 满足目标 $(x=0)$(在这种情况下，rank$(t)=b+2$，比 rank(s) 大很多)；如果 $a>1$，则 $a-1>0$ 且 rank$(t)=a-1$，比 rank(s) 小。但是，如果 $a=0$，则 rank$(s)=b+1$，让系统执行一步通向状态 $t=(b,b)$ 且 rank$(t)=b$，比 rank(s) 小。这意味着证明规则是适用的，我们能够得出结论：系统满足 $\square\diamond(x=0)$。

为 Merge 建立最终的消息传送

我们看一看图 4-3 所示的异步进程 Merge 的例子。假设我们想要建立这样一个系统：如果在输入通道 in_1 上接收消息 v，那么该消息最终将传送到输出通道 out。这可以用下面的 response 属性来描述：

$$\square(\text{in}_1?v\to\diamond\text{out}!v)$$

这里，请求属性 φ_1 是 $\text{in}_1?v$，它的实现是 response 属性 $\diamond\text{out}!v$。我们首先选择请求属性的强化属性 ψ 为 Contains(x_1,v)。注意不论该进程何时执行输入动作 $\text{in}_1?v$，都将消息 v 放在状态变量 x_1 的队列中，因此属性 Contains(x_1,v) 成立。

为了定义排名函数，考虑下面的问题：当一条消息 v 在队列 x_1 中时，我们期望哪个量单调递减直到消息 v 从队列中移除？这个量是消息队列中消息 v 之前的消息数。因此，给定一个状态 s，如果队列 $s(x_1)$ 不包含消息 v，则 rank(s) 为 0；否则，如果 v 是队列 $s(x_1)$ 中的第 k 个消息，则 rank(s) 为 k。例如，如果当消息 v 入队时队列 x_1 包含 5 条消息，则 v 是队列中的第 6 条消息，排名是 6。无论何时当一条消息从队列 x_1 中移除(传送到输出通道)时，消息 v 移动一个槽，导致排名变成 5。这个过程一直重复到消息 v 移到队首。这种状态下，排名是 1，从队列 x_1 中移除一条消息将导致排名变为 0，在结果状态目标属性 $\diamond\text{out}!v$ 满足。现在条件 Contains(x_1,v) 不再成立，排名保持不变。如果在后面的步骤输入通道 in_1 再次收到消息 v，那么将它被放在队列 x_1 中，排名可以任意递增。例如，在消息 v 的下一个实例到达输入通道 in_1 时队列 x_1 的大小是 12，则将 v 放在第 13 槽，排名是 13。它从 13 到 0 持续递减直到消息 v 再次从队列 x_1 传送到输出通道。

为了应用 response 属性的证明规则，我们检查属性 φ_1 等于 $\text{in}_1?v$、属性 φ_2 是 out!v 和属性 ψ 是 Contains(x_1,v) 的前提。显然，规则的前提 1 成立：满足属性 φ_1 的状态保证满足属性 ψ。此外，在迁移 (s,t) 中，其中状态 s 满足 ψ(也就是说，消息 v 是在状态 s 的队列 x_1 中)，并且状态 t 不满足目标(也就是说，在这个迁移中，消息 v 没有从队列 in_1 传送到输出通道)，我们保证 t 继续满足属性 ψ。直观地，属性 Contains(x_1,v) 一直保持真并且保存在每个迁移中直到目标属性成立。

但是，response 公式的证明失败了。规则的第二个前提要求在满足 Contains(x_1，v) 的状态中，执行迁移要么满足目标属性 out!v，要么使排名递减。也就是说，当消息 v 在队列 x_1 中时，执行进程 Merge 的一步，要么通向一个状态使得消息 v 输出到输出通道，要么使得消息 v 在队列 x_1 中移动一个槽。只有当输出任务 A_1^o 在队列 x_1 移除一条消息并将该消息传送到通道 out 时，这个条件才满足。如果迁移对应于所执行除了任务 A_1^o 以外的任何任务，则当条件 Contains(x_1，v) 继续成立时，排名也保持一样。如果任务 A_1^o 永不执行，则排名也保持不变，消息 v 也永远不会输出。事实上，并不是进程 Merge 的所有执行都满足 response 公式□(in$_1$?v→◇out!v)。然而，这个公式被满足任务 A_1^o 的弱公平性假设的所有执行满足。我们需要加强 response 属性的证明规则以便建立这样的条件 response 属性。

条件 response 的证明规则

假设我们想要建立进程 Merge 满足 response 公式□(in$_1$?v→◇out!v)，假设输出任务 A_1^o 的弱公平性。对于 ψ 我们使用相同的选择，即 Contains(x_1，v)，以及相同的排名函数，也即给定一个状态 s，如果队列 $s(x_1)$ 不包含消息 v，则 rank(s) 为 0；否则如果 v 是队列 $s(x_1)$ 中第 k 个消息，则 rank(s) 为 k。考虑满足属性 Contains(x_1，v) 的状态 s 和进程的一个迁移(s，t) 使得迁移不涉及将消息 v 发送到输出通道上。不坚持前面 response 规则要求的 rank(t)<rank(s)，我们现在考虑两种情况。当从状态 s 到状态 t 的迁移包含任务 A_1^o 的执行时，我们要求 rank(t)<rank(s)；否则，它足够说明排名没有递减(也即 rank(t)≤rank(s))，但是任务 A_1^o 应该在状态 t 是使能的。直观地，任务 A_1^o 有责任递减排名，因此导致进程实现目标。执行除了 A_1^o 以外的任务应该维持任务 A_1^o 的使能性而不递增排名。任务 A_1^o 的弱公平性假设保证如果任务 A_1^o 持续保持为使能的，那么它最终会执行，这将递减排名。

226

假设任务 A_1^o 的弱公平性建立 response 公式与建立下面的所有执行的条件 response 响应式是一样的：

$$\square[\text{Guard}(A_1^o) \rightarrow \Diamond((\text{taken} = A_1^o) \vee \neg \text{Guard}(A_1^o))] \rightarrow \square[\text{in}_1?v \rightarrow \Diamond\text{out}!v]$$

下面形式化的证明规则说明如何在形如□[ψ_1→◇(ψ_2∨¬ψ_1)] 的假设下建立 response 公式□(φ_1→◇φ_2)。当属性 ψ_1 是 Guard(A)，属性 ψ_2 是(taken=A)时，假设对应于任务 A 的弱公平性假设。如果我们选择属性 ψ_1 是常数 1，则假设就简化为□◇ψ_2。

条件 response 属性的证明规则

为了建立满足条件 response 公式□[ψ_1→◇(ψ_2∨¬ψ_1)]→□(φ_1→◇φ_2) 的迁移系统 T，其中 φ_1、φ_2、ψ_1 和 ψ_2 是状态属性，确定一个状态属性 ψ 和一个将 T 的状态映射为 nat 类型自然数的函数 rank，并说明：

1) 满足属性 φ_1 的每个状态也满足属性 ψ。

2) 满足属性 ψ 的每个状态也满足属性 ψ_1，并且

3) 对于满足 ψ 的每个状态 s 和 T 的每个迁移(s，t)，要么状态 t 满足 response 属性 φ_2，要么状态 t 满足属性 ψ 且 rank(t)≤rank(s)，并且如果状态 t 满足属性 ψ_2 则 rank(t)<rank(s)。

使用这个证明规则的表示法假设输出任务 A_1^o 的弱公平性，我们对满足 response 属性□(in$_1$?v→◇out!v) 的进行 Merge 的证明进行总结。对于上述证明规则，我们有属性 φ_1 等于 in$_1$?v、属性 φ_2 等于 out!v、属性 ψ_1 等于 Guard(A_1^o)、属性 ψ_2 等于(taken=A_1^o)。我们选择属性 ψ 是 Contains(x_1，v)，函数 rank 将状态 s 映射为队列 x_1 中消息 v 的位置(如果队列不包含消息 v，则映射为 0)。检查规则所要求的 3 个前提确实都满足。

227 　　我们通过概述一个证明总结出：条件 response 的证明规则后面的推理是可靠的：如果我们说明规则的所有前提，则迁移系统的每个执行都确实满足要求的条件 response 公式。结果是，这个证明规则，与有效时序模式(例如，链式法则)相结合是完备的：如果迁移系统确实满足条件 response 公式，则一定存在强化属性的 ψ 适当选择和规则的所有前提都成立的排列函数 rank。

定理 5.4(条件 response 证明规则的可靠性)　建立满足由 $\Box[\psi_1 \to \Diamond(\psi_2 \vee \neg\psi_1)] \to \Box(\varphi_1 \to \Diamond\varphi_2)$ 给出的条件 response 公式 φ 的迁移系统 T 的证明规则是可靠的。

证明：令 T 是一个迁移系统，考虑形如 $\Box[\psi_1 \to \Diamond(\psi_2 \vee \neg\psi_1)] \to \Box(\varphi_1 \to \Diamond\varphi_2)$ 的 CTL 公式 φ。设 ψ 是状态属性，rank 是将 T 的状态映射为 nat 类型自然数的函数，使得 1)满足属性 φ_1 的每个状态也满足属性 ψ；2)满足属性 ψ 的每个状态也满足属性 ψ_1；3)对于满足 ψ 的每个状态 s 和 T 的每个迁移 (s, t)，使得状态 t 不满足属性 φ_2，状态 t 满足属性 ψ 且 $\mathrm{rank}(t) \leqslant \mathrm{rank}(s)$，并且如果状态 t 满足属性 ψ_2，则 $\mathrm{rank}(t) < \mathrm{rank}(s)$。在这些假设下，我们想要说明 T 的每个无限执行都满足公式 φ。

用 $\rho = s_0 s_1 s_2 \cdots$ 表示迁移系统 T 的一个无限执行。假设执行 ρ 满足公式 $\Box[\psi_1 \to \Diamond(\psi_2 \vee \neg\psi_1)]$。我们想要说明执行 ρ 满足公式 $\Box(\varphi_1 \to \Diamond\varphi_2)$。用 i 表示执行中的位置。假设状态 s_i 满足请求属性 φ_1。我们想要建立：存在一个位置 $j \geqslant i$，使得状态 s_j 满足 response 属性 φ_2。我们将通过矛盾来证明它。假设在每个状态 $s_j(j \geqslant i)$ 都不满足属性 φ_2。

我们声明对每个位置 $j \geqslant i$，状态 s_j 满足属性 ψ。通过对 j 上进行归纳来证明，其中 $j = i$ 是基本情况。因为状态 s_i 满足属性 φ_1，根据前提 1，它也满足属性 ψ。现在考虑一个任意状态 $s_j(j \geqslant i)$。假设状态 s_j 满足属性 ψ。由于状态 s_j 和状态 s_{j+1} 是沿着执行 ρ 上出现的连续状态，所以存在一个从状态 s_j 到状态 s_{j+1} 的迁移。基于假设，状态 s_{j+1} 不满足属性 φ_2。根据前提 3，我们得出状态 s_{j+1} 满足属性 ψ。

根据前提 2，我们得出每个状态 $s_j(j \geqslant i)$ 也满足属性 ψ_1。因为执行 ρ 满足公式 $\Box[\psi_1 \to \Diamond(\psi_2 \vee \neg\psi_1)]$，所以根据时序操作符的语义，我们得出存在无限多个位置 $j_1, j_2, \cdots(i < j_1 < j_2 < \cdots)$，使得对于每个 k，状态 s_{j_k} 满足属性 ψ_2。

228 　　用 $\mathrm{rank}(s_i) = m$。我们知道在每一步 $(j \geqslant i)$，状态 s_j 满足属性 ψ，状态 s_{j+1} 不满足属性 φ_2，(s_j, s_{j+1}) 是 T 的一个变迁移。根据前提 3，在每一步 $(j \geqslant i)$，$\mathrm{rank}(s_{j+1}) \leqslant \mathrm{rank}(s_j)$。因为对每个 k，状态 s_{j_k} 满足属性 ψ_2，排名必须在这步严格递减：$\mathrm{rank}(s_{j_k}) \leqslant \mathrm{rank}(s_{j_k-1})$。

总之，排名在第 i 步是 m，在 i 后的每一步它保持不变或者递减，并且它在无限多步 $j_1, j_2 \cdots$ 严格递减。这是一个矛盾。∎

练习 5.22：考虑一个异步进程，它有 nat 类型的状态变量 x 和 y，并且 x 和 y 的初始值都为 0。这个进程包含两个总是使能的任务。对于任务 A_1，它的更新用下面的语句表示

$$\text{If}(x > 0) \text{then } x := x-1 \text{ else } x := y$$

对任务 A_2，它的更新用语句是 $y := y+1$。对这两个任务都做弱公平性假设。使用条件 response 属性的证明规则，证明进程满足循环属性 $\Box\Diamond x = 0$。

参考文献说明

虽然时序逻辑的起源根植于哲学，但 Pnueli[Pnu77]介绍了使用线性时序逻辑来表示反应式系统的形式化需求。随后，对时序逻辑的许多变体的表示和决策程序的研究也随之展开(参考[Eme90]对它的理论基础的综述)。规约语言 PSL 是硬件设计的商业工具所支持的工业标准[EF06](也可参考硬件描述语言 VERILOG 中的规约[BKSY12])。

模型检查的概念是在[CE81]和[QS82]中提出的，是在检查有限状态协议的分支时间时序属性的背景下提出来的，在学术界和工业界得到了相当大的关注(参考教材[CGP00]和[BK08]的介绍，2009ACM图灵奖的讲稿关于其影响的概述[CES09])。

在关于一元二阶逻辑的判断程序的背景下，Büchi引入了关于无限路径的自动机[Büc62](参考[Tho90]对这种自动机的综述)。从LTL到Büch自动机的转换出现在[VW86]中，并由此产生了基于自动机理论的模型检验方法。图5-11中的嵌套深度优先搜索算法在[CVWY92]中介绍。模型检验工具SPIN[Hol04]包括这些技术最新的实现。

图5-14中的符号嵌套不动点计算在[BCD⁺92，McM93]中介绍，并且模型检查工具NUSMV支持这种技术[CCGR00]。

建立迁移系统活性属性的证明规则最早在[MP81]中研究(也可参考[Lam94]和并得到验证工具TLA＋的支持[Lam02])。

229
〜
230

动 态 系 统

诸如调整室内温度的恒温器或者跟踪及维持汽车速度的巡航控制器，都是通过传感器及作动器与物理环境进行交互。关于物理环境的相关信息对应于一些遵守物理定律并随时间变化的物理变量，例如，温度、压力、速度。因此，控制系统的设计及分析需要构建物理系统的模型。本章涉及动态系统的连续时间模型。连续时间模型在控制系统理论中有很详细的研究。本章的目的是简单介绍控制系统理论中的一些核心概念。

6.1 连续时间模型

6.1.1 连续变化的输入和输出

控制系统的典型架构如图 6-1 所示。用称为被控对象(plant)的构件来对被控制的物理世界建模。控制器通过作动器来影响被控对象的演化过程，但来自环境中的不可控因素——扰动也会影响被控对象的演化过程。控制器对来自用户的命令，称为参考输入做出响应并根据及传感器提供的被控对象的测量数据做出决策。例如，在恒温器设计中，被控对象是需要对其温度进行控制的房间。传感器是测量当前温度的温度计；控制器的任务是调整温度使其接近恒温器设定的参考温度。控制器可以通过调整火炉散发的热量来影响温度。在这个例子中，被控对象模型需要捕捉室内温度与火炉热量、室外与室内环境温度的差值之间的函数关系；其中，室外与室内环境温度的差值是图 6-1 中所示的加在被控对象上的扰动。

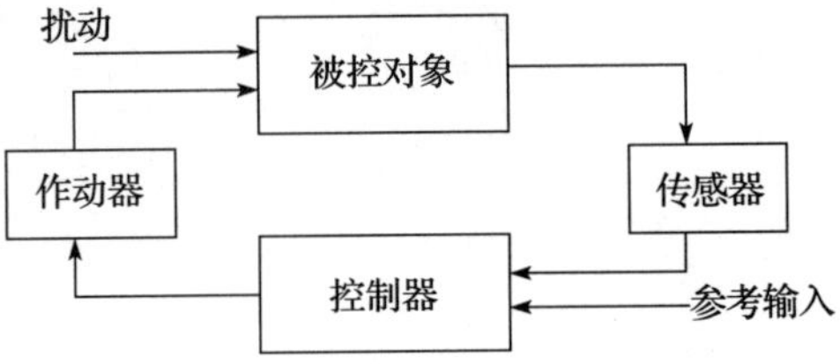

图 6-1 控制系统的方框图

动态系统的模型也可以使用方框图方便地描述为具有相互连接的输入/输出接口的构件，计算的基础模型与第二章中描述的同步交互式构件有一个本质区别：虽然同步交互式构件的变量的值是在一系列离散逻辑循环中更新的，但动态系统的变量值随着时间的推移连续更新。我们把这种构件称为连续时间构件，通常取具备指定测量单位的一定间隔内的闭合实数集作为这类变量的取值范围。例如，汽车的速度 v 可以建模为在 $0\sim150$ 英里/小时的间隔内的实数变量。在我们的动态系统的规约中，我们假定每个变量都为 real 类型，但没有明确指出变量的取值范围。

信号

随时间变化的变量的值可以描述为从时间域到 real 的函数。这种从时间域到实数集合的函数称为信号。我们将从始至终假定时间域包括非负实数集合，并且将其标记为 time。对于变量 x，x 上的信号是(对于在 time 中每个时间 t)给变量 x 分配一个实数值的函数，表示为 $\overline{x}$，因此，$\overline{x}(0)$ 表示在时间 0 变量 x 的值，对于每个时间 t，$\overline{x}(t)$ 表示在时间 t 变量 x 的值。

给定一个变量集合 V，V 上的信号 $\overline{V}$ 作为时间函数将值分配给集合 V 中的所有变量。如果集合 V 包含 k 个变量，那么集合 V 上的信号是从时间域 time 到由实数构成的 k 元组或者 real 矢量的函数；变量的数量 k 称为信号的维度。或者，一个 k 维信号可以看作一

维信号的 k 元组，元组的每个元素对应于集合 V 中的一个变量。

由于信号的域和范围由实数或者矢量构成，所以我们可以使用实数的欧几里得距离的标准概念或者其他的满足度量的经曲性质的测距概念来测量两个量之间的距离。对两个矢量 u 和 v，用符号 $\|u-v\|$ 表示两者之间的距离，用符号 $\|v\|$ 表示矢量 v 相对原点 0 之间的距离。现在，把标准数学定义中的连续性、可微性概念应用于信号中。例如，如果对于所有的时间值 $t \in$ time，对于所有 $\varepsilon > 0$，存在 $\delta > 0$，使得对于所有的时间值 $t' \in$ time，如果 $\|t-t'\| < \delta$，则 $\|\overline{V}(t) - \overline{V}(t')\| < \varepsilon$ 成立，则信号 $\overline{V}$ 是连续的。

例子：热流

作为第一个例子，图 6-2 显示了一个连续时间构件 NetHeat，该构件有两个输入变量 h_+ 与 h_-（分别代表热流入量与热流出量，一个输出变量 h_{net}（代表净热流量）。构件 NetHeat 是从两个输入信号到一个输出信号的映射，它的动态方程表示如下：

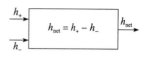

图 6-2　连续时间构件 NetHeat

$$h_{net} = h_+ - h_-$$

它说明，在每个时刻 t，输出变量 h_{net} 的值等于表达式 $h_+ - h_-$ 的值。给定输入变量 h_+ 的信号 $\overline{h}_+$ 和输入变量 h_- 的信号 $\overline{h}_-$，输出变量 h_{net} 的输出信号 $\overline{h}_{net}$ 定义为 $\overline{h}_{net}(t) = \overline{h}_+(t) - \overline{h}_-(t)$（对于在 time 中的所有时间）。这个唯一的输出信号称为构件对输入信号 h_+ 与 h_- 的响应。如果输入信号是连续的，那么输出信号也是连续的。

注意，基于输入值的输出值的计算可以用（代数）方程的陈述式来表示，而不是赋值语句的操作式。确实，在控制系统建模中，这样的陈述式描述是一种规范，因为模型主要用于以精确的数学方式来表示各个信号之间的关系，以便对它们进行分析。

例子：车的运动

构件 NetHeat 是没有状态的。在本例将描述状态连续时间构件，该构件对车速如何随引擎施加给车的力建模。为了设计巡航控制器，需要做一些简化的假设。尤其是，我们假定轮子的转动惯量可以忽略，车受到的摩擦力与车速成正比。施加给车的力如图 6-3 所示。如果 x 表示车的位置（相对于惯性参考系进行测量的），F 表示施加到车上的力，那么根据经典的牛顿运动定律，我们可以得到描述车动力学的微分方程：

$$F - k\dot{x} = m\ddot{x}$$

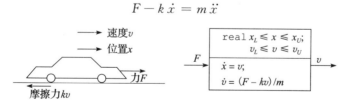

图 6-3　用连续时间构件对车的运动建模

这里 k 代表摩擦力的系数，m 代表车的质量。量 $\dot{x}$ 代表将值赋给位置变量 x 的信号的一阶时间导数，因此这个量表示车的速度。同样，变量 $\ddot{x}$ 表示信号的二阶时间导数，即车的加速度。

图 6-3 的连续时间构件模型 Car 对运动方程建模。它使用两个状态变量：变量 x 描述车的位置，变量 v 描述车的速度。我们需要对构件中的每一个状态变量赋予初始值，在本例中，变量 x 的初始值通过约束 $x_L \leqslant x \leqslant x_U$ 来说明，其中 x_U、x_L 分别代表初始值的上限常量、下限常量。初始化的说明性规约等价于第 2 章中讨论的使用 choose 结构的非确定

性赋值：real x := choose$\{z \mid x_L \leqslant z \leqslant x_U\}$。类似地，速度 v 的初始值通过约束 $v_L \leqslant v \leqslant v_U$ 来说明，其中 v_U、v_L 分别代表初始速度的上限常量、下限常量。

对于每个状态变量，通过说明状态变量值的一阶时间导数作为输入变量和状态变量的函数来描述动态性。微分方程 $\dot{x} = v$ 表示在每个时刻 t，状态变量 x 的变化率等于在时刻 t 状态变量 v 的值，并且在每个时刻 t 状态变量 v 的变化率等于在时刻 t 表达式 $(F - kv)/m$ 的值。这两个方程一起等价于原始方程 $F - k\dot{x} = m\ddot{x}$。汽车的输出是它的速度。对于每个输出变量，构件将输出变量作为输入变量和状态变量的函数。本例中，输出简单地等于状态变量 v。

为了说明这个模型的行为，我们假定车的初始位置为 x_0，初始速度为 v_0。现在考虑当施加到车上的力 F 一直等于 kv_0 的情况。那么在任意时刻车的位置及速度，可以通过求解如下的微分方程组获得：

$$\dot{x} = v; \quad \dot{v} = k(v_0 - v)/m$$

初始条件为 $\overline{x}(0) = x_0$、$\overline{v}(0) = v_0$。这些微分方程有唯一的解：速度在任意时刻始终保持值 v_0 不变，根据表达式 $x_0 + tv_0$ 距离 x 随着时间 t 线性增长。换句话说，给定（常数）输入信号 $\overline{F}(t) = kv_0$ 和初始状态 (x_0, v_0)，描述状态/输出变量 v 的动态性的对应信号由 $\overline{v}(t) = v_0$ 给出，描述状态变量 x 动态的信号由 $\overline{v}(t) = x_0 + tv_0$ 给出。

接下来，让我们考虑第二种情况：施加到车上的力 F 在任意时刻都为 0，车的初始位置为 0，初始速度为 v_0。那么在任意时刻车的位置 x 及速度 v 可以通过求解如下的微分方程组获得

$$\dot{x} = v; \quad \dot{v} = -kv/m$$

初始条件为 $\overline{x}(0) = 0$ 和 $\overline{v}(0) = v_0$。使用微积分的运算规则，可以求解这些方程，产生对应于下式给出的车的位置和速度的信号：

$$\overline{v}(t) = v_0 e^{-kt/m}; \quad \overline{x}(t) = (mv_0/k)\left[1 - e^{-kt/m}\right]$$

注意，速度按照指数递减收敛于 0，位置递减收敛于值 mv_0/k。

第三种情况，假定初始位置及速度都为 0，施加给车的力为常量 F_0。那么车的位置 x 和速度 v 可以通过求解如下的微分方程组来获得

$$\dot{x} = v; \quad \dot{v} = (F_0 - kv)/m$$

初始条件为 $\overline{x}(0) = 0$ 和 $\overline{v}(0) = 0$。如果假定车的质量为 1000kg，轮胎与路面之间的摩擦系数 k 为 50，施加给车的力 F_0 为 500N，那么与速度相应的信号如图 6-4 所示。速度递增收敛于值 $F_0/k = 10\text{m/s}$。

连续时间构件的定义

通常，用约束 Init 来指定状态变量的初始值，典型的情况是指定每个变量的可能取值范围。按照惯例，用〖Init〗指定初始状态的集合，即满足 Init 指定的约束的状态集合。

构件的动态性由如下来说明：1）每个输出变量 y 的实值表达式 h_y；2）每个状态变量 x 的实值表达式 f_x。上述的每个表达式都定义在输入变量和状态变量上。使用时刻 t 的状态变量和输入变量的值对表达式 h_y 进行评估，可以得到时刻 t 输出变量 y 的值；

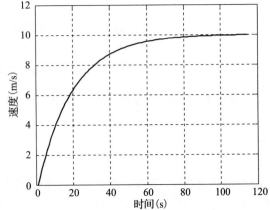

图 6-4　恒定外力作用下车速的响应曲线

状态变量 x 的信号应该使得它在时刻 t 的变化率等于使用时刻 t 的状态变量和输入变量的值对表达式 f_x 进行评估的值。因此，连续时间构件的执行类似于确定性同步反应式构件的执行，除了循环的概念无穷小外：在每个时刻 t，该时刻的输出值取决于该时刻的输入与该时刻构件的状态的函数，然后通过时刻 t 输入和状态的导数计算来指定使用变化率更新的状态。

连续时间构件的定义总结如下：

连续时间构件

连续时间构件 H 有实值输入变量的有限集合 I，实值输出变量的有限集合 O，实值状态变量的有限集合 S，说明初始状态集合 $[\![Init]\!]$ 的初始化 Init，每个输出变量 $y \in O$ 的实值表达式 h_y 定义在集合 $I \cup S$ 上，每个状态变量 $x \in S$ 的实值表达式 f_x 定义在集合 $I \cup S$ 上。给定定义在输入变量 I 上的信号 $\overline{I}$，那么构件 H 相应的执行是定义在状态变量 S 上的可微信号 $\overline{S}$ 和定义在输出变量 O 上的信号 $\overline{O}$，使得：

1）$\overline{S}(0) \in [\![Init]\!]$。

2）对每个输出变量 y 和时刻 t，$\overline{y}(t)$ 等于使用输入变量值 $\overline{I}(t)$ 和状态变量值 $\overline{S}(t)$ 进行计算的表达式 h_y 的值。

3）对每个状态变量 x 和时刻 t，时间导数 $(d/dt)\overline{x}(t)$ 等于使用输入变量值 $\overline{I}(t)$ 和状态变量值 $\overline{S}(t)$ 进行计算的表达式 f_x 的值。

没有输入的连续时间构件称为封闭的。

响应信号的存在性及唯一性

使用数学分析确定给定与初始状态 s_0 和给定输入信号相一致的状态和输出变量的信号等于求解常微分方程组的初始值问题。为了保证这些解的唯一性，我们需要对用于定义状态和输出响应的表达式增加一些限制，因为不是所有的微分方程都有解。例如，条件微分方程：

$$\dot{x} = \text{if}(x = 0) \text{ then } 1 \text{ else } 0$$

表明在时刻 0 信号的导数为 1，其他为 0。不存在满足上述方程的可微的信号 $\overline{x}$。上述问题的原因是这个微分方程的右边在 $x=0$ 处是不连续的。如果这个微分方程的右边是连续函数，那么这个微分方程的解是存在的。

为了说明在求解微分方程时存在的另一个潜在问题，考虑微分方程 $\dot{x} = x^{1/3}$。对于初始值 $\overline{x}(0) = 0$，这个微分方程有两个解：常量信号 $\overline{x}_1(t) = 0$ 和信号 $\overline{x}_2(t) = \left(\dfrac{2t}{3}\right)^{\frac{3}{2}}$。避免上述问题和确保微分方程解的唯一性的传统的方式是，要求微分方程的右边是利普希茨连续的。直观地，利普希茨连续性意味着函数的变化有一个常量上限：如果存在一个常量 K，使得在空间 real^n 中的所有矢量 $\boldsymbol{u}$ 和 $\boldsymbol{v}$，有 $\|f(u) - f(v)\| \leqslant K\|u - v\|$，那么函数 f：$\text{real}^n \to \text{real}^n$ 是利普希茨连续的。

在图 6-3 所示的例子构件 Car 中，右边 f_x 等于 v，当它看作从 real 到 real 的函数是利普希茨连续的，并且右边的 f_v 等于 $(F - kv)/m$ 当它看作从 read^2 到 real 的函数是利普希茨连续的。

我们上面刚提到的微分方程的右边函数 $x^{1/3}$ 不是利普希茨连续的，因为其变化率随着变量 x 趋近于 0 无界地趋于无穷大。再考虑微分方程的右边为二次函数 x^2 的情形，它也不满足利普希茨连续条件，因为其变化率随着变量 x 趋于无穷大而趋于无穷大。但是，如果限定自变量 x 的取值范围为 D，当然这种限定在动态系统中经常存在；那么当限定的 x^2 定

义域为 D 时，满足利普希茨连续条件。根据微积分中的柯西–利普希茨定理(Cauchy-Lipschitz Theorem)，可以知道对于初值问题，给定 $\dot{S}=f(S)$ 和 $\overline{S}(0)=s_0$，如果函数 f 满足利普希茨连续条件，那么上述问题的解信号 $\overline{S}$ 存在且是唯一的。

我们基于上述定理要求在连续时间构件中，定义状态变量 x 的变化率的表达式 f_x 是满足利普希茨连续条件函数。在这种情况下，对于给定的初始状态，假定输入信号是连续的，状态信号是唯一定义的。由于输出变量的值是状态变量与输入变量的函数，所以在这种情况下，输出信号也是唯一确定的。如果定义输出变量的表达式 h_y 是连续函数，那么输出信号一定是连续的。由于在方框图中，一个构件的输出可以与另一个构件的输入相连接，并且可以出现在构件定义中微分方程的右边，所以为了确保解的存在性及唯一性，要求每个输出方程 h_y 也满足利普希茨连续条件。满足这些约束的构件(例如，图 6-3 所示的构件 Car)称为具有利普希茨连续动态性。

利普希茨连续动态性

　　连续时间构件 H 有输入变量集合 I、输出变量集合 O 以及状态变量集合 S，构件 H 有利普希茨连续动态性，如果：

　　1) 对于每个输出变量 y，定义在 $I\,U\,S$ 上的实值方程 h_y 是利普希茨连续函数，且

　　2) 对于每个状态变量 x，定义在 $I\,U\,S$ 上的实值方程 f_x 是利普希茨连续函数。

由此得出如果连续时间构件 H 具有利普希茨连续动态性，那么对于给定的初始状态及给定的连续输入信号 $\overline{I}$，那么定义在状态变量及输出变量上的输出构件的解存在且唯一。

例子：直升机旋转

作为另一个例子，我们考虑一个控制直升机防止其旋转的经典问题。一架直升机有 6 度运动，3 个用于位置，3 个用于转动。在我们简化的版本中，假定直升机的位置是固定的且直升机保持垂直。那么运动的唯一自由度是可以绕着垂直轴(Z 轴)的角度转动。这种转动称为偏航(如图 6-5 所示)。直升机顶部的主旋翼的摩擦力导致偏航角的改变。为了防止机体的偏航旋转，尾部旋转翼提供反向的转矩来抵消上述旋转力的影响。在这种背景下，直升机模型有一个连续时间输入信号 T，表示绕 Y 轴旋转的转矩。用标量 I 对直升机的转动惯量建模。模型的输出信号是围绕垂直轴的角速度，表示为旋转 $s=\dot{\theta}$，其中 θ 是偏航角。那么，运动方程可以表示为：

$$\ddot{\theta} = \frac{T}{I}$$

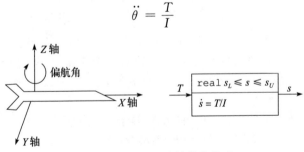

图 6-5　直升机运动的简化模型

图 6-5 也显示了相应的连续时间构件。构件中只有一个表示旋转的状态变量 s，一个描述转矩的输入变量 T，一个等于状态 s 的输出变量。状态变量的初始值在区间 $[s_L, s_U]$ 中，状态变量的变化率由表达式 $\dfrac{T}{I}$ 给定。注意这个模型满足利普希茨连续条件。

用带有状态变量、微分方程的连续时间构件描述的模型有时也称为动态系统的状态空间表示。动态性也可以用输入信号经过积分得到的输出信号来描述。例如，针对我们的直升机模型，在时刻 t 的输出旋转的值等于它的初始值加上输入转矩到时刻 t 的积分，如下积分方程所示：

$$\bar{s}(t) = s_0 + \left(\frac{1}{I}\right)\int_0^t \overline{T}(\tau)\mathrm{d}\tau$$

其中，s_0 表示初始状态。注意中间状态隐含在积分式中了。诸如 Simulink 这样的建模工具还可以对状态空间表示和积分方程进行建模。

例子：单摆

考虑图 6-6 所示的单摆。在摆杆的一端带有一个质量为 m 的小球，另一端是一个旋转接头。为了简单起见，假定摩擦力及杆的重量可以忽略不计。在杆一端的支点处，放置了一个电机，用来提供额外的转矩以控制杆的摆动。

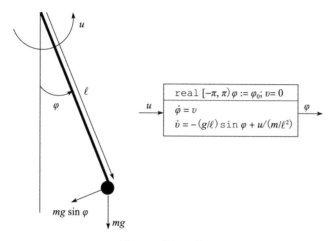

图 6-6　单摆及模型

根据适用于旋转物体的牛顿定律，通过如下的（非线性）微分方程来描述单摆系统的动态性：

$$m\ell^2\ddot{\varphi} = u - mg\ell\sin\varphi$$

其中，m 代表物体的质量，$g = 9.8\mathrm{m/s}^2$ 代表重力加速度，ℓ 代表杆的长度，φ 代表杆从垂直向下逆时针测量的摆的角度，u 代表围绕支点逆时针方向的外部转矩。注意角度 φ 的范围为 $[-\pi, \pi)$。

用连续时间构件对单摆建模时（见图 6-6），通过引入一个额外的表示单摆角速度的状态变量 v，可以将上述的二阶微分运动方程描述成一对一阶微分方程。常量 φ_0 给出了单摆的初始角度位置。

为了更好地理解单摆的运动，我们假定外部的转矩 u 设置为 0，杆的长度为 1m，初始角度位移为 $\pi/4$。那么单摆的运动可以通过如下的方程描述：

$$\ddot{\varphi} = -9.8\sin\varphi$$
$$\overline{\varphi}(0) = \pi/4$$

图 6-7 显示了单摆的振荡结果，图中显示了角度随时间变化的曲线。

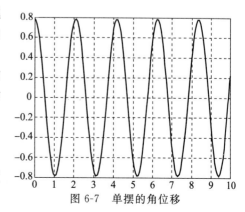

图 6-7　单摆的角位移

练习 6.1：图 6-6 中的连续时间构件的动性是对单摆利普希茨连续连续性建模吗？

练习 6.2：根据图 6-6 中的单摆模型。假定外部转矩为 0。如果初始角位移为 $-\dfrac{15\pi}{16}$，即从垂直向上位置稍微移动一点，则分析单摆的运动。杆的长度为 1m，用 MATLAB 绘制角度随时间变化的曲线。

6.1.2　扰动模型

仍然以上述的汽车运动模型为例。图 6-3 中描述的模型假定汽车在一维的平路上运动。现在我们假定需要考虑路面的梯度：上坡路时，汽车的重量对发动机的推力产生消极的影响；下坡路时，小车的重量对发动机的推力产生积极的影响（如图 6-8 所示）。汽车的导航控制器需要调整推力 F 的大小来维持车速大小的恒定。我们可以将路面的梯度视为额外的输入 θ，θ 表示相对于水平面的路面的角度：正的角度表示上坡路，负的角度表示下坡路。在垂直向下方向，小车的重量为 mg，其中 $g=9.8\,\mathrm{m/s^2}$ 代表重力加速度。图 6-8 还显示了考虑上述变化的经过修改的动态系统模型。沿着路的方向作用在汽车上的力：发动机控制的前向的 F，kv 代表后向的摩擦力，$mg\sin\theta$ 代表沿着路的重力。

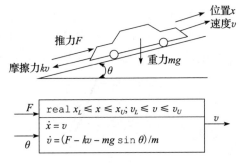

图 6-8　考虑路面梯度的汽车运动模型

图 6-8 中模型的控制设计问题与图 6-3 中的相应问题的主要区别是：在图 6-8 中对路面梯度建模的输入信号 θ 不受控制器的控制，事先不知道它的值是多少。这种不受控的输入通常称为扰动。应该将控制器设计成产生受控的输入信号 F 使得无论输入 θ 怎样在合理范围内$\left(\text{例如，所有值在区间}\left[-\dfrac{\pi}{6}, +\dfrac{\pi}{6}\right]\right)$变化它都工作。

6.1.3　构件构成

就像同步构件那样，可以用框图来构成连续时间构件。我们可以像第 2 章中那样，定义变量重命名、输出隐藏、并行组合等操作。为了确保确定性和公式的组成，当组合构件时，我们喜欢建立设有循环等待依赖关系。采用与同步构件一样的方式定义输出变量关于输入变量的等待依赖关系：如果连续时间模型 H 中在时刻 t 的输出 y 的值依赖于在时刻 t 的输入 x 的值，那么输出变量 y 等待输入变量 x。

对于图 6-2 所示的构件 NetHeat，输出变量 h_{net} 同时依赖于输入变量 h_+ 和 h_-。对于图 6-3 和图 6-8 中的汽车运动构件及图 6-5 中的直升机运动构件，在时刻 t 的输出变量等于该时刻其中一个状态变量的值，因此不等待任何相关的输入变量。

在连续时间构件中，由于每个输出变量的演变都可以用一个以状态变量和输入变量为自变量的函数表达式 h_y 表示，所以等待依赖关系可以用简单的语法检查来判定：如果出现在表达式 h_y 中的输入变量集合是 J，那么输出变量 y 等待 J 中的变量但不等待剩余的输入变量。

练习 6.3：考虑两个连续时间构件 H_1 和 H_2，其中构件 H_1 包括一个输入变量 u、一个状态变量 x 和一个输出变量 v，构件 H_2 包括一个输入变量 v、一个状态变量 y 和一个输出变量 w。假定这两个构件都满足利普希茨连续动态性条件，证明这两个构件的并行组合成构件 $H_1 \parallel H$ 也满足利普希茨连续动态性条件。

6.1.4　稳定性

在前面的几章中，我们研究了同步系统和异步系统的安全性及活性需求。动态控制系统也有类似的需求。例如，导航控制器的安全性需求要求车速不能总是低于某最大值，活性需求可以要求实际速度与预期速度的差应该最终接近 0。但是，导航控制器还有新的需求，也就是输入值中的微小扰动不应该造成车速大的变化。这种只有与连续时间系统有关的需求称为稳定性需求。我们将首先定义动态系统的李雅普诺夫稳定性概念，然后说明连续性时间构件的有界输入有界输出稳定性的概念。

平衡

为了定义稳定性，首先我们需要理解动态系统操作的平衡状态的概念。为此，我们假定系统是封闭的：如果原始系统有，那么通过设置输入信号一个定值 0（没有输入）来分析系统的稳定性。

考虑一个动态性满足利普希茨连续微分方程 $\dot{S}=f(S)$ 的闭合的连续时间构件，其状态变量 S 是 n 维矢量。如果系统中的一个状态变量 s_e 满足方程 $f(s_e)=0$，那么就说这个状态是平衡状态。对于平衡状态 s_e，常量信号 $\overline{S}(t)=s_e$ 是初始值问题 $\dot{S}=f(S)$，$\overline{S}(0)=s_e$ 的解，并且由于这个动态性满足利普希茨连续条件，所以这是唯一解。因此，如果满足利普希茨连续条件的系统的初始状态是平衡状态变量 s_e，那么这个系统的状态确保一直保持平衡状态。

考虑图 6-3 所示的连续时间构件 Car。设定输入力 F 是值为 0 的常量信号，那么构件的动态性由如下式描述：

$$\dot{x}=v; \quad \dot{v}=-kv/m$$

当 $v_e=0$ 时，状态 (x_e, v_e) 是这个系统的平衡状态，当速度 $v_e=0$ 时，设置位置 x 总是等于 x_e 和设置速度 v 总是等于 0 的信号满足上面的微分方程。相反，如果初始速度 v_e 不等于零，那么速度将以指数率不断变化。因此，对于输入信号 $\overline{F}(t)=0$，系统有无限多个形如 $(x_e, 0)$ 的平衡状态。

考虑图 6-6 所示的单摆模型，假定输入转矩 u 为常数 0。那么构件的动态性可以用下式描述：

$$\dot{\varphi}=v; \quad \dot{v}=-g\sin\varphi/\ell$$

243

我们知道角位移 φ 的取值范围为 $[-\pi, \pi)$，在这个范围内，当 $\varphi=0$ 和 $\varphi=-\pi$ 时，$\sin\varphi=0$。因此，这个单摆系统有两个平衡状态，一个是在 $\varphi=0$ 和 $v=0$（对应于单摆在垂直向下位置）；一个是在 $\varphi=-\pi$ 和 $v=0$（对应于单摆在垂直倒立位置）。

李雅普诺夫稳定性

考虑一个连续时间构件，它的状态 S 是 n 维矢量，其动态由利普希茨连续微分方程 $\dot{S}=f(S)$ 给出。系统的平衡状态为 s_e。我们知道如果系统的初始状态为 s_e，那么相应的系统状态演变可以用常量信号 $\overline{S}_e(t)=s_e$ 描述。现在假定初始状态受到轻微的扰动，即选择初始状态为 s_o，使得 $\|s_o-s_e\|$ 很小。考虑信号 $\overline{S}_o$ 是系统从初始状态 s_o 开始的唯一响应。如果该信号在任何时刻都与常量信号 $\overline{S}_e$ 很接近，那么就说该平衡状态的小的扰动导致系统状态近似于平衡。在这种情况下，平衡 s_e 是稳定的。另外，如果状态信号 $\overline{S}_o(t)$ 随着时间 t 收敛于平衡状态 s_e，那么系统最终返回到平衡状态。当这个额外的收敛需求成立时，就说该平衡状态 s_e 是渐近稳定的。

上述关于稳定性的概念，在关于动态系统的文献中通常称为李雅普诺夫稳定性，现把上述的内容总结如下：

李雅普诺夫稳定性

考虑一个封闭的连续时间构件 H，它有 n 个状态变量 S，动态性由 $\dot{S}=f(S)$ 来描述，其中 $f:\text{real}^n \to \text{real}^n$ 满足利普希茨连续条件。如果有一个状态 s_e 使得 $f(s_e)=0$ 成立，那么就说这个状态 s_e 是构件 H 的平衡状态。给定初始状态为 $s_0 \in \text{real}^n$，令该初始状态 s_0 下构件 H 的唯一响应为 $\overline{S}_o:\text{time} \mapsto \text{real}^n$。

- 如果对于每个 $\varepsilon>0$，存在一个 $\delta>0$ 使得对于所有状态 s_0，如果在任意时刻 $t\geqslant 0$ 满足 $\|s_e-s_o\|<\delta$，那么 $\|\overline{S}_e-s_e\|<\varepsilon$ 成立，则就说 H 的平衡状态 s_e 是稳定的。
- 如果 H 的平衡状态 s_e 是稳定的，且存在一个 $\delta>0$，使得对于所有状态 s_0，如果 $\|s_e-s_o\|<\delta$，那么极限 $\lim\limits_{t\to\infty}\overline{S}_0(t)$ 存在且等于 s_e，那么就说该 H 的平衡状态 s_e 是渐近稳定的。

244 　　重新考虑图 6-3 所示的连续时间构件 Car，将输入力 F 设置为常量 0，我们已经说明对于每个选择的 x_e，位置 $x=x_e$，速度 $v=0$ 的状态是平衡状态。假定我们扰动这个平衡，即考虑从初始状态为 $(x_o=v_o)$ 开始的构件的行为，使得距离 $\|(x_e,0)-(x_o,v_o)\|$ 很小。根据微分方程 $\dot{v}=-kv/m$，汽车的速度将慢下来从初始速度 v_o 收敛于 0。汽车的位置将收敛于某个位置 x_f，它是初始位置 x_o 和初始速度 v_o 的函数：$x_f=x_o+mv_o/k$。因此，对于产生的信号，值 $\|(\overline{x}_o(t),\overline{v}_o(t))-(x_e,0)\|$ 是有界的。因此，平衡状态 $(x_e,0)$ 是稳定的。但是，它不是渐近稳定的，因为沿着这个信号，随着时间的前进，位置没有收敛于 x_e，而是收敛于不同的值 x_f。

　　现在考虑图 6-6 的单摆，其输入信号 u 的值设置为常量 0。该系统 $\dot{\varphi}=v$；$\dot{v}=-g\sin\varphi/\ell$ 有两个平衡状态：$(\varphi=0,v=0)$ 和 $(\varphi=-\pi,v=0)$，后者对应于垂直倒立位置，是不稳定的；如果单摆一旦稍微偏离垂直向上位置，角速度 v 将持续递增，从而递增角位移 φ，使单摆远离垂直位置。相反，平衡状态 $(\varphi=0,v=0)$ 对应于垂直向上位置，（见图 6-7 的代表行为）是稳定的。例如，如果设置初始角为小的正值，那么角速度将是负的，从而导致角递减回平衡状态值 0。单摆将围绕平衡位置振荡，如果初始扰动是 (φ_o,v_o)，那么 $\|(\overline{\varphi}_o(t),\overline{v}_o(t))-(0,0)\|$ 的值是有界的，该界限依赖于 φ_o 和 v_o 的值。在该模型中，平衡不是渐近稳定的：例如，如果初始位置是 ε，初始角速度是 0，那么单摆会围绕垂直位置在 ε 到 $-\varepsilon$ 之间不停地摆动。当然，实际中，由于存在阻尼效应（该模型没有考虑阻尼效应），所以这样的单摆渐近收敛于垂直停下来。

输入/输出稳定性

李雅普诺夫稳定性的概念建立在动态系统的状态空间表示上，且只考虑输入信号为零且状态偏离平衡状态时系统的行为。稳定性的另一种概念把动态系统看作一个变换器，将输入信号映射为输出信号，并且要求输入信号的微小变化只会导致输出信号的微小变化。下面给出输入/输出稳定性概念的形式化定义。

　　一个定义在时域上的实值信号 $\overline{x}$ 如果满足在任意时刻 t 下，都存在一个常量 Δ 使得条件 $\|\overline{x}(t)\|\leqslant\Delta$ 成立，那么该信号被称作是有界的。下面是一些典型信号的有界性分析：

245
- 对于常量值 a，$\overline{x}(t)=a$ 定义的常量信号是有界的。
- 对于常量值 a 和 $b>0$，$\overline{x}(t)=a+bt$ 定义的线性递增信号是无界的。

- 对于常量值 a 和 $b>0$，$\overline{x}(t)=a+e^{bt}$ 定义的指数递增信号是无界的。
- 对于常量值 a 和 $b>0$，$\overline{x}(t)=a+e^{-bt}$ 定义的指数递减信号是有界的。
- 对于常量 t_0、a、b，$\overline{x}(t)=\begin{cases}a(t<t_0)\\b(t\geq t_0)\end{cases}$ 定义的阶跃信号是有界的。
- 对于常量 a 和 b，$\overline{x}(t)=a\cos bt$ 定义的正弦信号是有界的。

如果对应于集合 V 中每一个变量 x 的信号的构件都是有界的，那么定义在变量集合 V 上的信号是有界的。

在稳定系统中，当在初始状态 $s_0=0$ 启动时，只要输入信号是有界的，那么作为响应由构件产生的输出信号也是有界的。输入信号与输出信号的界限是不同的。这种稳定性的特殊形式化称为有界输入有界输出（BIBO）稳定性。

> **BIBO 稳定性**
>
> 一个满足利普希茨连续条件的连续时间构件 H，它有输入变量 I、输出变量 O。如果对于每个有界的输入信号 $\overline{I}$，由该构件 H 在初始状态 $s_0=0$ 开始响应输入信号 $\overline{I}$ 产生的输出信号 $\overline{O}$ 也是有界的，那么就称该构件是有界输入有界输出稳定性。

考虑图 6-5 所示的直升机模型：
$$\dot{s}=T/I$$
假定初始旋转角为 0。假设系统的转矩为常量 T_0。那么，旋转角 s 的变化率是常量，旋转角线性递增。因此，系统是不稳定的：输入信号是有界常量函数 $\overline{T}(t)=T_0$，对应的输出信号由无界函数 $\overline{s}(t)-(T_0/I)t$ 来描述。

练习 6.4：考虑图 6-8 中在有梯度的路面上运动的汽车。假定输入力 F 在任意时刻都等于 0，路面的梯度 θ 为常量 5 度。那么该动态系统的平衡点是多少？

练习 6.5：考虑一个二维动态系统，其动态方程如下所示：
$$\dot{s}_1=3s_1+4s_2;\quad \dot{s}_2=2s_1+s_2$$
找出该系统的平衡点。对于每个平衡状态，分析该平衡是否是渐近稳定的、稳定但不是渐近稳定的，或不稳定的。

练习 6.6：考虑一个动态系统，其动态方程如下所示：
$$\dot{x}=x^2-x$$
找出该系统的平衡点，对于每个平衡状态，分析该平衡的类型是否是渐近稳定的，稳定但不是渐近稳定的或不稳定的。

练习 6.7*：图 6-9 所示的音叉，当被锤子敲击一下后，音叉会在垂直位置处振荡，产生相应音调的声音。不考虑摩擦力的影响，音叉一旦振动就将一直持续下去，产生音乐。用 x 代表在水平方向上音叉的位移，在垂直方向上，音叉受到的回复力与位移成正比，其运动方程为：
$$m\ddot{x}=-kx$$
其中，k 是由音叉性质决定的常量。(a)设计一个描述该动态性的连续时间构件，使用合适的状态空间表示进行描述。(b)假定初始位移为 $\overline{x}(0)=x_0$，求解响应信号 $\overline{x}(t)$ 的闭合解。(c)系统的平衡点是什么？对应每一个平衡点，分析平衡点是渐近稳定的、稳定但不是渐近稳定的或不稳定的。

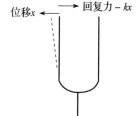

图 6-9 音叉的振动

6.2 线性系统

当连续时间构件的动态性可以由线性表达式进行表示时，关于系统行为的一些问题可以通过数学分析的方法来解决。

6.2.1 线性度

变量集合的线性表达式是由数字常量加法和乘法运算形成的。如果变量为 x_1，x_2，$\cdots$ x_n，那么线性表达式应该具有形式 $a_1x_1+a_2+x_2+\cdots+a_nx_n$，其中系数 a_1，a_2，$\cdots a_n$ 可以为实数、有理数或者整型常量。当用于描述状态和输出变量的动态性的表达式是线性表达式时，线性系统是连续时间构件。

线性系统

连续时间构件 H 具有输入变量 I、输出变量 O 和状态变量 S。称该构件是线性构件，如果：

1）对于每个输出变量 y，表达式 h_y 是定义在变量 $I \cup S$ 上的线性表达式，且

2）对于每个状态变量 x，其表达式 f_x 是定义在变量 $I \cup S$ 上的线性表达式。

在上述例子中，图 6-2、图 6-3 及图 6-5 中的构件是线性构件。图 6-8 中的有梯度路面上的汽车模型由于存在非线性项 $mg\sin\theta$，所以它是非线性系统。然而，注意输入 θ 是不受控的，只代表控制器必须处理的扰动或噪声。因此，我们可以用另一个变量 d 代替输入 θ，这表示 d 可以表示表达式 $mg\sin\theta$ 的值。现在系统的动态方程变为 $\dot{v}=(F-kv-d)/m$，是线性的。对于新的变量 d 输入扰动的取值范围从 $[-\pi/6，+\pi/6]$ 变为 $[mg\sin(-\pi/6)$，$mg\sin(+\pi/6)]$。对于图 6-6 的单摆模型，动态性用微分方程 $\ddot{\varphi}=(-g/l)\sin\varphi+u/(ml^2)$ 描述，因此该构件是非线性的。

n 个变量的线性表达式定义了一个从 $\mathrm{real}^n \to \mathrm{real}$ 的函数，该函数满足利普希茨连续条件（见练习 6.8）。因此，每个构件都满足利普希茨连续条件。

值得注意的是，表达式 $ax+b(b>0)$ 是非线性的，因此用 $\dot{x}=ax+b$ 描述的一维动态系统是非线性构件。在控制论的文献中，具有常量的表达式 $a_1x_1+a_2x_2+\cdots+a_nx_n+a_{n+1}$ 叫作仿射表达式。具有仿射动态性的特殊量是时间本身，因为时间可以用动态性 $\dot{t}=1$ 对变量 t 建模，然后时间变量 t 可以放于微分方程的右边，用来定义其他状态变量的动态性（例如，微分方程 $\dot{x}=t$ 表示状态变量 x 随时间的演化）。本章中所用的分析技术主要关注线性系统，但它们中的一些也可以扩展用于分析仿射系统。

基于矩阵的表示

矩阵表示是表示线性系统动态特性的传统形式。考虑一个线性构件，它具有 m 个输入变量 $I=\{u_1，\cdots u_m\}$、n 个状态变量 $S=\{x_1，\cdots x_n\}$、k 个输出变量 $O=\{y_1，\cdots y_k\}$。在这种情况下，可以把输入视为 m 维矢量、状态视为 n 维矢量、输出视为 k 维矢量。系统的动态性可以通过具有实数值系数的 4 个矩阵来描述：矩阵 $\boldsymbol{A}$ 是 $n \times n$ 维的，矩阵 $\boldsymbol{B}$ 是 $n \times m$ 维的，矩阵 $\boldsymbol{C}$ 是 $k \times n$ 维的，矩阵 $\boldsymbol{D}$ 是 $k \times m$ 维的。动态性通过如下的方程来描述：

$$\dot{S}=AS+BI，\quad O=CS+DI$$

也就是，对于每个状态变量 x_i，用以状态变量及输入变量为自变量的线性微分方程对其状态变量的变化率进行建模：

$$x_i=A_{i,1}x_1+\cdots+A_{i,n}x_n+B_{i,1}u_1+\cdots+B_{i,m}u_m$$

对于每个输出变量 y_j，其值用关于状态变量及输入变量的线性表达式进行定义：

$$y_j=C_{j,1}x_1+\cdots+C_{j,n}x_n+D_{j,1}u_1+\cdots+D_{j,m}u_m$$

在图 6-3 中的汽车模型中，$S=\{x, v\}$，$I=\{F\}$，$O=\{x\}$。因此 $n=2$、$m=k=1$。其动态性可以重新写为：

$$\begin{cases} \dot{x} = 0x + 1v + 0F \\ \dot{v} = 0x + (-k/m)v + (1/m)F \\ v = 0x + 1v + 0F \end{cases}$$

矩阵为：

$$A = \begin{bmatrix} 0 & 1 \\ 0 & -k/m \end{bmatrix}; \quad B = \begin{bmatrix} 0 \\ 1/m \end{bmatrix}; \quad C = (0 \quad 1); \quad D = (0)$$

线性响应

我们已经基于构件的状态空间表示定义了构件的线性度。另外，构件的线性度还可以基于从输入信号空间到输出信号空间之间的变换特性来定义。

考虑一个满足利普希茨连续动态性的连续时间构件 H，它有一个输入变量 x 和一个输出变量 y。设定系统的初始状态为原点，即 $x=0$ 的状态。给定输入信号 $\overline{x}$：time $\mapsto$ real，有一个唯一的输出信号 $\overline{y}$：time $\mapsto$ real，$\overline{y}$ 对应构件 H 从初始状态出发，在输入信号 $\overline{x}$ 下的执行。这样，连续时间构件是一个把输入信号集映射为输出信号集的函数，对于线性构件这种变换一定是线性的。变换的线性度表示如下的两个特性：

- **缩放**：如果输入信号缩放一个常数因子，那么输出信号也缩放同样的常数因子。给定一个输入信号 $\overline{x}$ 及常数因子 α，信号 $\alpha \overline{x}$ 在时刻 t 的值为 $\alpha \overline{x}(t)$。那么对于线性构件 H，对于所有输入信号 $\overline{x}$ 及所有常数因子 α，如果 $\overline{y}$ 是对应于输入信号 $\overline{x}$ 的输出信号，那么 $\alpha \overline{y}$ 是对应于输入信号 $\alpha \overline{x}$ 的输出信号。

- **可加性**：如果输入信号能够表示成两个输入信号的和，那么相应的输出信号也可以表示成对应于构件输入信号的输出信号的和。也就是说，如果输入信号 $\overline{x}$、$\overline{x}_1$、$\overline{x}_2$ 使得 $\overline{x}(t)=\overline{x}_1(t)+\overline{x}_2(t)$（对于任意时刻 t），并且如果 $\overline{y}$、$\overline{y}_1$、$\overline{y}_2$ 分别是对应于输入信号 $\overline{x}$、$\overline{x}_1$、$\overline{x}_2$ 的构件产生的输出信号，那么在任意时刻 t 一定有 $\overline{y}(t)=\overline{y}_1(t)+\overline{y}_2(t)$。

通常，构件有多个输入和多个输出变量，我们需要考虑将信号从时域映射到实数值矢量的集合。在这种情况下，通过矢量的和及矢量的缩放来定义线性度。对于定义在变量集合 V 上的两个信号 $\overline{V}$ 和 $\overline{V}'$ 及常量（α，$\beta \in$ real），信号 $\alpha \overline{V}+\beta \overline{V}'$ 定义为在任意时刻 t 将值 $\overline{V}(t)(x)+\beta \overline{V}'(t)(x)$ 赋给集合 V 中的变量 x 的信号。变换的线性度通过下述的定理进行描述：

定理 6.1（输入输出变换的线性度） 假定线性构件 H 有输入变量 I、输出变量 O。对于所有的输入信号 $\overline{I}_1$ 和 $\overline{I}_2$ 及常量 α，$\beta \in$ real，如果为响应初始状态为 0 时的输入信号 $\overline{I}_1$ 和 $\overline{I}_2$，构件 H 生成的输出信号分别为 $\overline{O}_1$ 和 $\overline{O}_2$，那么为响应初始状态为 0 时的输入信号 $\alpha \overline{I}_1+\beta \overline{I}_2$，构件 H 产生的输出信号为 $\alpha \overline{O}_1+\beta \overline{O}_2$。

证明：假定线性构件 H 的动态性由如下方程描述：

$$\dot{S} = AS + BI, \quad O = CS + DI$$

其中 S 状态矢量、I 是输入矢量、O 是输出矢量。假定初始状态为 0。

对于给定的输入信号 $\overline{I}_1$，假定状态响应信号为 $\overline{S}_1$ 及输出响应信号为 $\overline{O}_1$。那么我们知道下面的条件必须成立：$\overline{S}_1(0)=0$，且对于任意时刻 t，$(d/dt)\overline{S}_1(t)=A\overline{S}_1(t)+B\overline{I}_1(t)$ 和 $\overline{O}_2(t)=C\overline{S}_1(t)+D\overline{I}_1(t)$。

同样，对于另一个输入信号 $\overline{I}_2$，假设状态响应信号为 $\overline{S}_2$ 且输出响应信号为 $\overline{O}_2$。那么

249

$\boxed{250}$ $\overline{S}_2(0)=0$，且对于任意时刻 t，$(\mathrm{d}/\mathrm{d}t)\overline{S}_2(t)=A\overline{S}_2(t)+B\overline{I}_2(t)$ 和 $\overline{O}_2(t)=C\overline{S}_1(t)+D\overline{I}_1(t)$。

给定常量 α、$\beta\in$ real，定义信号 $\overline{I}=\alpha\overline{I}_1+\beta\overline{I}_2$、$\overline{S}=\alpha\overline{S}_1+\beta\overline{S}_2$、$\overline{O}=\alpha\overline{O}_1+\beta\overline{O}_2$。根据线性算术和微积分的基本性质，可以得出 $\overline{S}(0)=0$，在任意时刻 t，$(\mathrm{d}/\mathrm{d}t)\overline{S}(t)=A\overline{S}(t)+B\overline{I}(t)$ 和 $\overline{O}(t)=C\overline{S}(t)+D\overline{I}(t)$ 必须成立。因此，对于输入信号 $\overline{I}$，构件 H 的状态响应一定是信号 $\overline{S}$，输出响应一定是信号 $\overline{O}$。

练习 6.8： 证明线性表达式 $e=a_1x_1+a_2x_2+\cdots+a_nx_n$ 作为从 real^n 到 real 的函数，满足利普希茨连续条件。

练习 6.9： 回忆图 6-8 描述的有梯度路面的汽车运动构件，它可以视为有两个输入变量力 F 及扰动 d 的构件，微分方程 $\dot{v}=(F-kv-d)/m$ 描述模型的动态性。那么根据线性系统的标准矩阵表示，矩阵 A、B、C、D 分别是什么？

练习 6.10： 考虑图 6-6 所示的单摆的非线性模型。设计非线性系统的控制器的经典方法是线性化操作点的模型，设计这个线性化模型的控制器，并将它用于原始系统。对于这个单摆例子来说，感兴趣的操作点是对应于单摆垂直位置的 $\varphi=0$。使用事实：对于很小的 φ，$\sin\varphi\approx\varphi$，创建一个相应的单摆线性构件模型。

练习 6.11： 考虑一个闭合线性构件 H。证明该系统的输出响应是初始状态的线性函数。也就是，假设 O_0 是从初始状态 s_0 开始系统的输出响应；O_1 是从初始状态 s_1 开始系统的输出响应，且 α、$\beta\in$ real。证明从初始状态 $\alpha s_0+\beta s_1$ 开始系统的输出响应是信号 $\alpha\overline{O}_0+\beta\overline{O}_1$。

6.2.2 线性微分方程的解

对于线性系统来说，有很多分析技术可以用来理解输出信号与输入信号之间是如何关联的。首先，考虑线性微分方程 $\dot{S}=AS$ 并假定初始状态矢量为 s_0。为了求解该微分方程，我们可以按照如下的方式生成逼近方程解的信号序列 $\overline{S}_0$，$\overline{S}_1\cdots$。

$$\begin{cases}\overline{S}_0(t)=s_0, & \text{任意 } t\\ \overline{S}_m(t)=s_0+\int_0^t A\overline{S}_{m-1}(\tau)\mathrm{d}\tau, & m>0\end{cases}$$

我们可以基于求解积分的数学运算求寻找这些信号的闭合式解：

$$\overline{S}_1(t)=s_0+\int_0^t As_0\mathrm{d}\tau=s_0+Ats_0=[I+At]s_0$$

上述运算中，其中 A 是 $n\times n$ 的矩阵，s_0 是 $n\times 1$ 的矢量，t 是标量，I 是单位矩阵（即，$I_{i,j}=1$，如果 $i=j$，否则为 0）。再重复计算一步，可以得到：

$$\overline{S}_2(t)=s_0+\int_0^t A([I+At]s_0)\mathrm{d}\tau=s_0+Ats_0+A^2(t^2/2)s_0=\left[I+\sum_{j=1}^2 A^jt^j/j!\right]s_0$$

重复该模式可以得到：

$$\overline{S}_m(t)=\left[I+\sum_{j=1}^m A^jt^j/j!\right]s_0$$

函数序列 $\overline{S}_0$，$\overline{S}_1$，$\overline{S}_2\cdots$ 收敛于下式给出的微分方程的唯一解：

$$\overline{S}(t)=\left[I+\sum_{j=1}^\infty A^jt^j/j!\right]s_0$$

我们知道，对于实数 a，量 e^a 定义为：

$$\mathrm{e}^a=1+\sum_{j=1}^\infty a^j/j!$$

类似地，矩阵 A 的矩阵指数 e^A 可以用如下方程定义：

$$e^{\boldsymbol{A}} = \boldsymbol{I} + \sum_{j=1}^{\infty} \boldsymbol{A}^j / j!$$

根据上述的概念，在初始状态 s_0 下，微分方程 $\dot{\boldsymbol{S}} = \boldsymbol{A}\boldsymbol{S}$ 的解为：

$$\overline{S}(t) = e^{\boldsymbol{A}t} s_0$$

可以用相类似的方法分析带输入的线性构件。考虑用微分方程 $\dot{\boldsymbol{S}} = \boldsymbol{A}\boldsymbol{S} + \boldsymbol{B}\boldsymbol{I}$ 描述的动态系统。假定初始状态矢量为 s_0。给定输入信号 $\overline{I}$，如下的方程给出结果状态信号 $\overline{S}$：

$$\overline{S}(t) = e^{\boldsymbol{A}t} s_0 + \int_0^t e^{\boldsymbol{A}(t-\tau)} \boldsymbol{B} \overline{I}(\tau) \mathrm{d}\tau$$

给定输入信号的系统响应可以通过方程 $\overline{O}(t) = C\overline{S}(t) + D\overline{I}(t)$（在时刻 t 的输出值）计算得出。

251 ～ 252

矩阵指数

我们检查矩阵指数运算的定义：

$$e^{\boldsymbol{A}} = \boldsymbol{I} + \sum_{j=1}^{\infty} \boldsymbol{A}^j / j!$$

对于 $n \times n$ 方阵 $\boldsymbol{A}$，每一项 $\boldsymbol{A}^j / j!$ 也是 $n \times n$ 方阵，所以矩阵指数 $e^{\boldsymbol{A}}$ 也是 $n \times n$ 方阵。如果我们计算矩阵 $e^{\boldsymbol{A}}$，那么可以通过将矩阵的每个元素乘以 t 很容易地得到微分方程解 $\overline{S}(t)$ 的解中出现的矩阵 $e^{\boldsymbol{A}t}$。

很多数学工具根据矩阵 $\boldsymbol{A}$ 的结构性质计算量 $e^{\boldsymbol{A}}$，例如，假定矩阵 $\boldsymbol{A}$ 是对角矩阵（即，每一个矩阵元素 $A_{i,j}$，如果 $i \neq j$，则 $A_{i,j} = 0$）。我们用 a_i 表示对角矩阵 $\boldsymbol{A}$ 中的第 i 个对角元素，那么对角矩阵 $\boldsymbol{A}$ 表示为 $\boldsymbol{D}(a_1, a_2, \cdots a_n)$。在这种情况下，可以看到，对于每个 j，矩阵 $\boldsymbol{A}^j$ 也是对角元素为 a_i^j 的对角矩阵。那么矩阵 $e^{\boldsymbol{A}}$ 也是对角矩阵，且其第 i 个对角元素为 $1 + \sum_{j=1}^{\infty} a_i^j / j! = e^{a_i}$。因此，

$$e^{\boldsymbol{D}(a_1, a_2, \cdots a_n)} = \boldsymbol{D}(e^{a_1}, e^{a_2}, \cdots e^{a_n})$$

作为另一个例子，考虑二维矩阵：

$$\boldsymbol{A} = \begin{bmatrix} 0 & a \\ 0 & 0 \end{bmatrix}$$

可以看到，对于矩阵 $\boldsymbol{A}$，矩阵 $\boldsymbol{A}^2 = \boldsymbol{0}$（所有元素均为 0）。因此，

$$e^{\boldsymbol{A}} = \boldsymbol{I} + \boldsymbol{A} = \begin{bmatrix} 1 & a \\ 0 & 1 \end{bmatrix}$$

通常，当出现 $\boldsymbol{A}^k = \boldsymbol{0}$ 时，只有定义矩阵指数 $e^{\boldsymbol{A}}$ 的无限序列中的第一个 k 项是非零，因此可以得 $e^{\boldsymbol{A}}$ 的显式矩阵表示。

特征值和特征矢量

考虑使用相似变换计算矩阵指数的标准工具。这种变换基于计算矩阵的特征值及特征矢量。

对于一个 $n \times n$ 方阵 $\boldsymbol{A}$，如果对于标量 λ 和 n 维的非零的矢量 $\boldsymbol{x}$，方程 $\boldsymbol{A}\boldsymbol{x} = \lambda\boldsymbol{x}$ 成立，那么标量 λ 称为矩阵 $\boldsymbol{A}$ 的特征值，矢量 $\boldsymbol{x}$ 称为矩阵 $\boldsymbol{A}$ 的相对于特征值 λ 的特征矢量。一个 $n \times n$ 方阵 $\boldsymbol{A}$ 至多有 n 个不同的特征值，其值可以由矩阵 $\boldsymbol{A}$ 的特征方程求得：

$$\det(\boldsymbol{A} - \lambda\boldsymbol{I}) = 0$$

253

其中 $\det$ 代表矩阵的行列式。注意，当 $(\lambda - \lambda_i)$ 是特征多项式 $\det(\boldsymbol{A} - \lambda\boldsymbol{I})$ 的因子时，值 λ_i

是矩阵 $\boldsymbol{A}$ 的特征值。

例如，考虑二维矩阵

$$\boldsymbol{A}_1 = \begin{bmatrix} 4 & 6 \\ 1 & 3 \end{bmatrix}$$

该矩阵 $\boldsymbol{A}_1$ 的特征值是如下方程的解：

$$\det\left(\begin{bmatrix} 4-\lambda & 6 \\ 1 & 3-\lambda \end{bmatrix}\right) = 0$$

我们知道一个 2×2 方阵 $\boldsymbol{A}$ 的行列式可以由表达式 $\boldsymbol{A}_{1,1}\boldsymbol{A}_{2,2} - \boldsymbol{A}_{1,2}\boldsymbol{A}_{2,1}$ 给出。因此，矩阵 $\boldsymbol{A}_1$ 的特征值是如下多项式的根：

$$(4-\lambda)(3-\lambda) - 6 = \lambda^2 - 7\lambda + 6 = (\lambda-6)(\lambda-1)$$

这样，矩阵 $\boldsymbol{A}_1$ 的特征值分别为 $\lambda_1 = 6$ 和 $\lambda_2 = 1$。为了得到对应于特征值 6 的特征矢量 $\boldsymbol{x}_1$，我们需要求解方程 $\boldsymbol{A}_1\boldsymbol{x}_1 = 6\boldsymbol{x}_1$。如果矢量 $\boldsymbol{x}_1$ 的元素为 x_{11} 和 x_{12}，那么我们得到了如下的线性方程组：

$$\begin{bmatrix} 4 & 6 \\ 1 & 3 \end{bmatrix}\begin{bmatrix} x_{11} \\ x_{12} \end{bmatrix} = 6\begin{bmatrix} x_{11} \\ x_{12} \end{bmatrix}$$

上式对应于

$$4x_{11} + 6x_{12} = 6x_{11}; \quad x_{11} + 3x_{12} = 6x_{12}$$

当 $x_{11} = 3x_{12}$ 时，满足上述方程组，这种形式的每个矢量是对应于特征值 6 的特征矢量。特别地，设置矢量 $\boldsymbol{x}_1 = (3 \quad 1)^{\mathrm{T}}$（注：$\boldsymbol{x}_1$ 是具有两行一列的列矢量，因此它是行向量 $(3 \quad 1)$ 的转置，表示为 $(3 \quad 1)^{\mathrm{T}}$）。通过类似的分析可以得到对应于特征值 $\lambda_2 = 1$ 的特征矢量，特别地，$\boldsymbol{x}_2 = (2 \quad -1)^{\mathrm{T}}$ 是对应的特征矢量。注意，上述两个特征矢量 $\boldsymbol{x}_1$ 和 $\boldsymbol{x}_2$ 是线性无关的。这不是巧合：如果 n 个特征值 λ_1，λ_2，$\cdots\lambda_n$ 都是不同的，矢量 x_1，x_2，$\cdots$，x_n 是分别对应于这些特征值的矢量，那么这 n 个矢量一定是线性无关的。

注意如果矩阵 $\boldsymbol{A}$ 是对角元素为 a_i 的对角矩阵，那么矩阵 $\boldsymbol{A} - \lambda\boldsymbol{I}$ 也是对角元素为 $a_i - \lambda$ 的对角矩阵。矩阵 $\boldsymbol{A}$ 的特征多项式各个元素 $(a_i - \lambda)$ 的乘积。而且，对于每个 i，第 i 个元素为 1 而其他元素为 0 的矢量 $\boldsymbol{x}_i$ 也满足方程 $\boldsymbol{A}\boldsymbol{x}_i = a_i\boldsymbol{x}_i$，因此这个矢量 $\boldsymbol{x}_i$ 是对应于特征值 a_i 的特征矢量。例如，对于三维对角矩阵 $\boldsymbol{D}(1, 2, 1)$，特征多项式为 $(1-\lambda)^2(2-\lambda)$。因 [254] 此，这个三维矢量的特征值分别为 1、2，在这种情况下，与特征值 1 的（代数）重度是（因为 $(\lambda-1)^2$ 是特征多项式的因子）。矢量 $\boldsymbol{x}_1 = (1 \quad 0 \quad 0)^{\mathrm{T}}$、$\boldsymbol{x}_2 = (0 \quad 1 \quad 0)^{\mathrm{T}}$、$\boldsymbol{x}_3 = (0 \quad 0 \quad 1)^{\mathrm{T}}$ 是特征矢量，分别对应于特征值 1、2、1。在这个例子中，所有这些特征矢量都是线性无关的。

在上述所有例子中，矩阵有 n 个线性无关的实值元素的特征矢量。然而，实际上并不全是这样，下面用两个例子进行说明。

考虑二维（上三角）矩阵：

$$\boldsymbol{A}_2 = \begin{bmatrix} 1 & 2 \\ 0 & 1 \end{bmatrix}$$

该矩阵的特征多项式是 $(1-\lambda)^2$，因此，它有 1 个特征值 1。这个矩阵的特征矢量形如 $(a \quad 0)^{\mathrm{T}}$，其中 a 为任意常量。所有这些特征矢量都是彼此线性无关的。也就是说，二维矩阵 $\boldsymbol{A}_2$ 只有一个线性无关的特征矢量。

考虑二维矩阵：

$$\boldsymbol{A}_3 = \begin{bmatrix} 0 & 1 \\ -1 & 0 \end{bmatrix}$$

该矩阵的特征多项式是 λ^2+1。然而，方程 $\lambda^2+1=0$ 没有实值解。在这种情况下，我们想把矩阵解释为复数域上的线性变换。基于这种解释，矩阵 $\boldsymbol{A}_3$ 有两个特征值 j 和 $-j$，都为虚数（注：纯虚数 j 是实数 -1 的平方根，每个复数可以表示为 $a+bj$ 的形式，其中 a 和 b 都是实数）。在这种情况下，通过求解方程 $\boldsymbol{A}_3\boldsymbol{x}=j\boldsymbol{x}$ 得到对应于特征值 j 形如 $(1 \quad j)^\mathrm{T}$ 的特征矢量。

如果矩阵 $\boldsymbol{A}$ 的所有（复数）特征值为 $\lambda_1, \cdots \lambda_p$，那么

$$\det(\boldsymbol{A}-\lambda\boldsymbol{I}) = (\lambda-\lambda_1)^{n_1} \cdots (\lambda-\lambda_p)^{n_p}$$

其中 n_j 是特征值 λ_j 的代数重度，并且 $n_1+\cdots+n_p=n$。注意，如果一个复数 $a+bj$，$b \neq 0$ 是矩阵 $\boldsymbol{A}$ 的特征值，那么这个复数的共轭复数 $a-bj$ 也一定是矩阵 $\boldsymbol{A}$ 的特征值。

相似变换

考虑下式给出的动态系统 H：

$$\dot{\boldsymbol{S}} = \boldsymbol{A}\boldsymbol{S}; \quad \overline{\boldsymbol{S}}(0) = s_0$$

255

其中 $\boldsymbol{S}$ 是 n 维的状态矢量，$\boldsymbol{A}$ 是 $n \times n$ 的方阵，s_0 是初始状态。假定 $\boldsymbol{P}$ 是 n 维可逆实值方阵，$\boldsymbol{P}^{-1}$ 是其逆矩阵。因此，$\boldsymbol{P}^{-1}\boldsymbol{P}=\boldsymbol{P}\boldsymbol{P}^{-1}=\boldsymbol{I}$。考虑 $\boldsymbol{S}'=\boldsymbol{P}^{-1}\boldsymbol{S}$ 定义的矢量 $\boldsymbol{S}'$，它定义了状态的线性变换。注意，关系 $\boldsymbol{S}=\boldsymbol{P}\boldsymbol{S}'$ 也成立。用矩阵 $\boldsymbol{J}$ 表示 $\boldsymbol{P}^{-1}\boldsymbol{A}\boldsymbol{P}$。当这种关系成立时，我们就说矩阵 $\boldsymbol{A}$ 与矩阵 $\boldsymbol{J}$ 是相似的。

现在，基于原始具有状态 $\boldsymbol{S}$ 的动态系统 H，我们说明具有状态 $\boldsymbol{S}'$ 的动态系统 H' 满足如下的关系：

$$\dot{\boldsymbol{S}}' = (\mathrm{d}/\mathrm{d}t)(\boldsymbol{P}^{-1}\boldsymbol{S}) = \boldsymbol{P}^{-1}\dot{\boldsymbol{S}} = \boldsymbol{P}^{-1}\boldsymbol{A}\boldsymbol{S} = \boldsymbol{P}^{-1}\boldsymbol{A}\boldsymbol{P}\boldsymbol{S}' = \boldsymbol{J}\boldsymbol{S}'$$

线性变换系统 H' 的初始状态由下式给出：

$$\overline{\boldsymbol{S}}'(0) = \boldsymbol{P}^{-1}\,\overline{\boldsymbol{S}}(0) = \boldsymbol{P}^{-1}s_0$$

这种通过具有状态 $\boldsymbol{S}$、动态矩阵 $\boldsymbol{A}$ 的线性系统 H 得到另一个具有状态 $\boldsymbol{S}'$、动态矩阵 $\boldsymbol{J}$ 的线性系统 H' 的变换，称相似变换（因为矩阵 $\boldsymbol{A}$ 与 $\boldsymbol{J}$ 是相似的）。注意，系统 H' 的解由下式给出：

$$\overline{\boldsymbol{S}}'(t) = \mathrm{e}^{\boldsymbol{J}t}\,\overline{\boldsymbol{S}}'(0)$$

这说明原始系统 H 的解由下式给出：

$$\overline{\boldsymbol{S}}'(t) = \boldsymbol{P}\mathrm{e}^{\boldsymbol{J}t}\boldsymbol{P}^{-1}s_0$$

如果矩阵 $\boldsymbol{J}$ 具备可以使矩阵指数 $\mathrm{e}^{\boldsymbol{J}t}$ 的运算更简便的性质，那么它可以用来计算系统的响应 $\overline{\boldsymbol{S}}(t)$。

假定矩阵 $\boldsymbol{A}$ 具有 n 个线性独立的实值特征矢量 $\boldsymbol{x}_1, \boldsymbol{x}_2, \cdots \boldsymbol{x}_n$，$\lambda_i$ 是对应于特征矢量 $\boldsymbol{x}_i$ 的特征值。选择一个相似矩阵 $\boldsymbol{P}$，它的列矢量为这些 n 个特征矢量：

$$\boldsymbol{P} = (\boldsymbol{x}_1 \quad \boldsymbol{x}_2 \quad \cdots \quad \boldsymbol{x}_n)$$

由于矩阵 $\boldsymbol{P}$ 的列矢量是线性无关，所以它的秩为 n，并且它是可逆的。注意，矩阵 $\boldsymbol{P}$ 的第 i 列是特征矢量 $\boldsymbol{x}_i$。根据矩阵乘法的定义，矩阵 $\boldsymbol{A}\boldsymbol{P}$ 的第 i 列是矢量 $\boldsymbol{A}\boldsymbol{x}_i$。由于特征矢量 $\boldsymbol{x}_i$ 对应的特征值为 λ_i，所以可以得出矩阵积 $\boldsymbol{A}\boldsymbol{P}$ 的第 i 列是矢量 $\lambda_i\boldsymbol{x}_i$。这样，矩阵积 $\boldsymbol{P}^{-1}\boldsymbol{A}\boldsymbol{P}$ 的第 i 列是矢量 $\boldsymbol{P}^{-1}\lambda_i\boldsymbol{x}_i$ 或者 $\lambda_i\boldsymbol{P}^{-1}\boldsymbol{x}_i$。我们知道积 $\boldsymbol{P}^{-1}\boldsymbol{P}$ 是单位矩阵，积 $\boldsymbol{P}^{-1}\boldsymbol{P}$ 的第 i 列是矢量 $\boldsymbol{P}^{-1}\boldsymbol{x}_i$（由于矩阵 $\boldsymbol{P}$ 的第 i 列是矢量 $\boldsymbol{x}_i$）。可以得出矩阵 $\boldsymbol{J}=\boldsymbol{P}^{-1}\boldsymbol{A}\boldsymbol{P}$ 是对角矩阵 $\boldsymbol{D}(\lambda_1, \lambda_2, \cdots \lambda_n)$，矩阵 $\mathrm{e}^{\boldsymbol{J}t}$ 也是对角矩阵，并且它的第 i 个对角元素是标量 $\mathrm{e}^{\lambda_i t}$。

256

这种基于使用线性独立特征矢量进行相似变换计算线性系统响应信号的方法称为对角化，可以总结为如下定理。

定理 6.2（对角化的线性系统响应）　考虑一个 n 维线性系统，其动态方程为 $\dot{S}=AS$；$\overline{S}(0)=s_0$。假定矩阵 A 具有 n 个独立的特征值 λ_1，λ_2，$\cdots$，λ_n，相应的特征矢量为 x_1，x_2，$\cdots$，x_n。令 P 矩阵是 $(x_1 \quad x_2 \quad \cdots \quad x_n)$，其逆矩阵为 P^{-1}。那么该系统的执行可以由下列状态信号给出：

$$\overline{S}'(t) = PD(e^{\lambda_1 t}, e^{\lambda_2 t}, \cdots, e^{\lambda_n t})P^{-1}s_0$$

为了说明这个方法，考虑下式给定的二维动态系统 H：

$$\dot{s}_1 = 4s_1 + 6s_2; \quad \dot{s}_2 = s_1 + 3s_2$$

矩阵 A_1 是动态系统的矩阵，用来说明特征值和特征矢量的计算。由前述可知，该系统有两个特征值 6 和 1，对应的特征矢量分别为 $x_1 = (3 \quad 1)^{\mathrm{T}}$ 和 $x_2 = (2 \quad -1)^{\mathrm{T}}$。我们选择变换矩阵为：

$$P = (x_1 \quad x_2) = \begin{pmatrix} 3 & 2 \\ 1 & -1 \end{pmatrix}$$

接下来计算矩阵 P 的逆矩阵 P^{-1}。这可以通过把期望矩阵 P^{-1} 中的元素看作未知量，然后根据 $P^{-1}P=I$ 给出的联立线性方程组来设置：

$$\begin{pmatrix} 3 & 2 \\ 1 & -1 \end{pmatrix} \begin{pmatrix} a & c \\ b & d \end{pmatrix} = \begin{pmatrix} 3a+2b & 3c+2d \\ a-b & c-d \end{pmatrix} = \begin{pmatrix} 1 & 0 \\ 0 & 1 \end{pmatrix}$$

求解上式，得到：

$$P^{-1} = \begin{pmatrix} 1/5 & 2/5 \\ 1/5 & -3/5 \end{pmatrix}$$

验证确实 $PP^{-1}=P^{-1}P=I$。进一步，验证 $P^{-1}A_1P_1$ 是对角矩阵 $D(6, 1)$。这说明如果我们考虑下式

$$s_1' = (s_1 + 2s_2)/5; s_2' = (s_1 - 3s_2)/5$$

给出的具有两个状态变量 s_1 和 s_2 的线性系统 H，它有由 $\dot{s}_1' = 6s_1'$ 和 $\dot{s}_2' = s_2'$ 给出的简单动态性，因此很容易对其进行分析。把所有这些放在一起，从初始状态为 s_0 开始，在任意时刻 t 系统 H 的状态等于 $PD(e^{6t}, e^t)P^{-1}s_0$。如果初始状态矢量 s_0 是 $[s_{01} \quad s_{02}]^{\mathrm{T}}$，那么通过计算矩阵积，我们得到时刻 t 系统 H 的状态的闭合式解为：

$$\overline{S}_1(t) = [(3e^{6t} + 2e^t)s_{01} + 6(e^{6t} - e^t)s_{02}]/5$$

$$\overline{S}_2(t) = [(e^{6t} - e^t)s_{01} + (2e^{6t} + 3e^t)s_{02}]/5$$

如前所述，如果矩阵 A 没有 n 个线性独立的特征矢量。在这种情况下，可以通过相似变换矩阵 P 将矩阵 A 变换成具有若尔当典范形矩阵 $J = P^{-1}AP$。这是特殊形式的矩阵，几乎和对角矩阵一样，可以得到指数矩阵 e^{Jt} 的显式表示。

练习 6.12：考虑具有一个输入的一维线性构件，构件的动态方程为 $\dot{s} = as + bu$。假定将输入信号设置为常量 c，即 $\overline{u}(t) = c$。寻找从初始状态为 s_0 开始对应于输入状态的系统响应 $\overline{s}(t)$ 的闭合式公式（提示：积分 $\int_0^t e^{-a\tau} \mathrm{d}\tau$ 等于 $(1 - e^{-at})/a$）。

练习 6.13：考虑一个二维动态系统，其动态方程为：

$$\dot{s}_1 = -s_1 + 2s_2; \quad \dot{s}_2 = s_2$$

采用相似变换的方法，给定初始状态 s_0，计算状态信号 $\overline{S}(t)$ 的闭合式解。

练习 6.14：考虑一个二维动态系统，其动态方程为：

$$\dot{s}_1 = s_2 ; \qquad \dot{s}_2 = -2s_1 - 3s_2$$

采用相似变换的方法，给定初始状态 s_0，计算状态信号 $\overline{S}(t)$ 的闭合式解。

练习 6.15：考虑一个三维动态系统，其动态方程为：

$$\dot{s}_1 = 3s_1 + 4s_2 ; \qquad \dot{s}_2 = 2s_2 ; \qquad \dot{s}_3 = 4s_1 + 9s_3$$

采用相似变换的方法，给定初始状态 s_0，计算状态信号 $\overline{S}(t)$ 的闭合式解。注意，3×3 矩阵 A 的行列式为：

$$a_{11}(a_{22}a_{33} - a_{23}a_{32}) + a_{12}(a_{23}a_{31} - a_{21}a_{33}) + a_{13}(a_{21}a_{32} - a_{22}a_{31})$$

其中 a_{ij} 表示矩阵第 i 行第 j 列的元素。

258

6.2.3　稳定性

考虑一个 n 维的线性系统 H，其动态方程为 $\dot{S} = AS$。在初始状态 s_0 条件下，系统的状态响应由信号 $\overline{S}(t) = e^{At}s_0$ 来描述。我们的目标是开发一种分析方法来判定系统平衡点的稳定性。

如果条件 $As_e = 0$ 成立，那么状态 s_e 是系统 H 的一个平衡点。为了求得系统 H 的平衡点，我们假定状态向量的 n 个元素是未知量，然后按照求解对应于条件 $As_e = 0$ 的 n 个线性方程组。可以看出，状态将 0 赋值给所有状态变量，它是系统 H 的一个平衡点。如果矩阵 A（即，如果 A 的秩为 n）是可逆的，那么方程 $As_e = 0$ 有唯一解，且 0 是唯一的平衡点。如果非零状态 s_e 是系统 H 的平衡点，那么我们考虑经过线性转换后的具有状态矢量 $S' = S - s_e$ 系统 H'。该变换后系统的动态性由微分方程 $\dot{S}' = AS'$ 进行描述，在任意时刻 t，方程 $\overline{S}'(t) = \overline{S}(t) - s_e$ 成立。注意，状态 0 是该系统 H' 的一个平衡点。这样，变换后系统在平衡点 0 的行为对应于原始系统在平衡点 s_e 的行为。因此，如果我们知道如何分析平衡点 0 是否是稳定的，那么就可以使用相同的分析技术判断任意平衡点是否是稳定的：系统 H 的平衡点 s_e 的稳定性性质对应于系统 H' 的平衡点 0 的性质。

在本节下面的内容中，我们简化"线性系统 H 的状态 0 是稳定的平衡点"为"线性系统 H 是稳定的"，"线性系统 H 的状态 0 是渐近稳定的平衡点"为"线性系统 H 是渐进稳定的"。

一维系统

根据定义，如果对于每个 $\varepsilon > 0$，存在一个 $\delta > 0$，使得对于所有状态 s_0，如果 $\|s_0\| < \delta$，那么在任意时刻 $t \|e^{At}s_0\| < e$，那么线性系统 H 是稳定性的。另外，如果存在一个 $\delta > 0$，使得对于所有状态 s_0，如果 $\|s_0\| < \delta$，那么随着时间 t 的递增 $e^{At}s_0$ 收敛于 0，那么系统 H 是渐近稳定的。在后一种情况中，条件"对于任意的状态 s_0，如果 $\|s_0\| < \delta$ 成立，那么 $e^{At}s_0$ 随着时间 t 的增大收敛于零"成立时 $\delta > 0$ 的取值称为吸引域。

首先，我们关注一维线性系统。系统的动态方程为 $\dot{x} = ax$。如果系统的初始状态为 x_0，那么在任意时刻 t 系统状态为 $e^{at}x_0$。根据系数 a 的正负号，我们考虑如下的三种情形：

- **如果系数 a 是负数**，那么值 $e^{at}x_0$ 的大小随着时间 t 的递增而递减，并且其界限为初始值 x_0 的大小。因此，系统是稳定的。同时，可以观察到，不论初始值是什么，x 的值都呈指数递减，最后变为 0。在这种情况下，系统是渐近稳定的，实际上，上述针对的是所有状态。

259

- **如果系数 a 等于 0**，那么 x 的值等于它的初始值 x_0。因此，状态的大小不随时间变化，系统是稳定的。然而，信号不收敛于 0，因此，系统不是渐近稳定的。

- 如果系数 a 是正数，那么可以观察到量 $e^{at}x_0$ 随着时间 t 的递增呈指数增长。结果，x 值的大小呈指数增长且以无界的方式增长，系统是不稳定的。

因此，一维线性系统的稳定性取决于反映状态变量变化率的依赖关系的项的系数的正负号：如果 $a>0$，那么系统是不稳定的；如果 $a\leq0$，那么系统是稳定的；如果 $a<0$，那么系统是渐近稳定的。

对角状态动态矩阵

假定矩阵 A 是 n 维的对角矩阵并等于 $D(a_1, a_2, \cdots a_n)$。在这种情况下，我们知道矩阵指数 e^{At} 也是对角矩阵。如果系统的初始状态是由矢量 $(s_{01} \quad s_{02} \quad \cdots \quad s_{0n})$ 给出，那么在任意时刻 t 的状态 $\overline{S}(t)$ 为：

$$\overline{S}(t) = (e^{a_1 t}s_{01} \quad e^{a_2 t}s_{02} \quad \cdots \quad e^{a_n t}s_{0n})^{\mathrm{T}}$$

可以看到，对于每个 i，如果 $a_i>0$，那么量 $e^{a_i t}$ 随着时间 t 递增呈指数增长；如果 $a_i=0$，那么量 $e^{a_i t}$ 保持不变；如果 $a_i<0$，那么量 $e^{a_i t}$ 随着时间 t 递增呈指数递减。下面将一维系统的分析方法进行推广：

- 如果没有系数 a_i 都是正的，那么对于每个初始状态 s_0，在任意时刻 t，对于结果信号，$\|\overline{S}(t)\|\leq\|s_0\|$ 成立，因此系统是稳定的。
- 如果所有系数 a_i 都是负的，那么除了上述情况中的稳定性外，独立于初始状态 s_0，对于产生的信号，$\|\overline{S}(t)\|$ 收敛于平衡点 0，因此系统是渐近稳定的。这里的吸引域是 real^n。
- 假设存在一个索引 i 使得系数 a_i 是正的。那么如果我们选择初始状态 s_0，使得 s_{0i} 是正的且 $s_{0j}=0(j\neq i)$，那么不论 s_{0i} 多么小，响应信号 $\overline{S}(t)$ 的第 i 个分量 $e^{a_i t}s_{0i}$，将随着时间递增无限递增，在这种情况下，系统是不稳定的。

总之，当矩阵 A 为对角矩阵 $D(a_1, a_2, \cdots a_n)$ 时，如果 $a_i>0$，那么系统是不稳定的；如果 $a_i\leq0$，那么系统是稳定的；如果 $a_i<0$，那么系统是渐近稳定的。

可对角化的状态动态矩阵

回想上面所讲的用于对角化矩阵和计算矩阵指数的相似变换。给定一个线性系统 H，其动态方程为 $\dot{S}=AS$，我们选择合适的可逆矩阵 P 并考虑变换的线性系统 H'，其动力学方程为 $\dot{S}'=JS'$，其中 $J=P^{-1}AP$。H' 的状态矢量 S' 通过线性变换 $S'=P^{-1}S$ 从 H 的状态矢量 S 得到的。我们看到，信号的线性变换保持其大小的有界性并收敛性于 0。这说明相似变换保持平衡点的稳定性性质。下面的命题说明了这点。

命题 6.1（相似变换后稳定性不变） 给定一个 n 维的线性系统 H，其状态向量为 S，动态方程为 $\dot{S}=AS$，考虑另一个 n 维的线性系统 H'，其状态向量为 S'，动力学方程为 $\dot{S}'=JS'$，其中对于某个可逆矩阵 $PJ=P^{-1}AP$。那么当且仅当系统 H' 是稳定的时系统 H 是稳定的，当且仅当系统 H' 是渐进稳定的时系统 H 是渐进稳定的。

如果我们能够选择相似变换矩阵 P 使得矩阵 J 为对角矩阵，那么我们可以得出如果 J 的某些对角元素的正，则系统 H 是不稳定的；如果 J 的所有元素都是非正的，那么系统 H 是稳定的；如果 J 的所有对角元素都是负的，那么系统 H 是渐近稳定的。

我们知道，如果矩阵 A 的所有特征值都是实数且互不相同，那么我们可以使用相应的特征矢量选择矩阵 P，J 的对角元素就是矩阵 A 的特征值。因此，如果矩阵 A 有 n 个不同的实值特征值 $\lambda_1, \lambda_2, \cdots \lambda_n$ 那么如果 $\lambda_i>0$（某个 i），平衡点 0 是不稳定的；如果 $\lambda_i<0$（所

有 i），平衡点 0 是渐近稳定的；如果 $\lambda_i \leqslant 0$（所有 i）和 $\lambda_j = 0$（某个 j），平衡点 0 是稳定的但不是渐近稳定的。

我们再重新考虑图 6-3 所示的汽车模型。如前所述，系统的状态动态矩阵是：

$$A = \begin{bmatrix} 0 & 1 \\ 0 & -k/m \end{bmatrix}$$

这个矩阵的特征值是实数 0 和 $-k/m$。我们可以快速得出结论，该系统是稳定的但不是渐近稳定的，这与 6.1.4 节中根据李雅普诺夫稳定性定义分析的结果吻合。

通常，矩阵的特征值是复数。因此需要对上述的情况特征值进行扩展。当所有特征值的实部都是负数时，系统是渐近稳定的。

定理 6.3（线性动态系统的稳定性判定） 给定的线性系统 $\dot{S} = AS$ 是渐进稳定的当且仅当矩阵 A 的每一个特征值都具有负实部。

如果状态动态矩阵 A 的某个特征值具有正实部，那么系统是不稳定的。如果某些特征具有负实部，剩下的是纯虚数（即实部等于 0），那么系统不是渐近稳定的，且系统的稳定性依赖于对应于每个这样的虚数特征值的若尔当块的结构。

BIBO 稳定性

现在让我们将目光转向有输入的构件。考虑如下的系统：

$$\dot{S} = AS + BI \; ; \quad O = CS + DI$$

为了检查系统是不是 BIBO 稳定的，我们设置初始状态 $s_0 = 0$ 并考虑有界输入信号 $\bar{I}$ 的系统行为。根据李雅普诺夫稳定性准则，我们说明检查 BIBO 稳定性的充分条件。

定理 6.4（将 BIBO 稳定性简化为李雅普诺夫稳定性） 如果线性动态系统 $\dot{S} = AS$ 是渐近稳定的，那么具有动态性 $\dot{S} = AS + BI$ 和 $O = CS + DI$ 的连续时间构件是 BIBO 稳定的。

这个定理的证明需要使用传递函数来理解连续时间构件的动态性，这已经超出了本书的范围。

注意图 6-5 中的直升机模型，如果我们设定输入转矩为 0，那么系统的动态方程为 $\dot{s} = 0$。在这个动态方程中，如果初始旋转是 s_0，那么系统的状态会保持 s_0 不变，因此系统是稳定的但不是渐近稳定的。如前所述，如果给系统施加一个常量转矩作为输入，那么旋转以无界方式线性增长，系统不是 BIBO 稳定的。因此，系统 $\dot{S} = AS$ 的稳定性不能说明具有动态方程 $\dot{S} = AS + BI$ 和 $O = CS + DI$ 的连续时间构件是 BIBO 稳定的。相反，具有动态方程 $\dot{S} = AS + BI$，$O = CS + DI$ 的连续时间构件的 BIBO 稳定的并不能保证系统 $\dot{S} = AS$ 是李雅普诺夫稳定的，除非再添加额外的矩阵属性。

练习 6.16*：证明命题 6.1。

练习 6.17：对于练习 6.13、练习 6.14、练习 6.15 中的系统，判定系统是否是渐近稳定的，稳定但不渐进稳定的或不稳定的。

6.3 控制器设计

给定一个被控对象的动态系统模型，控制器用于提供受控输入信号来保持系统的输出接近于期望的输出，调整不受控扰动中的变化。设计控制器是一门成熟的学科。我们将讲解控制器设计的最基本方法以及在实际工业应用中最常用的控制器类型。

6.3.1 开环控制器与反馈控制器

开环控制器决策的过程中不需要测量被控对象的状态或者输出。这种控制器依赖于被控对象的模型来判断被控对象的输入信号,它的实现不需要传感器。例如,考虑图 6-3 中的汽车模型。假定该控制器的目标是维持恒定的汽车速度(也就是在任意时刻 $\dot{v}=0$)。那么,如果初始速度为 v_0,期望的输入力 F 等于 kv_0:控制器只是简单地将这个恒定的输入力施加到汽车上以便维持恒定速度 v_0。这种控制器称为开环:当与图 6-1 所示的架构进行比较时,缺少传感器模块和从被控对象到控制器的信息流。显然,实现这种控制器比需要传感器的那种控制器便宜。然而,这种控制器的设计主要依赖于假设地被控对象的行为是可预测的,且可以被理想的数学模型捕获。实践中,在人的干预下,这种控制器是可以接受的。如果驾驶员发现车速不能接受,则应该通过开环控制器简单地增加或者减少期望车速来重新计算施加的外力。

一个反馈控制器使用传感器来测量输出和被控对象的当前状态,然后更新受控输入变量的值。例如,图 6-8 所示的修改后的汽车模型,模型考虑路面梯度的变化。假定控制器已经施加了正确大小的力来维持汽车的速度为期望的巡航速度。梯度 θ 的正向变化导致车减速;梯度 θ 的负向变化导致车加速。通过传感器测量的车速,作为控制器的一个输入。控制器可以通过车速的变化调整施加给车的力的大小,从而维持车速等于期望的巡航速度。反馈控制器不但可以处理变化规律事先不确定的扰动(如梯度),还可以处理不太准确的被控对象的模型。反馈控制器的实现需要传感器,且其性能受传感器的测量准确度的影响。

6.3.2 稳定化控制器

稳定化直升机模型

我们使用图 6-5 所示的直升机来描述设计控制器的简单及典型模式。我们知道给定的直升机模型是不稳定的。图 6-10 所示的控制器接受两个输入信号:输入信号 r 代表捕获期望旋转的参考信号,信号 s 代表被控对象的输出,也就是测量的直升机的旋转。根据这两个期望的和实际的输入变量,通过方程 $e=r-s$ 计算误差信号 e。控制器的目标是,尽量使得误差信号越小越好,同时确保由直升机模型和控制器组成的闭环系统是稳定的。注意,误差信号 e 的正值意味着控制器应该通过增加转矩来增加实际的旋转 s;误差信号的负值意味着控制器应该通过减小转矩来减少实际的旋转 s。图 6-10 所示的控制器通过正的常量因子 K_P 简单地缩放误差信号来计算转矩。这种控制器称为比例控制器,常量 K_P 称为控制器的增益。

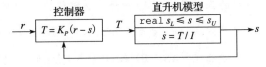

图 6-10 直升机模型的稳定化控制器

对于由控制器和直升机组成的闭环控制系统,输入信号是参考值 r;输出是旋转 s。组合系统的动态性由下式给出:

$$\dot{s} = K_P(r-s)/I$$

这是一个一维的线性系统,表示状态变量的变化率依赖于状态变量本身的系数是 $-K_P/I$。我们知道,当系数为负数时,系统是渐近稳定的。因此,只要增益是正数,该系统就是渐近稳定的。

当参考输入等于 0 时,也就是说,控制器的目标是防止直升机发生旋转时,控制器施加给直升机的转矩等于$-K_P/I$。不论初始旋转s_0是多少，这都会导致旋转呈指数衰减到零。增益K_P的值越高，收敛的速度越快。

线性状态反馈

线性系统的状态反馈控制器的通用架构如图 6-11所示。原始系统通过线性构件H进行建模。该构件拥有n个状态变量S和m个输出变量I，它的动态性由线性微分方程$\dot{S}=AS+BI$进行描述。在这种设置中，假设控制器可以完全观测状态，也

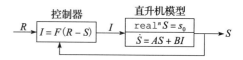

图 6-11   线性系统的状态反馈控制器

就是，被控对象的输出变量与它的状态变量是一致的。控制器基于被控对象的状态S和参考输入R来计算输出I。参考输入R与状态S都是n维的。

控制器是无状态线性构件，其线性变换过程由下式给出：

$$I = F(R-S)$$

变换矩阵F是$m \times n$维的，称为增益矩阵。闭环系统具有n维状态S及n维参考输入R，其动态性为：

$$\dot{S} = (A-BF)S + BFR$$

控制设计的问题是选择一个$m \times n$矩阵F使得组合系统是渐近稳定的。那么根据定理6.4，我们可以确保系统也是 BIBO 稳定的，因此参考输入的微小变化不会导致状态信号的大扰动。

设计增益矩阵

我们知道动态性为$\dot{S}=AS$的线性系统是渐近稳定的，当矩阵A的每个特征值都有负实部(见定理6.3)。因此，为了设计图6.11所示的稳定化控制器，给定矩阵A和B，需要选择增益矩阵F，使得矩阵$(A-BF)$的每个特征值都有负实部。

我们考虑具有两个状态变量、一个输入变量的方程组来说明这个计算过程：

$$\dot{s}_1 = 4s_1 + 6s_2 + 2u; \quad \dot{s}_2 = s_1 + 3s_2 + u$$

系统的矩阵A是我们在 6.22 节计算特征值，特征向量和矩阵指数矩阵A_1，我们知道特征值为 6 和 1，因此系统是不稳定的。矩阵B是列矢量$(2 \quad 1)^T$。期望的增益矩阵F是1×2矩阵，假定它的元素为f_1和f_2。我们选择这些未知元素f_1和f_2的值使得下述矩阵的特征值具有负实部：

$$\begin{bmatrix} 4 & 6 \\ 1 & 3 \end{bmatrix} - \begin{bmatrix} 2 \\ 1 \end{bmatrix}(f_1 \quad f_2) = \begin{bmatrix} 4-2f_1 & 6-2f_2 \\ 1-f_1 & 3-f_2 \end{bmatrix}$$

现在控制设计对应于选择这个矩阵的特征值，然后求解未知的f_1和f_2。这个矩阵的特征多项式为：

$$P(\lambda, f_1, f_2) = (4-2f_1-\lambda)(3-f_2-\lambda) - (6-2f_2)(1-f_1);$$
$$= \lambda^2 + (2f_1+f_2-7) + (6-2f_2)$$

如果这个特征多项式的形式为$(\lambda-\lambda_1)(\lambda-\lambda_2)$，那么它的根是$\lambda_1$和$\lambda_2$。通过对这些二次多项式的系数进行匹配，我们得出当增益矩阵F的元素满足下面的方程时，矩阵$A-BF$的特征值等于λ_1和λ_2：

$$\begin{cases} 2f_1 + f_2 - 7 = -\lambda_1 - \lambda_2; \\ 6 - 2f_2 = \lambda_1\lambda_2 \end{cases}$$

如果我们更喜欢特征值-1和-2(这些可以确保渐近稳定性)，那么需要求解$2f_1 + f_2 -$

$7=3$；$6-2f_2=2$。

我们得出 $f_1=4$ 和 $f_2=2$。因此，期望的矩阵 F 为（4   2），也就是说，控制器应该给系统提供输入信号 $u=4(r_1-s_1)+2(r_2-s_2)$，这样产生的闭环系统是渐近稳定的且特征值为 -1 和 -2。

我们也可以选择复数特征值只要当我们选择复数时，我们也可以选择它的共轭特征值。例如，如果我们想要特征值为 $-1+j$ 和 $-1-j$，那么我们需要求解下式：

$$\begin{cases} 2f_1+f_2-7=2 \\ 6-2f_2=2 \end{cases}$$

求解的结果为 $f_1=7/2$ 和 $f_2=2$。这意味着，在选择的增益矩阵 F 是（7/2   2）的情况下，最终的闭环系统的特征值是 $-1+j$ 和 $-1-j$，系统是渐近稳定的。

矩阵对 $(A，B)$ 的可控性

总之，为了设计稳定的反馈控制器，我们选择具有负实部的特征值 $\lambda_1，\lambda_2，\cdots，\lambda_n$，并需要求解方程：

266

$$\det[A-BF-\lambda I]=(\lambda-\lambda_1)(\lambda-\lambda_2)\cdots(\lambda-\lambda_n)$$

对应于增益矩阵的元素有 mn 个未知量。这种设计稳定性的方法自然带来两个问题：1)什么时候方程确保有解？2)解的存在性取决于特征值的选择吗？已经证明当矩阵对 $(A，B)$ 满足某个性质时，对于每个选择的特征值 $\lambda_1，\lambda_2，\cdots，\lambda_n$，都可能选择增益矩阵 T 的元素使得满足上述方程。

给定 $n\times n$ 矩阵 A 和 $n\times m$ 矩阵 B，考虑如下具有 n 行 mn 列的矩阵：

$$C(A，B)=(B \quad AB \quad A^2B \quad \cdots \quad A^{n-1}B)$$

也就是，矩阵 $C(A，B)$ 的前 m 列是 $n\times m$ 矩阵 B 的列，其后的 m 列是 $n\times m$ 矩阵 AB 的列，最后的 m 列是 $n\times m$ 矩阵 $A^{n-1}B$ 的列。矩阵 $C(A，B)$ 称为对应于矩阵对 $(A，B)$ 的可控性矩阵。如果可控性矩阵的秩为 n，也就是说，如果矩阵 $C(A，B)$ 的所有行都是线性无关的，那么就说矩阵对 $(A，B)$ 是可控的。在这种情况下，具有动态方程 $\dot{S}=AS+BI$ 的线性系统也称为是可控的。

下面的定理告诉我们对于与给定特征值相关的增益矩阵的存在可控性是充分必要条件。如果矩阵对 $(A，B)$ 是可控的，那么对于任意选择的特征值只要我们只选择实数或当我们选择复数时我们也选择它的共轭，可能求得期望的增益矩阵 F。如果矩阵对 $(A，B)$ 不是可控的，那么并不是所有特征值都可以自由选择。

定理 6.5（可控性与特征值分配） 令 A 是 $n\times n$ 矩阵，B 是 $n\times m$ 矩阵。如下的两条陈述是等价的：

- $n\times mn$ 可控性矩阵 $C(A，B)$，其列是矩阵 $B，\quad AB，\quad A^2B，\quad \cdots，\quad A^{n-1}B$ 的列，可控性矩阵的秩为 n。
- 对于（复）数 $\lambda_1，\lambda_2，\cdots\lambda_n$ 的每个选择，当它的共轭也出现在列表中时复数出现在列表中，存在一个 $m\times n$ 矩阵 F，使得矩阵 $(A-BF)$ 的特征值为 $\lambda_1，\lambda_2，\cdots，\lambda_n$。

继续我们的例子：

$$A_1=\begin{pmatrix} 4 & 6 \\ 1 & 3 \end{pmatrix}；\quad B=\begin{pmatrix} 2 \\ 1 \end{pmatrix}；\quad C(A_1，B)=\begin{pmatrix} 2 & 14 \\ 1 & 5 \end{pmatrix}$$

在这个例子中，$m=1$ 和 $n=2$。可控性矩阵 $C(A_1，B)$ 是一个 2×2 矩阵，其秩为 2。

267

因此，矩阵对 $(A_1，B)$ 是可控的。正如我们之前分析的那样，当增益矩阵 F 的元素满足下式时：

$$\begin{cases} 2f_1 + f_2 - 7 = -\lambda_1 - \lambda_2 \\ 6 - 2f_2 = \lambda_1\lambda_2 \end{cases}$$

矩阵$(A-BF)$的特征值为λ_1和λ_2。这个线性方程但保证对于任意的λ_1和λ_2，都有元素f_1和f_2的解存在(注：如果λ_1是复数，那么λ_2必须是其共轭，这样才能确保它们的和与积是实数)。根据定理6.5，我们知道这不是巧合。

对于线性系统，可控性包含很多其他吸引人的特性。如果线性系统是可控的，那么对于任何给定的初始化状态和目标状态，那么存在一个系统的输入信号使得从初始状态开始的系统的状态在有限时间内变为等于目标状态。更准确地，考虑一个线性系统，其动态方程为$\dot{S}=AS+BI$，初始状态为s_0，那么矩阵对$(A，B)$是可控的。对于每个状态$s\in real^n$，存在一个时刻$t^*\in time$和一个输入信号$\bar{I}$，使得对于作为响应从初始状态s_0开始的该输入信号$\bar{I}$的系统的唯一状态信号$\bar{S}$，$\bar{S}(t^*)=s$。

虽然我们已经提出了一种设计控制器的方法来确保稳定性的关键特性，但值得一提的是，在控制器的设计过程中，还需要考虑另外两个重要的方面：

- **最优性**：对于保证闭环系统的稳定性，有许多方法选择增益矩阵F。最优控制理论，尤其是设计线性二次型调节器(LQR)控制器的技术，解决了如何选择矩阵使得其满足额外准则的问题(例如，尽可能快地驱使某个状态变量变为0)。
- **状态估计**：我们已经假定控制器的输入是系统的完全状态S。当控制器通过输出矢量O只观测到系统的部分状态时，将会发生什么？在这种情况下，控制器需要基于输出信号的观测性来估计系统的状态，可观测性和状态估计的理论形成该目的的技术。

练习6.18：考虑一个具有两个状态变量、一个输出变量的线性系统，其动态方程为：

$$\begin{cases} \dot{s}_1 = s_1/2 + s_2 + u \\ \dot{s}_2 = s_1 + 2s_2 + u \end{cases}$$

1) 说明该系统是不稳定的。
2) 说明系统的可控的。
3) 确定增益矩阵F，使得由此产生的闭环系统的特征值为$-1+j$和$-1-j$。

练习6.19* ：考虑一个具有两个状态变量、一个输出变量的线性系统，其动态方程为：

$$\begin{cases} \dot{s}_1 = -2s_2 + u \\ \dot{s}_2 = s_1 - 3s_2 + u \end{cases}$$

268

首先，说明矩阵对$(A，B)$是不可控的。接着说明不可能选择增益矩阵F的元素使得矩阵$(A-BF)$的特征值为任意值：说明不论增益矩阵F的特征值如何选择，矩阵$(A-BF)$总有一个特征值为-1(虽然矩阵$(A-BF)$的第二个特征值可以根据增益矩阵F的合适选择设置为任意值)。

6.3.3 PID 控制器*

在工业控制系统中，最常用用来矫正预期参考信息与测量输出信号之间偏差的控制器使用3项的组合：捕获对当前误差反应的比例项；捕获对累计误差反应的积分项；捕获对误差变化率反应的导数项。这种控制器称为PID控制器。下面使用经典的直流电动机控制系统来说明PID控制器的设计。

直流电动机

图6-12说明了将输入电压转换为转动运动的直流(DC)电动机的设计，它常常作为许

多机电设备的组成模块。在图 6-12 中，左边是电路，它与右边的转轴连接。

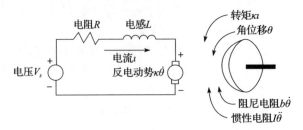

图 6-12　直流电动机的动态性

用符号 V_s 表示输入电压，用 R 表示电路的电阻，用 L 表示电路中的电感，用 ι 表示电路中流动的电流，用 θ 表示转子的角位移。如果用 k 表示电动势（EMF）常量，那么转轴产生的反电动势等于 $k\dot{\theta}$。电路的基本原理告诉我们：1）电阻两端的电压等于电阻与流过电路的电流的乘积；2）电感两端的电压等于电感与流过电路的电流变化率的乘积；3）电路中闭路的电压和等于必须零（基尔霍夫定律）。应用上述规则，我们得到方程：

$$L\dot{\iota} + R\iota + k\dot{\theta} = V_s$$

接着分析转轴的运动。施加在转轴上的转矩等于电动势常数 k 乘以流过电路的电流。如果符号 I 表示转动惯量，符号 b 表示对应于阻尼效应的摩擦系数，那么根据牛顿旋转体定律得到：

$$I\ddot{\theta} + b\dot{\theta} = k\iota$$

直流电动机的输出为转轴的转动速度。那么可以用图 6-13 所示的连续时间构件来描述这种动态性。在这个模型中，ν 代表转动角速度，省略了角位移量 θ。

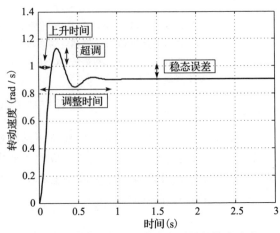

直流电动机控制器

图 6-13 中的直流电动机控制器观测转动角速度 ν，

图 6-13　直流电动机的连续
时间构件模型

并调整源电压 V_s 来获得期望的响应。这种控制器的典型任务是控制电压输入使得转动角速度从它的初始值改变为期望的速度 r。我们已经知道通过合适选择比例增益常量 K_P 来设计包括缩放参考值与观测值之间的差的比例控制器的通用技术：

$$V_s = K_P(r - \nu)$$

虽然我们已经分析了增益常量的值与由此产生的闭环系统的（渐近）稳定性之间的关系，但为了理解各种需求而不是实际感兴趣的稳定性，让我们检查图 6-14 中的采用比例控制器的直流电动机的典型行动。该图是用 MATLAB 生成的，其中的参数值为：转动惯量 $I=0.01$、阻尼常量 $b=0.1$、电动势常量 $k=0.01$、电阻 $R=1$、电感 $L=0.5$、参考输入 $r=1$、比例增益常量 $K_P=100$。

图 6-14 所示的响应称为连续时间构

图 6-14　比例控制器的直流电动机的输出响应

件的阶跃响应：在时刻 t_0(本例中是时刻 0)，我们想将输出从初始值(本例中是 0)改变为新的参考值(本例中是 1)。图 6-14 显示的输出响应信号的曲线是大多数物理系统的说明。让我们直观地考虑系统的输出变化如何响应参考信号的变化，用符号 e 表示参考值与系统输出之间的差值。在初始时间段，这个误差 e 的大小是最大。随着误差 e 的改变，控制器提供的控制输入的值也随着变化，进而影响系统的状态与输出。输出接近 1 但由于物理世界的动力学光滑性，输出值会超过期望值。超调使误差 e 变为负值，导致控制器改变输出导数的方向。在输出值达到稳态值前，同样的现象重复导致输出振荡一段时间，在没有外部干扰下会保持不变。

给定上图所示系统输出的预期响应，下面的度量量能够反映控制器的性能：

1) 超调：系统输出的最大值与期望的参考值之间的差值。对于图 6-14 所示的直流电动机响应，最大的转动速度为 1.12rad/s，超调为 12%。理想情况下，超调应该越小越好。特别地，安全性需求可以保证超调应该低于某个阈值。

2) 上升时间：从参考信号改变时的时间到输出信号越过期望参考值的时间之间的时间差。对于图 6-14 所示的直流电动机响应，上升时间为 0.15s。理想情况下，越小的上升时间，系统的响应性越好；通常尝试减小上升时间将会导致超调增大。271

3) 稳态误差：输出信号的稳态值与参考信号的值之间的差值。对于图 6-14 所示的直流电动机响应，输出以 0.9rad/s 达到稳态，这样产生 10% 的稳态误差。理想情况下，稳态误差应该等于 0，但是小的误差也是可以接受的。

4) 调整时间：从参考信号改变的时间到输出信号达到稳态值的时间之间的时间差。对于图 6-14 所示的直流电动机响应，调整时间为 0.8s。理想情况下，调整时间应该很小，系统应该在几个振荡周期内达到期望的输出值。

对于直流电动机的比例控制器，改变增益 K_P 的值会影响上升时间和超调，但是单纯的比例控制器不能消除稳态误差。为了获得最优性能，我们需要包含导数与积分部件。

PID 控制器

一个通用版本的 PID 控制器如图 6-15 所示。该控制器有两个输入信号：参考信号 r、受控的动态系统的被测输出 y。用变量 e 表示参考信号 r 与被测被控对象输出 y 之间的差值的误差信号，那么控制器的输出 u(送给被控对象)是下列 3 项的和：

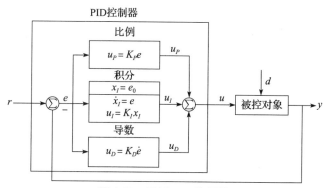

图 6-15 通用 PID 控制器

- **比例项 $K_P e$**：该项的作用与当前误差的大小成比例。常量 K_P 称为比例增益，控制器通过这个因子改变误差的大小。

- **积分项 $K_I \int_0^t e(\tau)\mathrm{d}\tau$**：注意直到时刻 t 的误差信号的积分是直到时刻 t 的累积误差，

因此该项的作用是说明直到目前的累积误差。常量 K_I 称为积分增益，控制器通过该因子改变累积误差。

- **导数项 $K_D\dot{e}$**：该项的作用与误差的变化率有关。常量 K_D 称为导数增益，控制器通过该因子改变误差的变化率。

注意 PID 控制器中的比例构件是无状态的。积分构件中有一个状态变量 x_I 用来反映累积误差，该状态变量的变化率等于误差 e。导数构件有一个状态变量 x_D 用来存储误差 e，该导数构件的输出是该状态变量的一阶导数。在图 6-15 中，使用标准公约，用带符号 Σ 的圆圈表示加法构件。这样的构件简单地输出输入信号的和，其中输入信号上的负号表示对应的输入应该被减掉。在具体的控制设计中，有些构件可能被略去。例如，比例控制器(P 控制器)只有比例构件，比例和积分控制器(PI 控制器)中只有比例和积分构件。这两种控制器在实际中很常见。

直流电动机的 PID 控制器

为了理解上述各项如何影响控制的性能，让我们再重新回顾直流电动机的比例控制器(见图 6-14)。比例增益 K_P 越高意味着上升时间越小但超调越大。过高的比例增益 K_P 也会导致大的振荡，延长调整时间。

单纯的比例控制器存在稳态误差。积分项的效应可以消除稳态误差。图 6-16 显示了直流电动机的 PI 控制器，其中 $K_P=100$ 和 $K_I=200$(其他参数的值保持不变)。注意，现在输出值稳定于期望值 1(稳态值不为 0，但是非常小)，但是超调增大 30%，这是不可接受的；同时上升时间和调整时间也增大了(相较于单纯的比例控制器)。高积分增益 K_I 带来了更好的响应性，但是增大了超调。

为了降低超调，我们需要导数构件。图 6-16 也显示了直流电动机的 PD 控制器的响应，其中 $K_P=100$、$K_D=10$(所有其他参数的值保持不变)。已经没有超调，但是由于输出的稳态值为 0.9rad/s，所以稳态误差仍然很大。

明智地使用上述 3 个构件可以得到更好的性能：图 6-17 显示了直流电动机的 PID 控制器的响应，其中为 $K_P=100$、$K_D=10$、$K_I=200$。现在稳态误差已经不显著了，没有超调，调整时间是 0.4s。

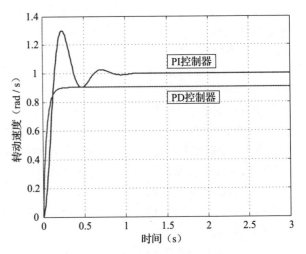

图 6-16   带 PI、PD 控制器的直流电动机的输出响应

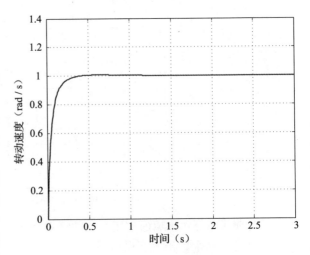

图 6-17   带有 PID 控制器的直流电动机的输出响应

巡航控制器

让我们回顾图 6-3 所示的汽车模型。巡航控制器的输入是汽车的输出，即车速 v 和参考值 r（也就是驾驶员设置的期望速度）。控制器的目标是提供输入力 F，这样使得车速等于参考值。

首先，采用比例控制器进行设计。闭环系统的动态性为：

$$\begin{cases} \dot{v} = (F - kv)/m \\ F = K_P(r - v) \end{cases}$$

如果我们设定初始速度 v_0 等于 0，质量 m 等于 100kg，摩擦系数 k 等于 50，期望速度 r 等于 10m/s，比例增益 $K_p = 600$；那么由此产生的速度响应如图 6-18 所示。这里有一个明显的稳态误差：当驾驶员想要增大 10m/s 的速度时，它只增长了 9m/s。注意调整时间大约为 10s，还算合理。增大 K_P 的值会降低稳态误差，但是也会显著地降低调整时间，这可能导致高加速引起的乘客的不适感。

为了消除稳态误差，我们可以增加一个积分构件。注意，由于没有超调，所以我们不需要导数构件。对于所有其他参数的相同值，PI 控制器的（$K_P = 600$ 和 $K_I = 40$）速度响应如图 6-18 所示。这种情况的阶跃响应看起来很完美：速度递增 10m/s 大约需要 7s，没有超调，在期望保持稳定且具有小的稳态误差。

注意 PI 巡航控制器的基本设计没有显著地依赖汽车的模型，但是增益常量 K_P、K_I 的值通过运行不同选择的模拟来获得。对于不同的汽车模型，例如，对于在有梯度路面上的汽车或者具有不同参数值 m 和 k 的汽车，需要获取合适的增益常量 K_P、K_I。

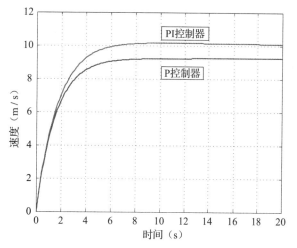

272 ～ 275

图 6-18　巡航控制器的速度响应

让我们回顾在 2.4.2 节中讨论的同步构件 GruiseController 的设计。构件 ControlSpeed 确实可以像上面讨论的 PI 控制器那样实现。两个输入变量 Speed 和 GruiseSpeed 分别为观测速度及期望速度，控制器的输出为力。然而，在连续世界与离散世界之间存在语义上的不一致：2.4.2 中的构件通过离散方式与其他构件进行交互，变量的取值范围是自然数；而汽车模型和 PI 控制器是处理实值信号的连续时间构件。两者之间的间隙通常通过这样的手段来弥补：PI 控制器的通常实现是在离散区间对速度进行采样，并且控制器处理的值是经过四舍五入的有限精度的数字。这种离散化可能引入误差，这意味着基于模型的分析不能取代对集成所有构件的最终系统的广泛测试。

练习 6.20：回顾练习 6.10 中的线性单摆模型。我们将使用这个线性化模型的比例导数（PD）控制器。反馈控制通过式 $u = K_p\varphi + K_D\dot{\varphi}$ 给出，这里我们需要选择合适的增益 K_p 及 K_D。写出包含单摆线性模型和 PD 控制器的组合的闭环系统方程。参数值 K_p 及 K_D 为多少时闭环系统是稳定的？假定质量 m 与长度 ℓ 的关系为 $m\ell^2 = 1$(kg.m^2) 及 $mg\ell = 1$(N.m)。使用 MATLAB 软件仿真不同增益值 K_p 及 K_D 的闭环系统。可以选择某个合适的初始位置及初始角速度。用不同的参数值进行试验。绘制并讨论所得的结果。

练习 6.21*：图 6-18 显示了汽车对 PI 控制器的响应。假定我们把同样的控制器用于图 6-8 所示的有梯度路面的汽车模型中。考虑对路面梯度的正弦变化建模的输入信号为 $\bar{\theta}(t)=(\sin(t/5))/3$（单位是弧度）。针对这个输入，使用同样的参数，绘制响应 PI 控制器的汽车速度：初始速度 v_0 等于 0，质量 m 等于 100kg，摩擦系数 k 等于 50，重力加速度 g 等于 9.8m/s^2，参考速度 r 等于 10m/s，比例增益 K_P 等于 600，积分增益 K_I 等于 40。

6.4 分析技术*

给定一个连续时间构件的模型，模型可能包括被控对象模型、反馈控制器、对初始值及扰动的约束，我们想分析这个系统的行为。我们首先讨论基于数值模拟的传统方法，接着讨论基于约束的技术来验证稳定性及安全性需求。

6.4.1 数值模拟

考虑一个具有状态变量 S 及输入变量 I 的连续时间构件。定义在状态变量及输入变量的函数 f 描述了状态的变化率。给定一个输入信号 $\bar{I}$，它作为时间和初始状态 s_0 的函数，它将值赋给输入，初始条件为 $S(0)=s_0$，那么系统的状态演化函数，可以通过求解微分方程 $\dot{S}=f(S,I)$ 获得。虽然对于某些特殊形式的函数 f，可以求取状态响应 $\bar{S}(t)$ 在时刻 t 的闭合式解，但计算这个信号更通用的方法是应用数值模拟。对于数值模拟，用户提供离散步长参数 Δ，模拟器试图计算在时刻 Δ，2Δ，3Δ，$\cdots$ 的状态值，并使其值与期望响应信号 $\bar{S}(t)$ 的值尽可能接近。模拟算法只在时刻 Δ，2Δ，3Δ，$\cdots$ 采集输入信号 $\bar{I}(t)$，因此模拟的结果取决于输入信号的离散序列 u_0，u_1，u_2，$\cdots$，其中 u_i 是在任意时刻 $t=i\Delta$ 输入信号 $\bar{I}(t)$ 的值。

欧拉方法

欧拉方法依赖于期望状态信号 $\bar{S}$ 的变化率的观测值，即在时刻 t，$\text{d}\bar{S}/\text{d}t$ 是当增量 Δ 趋近于 0 时量 $(\bar{S}(t+\Delta)-\bar{S}(t))/\Delta$ 的极限。因此，对于很小的增量 Δ 的值，可以用下式来近似 $\bar{S}(t+\Delta)$ 的值：

$$\bar{S}(t+\Delta)=\bar{S}(t)+\Delta f(\bar{S}(t),\bar{I}(t))$$

这个近似假定在时间间隔 $[t,t+\Delta)$ 内状态的变化率是常量，且状态的变化率等于时刻 t 的变化率。使用时刻 t 的输入值和状态值对函数 f 进行评估来获得时刻 t 的状态变化率。通过将状态变化率乘以时间间隔大小 Δ 获得状态值的变化。因此，给定状态的初始值 s_0 及输入信号的值序列 u_0，u_1，u_2，$\cdots$，模拟微分方程 $\dot{S}=f(S,I)$ 的欧拉方法计算下列的值序列：

$$s_{i+1}=s_i+\Delta f(s_i,u_i),\quad i\geqslant 0$$

在每个时刻 $t\in\text{time}$，状态 $\bar{S}(t)$ 的值通过上述的序列值利用外推法求得：对于每个 $i\geqslant 0$ 及时刻 $t\in[i\Delta,i\Delta+\Delta)$，$\bar{S}(t)=s_i+(t-i\Delta)f(s_i,u_i)$。

龙格-库塔方法

欧拉方法通过假定在时间间隔内的状态变化率是常量（该变化率基于该时间间隔的起始时刻的状态）来估计在该时间间隔的终止时刻的状态。如果利用该时间间隔终止时刻的状态变化的估计值来估计导数变化，那么可以得到较好的近似。并且这也可以用于重新调整状态估计龙格-库塔方法包含基于这个思想的流行的数值积分方法。特别是，二阶龙格-库塔方法通过下式计算状态 s_{i+1}：

$$\begin{cases} k_1 = f(s_i, u_i), \\ k_2 = f(s_i + \Delta k_1, u_{i+1}), \\ s_{i+1} = s_i + \Delta(k_1 + k_2)/2 \end{cases}$$

给定当前的状态 s_i 和输入 u_i，第一步计算 k_1 作为当前的变化率。然而，不同于欧拉方法设置时间时隔的终止时刻的状态 s_{i+1} 为 $s_i + \Delta k_1$，第二步使估计的该状态值计算时间段终止时刻的变化 k_2 的变化率（时间段终止时刻的输入值 u_{i+1} 用于评估）；第三步假设时间段期间的变化率为常量，但等于两个值 k_1、k_2 的平均值，计算 s_{i+1}。

更高阶的龙格-库塔方法使用相同的基本思想，但使用中间点及端点导数的估计来计算加权平值。实践中，最常用的方法是四阶龙格-库塔方法。它通过下式来计算状态 s_{i+1}：

$$\begin{cases} k_1 = f(s_i, u_i), \\ k_2 = f(s_i + \Delta k_1/2, (u_i + u_{i+1})/2), \\ k_3 = f(s_i + \Delta k_2/2, (u_i + u_{i+1})/2), \\ k_4 = f(s_i + \Delta k_3, u_{i+1}), \\ s_{i+1} = s_i + \Delta(k_1 + 2k_2 + 2k_3 + k_4)/6 \end{cases}$$

近似

为了更好地理解这些模拟技术如何近似期望函数，我们考虑一个一维线性微分方程：$\dot{s} = s$，该方程没有输入，初始状态 $s_0 = 2$。我们已经知道该方程的解为信号 $\bar{s}(t) = 2e^t$。

对于数值模拟，我们选择间隔的步长 Δ 为 0.1。在时间间隔为 $[0, 5]$ 时，利用欧拉方法及二阶龙格-库塔方法求解的仿真曲线如图 6-19 所示。注意，欧拉方法引入显著的累积误差：用欧拉方法求解的 $\bar{s}(5)$ 等于 234.78，而用二阶龙格-库塔求解的结果为 294.54。在本例中，选用四阶龙格-库塔方法只会稍微提高准确度。由于二阶与四阶方法产生的模拟曲线的差别不是很大，所以在图 6-19 中并没有显示四阶龙格-库塔方法产生的模拟曲线，但是用四阶方法产生 $\bar{s}(5)$ 的数值为 296.83，该值与 $2e^5$ 一致。还应该注意到，如果用 MATLAB 中的标

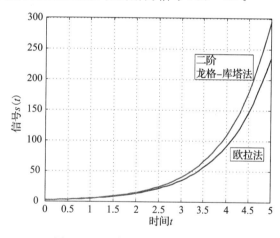

图 6-19　两种不同的模拟算法比较

准求解器并绘制例程图来模拟上述的微分方程，则得到的模拟曲线与四阶龙格-库塔方法产生的模拟曲线一样。

通过降低模拟步长 Δ 可以提高采用数值模拟获得的近似质量。模拟工具自动调整步长参数以便保持小的误差。特别地，可能在模拟的每一步中，也可以采用自适应技术动态地改变 Δ 的值来调整当前变化率。

练习 6.22：考虑一个单维线性微分方程 $\dot{s} = s$。假定初始状态为 s_0，数值模拟采用的间隔步长为 Δ。对于欧拉方法，求解 s_0、Δ 和 n 的函数 n 步模拟后状态 s_n 的闭合解。用数据 $s_0 = 2$、$\Delta = 0.1$、$n = 50$ 和 $s_{50} = 234.78$ 来验证（见图 6-19）。

练习 6.23：考虑一个单维线性微分方程 $\dot{s} = s$。假定初始状态为 s_0，数值模拟采用的间隔步长为 Δ。对于二阶龙格-库塔方法，求解 s_0、Δ 和 n 的函数 n 步模拟后 s_n 的闭合解。用数据 $s_0 = 2$、$\Delta = 0.1$、$n = 50$ 和 $s_{50} = 294.54$ 来验证（见图 6-19）。

6.4.2　栅栏函数

在第 3 章中，我们关注了(离散的)迁移系统的安全性验证问题：给定一个迁移系统及安全状态集合，系统的每个可达状态是安全的吗？现在我们再回顾连续时间构件的这个问题。

安全性验证

考虑一个闭合连续时间构件 H(没有输入)，它有状态变量 S 初始化过程由 Init 给出，动态性由 $\dot{S} = f(S)$ 给定。对于每个初始状态 $s_0 \in [\![\text{Init}]\!]$，系统有一个唯一的响应信号，系统的可达状态集合是所有这些响应信号所经历状态的集合：

$$\text{Reach} = \{\overline{S}(t) \mid \overline{S}(0) \in [\![\text{Init}]\!] \quad 且 \quad t \in \text{time}\}$$

给定一个状态属性 φ，安全性验证的问题是确定集合 Reach 中每个状态是否满足属性 φ。例如，属性 φ 可以断言参考信号与系统输出之间误差的大小小于某个常量 δ，违反这个属性表示出现一个不可接受的超调。

数值模拟是理解从具体初始状态开始的动态系统行为的有效技术。当我们知道初始状态属于一个集合时，模拟工具需要从给定集合中选择不同值的初始状态并进行多次模拟。该种方法不能穷尽所有的集合元素，所以我们需要一些替代的技术来解决这个问题。

一种自然的方法是采用 3.4 节中的符号可达性算法的方式形成一种符号模拟算法。然而，此种方法即便是针对线性构件也具有很大的挑战性。为了说明这种困难，我们考虑一个二维线性系统，其动态性为：

$$\begin{cases} \dot{s}_1 = -7s_1 + s_2 \\ \dot{s}_2 = 8s_1 - 10s_2 \end{cases}$$

假定初始状态集合是一个矩形区域，由下式给出：

$$\text{Init} = 5 \leqslant s_1 \leqslant 6 \wedge -1 \leqslant s_2 \leqslant 1$$

图 6-20 显示了这个初始集合，同时显示了当时初始状态取矩形的 4 个拐角点时的系统响应。所有这些系统响应都收敛于原点；这并不是巧合：已证明状态迁移矩阵的两个特征值都是负数，因此该系统是渐近稳定的(见定理 6.3)。

从图 6-20 中可以明显地看出，系统的可达状态集合 Reach 具有复杂形式：它不是凸面的，虽然用线性约束来描述初始集合，但是线性约束并不足以描述集合 Reach。因此，不可能利用符号方法来准确地计算可达集合。

归纳不变量

在第 3 章中，我们研究了利用归纳不变量的原理来证明(离散的)迁移系统的安全性需求。为了说明属性 φ 是迁移系统 T

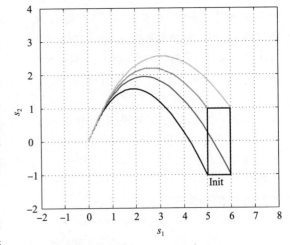

图 6-20　连续时间构件的可达集合

的不变量，我们寻找属性 ψ，使得 1)满足 ψ 的每个状态也满足 φ；2)系统 T 的初始状态满足 ψ；3)如果状态 s 满足 ψ，(s, t) 是 T 的一个迁移，那么状态 t 保证满足 ψ。我们描述了一种类似的方法用来建立给定状态的属性是连续时间系统的不变量。

让我们回顾图 6-20 所示的动态系统。假定我们想建立 $-4 \leqslant s_2 \leqslant 4$ 描述属性 φ 是系统的不变量。在图 6-21 中，我们想说明，如果初始状态位于矩形区域内，那么系统的执行状态会位于两条水平线 $s_2=4$ 与 $s_2=-4$ 之间。

与归纳不变量证明一样，第一步识别"强化的" Ψ。对于连续时间构件，用将状态映射为实数的函数 Ψ：$\text{read}^n \mapsto \text{real}$ 来描述期望的强化区域，也就是说，定义在状态变量 S 上的实值表达式。满足方程 $\Psi(S)=0$ 的状态集合称为栅栏。满足公式 $\Psi(S) \leqslant 0$ 的状态集合，即，栅栏中的状态集合，类似于归纳不变量。栅栏需要满足 3 个要求：第一个要求是建立满足 $\Psi(S) \leqslant 0$ 的每个状态也满足期望的安全性属性 φ。等价地，如果一个状态违反了属性 φ，那么函数 Ψ 的值一定是正的。第二个要求是说明每个初始状态 s_0 都满足

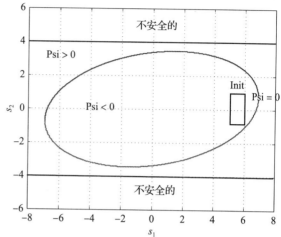

图 6-21　使用栅栏函数的不变量验证

$\Psi(s_0) \leqslant 0$。这两个条件说明应该对栅栏进行选择以便把初始状态与违反期望不变量属性的状态分离：所有不安全的状态都在栅栏外，所有初始状态都在栅栏内。

对于图 6-21 中的例子，通过下面的函数来描述栅栏：
$$\Psi(s_1,s_2) = 7s_1^2 - 6s_1 s_2 + 28s_2^2 - 320$$

方程 $\Psi(s)=0$ 描述了图中的椭圆。初始状态位于椭圆内，而不安全状态(也就是，位于直线 $s_2=4$ 上面的区域以及直线 $s_2=-4$ 下面的区域)位于椭圆外。

第三个要求是在离散迁移系统中，对应于说明由系统迁移保存的归纳不变量在连续时间构件中，用微分方程 $\dot{S}=f(S)$ 描述的随时间变化的状态的连续演化代替了离散迁转。说明违反不变量的系统响应 $\overline{S}(t)$ 必须从位于栅栏内的某个初始状态开始，并且访问位于栅栏外的某个不安全状态。系统响应是连续可微函数，因此它不能"跳跃"到栅栏外。如果根据系统的动力学特性建立栅栏，那么系统的响应信号将不可能穿越该栅栏。

为了理解上述要求的条件，考虑图 6-21 所示的例子。在给定的 (s_1, s_2) 状态，状态 s_1 的值以速率 $f(s_1)=-7s_1+s_2$ 变化，状态 s_2 的值以速率 $f(s_2)=8s_1-10s_2$ 变化。因此，状态 (s_1, s_2) 沿着给定动态性 f 给出的矢量 $(-7s_1+s_2, 8s_1-10s_2)$ 演化。观察到函数 Ψ 的值总是沿着上述矢量的方向减小。特别地，如果状态栅栏上(即椭圆的边界上)，那么矢量场是指向内部的。这说明如果在时刻 t 系统的状态位于栅栏上，那么在时刻 $\tau+dt$ 系统的状态一定位于其内部。显然，系统执行不能从内部到外部跨越栅栏。

280 ≀ 282

李导数

李导数(Lie derivative)是用来形式化地描述函数 Ψ 的值沿着矢量方向递减的需求的数学概念。表达式 Ψ 与动态性 f 描述的矢量场相关，表达式 Ψ 描述的函数的李导数用 $\ell_f \Psi$ 表示，并且表达式 Ψ 的值的变化率是状态变量 S 的函数，而状态按照动态方程 $\dot{S}=f(S)$ 进行演化。换句话说，李导数 $\mathcal{L}_f \Psi$ 是函数 Ψ 沿着矢量场 f 的方向导数。

函数 Ψ 的李导数可以从关于状态矢量的每个坐标的函数 Ψ 的偏导数计算出来：
$$\mathcal{L}_f \Psi(S) = \sum_{s \in S} (\partial \Psi / \partial s) f(s)$$

在我们的例子中，状态矢量是二维的：

$$\mathcal{L}_f \Psi(s_1, s_2) = (\partial \Psi / \partial s_1) f(s_1) + (\partial \Psi / \partial s_2) f(s_2)$$
$$= (14s_1 - 6s_2)(-7s_1 + s_2) + (-6s_1 + 56s_2)(8s_1 - 10s_2)$$
$$= -146s_1^2 - 566s_2^2 + 564s_1 s_2$$

Ψ 是栅栏函数的第三个要求在属于栅栏函数的所有点函数 $\mathcal{L}_f \Psi$ 的值都是负的。这点确保对于栅栏上的每一个状态 s，当状态 s 根据动态性 f 演化时函数 $\Psi(s)$ 递减。

回到我们的例子，验证表达式 $146s_1^2 - 566s_2^2 + 564s_1 s_2$ 除了在栅栏边界上外，总是有负值。

上面概述的技术需求其是表达式 Ψ 描述应该是光滑函数的函数。光滑函数是所有的导数、高阶导数及偏微分存在的函数。这确保李导数是良好定义的。在图 6-21 的例子中，函数 Ψ 是二次函数且是光滑的。每个多项式函数都是光滑的函数。不连续的函数不是光滑的，这意味着分离初始状态和坏状态的栅栏函数不可能是矩形（或者多面体）。

用栅栏函数建立不变量的证明技术总结如下。

定理 6.6(使用栅栏函数的安全性验证)　令 H 表示一个封闭连续时间构件，其状态变量是 S，初始变量为 Init，动态方程是 $\dot{S} = f(S)$。为了说明状态属性 φ 是系统 H 的所有可达状态集合中的不变量，寻找状态变量上的光滑实值表达式 Ψ(称为栅栏函数)就足够了，使得 1)如果 Init(S)成立，那么 $\Psi(S) \leqslant 0$；2)如果 $\varphi(S)$ 不成立，那么 $\Psi(S) > 0$；3)关于矢量场 f 的 Ψ 的李导数是负值，对于所有边界属于栅栏函数：(如果 $\Psi(S) = 0$ 那么 $(\mathcal{L}_f \Psi)(S) < 0$)的状态。

证明：令 H 表示闭合连续时间构件，其状态变量是 S，初始化为 Init，动态方程是 $\dot{S} = f(S)$。令状态变量上的实值表达式 Ψ 是一个栅栏函数。即，Ψ 在所有初始状态中的值都是非正的，在违反属性 φ 的所有状态中值 Ψ 都是正的，关于矢量场 f 的 Ψ 的李导数都是负的，对于所有状态 Ψ 是 0。　　　　　　　　　　　　　　■

我们想证明系统 H 的每个可达状态都满足属性 φ。通过反证法来证明。假定存在一个不满足 φ 的可达状态。那么存在一个系统响应信号 $\overline{S}$ 和时刻 $t^* \in$ time，使得 $\overline{S}(0)$ 为初始状态并且 $\overline{S}(t^*)$ 不满足属性 φ。让我们定义函数 $\overline{\Psi}$：time $\mapsto$ real，使得 $\overline{\Psi}(t) = \Psi(\overline{S}(t))$。因为函数 $\overline{\Psi}$ 是两个连续性函数的组合，所以它是连续函数。

由于每个初始状态中的 Ψ 的值都是非正的，所以我们知道 $\overline{\Psi}(0) \leqslant 0$。由于每个不安全状态中的函数 Ψ 的值都是正的，所以我们知道 $\overline{\Psi}(t^*) > 0$。根据 $\overline{\Psi}$ 的连续性，可以得出存在一个时刻 τ 使得 $\overline{\Psi}(\tau) = 0$ 且 $\overline{\Psi}(t) > 0$，对于所有的时间 t，使得 $\tau < t \leqslant t^*$。根据定义，表达式 $(\mathrm{d}/\mathrm{d}t)\overline{\Psi}(\tau)$ 等于在状态 $s_\tau = \overline{S}(\tau)$ 的李导数 $(\mathcal{L}_f \Psi)$。由于 $\overline{\Psi}(\tau) = 0$，所以我们知道 $\Psi(s_\tau) = 0$，根据假设，栅栏函数上的状态 s_τ 的李导数 $\mathcal{L}_f \Psi$ 的值必须都是负的。

对于连续函数 $\overline{\Psi}$，条件 1) $\overline{\Psi}(\tau) = 0$；2) $\overline{\Psi}(t) > 0$，对所有的时间 t，使得 $\tau < t \leqslant t^*$；3) $(\mathrm{d}/\mathrm{d}t)\overline{\Psi}(\tau) < 0$，不能同时成立，这产生了矛盾。

如何选择栅栏函数

定理 6.6 给了我们一个建立线性安全性和非线性连续时间系统的通用方法。有效使用该方法的关键是选择函数 Ψ 使得它满足所有必要的假设。下面我们说明如何选择线性系统的函数。类似的技术也在用于建立连续时间系统的稳定性，该技术文献中称为李雅普方法。

给定一个 n 维的连续时间系统，其动态方程为 $\dot{S} = f(S)$，我们选择一个对称的 n 维矩

阵 P 及常量 k，定义函数为 Ψ：

$$\Psi(S) = S^{\mathrm{T}}PS + k$$

我们知道如果一个矩阵的转置等于该矩阵，那么该矩阵称为对称矩阵(即上三角元素 [284] 与下三角元素相等)。上述定义的函数 Ψ 是一个定义在状态变量上的二次表达式，是光滑函数。用矩阵 A 定义状态的动态性。关于动态性的表达式 Ψ 的李导数通过下式给定：

$$(\mathcal{L}_A\Psi)(S) = (\mathrm{d}/\mathrm{d}t)(S^{\mathrm{T}}PS + k) = \dot{S}^{\mathrm{T}}PS + S^{\mathrm{T}}P\dot{S}$$
$$= S^{\mathrm{T}}A^{\mathrm{T}}PS + S^{\mathrm{T}}PAS = S^{\mathrm{T}}(A^{\mathrm{T}}P + PA)S$$

我们定义矩阵 P' 为 $A^{\mathrm{T}}P + PA$。观察到矩阵 P' 也是对称矩阵。表达式 Ψ 的李导数由二次表达式 $S^{\mathrm{T}}P'S$ 给出。Ψ 是栅栏函数的第三个需求可以通过线性代数矩阵得到很好的理解：如果矩阵 P' 是负定的，那么对于所有的状态 S，量 $S^{\mathrm{T}}P'S$ 一定是负的。如果矩阵 P' 的所有特征值都是负的，那么它保证满足这个条件。这样，给定动态矩阵 A，选择期望的对称矩阵 P 的系数使得由此产生的矩阵 P' 有负的特征值。一旦我们确定了矩阵 P，我们需要选择用栅栏函数 Ψ 定义的系数 k 使得它将初始状态与不安全状态中分离出来。

我们回顾图 6-20 所示的二阶连续时间系统。动态矩阵通过下式给定：

$$A = \begin{bmatrix} -7 & 1 \\ 8 & -10 \end{bmatrix}$$

我们选择对称矩阵 P 为：

$$P = \begin{bmatrix} 7 & -3 \\ -3 & 28 \end{bmatrix}$$

可以观察到

$$S^{\mathrm{T}}PS = \begin{pmatrix} s_1 & s_2 \end{pmatrix} \begin{bmatrix} 7 & -3 \\ -3 & 28 \end{bmatrix} \begin{bmatrix} s_1 \\ s_2 \end{bmatrix} = 7s_1^2 - 6s_1s_2 + 28s_2^3$$

系数 k 等于 -320，这样表达式 $S^{\mathrm{T}}PS + k$ 在初始矩形中是负的，在不安全状态中是正的。李导数为 $S^{\mathrm{T}}P'S$，其中对称矩阵 P' 为：

$$\begin{bmatrix} -7 & 8 \\ 1 & -10 \end{bmatrix} \begin{bmatrix} 7 & -3 \\ -3 & 28 \end{bmatrix} + \begin{bmatrix} 7 & -3 \\ -3 & 28 \end{bmatrix} \begin{bmatrix} -7 & 1 \\ 8 & -10 \end{bmatrix} = \begin{bmatrix} -146 & 282 \\ 282 & -566 \end{bmatrix}$$

可以看到矩阵 P' 的确是对称的。如果我们计算它的特征值，我们得到 -5.2984 和 -11.7016。这说明矩阵 P' 是负定的。这意味着表达式 $S^{\mathrm{T}}P'S$，等于 $7s_1^2 - 6s_1s_2 + 28s_2^2$，也总是负定的。

[285]

练习 6.24：为了建立一个图 6-21 所示的系统安全性，假设栅栏函数是 $7s_1^2 - 6s_1s_2 + 28s_2^2 + k$，其中 k 是常量。为了使产生的函数是栅栏函数，k 的可能选择是什么？

练习 6.25*：假设我们用更弱的条件"如果 $\Psi(S) = 0$，那么 $(\mathcal{L}_f\Psi)(S) \leqslant 0$"来代替第三个条件"表达式 Ψ 是栅栏函数"(也就是说，用李导数只能是非正代替对于栅栏上的状态李导数是负的)。使用这个修改后的定义，根据现有的栅栏函数，我们能够推导出属性 φ 是不变量吗？证明或驳斥你的答案。

练习 6.26*：这个练习关注在 MATLAB 中实现一个工具，该工具能够对一维动态系统进行符号可达性分析。

实数集合的闭区间记为 $[a, b]$，其中 $a, b \in \mathrm{real}$ 并且 $a \leqslant b$，对应于实数集在 a 和 b 之间的所有实数。一维动态系统的状态是实数。这样的状态集合可以自然地表示为闭区间的并集。例如，$[0, 1] \cup [4, 5]$ 是集合 $\{x \in \mathrm{real} \mid 0 \leqslant x \leqslant 1 \vee 4 \leqslant x \leqslant 5\}$。为此，我们限制

区域的数据类型是这些闭区间的并集，每个这样的区域的形式为 $A=\bigcup_i[a_i,\,b_i]$。

第一部分：实现一个计算这些区域的编程库。第一步是选择数据结构来表示区域。你的表示形式应该保证区间互不相交。确保空集也要能正确地表示。简洁而严格地解释在你的实现中的如下操作：1)区域的并（Disj 操作）；2)区域的差（Diff 操作）；3)包含测试（函数 IsSubset(A，B 返回 1)，当区域 A 是区域 B 的子集时）；4)空测试（IsEmpty 操作）；5)区域的和（函数 Sum(A，B），返回集合 $\{x+y\,|\,x\in A,\,y\in B\}$ 的表示）；6)区域与标量的积（函数 Product(A，α），返回集合 $\{\alpha x\,|\,x\in A\}$ 的表示）；7)区域的平方（操作 Square(A)，返回集合 $\{x^2\,|\,x\in A\}$ 的表示）。

第二部分：考虑一个动态系统的离散化表示，它的形式为 $x_{k+1}=f(x_k,\,u_k)$，$k\geqslant 0$，其中 $x_k\in$ real 是状态，u_k 是属于区域 U 的控制输入，f 表示系统的动态性。初始状态集合是 Init。用 Reach$_k$ 表示在第 k 步的可达状态集合，也就是说，Reach$_k$ 是所有状态 x 的集合使得存在一条从某些状态 $x_0\in$ Init 开始的系统执行，在某些控制输入 u_0，u_1，…，u_{k-1} 下，从区域 U 开始在状态 $x_k=x$ 时结束。所有可达状态的集合 Reach 是 Reach$=\bigcup_{k\geqslant 0}$ Reach$_k$。考虑使用广度优先搜索来计算区域Reach$_k$ 的连续值直到最大迭代数 N。一旦没有新的状态添加到 Reach 中或者已经迭代 N 次，算法就应该终止。使用在第一部分开发的库函数来实现这个算法。假设集合 Init 和 U 都是区域，也就是说，闭区间的并集，并且可以用第一部分考虑的操作来描述动态性 f。请用下面的例子来测试你的实现。在每个例子中，报告算法是如何终止的，并且在哪一步输出 Reach（用它的最小形式作为不相交闭区间的并集）。

(1) $x_{k+1}=-0.95x_k+u_k$，Init$=[1,\,2]$，$U=[-0.1,\,0.1]$，$N=100$

(2) $x_{k+1}=-0.96x_k+u_k$，Init$=[1,\,2]$，$U=[-0.1,\,0.1]$，$N=100$

(3) $x_{k+1}=-0.95x_k+u_k$，Init$=[1,\,2]$，$U=[-0.2,\,0.2]$，$N=100$

(4) $x_{k+1}=0.5x_k^2+u_k$，Init$=[1.8,\,1.89]$，$U=[0,\,0.1]$，$N=40$

(5) $x_{k+1}=0.5x_k^2+u_k$，Init$=[1.8,\,1.9]$，$U=[0,\,0.1]$，$N=40$

参考文献说明

本章讨论的核心主题，也就是，使用微分方程的动态系统模型、稳定性、线性系统和使用线性代数概念的分析技术，几十年来在控制领域中研究并且出现在许多教科书中。我们的表述是基于 Antsaklis 和 Michel 的教材 [AM06]，其中一些例子来源于 [FPE02]、[LV02] 和 [LS11]。

为了获取使用 PID 控制器的实际控制设计的详细介绍，请参考 [AH95]（或者登录 www.mathworks.com 网站获取使用 MATLAB 设计 PID 控制器的教程）。

利用栅栏函数来验证安全性属性的方法在 [PJ04] 中有详细介绍，我们关于这个主题的讨论是基于 [TAB09] 的表示（也可以参考 [Pla10] 和 [TT09] 关于使用该证明技术在可靠性、完整性和变量等方面的讨论）。

本章中的数值计算和图形绘制都是使用工具箱 MATLAB 获得的（参考 [SH92] 来获取利用 MATLAB 进行控制设计的介绍，也可以登录 www.mathworks.com 网站获得使用 MATLAB 的知识）。

时 间 模 型

在计算的同步模型中，所有构件以锁步执行，并且一个构件的输出结果需要与输入的接收同步。在计算的异步模型中，所有进程以各自独立的速度执行，一个进程的输入接收与输出的结果之间有一个不确定的延迟。现在我们把注意力转移到计算的时间模型中，在计算的时间模型中，进程不是严格地同步以循环序列执行，而是依赖于全局物理时间来实现松散形式的同步。时间模型允我们表示某些现象，例如，"执行任务以 5ms 为周期感知温度"，"输入值的接收与相应输出响应之间的延迟为 2～4ms"，以及"如果应答在 4ms 之内没有收到，就重发"。

7.1 时间进程

时间进程的形式化计算模型是第 4 章中的异步进程模型的变种。我们首先用例子来解释这个模型。

7.1.1 基于时间的电灯开关

考虑一个使用单一按钮的电灯开关，它具有一个内置的计时器，用来控制一个具有两个强度的灯泡。开关最初处于关闭状态。当它被按下一次，它就在昏暗的强度上打开，如果按钮被连续快速地按下两次，那么灯在明亮的强度上打开。这里；快速意味着在连续按下事件之间的持续时间小于 1s。如果连续按下事件之间的延迟超过 1s，那么第二次按下事件就解释为关灯命令。

该系统可用时间进程 LightSwitch 来建模，如图 7-1 所示。它有一个输入通道 press，press 接收对应于开关按下的事件。使用扩展状态机方法来说明动态性。在这个例子中，该模型有 3 种模式：dim、bright 和 off。该进程使用 clock 类型的状态变量 x。与异步进程类似，时间进程有输入、内部和输出动作：输入动作接收输入通道的输入值；输出动作在输出通道上产生输出值；内部动作只更新状态变量，不涉及任何输入或输出通道。在每一个这样的动作中，时钟变量采用与其他状态变量一样的方式进行测试和更新。该模型的一个显著新特点是时间进程也有捕获时间流逝的时间动作。时间动作的持续时间 δ 可以是任意正实数，每个时钟变量的值以增量 δ 递增。不是 clock 类型的状态变量称为离散变量，例如进程 LightSwit 的状态变量 mode。在时间动作中，离散状态变量保持不变。

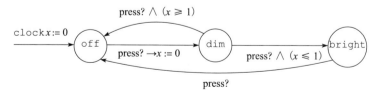

图 7-1 电灯开关的时间模型

进程 LightSwit 最初的模式为 off，时钟变量 x 为 0，该进程等待输入事件 press。等待 δ_1 的时间周期可用持续时间 δ_1 的时间动来建模。经过该动作后，进程 LightSwit

的模式仍然是 off，但时钟变量 x 的值等于 δ_1。当接收到输入事件 press 时，进程 LightSwit 把模式更新为 dim，并重置时钟变量 x 为 0。当进程在模式 dim 等待时，时钟变量 x 的值就是捕获当模式切换从 off 到 dim 出现时所需的时间实例流逝。在模式 dim 总持续时间长度 δ_2 的等待对应于持续时间 δ_2 的时间动作，这样的时间动作后的时钟变量 x 的值等于 δ_2。当随后输入事件 press 发生时，时钟变量 x 的值用来决定进程 LightSwit 是否将模式更新为 bright 或 off，这由模式 dim 的两个模式切换的守卫条件中 $(x\leqslant 1)$ 和 $(x\geqslant 1)$ 的合取 $(x\leqslant 1)$ 和 $(x\geqslant 1)$ 来描述。注意，如果 x 的值正好是 1（即两个连续 press 事件之间的持续时间是 1s），那么这两个模式切换是使能的，因此，该模型的行为是非确定性的，它既可切换为模式 bright，也可以切换为模式 off。当进程 LightSwit 处于模式 bright 时，只要进程接收到下一个输入事件它就会切换到初始模式 off。

〔290〕

进程 LightSwit 的一个可能的执行如下所示，其中每一个状态由模式和时钟变量 x 的值来指定：

$$(\text{off},0) \xrightarrow{2.3} (\text{off},2.3) \xrightarrow{\text{press?}} (\text{dim},0) \xrightarrow{0.2} (\text{dim},0.2) \xrightarrow{0.5}$$
$$(\text{dim},0.7) \xrightarrow{\text{press?}} (\text{bright},0.7) \xrightarrow{3.0} (\text{bright},3.7) \xrightarrow{\text{press?}} (\text{off},3.7)$$

注意，在该进程执行过程中，两个时间动作一个接着一个。在此情况下，持续时间为 δ_1 的时间动作紧接着持续时间为 δ_2 的时间动作的效应，与持续时间为 $\delta_1+\delta_2$ 的时间动作是相同的。

7.1.2 有界延迟的缓冲器

作为第二个例子，让我们考虑一个容量为 1 带一个输入通道 in 和一个输出通道 out 的时间缓冲器，它们的类型均为 msg。每当一个输入值 v 输入到缓冲器时，它存储在内部离散状态变量 x 中。现在缓冲器已满，它简单地忽略（或丢弃）更多的输入，直到它有机会把存储在缓冲器的值输出到输出通道。时间假设是输入值的接收与相应输出值的传输之间的延迟至少为 LB 和至多为 UB 时间单位，其中常量 LB 和 UB 分别捕获延迟的下界和上界。延迟的上界和下界的形式是时间系统经常出现的模式。

图 7-2 所示的时间进程 TimedBuf 使用时钟变量 y 捕获期望的时间行为。状态机的模式表明缓冲器是空的还是满的。最初，模式为 Empty。当从通道 in 接收到输入时，将该消息的值存储在状态变量 x 中，将模式

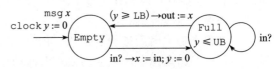

图 7-2 有界延迟的时间缓冲器

更新为 Full，把时钟 y 设为 0。随着时间的流逝当该进程的模式等于 Full 时，时钟 y 的值捕获该进程已经在该模式等待所持续的时间。在模式 Full 接收的输入事件不能改变缓冲器状态，这可以通过对应于模式 Full 的自循环模式切换来建模。对应于输出动作的模式切换的守卫条件为 $(y\geqslant \text{LB})$。因此，捕获假设：只有在小于延迟下界后，缓冲器才可以在它的输出通道上发送消息。

关于上界的假设，也就是说，保证进程在接收输入的 UB 时间单位内产生输出，可以在模式 Full 内用表达式 $y\leqslant \text{UB}$ 来描述。如果模式为 Full 并且时钟 y 的值等于 δ，那么只有在整个迁移过程中时钟 y 的值随着时间增长，守卫条件 $y\leqslant \text{UB}$ 成立时（也就是，只有条件 $\delta+\delta'\leqslant \text{UB}$ 成立），持续时间为 δ' 的时间动作才被允许。在时间动作中，进程和它的环境在时间的传输上同步。进程想要在时钟 y 到达 UB 前发送输出，这样进程愿意让时间流逝直到某个极限。与模式 Full 关联的条件 $y\leqslant \text{UB}$ 称为时钟不变量。时钟不变量与模式

相关联，守卫条件与确保在时延的下届和上界内的模式切换相关联。

　　在一般情况下，进程的每个模式都有一个相关联的时钟不变量，它是时钟变量以及进程可能的其他离散状态变量的表达式。当与模式相关联的时钟不变量为常数 1 时，这意味着不论进程在该模式等待多久都不存在上界。在此情况下，我们省略这个条件表达式，与进程 TimedBuf 的模式 Empty 和进程 LightSwitch 的所有模式都相同，如图 7-1 所示。

7.1.3　多个时钟

　　我们考察一个使用两个时钟的时间进程的例子，如图 7-3 所示，该时间进程有一个输入通道 in 和输出通道 out_1 和 out_2。如果在时间 t 在通道 in 上有一个输入事件发生，那么进程响应该事件，在时间 t_1 在通道 out_1 产生一个输出事件，随后在时间 t_2 在通道 out_2 产生一个输出事件，使得 1) 延迟 t_1-t 最多是 1，2) 延迟 t_2-t 是最多 2；3) 延迟 t_2-t_1 至少是 1。这样，将通道 out_2 上的输出事件的发生限制在一个时间间隔内，该间隔取决于该通道上前面的输入事件的时间以及通道 out_1 上的输出事件的时间。进程不接受通道 in 上的输入，直到它已经发出两个输出事件。

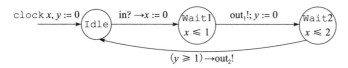

图 7-3　带有两个时钟的时间进程

　　期望的约束使用两个时钟变量 x 和 y 来表示。初始时，模式为 Idle，两个时钟变量都等于 0。在模式 Idle 等待的持续时间 δ 可用持续时间 δ 的时间动作来建模，它把两个时钟变量的值都更新为 δ。当一个输入事件发生时，进程把时钟 x 设置为 0，而时钟 y 保持为 δ，并且把模式更新为 Wait1。在模式 Wait1 等待持续时间 δ' 递增时钟 x 为 δ'，递增时钟 y 为 $\delta+\delta'$。只有当 x 的值不超过 1 时才允许这样的时钟行动，因为与模式 Wait1 相关的时钟不变 $x \leq 1$。在时钟 x 的值超过 1，输出事件 out_1 可以任何时间事件上发生之前。此时，进程切换到模式 Wait2，时钟变量 y 重置为 0，时钟变量 x 的值表示在模式 Wait1 所花费的时间。当进程的模式为 Wait2 时，两个时钟随时间递增，时钟变量 x 的值表示从输入事件发生流逝的时间，时钟变量 y 的值表示从输出事件出现在输出通道 out_1 上流逝的时间。与模式 Wait2 相关联的时钟不变量 $x \leq 2$ 和与从模式 Wait2 到模式 Idle 的模式切换相关联的守卫条件 $(y \geq 1)$ 描述了在通道 out_2 上的输出事发生的期望时间约束。下面是进程的一个执行例子，其中每个状态都由下列模式、时钟变量 x 的值和时钟变量 y 的值来说明。

$$(\texttt{Idle},0,0) \xrightarrow{5.7} (\texttt{Idle},5.7,5.7) \xrightarrow{\text{in?}} (\texttt{Wait1},0,5.7) \xrightarrow{0.6} (\texttt{Wait1},0.6,6.3) \xrightarrow{out_1!}$$

$$(\texttt{Wait2},0.6,0) \xrightarrow{0.5} (\texttt{Wait2},1.1,0.5) \xrightarrow{0.8} (\texttt{Wait2},1.9,1.3) \xrightarrow{out_2!} (\texttt{Idle},1.9,1.3)$$

　　需要注意的是，如果我们限制进程只使用一个时钟，那么，就不能准确地表示期望的时间约束。

　　我们考虑另一个时间进程的例子，图 7-4 所示的进程 TimedInc，该进程是图 4-2 所示的异步进程 AsyncInc 的修改版本。进程 TimedInc 有两个离散的状态变量 x_1 和 x_2，它们都初始化为 0，并分别由内部任 A_1 和 A_2 递增。然而，

nat $x_1 := 0$; $x_2 := 0$
clock $y_1 := 0$; $y_2 := 0$
CI: $(y_1 \leq 2) \wedge (y_2 \leq 2)$
A_1: $(y_1 \geq 1) \rightarrow \{x_1 := x_1 + 1; y_1 := 0\}$
A_2: $(y_2 \geq 1) \rightarrow \{x_2 := x_2 + 1; y_2 := 0\}$

图 7-4　具有并行递增功能的
时间进程 TimedInc

与异步进程 AsyncInc 不同，这两个任务的执行顺序是不再完全不受约束。任务 A_1 的连续执行之间的时间延迟至少是 1 并且至多是 2 个时间单位。使用时钟变量 y_1 说明这个约束：它的初始值是 0，只有当满足守卫条件（$y_1 \geqslant 1$）时任务 A_1 才可以执行，该任务的执行将时钟变量 y_1 重置为 0，时钟不变量有合取（$y_1 \leqslant 2$），该条件保证从它最近一次执行开始的超过两个时间单位流逝前，任务 A_1 必须执行。时钟 y_2 采用类似的方式，确保任务 A_2 的连续执行之间的时间延迟至少是 1 并且至多是 2 个时间单位。

虽然这两个任务 A_1 和 A_2 没有任何共同的变量，但事实是两个时钟变量 y_1 和 y_2 在两个任务执行时，需要在一个时间动作约束的相关频率内递增相同的持续时间量。特别地，考虑任务 A_1 执行两次而不执行任务 A_2 的进程的执行。这样的一次执行则具有以下的形式（以下列顺序状态列出变量 x_1、y_1、x_2 和 y_2）：

$$(0,0,0,0) \xrightarrow{\delta_1} (0,\delta_1,0,\delta_1) \xrightarrow{A_1} (1,0,0,\delta_1) \xrightarrow{\delta_2} (1,\delta_2,0,\delta_1+\delta_2) \xrightarrow{A_1} (2,0,0,\delta_1+\delta_2)$$

基于任务 A_1 的守卫条件，我们知道 $\delta_1 \geqslant 1$ 和 $\delta_2 \geqslant 1$，并且基于时钟不变量，我们可以得出 $\delta_1+\delta_2 \leqslant 2$。仅当 $\delta_1=\delta_2=1$ 时可以满足这些约束，因此在执行任务 A_1 两次后的状态中，时钟 y_2 必须为 2。这意味着，在该状态中，时间没有流逝，唯一可能的动作是任务 A_2 的执行。因此，变量 x_2 必须在变量 x_1 递增 3 次前至少递增 1 次。

7.1.4 形式化模型

回顾 4.1 节关于异步进程的定义：一个异步进程 P 有：

1）一个输入通道类型的有限状态集合 I，它定义形如 $x?v$ 的输入集合，其中 $x \in I$，x 的一个值是 v。

2）一个输出通道类型的有限状态集合 0，它定义形如 $y!v$ 的输出集合，其中 $y \in 0$，y 的一个值是 v。

3）一个有限状态变量集合 S，它定义状态集合 Q_s。

4）一个初始化 Init，它定义初始状态集合 $[\![\text{Init}]\!] \leqslant Q_s$。

5）对于每个输入通道 x，输入任务的集合 A_x 的每个输入任务由 S 上的守卫条件和从读集合 $S \cup \{x\}$ 到写集合 S 定义了具有 $s \xrightarrow{x!v} t$ 形式的输入动作集合的更新来描述。

6）对于每个输出通道 y，输出任务集合 A_y 的每个输出任务由 S 上的守卫条件和从读集合 $S \cup \{y\}$ 到写集合 S 定义了具有 $s \xrightarrow{x!v} t$ 形式的输出动作集合的更新来描述。

7）内部任务集合 A 的每个内部任务由 S 上的守卫条件和从读集合 S 到写集合 S 的更新定义了具有 $s \xrightarrow{\varepsilon} t$ 形式的输出动作来描述。

我们将时间进程的形式化模型定义为上述异步进程定义的扩展。输入变量、输出变量、状态变量、输入任务、输出任务、内部任务输入动作、输出动作和内部动作的表示不变。另外，还增加了时钟不变量，它是状态变量上的布尔表达式，用来定义持续时间 δ 的时间动作。给定状态 s（它是所有状态变量的值）和一个正实数 δ，设 $s+\delta$ 表示把值 $s(x)+\delta$ 赋值给每个时钟变量 x 并把值 $s(y)$ 赋值给每个离散状态变量 y 的状态。从状态 s 开始的持续时间 δ 后的时间动作产生的状态是状态 $s+\delta$。当时钟不变量说明的布尔条件在这个间隔中遇到的所有状态中成立时，才允许这样的时间动作。时间进程的定义总结如下。

时间进程

时间进程 TP 包括：

- 一个异步进程 P，其中一些状态变量可以是 clock 类型，和

> ● 一个时钟不变量 CI，它是一个状态变量 S 上的布尔表达式。
>
> 　　时间进程 TP 的输入、输出、状态、初始状态，内部动作、输入动作、输出动作与异步进程 P 的相同。给定一个状态 s 和一个实数值时间 $\delta > 0$，如果对于所有值 $0 \leqslant t \leqslant \delta$，状态 $s+\delta$ 满足表达式 CI，那么 $s \xrightarrow{\delta} s+\delta$ 是时间进程 TP 一个的时间动作。

对于图 7-2 所示的时间进程 TimedBuf，它所包含的各种构件如下所示：
- 它有一个类型为 msg 的输入通道 in。
- 它有一个类型为 msg 的输出通道 out。
- 它有一个类型为枚举型{Empty，Full}的(离散)状态变量 mode、类型为 msg 的变量 x 和类型为 clock 的变量 y。
- 时钟变量 y 的初始值是 0，mode 变量的初始值是 Empty，变量 x 的初始值是无约束的。
- 有一个处理输入通道 in 的输入任务，它的守卫条件是 1(也就是说，该任务总是使能的)，更新操作对应于图 7-2 所示的扩展自动机等价于：

295

$$\text{if}(\text{mode}=\text{Empty})\text{then}\{\text{mode}:=\text{Full}；\ x:=\text{in}\}$$

- 有一个在输出通道 out 上产生输出的任务，该任务的守卫条件是：$(\text{mode}=\text{Full}) \wedge y \geqslant \text{LB}$，对应的更新代码是：out $:= x$。
- 它没有内部任务。
- 时钟不变量 CI 由下式给出

$$(\text{mode}=\text{Full}) \rightarrow (y \leqslant \text{UB})$$

注意：当模式为 Empty 时，时钟不变量没有设置约束条件。可以自动实现从扩展状态机表示到时间进程的形式化定义的转换。

　　时间动作的定义要求从状态 s 开始，如果状态 $s+\delta$ 在时间间隔 $[0,\delta]$ 内的每个时刻 t 都满足时钟不变量，那么持续时间 δ 的时间动作就是可能的。通常，用于时钟不变量的表达式是时钟变量值的凸函数，因此它足以检查开始状态 s 和终止状态 $s+\delta$ 都满足时间不变量。

　　与异步进程中的情况一样，时间进程的操作语义可以通过定义它的执行来获得。执行开始于初始状态，通过执行一个输入动作、输出动作、内部动作或在每一步的时间动作来进行。需要注意的是，一个异步进程的输入、输出和内部动作交叉执行。然而，在时间动作期间，属于不同进程的时钟都一样递增，反映了相同全局时间的推移，因此，时间动作可以同步执行。这就是为什么有时候这种模型又称为部分同步模型。

练习 7.1： 考虑一个具有一个输入事件 x、两个输出事件 y 和 z 的时间进程。每当该进程在通道 x 上接收一个输入事件时，它就在通道 y 和 z 上发生输出事件，使得 1)在 x? 与 y! 之间的延迟为 2~4 个时间单位；2)在 x? 和 z! 之间的时间延迟为 3~5 个时间单位；3)当该进程正在等待发出它的输出时，任何额外的输入事件都将被忽略。请设计一个时间状态机对上述描述建模。

练习 7.2： 考虑一个具有两个输入事件 x 和 y、一个输出事件 z 的时间进程。最初，进程正在等待接收输入事件 x?。如果该事件发生在时间 t，则进程在通道 y 等待接收输入。如果事件 y? 发生时间 $t+2$ 之前，或者在时间 $t+5$ 之前不发生，则进程只简单返回到初始状态。如果在时间 $t+2$ 到时间 $t+5$ 之间某个时间 t' 收到事件 y?，则进程在时间 $t+1$ 到 $t+6$ 之间的某个时间 t' 发出输出事件 z，并返回到的初始状态。意外的输入事件(例如，在初始模式中的事件 y)将被忽略。请设计一个时间状态机对上述描述建模。

296

练习 7.3： 考虑一个具有两个布尔输入变量 x 和 y、一个布尔输出变量 z 的异步 OR 门。假定所有变量的初始值为 0。事件 $x?$ 表示输入线 x 的切换，类似地，事件 $y?$ 表示输入线 y 的切换。OR 门可以通过发出事件 $z!$ 来改变它的输出。要求的时间行为通过以下规则来说明：

1) 当输入变量在时间 t_1 改变时，如果这种改变保证输出的一次改变（根据 OR 门的标准逻辑），则应在时间 t_2 发生输出，使得延迟 t_2-t_1 为 2~4 个时间单位（除非输入在 t_1~t_2 间隔期间再次改变；如果是这样，请参见下面的规则）。

2) 当输出的改变在时间间隔 $[t_1, t_2]$ 内是挂起的时，如果其中一个输入变量再次改变，而这种变化与在时间 t_2 发生的输出改变一致，则输出应该按计划改变。

3) 当输出的改变在时间间隔 $[t_1, t_2]$ 内是挂起的时，如果其中一个输入变量在时间 t 以某种方式改变以便使输出的改变与修改后的输入不一致，则该行为取决于相对差 $t-t_1$：如果这个差小于 1，则挂起的输出改变将取消；如果它大于 1，则输出改变将在时间 t_2 按计划发生，并且在那个时间，安排另一个输出事件在 2~4 个时间单位的延迟后发生。

基于上述说明，请设计了一个时间进程（作为有一个时钟变量的扩展状态机）对 OR 门建模。这个进程应该是输入使能的：它应该允许输入事件在任何时候发生。

7.1.5 时间进程组合

时间进程可以用方框图来组合在一起。像输入-输出变量重命名和输出隐藏等操作可以用通常的方法来定义。让我们考虑组合时间进程的操作。为了组合两个时间进程，我们首先使用在 4.1 节介绍的异步进程组合操作来组合相应的异步进程。组合进程的时钟不变量仅是该构件进程的时钟不变量的析取。

时间进程组合

对于两个时间进程：$TP_1 = (P_1, CI_1)$，$TP_2 = (P_2, CI_2)$，使得这两个进程的输出通道不相交，并行组合 $TP_1 | TP_2$ 是一个时间进程，它的异步进程为 $P_1 | P_2$ 且时钟不变量为 $CI_1 \wedge CI_2$。

因此，可以根据使用异步组合的构件进程的相应动作获得组合进程的内部动作、输入动作和输出动作。时钟不变量的合取意味着持续时间 δ 的时间动作在组合进程中是可能发生的，仅当该动作对于每个构件进程等待持续时间 δ 是可接受的。对于进程 TP_1 中的状态 s_1 和进程 TP_2 中的状态 s_2，持续时间 $\delta > 0$，当 $s_1 \xrightarrow{\delta} s_1 + \delta$ 和 $s_2 \xrightarrow{\delta} s_2 + \delta$ 分别是进程 TP_1 和进程 TP_2 中的时间动作时，$(s_1, s_2) \xrightarrow{\delta} (s_1 + \delta, s_2 + \delta)$ 也是组合进程 $TP_1 | TP_2$ 的时间动作。

时间状态机的积

为了理解进程的组合是如何进行的，让我们描述时间进程 TimedBuf 的两个实例的组合，这两个进程实例由一个公用输入通道并行连接。图 7-5 显示了对两个进程实例的变量进行适当的重命名。进程 TimedBuf$_1$ 通过延迟（该延迟至少为 LB$_1$ 时间单位，至多为 UB$_1$ 时间单位）后在输出通道 out$_1$ 上生成输出事件来响应输入通道 in 上的输入事件。Timed-Buf$_2$ 通过延迟（该延迟至少为 LB$_2$ 时间单位，至多为 UB$_2$ 时间单位）后在输出通道 out$_2$ 上生成输出事件来响应输入通道 in 上的输入事件。我们利用构件进程的状态机的积，来构建获取组合进程行为的扩展状态机，而不用对图 7-2 所示的每个进程的扩展状态机进行编译来形成的一组任务描述并利用组合操作计算组合进程的任务。

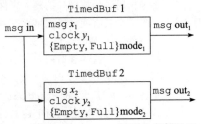

图 7-5　进程 TimedBuf 的两个实例的组合

两个进程的并行组合的行为看可以通过图 7-6 所示的扩展状态机获得。由于每个构件有两种可能的模式，所以组合进程有 4 种模式。初始模式为 EE，表明两个构件从模式 Empty 开始。当处理通道 in 上输入时，模式改变为 FF（也就是说，变量 $mode_1$ 为 Full，变量 $mode_2$ 也是 Full）。变量 x_1 和 y_1 可根据第一个进程的输入动作进行更新，变量 x_2 和 y_2 可根据第二个进程的输入动作进行更新。

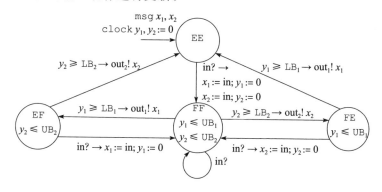

图 7-6 两个进程 TimedBuf 的组合的状态机

模式 FF 对应于当每一个进程的模式都为 FF 时的情况。这个模式的，时钟不变量为合取式（$y_1 \leqslant UB_1 \wedge y_2 \leqslant UB_2$）。因此，只要时钟 y_1 不超过 UB_1 且时钟 y_2 不超过 UB_2 则组合进程就只能在该模式等待。该析取约束条件反映了这两个构件进程关于时间动作的同步性。该模式可以通过两种方式改变，这取决于哪个构件进程首先产生输出。如果第二个构件在输出通道 out_2 上发出它的输出，则模式改变为 FE（也就是说，变量 $mode_1$ 为 Full，变量 $mode_2$ 为 Empty）。该切换由条件（$y_2 \geqslant LB_2$）守卫，对应于第二个构件的输出动作的守卫条件，第一个构件的变量在此切换中保持不变。在模式 FE 时钟不变量为（$y_1 \leqslant UB_1$），因为第二个构件对这模式中进程等待多长时间没有限制。在模式 FE，如果第一个构件产生它的输出，则模式改变为 EE；如果接收输入事件，则模式切换回 FF。

需要注意的是，捕获延迟下界和上界的参数值确定该组合进程的可能执行。例如，如果上界 UB_1 严格小于下界 LB_2，那么为了响应一个初始输入事件，保证第一个构件在第二个构件产生输出之前产生输出。也就是说，从模式 EE 到模式 FF 的模式切换是通过将模式切换到模式 EF 来保证的，因为在违反时钟不变（$y_1 \leqslant UB_1$）前，不能满足守卫条件（$y_2 \geqslant LB_2$）。同样，如果上界 UB_2 严格小于下界 LB_1，则从模式 EE 切到模式 FF 的模式切换是通过将模式切换到对应于第二个构件的输出的模式 EF 来保证的。如果间隔 [LB_1, UB_1] 和 [LB_2, UB_2] 重叠，那么，接下来从模式 EE 到模式 FF 的模式切换，有两种场景：第一个进程在第二个进程之前产生它的输出，反之也是可行的。时序分析的目的是发现哪些事件序列与时间约束一致，将在 7.3 节讨论。

练习 7.4：图 7-6 显示了一个积扩展状态机，它获得图 7-5 所示的时间进程 TimedBuf 的两个实例的组合的行为。现在考虑时间进程 TimedBuf 的两个实例的串联组合，如图 7-7 所示。请绘制捕获该组合进程行为的扩展状态机图，该状态机有 4 个模式和两个时钟。

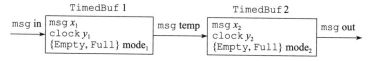

图 7-7 进程 TimedBuf 的两个实例的串联组合

练习 7.5：图 7-4 显示了时间进程 TimedInc，讨论两个属性$(x_1 \leqslant 2x_2 + 2)$和$(x_2 \leqslant 2x_1 + 2)$是否是系统的不变量。

7.1.6　不完全时钟的建模*

在我们的时间进程的模型中，时钟变量值的增加可以准确获取流逝的时间量。现在考虑一个时间进程 P，进程 P 有一个可以不完全测量时间的时钟变量 x。误差用每单位飘移来说明，比如 0.01。这意味着，如果时钟 x 的值以 1 为单位增加，那么经过的实际时间可能是在区间[0.99, 1.01]中的任何值。在一般情况下，如果飘移是 ε，进程 P 在时间 t 把时钟变量 x 重置为 0，并发现在稍后的时间实例 t' 满足约束 $LB \leqslant x \leqslant UB$，那么可以得出结论流逝的时间 $t - t'$ 至少为 $LB(1-\varepsilon)$ 且至多为 $UB(1+\varepsilon)$。

虽然我们的基本模型明确地不支持这样的不完全时钟的模型，但我们可以通过改变时间约束来获得由此产生的误差。作为一个例子，考虑图 7-8 所示的时间进程 P，它采用带飘移 ε 的不完全时钟 x 来测量时间。与模式和模式切换守卫相关联的时钟不变量意味着，当根据不完全时钟 x 测量时，在模式 A 进程消耗的时间为 $LB_1 \sim UB_1$ 时间单位，在模式 B 进程消耗的时间为 $LB_2 \sim UB_2$ 时间单位。我们可以通过使用一完全时钟 y 的时间进程 P' 来获得相同的行为。与模式和模式切换守卫相关联的时钟不变量可通过一个因子 ε 放大上界和通过一个因子 ε 缩放下界来修改。如图 7-8 所示，我们将 $LB(1-\varepsilon)$ 简写为 $LB^{-\varepsilon}$ 和将 $UB(1+\varepsilon)$ 简写为 $UB^{+\varepsilon}$。进程 P' 的时间约束意味着该进程在模式 A 消耗的时间为 $UB_1(1-\varepsilon) \sim UB_1(1+\varepsilon)$，在模式 B 消耗的时间为 $LB_2(1-\varepsilon) \sim UB_2(1+\varepsilon)$。结果，带有不完全时钟的进程 P 的交互行为和带有完美时钟的进程 P' 与其他进程间的交互是相同的。

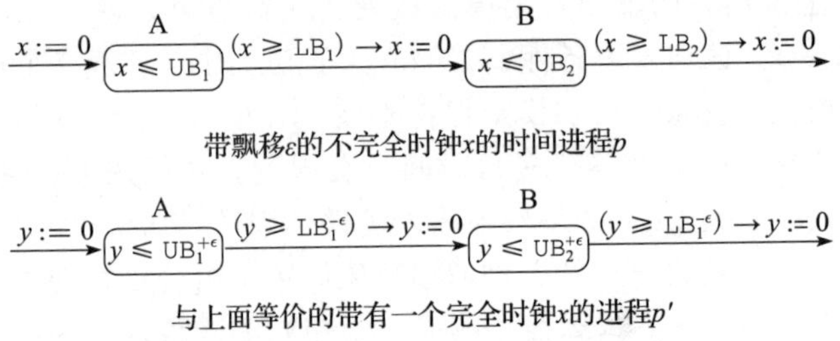

带飘移ε的不完全时钟x的时间进程p

与上面等价的带有一个完全时钟x的进程p'

图 7-8　用完美时钟模拟带漂移的不完美时钟

练习 7.6：已经讨论图 7-8 所示的两个时间进程的时序行为是相等的。时间进程 P 具有一个飘移为 ε 的不完全时钟 x，时间进程 P' 具有完全时钟 y、修改的时钟不变量和守卫条件。假设图 7-8 所示的时间进程，我们从模式 A 到模式 B 模式切换上删除时钟重置为 0 的动作。即考虑进程 P 和进程 P' 在删除从模式 A 到模式 B 的模式切换上分别更新值 $x := 0$，$y := 0$。根据模式切换发生时的相对时序，由此产生的进程还相等吗？

7.2　基于时间的协议

在本节中，我们通过 3 个案例研究来阐述时间系统的形式化设计，这 3 个案例研究为：基于时间假设实现分布式协调；在不完美时间测量下实现可靠传输；心脏起搏器的设计，为心脏提供及时脉搏，保持心脏有节奏的脉动。

7.2.1　基于时间的分布式协调

在第 4 章中，我们研究了如何解决那些在异步计算模型中分布式进程之间要求的协调问题，即不对参与进程之间的相对速度做任何假设。在本节中，我们把注意力放在解决计算时间模型的问题上，其中依赖关于并发进程的相对速度的时间假设设计解决方案。在第4章中，如果我们严格限定共享变量是原子寄存器，那么对于一致性问题没有解决方案。然而，如果我们假设进程连续步骤之间的延迟是有界的，则这些边界的知识可以用于解决只使用原子寄存器产生的一致性问题。下面我们描述了一个基于时间的解决方案来解决经典的互斥的经典协调问题，同样的思想可以用于解决一致性问题。

我们知道互斥问题主要针对允许异步进程能够以安全的方式访问关键共享资源。资源的分配不受由中央协调器的控制，但进程需要使用原子寄存器来协调它们之间的操作。安全性需求是互斥：没有两个过程应该同时在临界区内。活性需求是无死锁：如果某个进程要想进入临界区，那么就应该允许它进入临界区。

基于时间的解决方案又称为 Fischer 协议，它采用单个共享寄存器 Turn，每个进程都有标识符 myID，其时间状态机的执行如图 7-9 所示。初始时，寄存器 Turn 为 0，模式为 Idle。没有与初始模式相关的时钟不变量，因此进程在该模式下的执行时间长度可以任意长。当进程要进入临界区时，它切换到模式 Test。然后，它读取共享寄存器 Turn：如果 Turn＝0，进程把模式切换到 Set，否则，进程返回到模式 Test，以便再次读取共享寄存器。

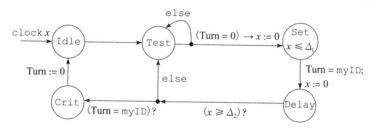

图 7-9　基于时间的互斥

在模式 Set，进程的下一步是将共享寄存器 Turn 的值更新到它自己的标识符。可以看到，如果在 P 设置 Turn 后进程 P' 测试 Turn，那么进程 P' 将不得不在模式 Test 等待。但是，如果两个进程在任何一个进程设置 Turn 前测试 Turn，那么协议需要解决这两个进程之间的竞争问题，以便只有一个进程可以访问临界区。该协议假定写共享寄存器 Turn 至多花费 Δ_1 个单位时间。该过程可以采用时钟变量 x 和与模式 Set 相关的不变量（$x \leqslant \Delta_1$）来描述。更新 Turn 后，进程在模式 Check 等待至少 Δ_2 个单位时间，通过模式 Delay 切换的守卫（$x \geqslant \Delta_2$）来保证该延迟。当进程离开模式 Delay 时，它再次读取共享寄存器 Turn。此时，假设 $\Delta_2 > \Delta_1$，我们可以得出：测试 Turn 是 0 并设置寄存器值的所有进程已完成它们的更新。如果进程发现 Turn 未改变，即等于其自身的标识符，则该进程进入临界区。但如果进程发现 Turn 已被其他进程重写，则该进程通过切换回模式 Test 重试更新 Turn。一旦在临界区中，即在模式 Crit，过程可以消耗任意的时间，并在退出时，它将 Turn 重置为 0 并返回到初始模式。

为了证明互斥，考虑图 7-10 所示的一个典型执行中的事件序列。令 t_1 是进程 P 离开模式 Test 并进入模式 Set 的时间，即当进程读取寄存器 Turn 并发现它是 0 的时间。令 t_2 是进程 P 进入模式 Delay 的时间，即当它设置寄存器 Turn 为其自己的标识符的时间。令 t_3 是进程 P 离开模式 Delay 并再次读取寄存器 Turn 的时间。时间约束确保条件 $t_3 - t_2 \geqslant \Delta_2$ 成立。有时，在时间间隔 $t_1 \sim t_2$ 的某个时间，比如时间 t_1'（如图 7-10 所示），可能尝试进入临界区的其他某个进程 P' 也要读取共享寄存器 Turn，且其值为 0。我们不需要担

心在 t_2 之前尚未进入模式 Set 的进程，因为从 t_2 开始寄存器 Turn 的值在任何时候都保证是非零的，因此，每一个这样的进程将从寄存器 Turn 读取非零值。由于进程在模式 Set 消耗时间的上界，进程 P' 必须在间隔 $[t_1, t_2]$ 的某个时间执行从模式 Set 到模式 Delay 的切换，其中 $t_2' = t_1' + \Delta_1$。现在很容易发现：如果 $\Delta_2 > \Delta_1$，那么 $t_2 < t_3$，这表明在 $[t_1, t_2]$ 从模式 Test 切换到模式 Set 的任何竞争的进程，将在 t 时离开模式 Set。在图 7-10 所示的演示场景中，进程 P 在时间 t_2 更新寄存器 Turn 为其自己的标识符，进程 P' 在时间 $t_1' \sim t_1'$ 更新寄存器 Turn 为其自己的标识符。如果在 t_2 之前由进程 P' 写入这个值，那么这个值将被进程 P 重写，如果在 t_2 之后写这个值，那么该值将重写进程 P 的更新。在任何一种情况下，不能保证两个进程的测试（Turn＝myID）是正确的，也不可能让两个进程都进入临界区。

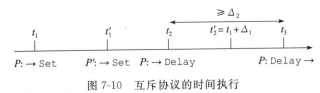

图 7-10　互斥协议的时间执行

通常，在进入模式 Set 的所有竞争进程中，如果 P' 是最后一个将设置寄存器 Turn 设为其自己标识符的进程，那么每一个进程在离开模式 Delay 时将发现寄存器 Turn 与 P' 的标识符一样。这样的进程 P' 将是唯一的赢家，它将进入它的临界区。当 P' 离开临界区时，它设置设置寄存器 Turn 为 0，这样在模式 Test 等待的进程可以再一次竞争进入临界区。

根据上面的讨论，对于为 $\Delta_2 > \Delta_1$，可以得出协议是既满足互斥又满足无死锁。更确切地说，考虑图 7-9 所示的通过组合进程 P 的任意多个实例得到的时间进程，每个进程都有其自己的标识符 myID，并且每个进程都可以对原子寄存器 Turn 建模。对于组合进程，互斥属性为：

$$\varphi_{me}: \neg (P.\,mode = Crit \land P'.\,mode = Crit)$$

对于每对进程 P 和 P'，该属性是一个不变量。组合进程也满足无死锁属性：如果对于进程 P 有 $P.\,mode = Test$，那么对于某个进程 P' 最终有 $P'.\,mode = Crit$。

练习 7.7： 对于图 7-8 所示的基于时间的互斥协议，考虑无饥饿需求"如果进程 P 进入模式 Turn，则它将最终进入模式 Crit"。该系统满足这个饥饿需求吗？如果不满足，举一个反例。

练习 7.8： 描述 4.3.3 节中的用原子寄存器和时间假设来解决一致性问题的协议。明确陈述时间假设。用状态机表示概述描述该协议（参考图 7-9 所示的互斥协议）。讨论为什么该协议满足一致性问题的所有 3 个需求？

302
～
304

7.2.2　音频控制协议*

我们现在考虑一个基于时间的协议，该协议采用不完全时钟从发送器到接收器之间传送位序列。采用该协议的编码称为曼彻斯特编码，该协议是基于飞利浦公司使用的音频控制协议。

问题描述

位流，也就是，布尔类型的值，它采用设置在通信总线上的高、低电压进行通信。时间划分为固定长度的时间片，在每个时间片中，通过改变时间片中间的电压来传输 1 位。值 0 编码为从高电压到低电压的下降沿，值 1 编码为从低电压到高电压的上升沿。如果在连续时间片中发送的位是相同的，那么在电压中必须有中间变化，这种变化发生在一个时间片的末端。对应于位序列 100110100 编码的电压脉冲如图 7-11 所示。

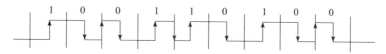

图 7-11　位序列 100110100 的曼彻斯特编码

发送器和接收器的时钟是不完全的，存在一个特定的飘移。接收器不知道第一个时间片的开始时间，但发送器和接收器都知道时间片的约定宽度。发送器和接收器在没有信息交换时，通过规定低电压同步传输的开始，并且假定每个消息从位 1 开始。接收器事先不知道消息的长度，但当它检测到时间片中没有消息时它可以推测当前消息的结束。对该协议设计师的挑战是协议有一个约束，即接收器不能可靠检测下降沿。因此，所有的解码必须仅仅基于上升沿的相对时间来推断。结果，接收器不能分辨结束于 10 和 1 的消息之间的歧义。这是因为即使当消息传以 1 结束时，发送器仍然设置电压为低电平，以确保当没有信息传递时电压为低电平。对于以 10 结束的消息，最后一个下降沿和前一个上升沿之间的延迟是一个完整的时间片，而对于以 1 结束的消息，最后一个下降沿和前一个上升沿之间的延迟是半个时间片。由于接收器不能检测下降沿，所以它不能区分这两种情况。为了解决这种歧义性，设定每个消息以 00 结束。

为了设计和分析期望的协议，我们假设时间片的长度为 4 个时间单位，接收器和发送器的时钟漂移是每时间单位 ε。这表明如果接收器根据自己的内部时钟保持 4 个时间单位的高电压，那么实际流逝的时间可能是 $4-4\varepsilon \sim 4+4\varepsilon$。同样，如果接收器发现两个连续上升沿之间的持续时间少于 3 个时间单位，那么只能假设对应的实际延迟小于 $3+3\varepsilon$ 个时间单位。

正确性需求是接收器正确解码每个消息，假定时钟值的飘移由给定的 ε 时间单位界定。更一般地，一旦我们设计了一个协议，我们就想确定该协议可以正常工作的最大飘移率 ε。

发送器进程

由发送器和接收器组合而成的系统框图如图 7-12 所示。发送器进程从输入通道 in 接收要传送的消息。一个单一的消息是一个布尔值序列。发送器进程使用一个内部队列 m 来存储要发送的位序列。我们将电压的上开沿和下降沿分别建模为输出事件 up 和 down。时钟变量 x 用于说明时间约束。发送器进程的状态机如图 7-13 所示。

发送器进程从模式 A 开始，在模式 A 它等待接收输入。当在输入通道 in 上接收到输入时，将输入存储在队列 m 中。第一位立即出列用于传送，并且假设它为 1（这很是容易修改发送器进程

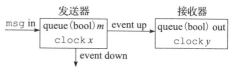

图 7-12　音频控制协议的方框图

的状态机，以便它检查第一位是否是 1，如果检查失败它进入错误状态）。该进程将它的时钟变量 x 设置为 0，并把模式切换到模式 B。等待 2 个时间单位后，该进程产生一个事件 up，以便在时间片的中间将电压变到高。该进程从队列 m 中移出下一位用于传输，如果该位为 1，则该进程切换到模式 C，它等待 2 个时间单位，通过发出事件 down 将电压变为低，然后返回到模式 B 以便在后续的时间片内发送 1。如果该位为 0，则该进程切换到模式 D。在模式 D，该进程等待 4 个时间单位，直到下一个时间片的中间，然后将电压变为低。然后它检查消息队列 m 的下一位。如果该位为 1（与上次处理的最后一位不同），则该进程切换为模式 E，在该进程发出事件 up 之前它等待 4 个时间单位。如果该位为 0（与上

305

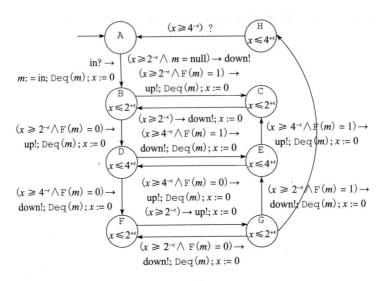

图 7-13 音频控制协议的发送器进程

次处理的最后一位相同），则该进程在模式 F 等待 2 个时间单位，然后升高电压，在模式
G 等待 2 个时间单位，然后再次降低电压来发送 0 位。每次从消息队列移出下一位，并基
于该位与下一位是否相同或与最近发送的一位是否不同来判断。保证消息的最后两位是
00。当消息结束时进程在模式 G，并且当队列 m 为空时，在模式 H 等待一个时间片的持续
时间而不改变输出后，进程返回到空闲位置 A。

接收器的详细状态机如图 7-13 所示。在状态机描述中，$F(m)$ 代表队列 m 的第一个元
素，动作 $Deq(m)$ 从队列 m 中移除第一个元素。注意，所有的时间约束更新为反映时间测
量中的可能错误，如 7.1.6 节所述。例如，为了说明进程在模式 H 等待 4 个时间单位，我
们需要把时钟不变量($x \leqslant 4$)与模式 H 相关联，把守卫($x \geqslant 4$)与从模式 H 到模式 A 的模式
切换相关联。为了获取时间测量中的误差，把时钟不变量($x \leqslant 4$)改变为约束($x \leqslant 4+4\varepsilon$)，
守卫($x \geqslant 4$)改变为约束($x \geqslant 4-4\varepsilon$)。我们将 $4-4\varepsilon$ 简写为 $4-\varepsilon$，将 $4+4\varepsilon$ 简写为 $4+\varepsilon$。

接收器进程

接收器进程如图 7-14 所示。接收器采用一个可变时钟 y 和一个输出缓冲器 out 来存储
解码的消息。接收器进程的初始模式为 Idle。当它接收第一个事件 up 时，它把消息初始
化为 1。模式 Last1 对应于最后的解码位为 1 的情形，类似地，模式 Last0 对应于最后
的解码位为 0 的情形。时钟 y 用于测量连续两个事件 up 之间的持续时间。在模式 L
Last1，如果下一位为 1，则直到下一个事件的准确持续时间预期为 4。由于接收器只需要
区分各种情形，所以如果持续时间为 3～5 的任何时间值，那么就认为下一位为 1。使用接
收器的不完全时钟测量延时。检查($3-\varepsilon \leqslant y \leqslant 5+\varepsilon$)是检查($3-3\varepsilon \leqslant y \leqslant 5+5\varepsilon$)的缩写，它
表明与接收器物理实体消耗的时间相比，接收器进程的时钟有每单位时间 ε 的潜在飘移。
在模式 Last1，如果在间隔[5，7]中的一个延迟后检测到下一个上升沿，则发送位 0，如
果在间隔[7，9]中的一个延迟后检测到下一个上升沿，则发送位 0 和 1（在两个 1 之间的 0
不需要上升沿）。在模式 Last0，通过划分预期的延迟应用类似的逻辑，直到下一个事件
up 划分到不同的类别：延迟为 3～5 说明下一位是 0；延迟为 5～7 说明发送位 0 和 1。如
果在 7 个时间单位内都没有检测到事件，则接收器认为传输已经结束（消息以 0 结束）并返
回到模式 Idle。

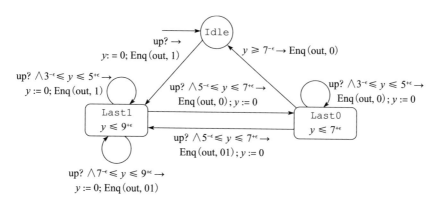

图 7-14 音频控制协议的接收进程

例子执行

图 7-15 显示了在时间 0 将消息串 100110100 提供给发送器时可能的协议执行，其中误差率 ε 为 0.05。在时间 0，发送器切换到模式 B，并设置其变量 m 为 00110100，时钟 x 设为 0。图 7-15 中的每一行显示了迁移发生的时间、在迁移过程中发送器产生的事件、在变迁移时发送器的时钟变量 x 的值（在值更新之前）、迁移后发送器的模式、迁移后内部消息队列 m 的值、在变迁移时接收器的时钟变量 y 的值（更新之前）、迁移后接收器的模式和迁移后输出消息队列 out 的值。需要注意的是，在该执行结束时，两个进程都返回到它们各自的初始模式，输出队列的值等于原始输入消息 100110100。

时间	事件	x	发送器	队列 m	y	接收器	队列 out
0			B	00110100		Idle	null
2.07	up	2.07	D	0110100		Last1	1
5.97	down	3.9	F	110100	3.9	Last1	1
7.97	up	2	G	110100	5.9	Last0	10
9.92	down	1.95	E	10100	1.95	Last0	10
14.08	up	4.16	C	0100	6.11	Last1	1001
16.1	down	2.02	B	0100	2.02	Last1	1001
18	up	1.9	D	100	3.92	Last1	10011
22.05	down	4.05	E	00	4.05	Last1	10011
25.91	up	3.86	D	0	7.91	Last1	1001101
30.01	down	4.1	F	null	4.1	Last1	1001101
32.11	up	2.1	G	null	6.2	Last0	10011010
34.16	down	2.05	H	null	2.05	Last0	10011010
38.29		4.13	A	null	6.18	Last0	10011010
39.39		1.1	A	null	7.28	Idle	100110100

图 7-15 音频控制协议的执行

分析

可以通过分析发送器和接收器时间进程的并行组合来检查协议是否正确工作，即接收器从通道 in 接收的消息是否等于缓冲器 out 的最终值。该需求可以通过一个安全监控器来获得。我们也要找出协议可以正确运行的最大误码率 ε。在飞利浦公司的工业设计中允许 5% 的误码率（即 $\varepsilon = 1/20$），对于此误码率，协议满足正确性需求。使用模型检查工具，（如 HYTECH 和 UPPAAL 等）的形式化分析得出该协议弹性误码率为 $\varepsilon = 1/15$。

306 ～ 309

练习 7.9：通过说明对应于输入串 100110100 的一个不正确的执行来证明音频控制协议不能容忍 $\varepsilon = 0.25$ 的误码率。

7.2.3 双腔植入式心脏起搏器

因为医疗设备的功能快速增加、计算与控制和通信的紧耦合性，所以它们的设计和实现面临巨大挑战。此类设备的安全攸关性使得它们成为形式化建模和分析的探索应用的理想领域。在本节中，我们采用了双腔植入式心脏起搏器来阐述这类设备的正确性需求的控制软件和规约的模型。我们从一个起搏器基本功能的概述开始介绍。

起搏器基础知识

人的心脏是一个自然发生的时间系统的一个很好的例子。它自发地产生电脉冲，该电脉冲在每一次心脏跳动时组织肌肉收缩的序列。这些脉冲的基础时间模式是心脏功能正常的关键。植入式心脏起搏器是一个节奏管理设备，它可以检测这些节奏模式，在必要时可通过外部手段纠正它们。

心脏由一个称为窦房结的专用组织，神经系统控制，在右心房的顶部周期性地产生电脉冲。这些脉冲导致两个心房收缩，把血液压入心室。该电传导在房室结被延迟，允许心室被血液完全充满，接着心室肌肉迅速传播，产生使血液泵出心脏的协调收缩。

一种称为心动过缓的常见心脏疾病是由于脉搏产生或脉搏传播的任何一个环节发生了故障，并导致心率缓慢，进而供血不足。心动过缓可以通过可植入的心脏起搏器来治疗，心脏起搏器监视心率，并提供及时的外部电脉冲来保持适当的心率以及心脏房室协调。心脏起搏器通常有两个引线固定在右侧的心房壁和右心室壁。局部组织的激活感知这些引线，并且这些感知事件充当起搏器的输入。如果这些感知事件发生不及时，那么起搏器做出反应，通过产生起搏事件来触发对心脏的电刺激。

一个现代化的起搏器要能适应各种不同类型的心脏，并可以以不同的模式进行操作。我们专注于一个名为 DDD 的模式：第一个字符描述所述起搏位置，D 表示起搏器起搏心房和心室；第二个字符描述感知位置，D 意味着两个腔室被感知；第三个字符刻画起搏器软件如何响应感应，D 表示感知可激活或抑制进一步起搏脉冲。对于其他的常用模式，起搏器的建模也是一样的（例如，对于 VDI 模式的起搏器，起搏器只起搏心室，感知两个心室，并感知可能引起抑制起搏）。起搏器从一个模式切换到另一模式的决策逻辑可能增加起搏器软件的复杂性，并没有反映在我们的 DDD 模式的模型中。

设计概述

如图 7-16 显示了两个时间进程（被控对象进程 Heart 和控制器进程 Pacemaker）之间进行通信的顶层方框图。将事件 AI 和 VI 输入心脏起搏器，而其输出对应事件 AP 和 VP。事件 AI 由放置在右心房壁的引线感知并对应于超过特定阈值的电势。事件 VI 类似和

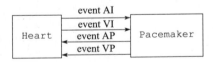

图 7-16 心脏与起搏器之间的交互

说明右心室的电流激活。起搏事件 AP 和 VP 诱发心房和心室的肌肉收缩。注意，所有的通信变量用事件来建模，因此没有相关联的数据值。心脏起搏器的行为取决于这些事件之间的时间延迟。

起搏器由 4 个进程组成，如图 7-17 所示。事件 VI 表示电活动在心室的原始感知输入。时间进程 FilterV 输出事件 VS：VS 事件的序列对应事件 VI 的序列的过滤版本，这些事件用于决定何时产生起搏事件。同样，时间进程 FilterA 输出事件 AS，它是原始感知事件 AI 的过滤版本。进程 PaceA 和 PaceV 分别基于过滤感知事件 AS 和 VS 的时间模式产生起搏事件 AP 和 VP。4 个子进程的每一个的输入如图 7-17 所示，我们将继续介

绍它们的设计过程。

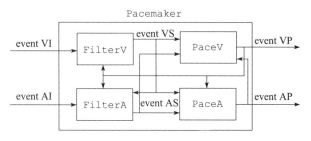

图 7-17   起搏器子构件的方框图

事件感知

如图 7-18 所示的时间进程 FilterV 滤除 VI 事件的序列来消除噪声。在每一次心室事件后，有一个盲期，称为心室不应期(VRP)，在此期间，额外的心室事件的新活性不被认可，因此被忽略。在进程 FilterV 描述中的程序参数 δ_1 对应于 VRP，该参数的典型值是 100ms。

进程 FilterV 使用时钟变量 x 测量从最后一个心室事件后的时间延迟。当该进程接收输入事件 VI 时，如果时钟 x 没有超过 δ_1，那么这意味着该 VRP 尚未消耗完，没有产生输出。如果时钟 x 超过 δ_1，则该进程想要通过产生事件 VS 并重置时钟 x 来标记一个新 VRP 的开始来立即响应。需要注意的是，基本的形式化模型是异步进程，因此，产生事件 VS 的输出迁移必须与接收输入事件 VI 的输入迁移解耦。为了确保该输出迁移立即跟随输入迁移而

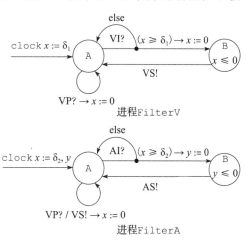

图 7-18   过滤感知事件的时间进程

没有延迟，在接收输入时，进程将时钟 x 设置为 0，并把模式切换到与时钟不变量($x \leq 0$)相关的模式 B。这样就能确保模式 B 是瞬时的，并且当进程 FilterV 处于此模式时，系统的时间开销为零。需要注意的是，当收到心室起搏事件 VP 时，时钟 x 重置为 0，这确保了在这样的起搏事件的 VRP 内的输入事件 VI 被忽略。

进程 FilterA 负责过滤感知的心房事件的序列。其功能定义为以下规则：如果自从最后心室事件之后输入事件 AI 不在后心室心房不应期(PVARP)内，那么它被当作过滤的事件 AS。进程 FilterA 的描述中的参数 δ_2 对应于这个 PVARP，其典型值是 100ms。

进程 FilterA 的时钟 x 测量自最后心室事件之后的延迟，而且当任一心室的输入事件 VS 或 VP 被接收时，则 x 重置为 0。当事件 AI 发生时，如果 x 的值低于阈值 δ_2，那么它不产生任何输出事件。否则，进程通过产生一个没有任何延迟的输出事件 AS 来进行响应。为了确保在产生事件 AS 和接收时间 AI 之间没有时间消耗，当进程 FilterA 接收输入并切换到与时钟不变量($y \leq 0$)相关且有一个产生期望输出传出迁移的瞬时模式 B 时，设置时钟变量 y 为 0。

起搏事件的时间

图 7-19 中的时间进程 PaceA 和 PaceV 实现心脏起搏器最基本的功能，以保持心率超过最低限度极小值。

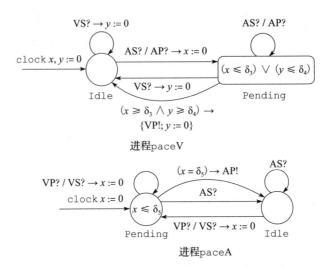

图 7-19　生成起搏事件的时间进程

进程 PaceV 的功能是保证一个心室事件在自从最后的心房事件后房室间隔（AVI）的最大延迟内发生。当事件 AS 或 AP 发生时，时钟 x 设置为 0，并且进程切换到模式 Pending。注意，模式切换 AS? /AP? $\to x := 0$ 是两个模式切换的简写（一个由条件 AS? 触发，另一个由条件 AP? 触发）。参数 δ_3 对应于 AVI，该参数的典型值是 150ms。如果在模式 Pending 在时钟 x 超过阈值 δ_3 之前心室感知事件 VS 没有发生，那么进程应该发出起搏事件 VP。但是，为了防止心脏起搏器起搏心室太快，只有当从最近心室事件开始至少消耗了上界速率间隔（URI）时间才发出起搏事件。为了满足该约束，进程采用另一个时钟 y，时钟 y 在每一个心室事件中重置为 0。参数 δ_4 对应于 URI，它强制连续心室事件之间的时间下界，该参数的典型值是 400ms。满足合取 $(x \geqslant \delta_3) \wedge (y \geqslant \delta_4)$ 就发出起搏事件 VP。与模式 Pending 相关的时钟不变量的析取是该守卫条件的否定，并确保在两个时间极限期内起搏器响应起搏。

进程 PaceA 对该逻辑进行编码产生心房起搏事件 AP。在起搏器的规约中，低速率间隔（LRI）指的是两心室事件之间允许的最长时间间隔。在初始模式 Pending，如果进程自前一个心室时间后，在 δ_5 个时间单位内没有收到心室事件或心房感知事件 AS，那么它就发出心房起搏事件 AP。参数 δ_5 的值可以是 LRI-AVI 的差（假设进程 PaceV 在心房事件延迟 AVI 个单位时间后起搏心室）。依据一个心房事件，进程 PaceV 切换到模式 Idle 并在根据随后的心室事件进行模式切换。LRI 的典型值是 1000ms。

心脏建模

311
～
314

为了分析心脏起搏器的功能，我们需要一个产生感知事件 AI 和 VI 的心脏模型。图 7-20 是一个抽象模型。在前一心房事件开始的时间间隔 $[L_A, U_A]$ 内产生一个非确定性的选择延迟后，时间进程 HeartA 产生心房感知事件 AI。时间进程 HeartV 是对称的，并在间隔 $[L_V, U_V]$ 内产生具有不确定性延迟的心室事件 VI。进程 Heart 是时间进程 HeartA 和 HeartV 的并行组合。

图 7-20 中的简单模型对建立起搏器设计的基本安全性需求已经足够了。然而，这种模型并不能够

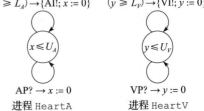

图 7-20　心脏的非确定性模型

获得心房和心室事件在时间上的相关属性。一个更可靠的模型是构造一个组合进程模型，该模型包含了一些在心脏组织捕获结点和一些对应于连接这些结点的传导路径。

示例执行

我们用图 7-21 所示的一个示例执行过程来说明起搏器的行为。在时刻 t_1 时，进程 HeartA 输出心房事件 AI。心脏起搏器构件 FilterA 认为这是一个新的心房事件，并产生一个没有任何延迟的感知事件 AS。鉴于心室感知事件没发生，进程 PaceV 在时刻 t_2 生成一个起搏事件 VP，t_2 是 δ_4 和 $t_1 + \delta_3$ 的最大值（参数 δ_3 和 δ_4 分别对应于周期 AVI 和 URI）。

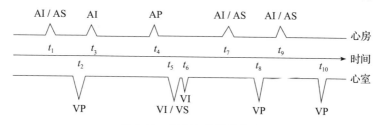

图 7-21　解释起搏器的执行

紧跟在时刻 t_2 的心室事件之后，心脏起搏器在时刻 t_3 产生心房脉搏。但是，由于 $t_3 < t_2 + \delta_2$，所以该事件被进程 FilterA 忽略，其中参数 δ_2 设置为 PVARP。

同时，进程 PaceA 在周期 δ_5 之内期待随后的心房感知，δ_5 对应于在时刻 δ_2 的心室事件之后：LRI-AVI。因为这样的事件在本示例执行中不会发生，所以它通过在时刻 $t_4 = t_2 + \delta_5$ 生成事件 AP 来响应。

心脏在时刻 t_5 产生随后的心室事件 VI，该事件经由没有任何延迟的过滤进程 FilterV 映射到事件 VS。后续的心室脉搏由心脏在时刻 t_6 产生，并且由于 $t_6 < t_5 + \delta_1$，参数 δ_1 对应于 VRP，所以在时刻 t_6 的事件 VI 被起搏器忽略。心脏在时刻 t_7 产生下一个心房事件，而此事件转换为没有任何延迟的心房感知事件 AS（假设 $t_7 > t_5 + \delta_2$）。

进程 PaceV 期待在时刻 t_7 的心房事件的 δ_3 个时间单位内的后续心室事件。在时刻 $t_8 = t_7 + \delta_3$，$t_8 > t_5 + \delta_4$ 意味着自从最近的 VS 后已经消耗了足够的时间（URI），因此进程 PaceV 产生起搏事件 VP。

在时刻 t_9 产生后面的心房事件 AI，并转换为没有任何延迟的事件 AS。随后，进程 PaceV 在时刻 $t_9 + \delta_3$ 前期待一个心室感知。然而，在这种情况下，$t_9 + \delta_3 < t_8 + \delta_4$，因为它生成最新的起搏事件 VP，所以这意味着没有足够的时间供进程消耗。结果，进程 PaceV 一直等待，并且仅在时刻 $t_{10} = t_8 + \delta_4$（$t_{10} > t_9 + \delta_3$）通过产生事件 VP 再次起搏心脏。

需求

心脏起搏器的最基本功能是通过维持心室率高于下限频率区间（Lower Rate Interval，LRI）的阈值来治疗心动过缓。因此，由心脏 Heart 和起搏器 Pacemaker（如图 7-16 所示）并行组合而成的闭环系统应满足以下安全性需求：两个连续心室事件之间的延迟不应超过 LRI。该属性不能作为系统的不变量直接获取，但我们可以利用图 7-22 所示的时间进程 LRIMonitor 作为一个安全监控器。监控器观察事件 VS 和 VP，如果自心室事件的最后出现已经消耗超过 LRI 个时间单位，则监控器进入错误状态 E。验证心脏起搏器的安全性相当于检查属性（LRIMonitor.mode $\neq E$）是否是系统 Heart｜Pacemaker｜LRIMonitor 的不变量。

对于我们已经讨论的起搏器模型，随着程序延迟参数的指定值和图 7-20 所示的非确定性的心脏模型，不管参数 L_A、U_A、L_V 和 U_V 的值是什么，起搏器是安全的（即监控器

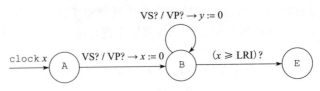

图 7-22 起搏器的安全监控器

LRIMonitor 不能进入出错模式)。这可以通过确定合适的电感不变量的人工证明或通过使用模型检查器(实现 7.3 节讨论的算法可达性分析的 UPPAAL)来创建。

还有许多期望起搏器的设计希望是安全的其他需求。例如,一个起搏器应该将心室超过的最大心率的起搏指定为上限速率。许多心房和心室事件的时序模式认为是不需要的,希望起搏器采取正确的操作进行响应。在建模时,我们已讨论的规约和分析技术适用于这些需求的形式化建模,我们省略了这个案例研究的建模细节。

练习 7.10: 在时间进程 PaceV(如图 7-19 所示)的建模过程中,我们采用模式 Pending 的析取时钟不变量表达式。构建另一个可选模型,其中把模式 Pending 分解为两个模式,一个模式具有时钟不变量($x \leqslant \delta_3$),另一个模式具有时钟不变量($y \leqslant \delta_4$),使得由此产生的进程有与进程 PaceV 一样的输入/输出行为。

7.3 时间自动机

给定一个时间进程 TP,它可以表示为多个时间进程的并行组合,它包括一个安全监控器和一个状态变量属性 φ,可达性分析的目标是检查属性 φ 是否是进程 TP 的不变量,如果该属性不是进程 TP 的不变量,则它产生一个反例。对于不变量验证采用 on-the-fly 枚举深度优先搜索算法(如 3.3 节所学习的)的主要障碍是时间进程包含了实值时钟变量。因此,我们必须开发符号或基于约束的技术来处理时钟变量的集合。在本节中,我们提出的分析技术适用于使用时钟的时间系统建模中最常出现的模式。

7.3.1 时间自动机的模型

在第 3 章中,我们设计了一种验证问题的可行算法,该算法把待分析系统当作一个有限自动机来进行分析。由于时钟变量的存在,时间进程通常不是有限状态机。然而,如果我们限制时钟变量的使用方式,则基于有限状态自动机的算法分析还是可以用的。对于此类分析,时钟变量的使用严格遵循以下方式。首先,赋给时钟变量的唯一值是 0。其次,对于某个常整数 k,涉及时钟变量的唯一测试是形如 $x \leqslant k$ 或 $x \geqslant k$。也就是说,用于时钟不变量和更新的唯一原子表达式将时钟变量与常数比较。到本章为止所考察的例子都遵守这些限制。这样的更新和测试适用于表示事件之间延迟的下界和上界。

这样限制时钟变量使用的时间进程称为**时间自动机**。特别地,时间进程 TimedBuf(如图 7-2 所示)是一个时间自动机:从模式 Empty 到模式 Full 的切换,并在模式 Full 的时钟不变量中测试($y \leqslant$ UB),以及在从模式 Full 到模式 Empty 的模式切换的守卫条件中测试标记($y \geqslant$ LB),将时钟 y 重置为 0 分别把时钟变量与对应于延迟上界和下界的常量进行比较。

时间自动机

时间进程 TP 称为**时间自动机**,如果对于进程的每个时钟变量 x:

1）对进程 TP 任何任务的更新描述出现的变量 x 的唯一赋值是 $x:=0$；

2）涉及变量 x 的每一个原子表达式要么出现在进程 TP 的时钟不变量中，要么出现在进程 TP 的任何任务的守卫或更新描述中，它具有形式：$x \leqslant k$ 或 $x \geqslant k$，其中 k 是整型常量。

需要注意的是，对于一个整型常量 k，形如 $(x=k)$ 的测试是可以定义的，因为 $(x=k)$ 等价于 $(x \leqslant k) \wedge (x \geqslant k)$，形如 $(x<k)$ 的测试也是可定义的，因为它等价于 $\neg(x \geqslant k)$。

由于该分析以特殊的方式处理时钟变量，所以可以很方便地把一个时间自动机 TP 的状态当作对 (s, ν) 来考虑，其中离散状态 s 将值分配所有的离散变量，时钟赋值 ν 将值分配给时钟变量。需要注意的是，如果时间自动机有 n 个时钟变量，那么一个时钟赋值是 time^n 的一个元素，其中 time 是非负实数集合。

318

7.3.2 区域等价*

分区例子

为了解释时间自动机的分析技术，考虑图 7-23 所示的具有模式 A 和 B 的自动机，该自动机有两个时钟变量 x 和 y、两个 event 类型的输入通道 a 和 b 以及一个事件输出通道 c。涉及时钟变量 x 的约束说明进程周期性地发出事件 a，使得两个连续事件之间的延迟大于或等于 1 且严格小于 2。涉及时钟 y 的约束说明无论何时进程接收输入事件 b，它就在一个严格大于 0 和小于或等于 1 的延迟内发出输出事件 c。

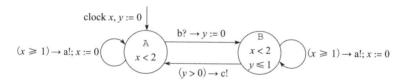

图 7-23 说明区域等价的时间自动机的例子

虽然这个时间自动机只有两个离散状态，但其状态空间是无限的，因为有无限多个时钟赋值。分析算法的基本思想是将这些时钟赋值聚类为有限多个等价类，使得等价状态都具有相似的行为。这种等价关系又称为区域等价，图 7-24 是一个自动机例子的描述。在这个例子中，一个时钟赋值是二维 x/y 坐标平面的第一象限上的点。通过绘制垂直线、水平线和对角线可以将这个空间分成有限多个类。

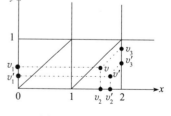

直观地说，当我们发现在一条线上的每一个时钟赋值且位该线的上侧或者下侧会导致不同的行为时，我们需要通过绘制这样的线来分区。为了限制分区的数量，我们需要按需画线。自动机的守卫和不变量可以把时钟变量与整型常量进行

图 7-24 时间区域

比较，其目的是可用绘制水平线和垂直线来进行分区。例如，在模式 A 中，如果时钟变量 x 小于 1，则事件 a 不会立刻发生；如果时钟变量 x 大于或等于 1，则事件 a 就会立刻发生。在模式 B 中，如果时钟 y 为 0，那么事件 c 就必须等待一个非零的时间；如果时钟 y 等于 1，则事件 c 必须立刻发生。在这个例子中，与时钟 x 比较的最大常数是 2，与时钟 y 比较的最大常数是 1。这表明：时钟 x 的实际值一旦超过 2，就与确定该组未来的可能

行为没有关系。类似地，一旦时钟 y 的值超过 1，它就不需要被准确跟踪。为获得所需的分区，我们绘制垂直线 $x=0$、$x=1$、$x=2$ 和水平线 $y=0$ 与 $y=1$。

在给定的模式中，持续时间 δ 的时间动作的效应是将 δ 加到相应的时钟值上。因此，在时间动作中，时钟赋值沿对角线方向演变。在我们的例子中，在模式 B，考虑一个时钟赋值，其中时钟变量 x 和 y 都为 0~1。该信息足够确定哪些守卫能够满足，因此模式切换可以立即执行。如果约束 $(x>y)$ 成立，随着时间的流逝，在时钟 y 达到 1 前，时钟 x 先达到 2，在此情况下，输出事件 a 是使能的。然而，如果时钟变量 x 的值小于时钟变量 y 的值，那么随着时间的推移，时钟变量 y 的值先于时钟变量 x 的值达到 1，这意味着保证事件 b 在事件 a 之前产生。为了考虑这样的效应，我们通过绘制两条对角线进一步分解该分区。

由此产生的分区如图 7-24 所示。如果两个时钟赋值属于同一个分区，则认为这两个时钟赋值是区域等价的，每个分区由所有等价时钟赋值组成，该分区又称为时钟区域。在我们的例子中，有 28 个时钟区域：6 个拐角点，如 (0, 1) 和 (2, 0)；14 条开放线段，如在线 $x=0$ 上的线段 $(0<y<1)$ 和在对角线 $x=(y+1)$ 上的线段 $(0<y<1)$；以及 8 个开放区域，如三角形区域 $(0<x<y<1)$，以及约束条件 $(1<x<2)$ 和 $(y>1)$ 指定的无界区域。

319
~
320

如果两个状态对应的离散状态是相同的且它们的时钟赋值是区域等价的，那么这两个状态是区域等价的。为了理解为什么区域等价状态的行为是相似的，考虑属于约束条件 $1<x<2$、$0<y<1$ 和 $(x-y)>1$ 说明的开放区域的两个时钟赋值 ν 和 ν'，如图 7-24 所示。考虑这样的原子时钟约束：将时钟变量 x 与 0、1 或 2 进行比较，时钟变量 y 与 0 或 1 进行比较。当且仅当时钟赋值 ν' 满足这个时钟约束时，时钟赋值 ν 才满足这个时钟约束。这样，如果在状态 (A, ν) 模式切换是使能的，那么在区域等价状态 (A, ν') 该模式切换也是使能的；如果在状态 (B, ν) 模式切换是使能的，那么在区域等价状态 (B, ν') 该模式切换也是使能的。如果在这样的模式切换期间，时钟变量 x 被重置，那么由此产生的时钟赋值在模式切换后是 ν_1 和 ν'_1（如图 7-24 所示），它们也是区域等价的；如果时钟变量 y 被重置，那么由此产生的时钟赋值在模式切换后是 ν_2 和 ν'_2，它们也是区域等价的。在时钟赋值 ν 开始，随着时间的流逝，模式仍旧未变，两个时钟变量值沿着对角线递增。时钟赋值在这样的迁移中保持与 ν 区域等价，直到时钟变量 x 的值变为 2，导致时钟赋值 ν_3。从时钟赋值 ν' 开始的时间动作的效应也是类似的：时钟赋值沿着导致时钟赋值 ν'_3 的对角线演进，时钟赋值 ν'_3 与时钟赋值 ν_3 是区域等价。需要注意的是，导致时钟赋值由 ν 变到 ν_3 的时间动作的持续时间，与导致时钟赋值由 ν' 变到 ν'_3 的时间动作的持续时间是不同的，但是对于两个等价时钟赋值来说，随着时间的流逝不同时钟区域中的顺序是相同的。

总之，进程在状态中执行的任何动作都与对应于区域等价状态开始执行的动作相匹配，导致状态是等价的，其中相同的参数可以被再次使用。因此，在一个中状态开始的任何执行可以匹配在等价区域中开始的相应执行，使得这两个执行有匹配的输入/输出/内部/时间动作的序列，唯一的不同是时间动作的确切持续时间。

作为例子，考虑图 7-23 中的时间自动机的执行序列：

$$(A,0,0) \xrightarrow{0.6} (A,0.6,0.6) \xrightarrow{b?} (B,0.6,0) \xrightarrow{0.5} (B,1.1,0.5) \xrightarrow{C!} (A,1.1,0.5)$$
$$\xrightarrow{0.2} (A,1.3,0.7) \xrightarrow{a!} (A,0,0.7) \xrightarrow{1.25} (A,1.25,1.95) \xrightarrow{1.25} (A,1.86,2.56)$$

现在假设在第一步时间动作的持续时间改变为 0.1，由此产生状态 (A, 0.1, 0.1)，该状态与状态 (A, 0.6, 0.6) 是区域等价的。下面是另一个执行，它的第一步是持续时间为 0.1 的时间动作，使得在执行的每一步，状态保持与上述执行的对应状态是区域等价的。

$$(A,0,0) \xrightarrow{0.1} (A,0.1,0.1) \xrightarrow{b?} (B,0.1,0) \xrightarrow{0.91} (B,1.01,0.91) \xrightarrow{C!} (A,1.01,0.91)$$

$$\xrightarrow{0.05} (A,1.06,0.96) \xrightarrow{a!} (A,0,0.96) \xrightarrow{1.25} (A,1.25,2.21) \xrightarrow{0.61} (A,1.86,2.82)$$

区域等价

现在让我们对一般情况的区域等价进行形式化定义。考虑时间自动机 TP，认为是等价的两个时钟赋值 ν 和 ν'，下面的条件必须成立。考虑一个时钟变量 x。时钟赋值 ν 和 ν' 必须对时钟变量 x 的值达成一致，当时钟 x 为 0 时，时钟 x 的值为 0~1，当时钟 x 为 1 时，时钟 x 为 1~2，这种关系可用与 x 轴平行的线来表示。如果 k_x 是出现在守卫、更新描述或 TP 的时钟不变量中的原子约束中与时钟 x 相比最大的常量，那么一旦时钟 x 的值超过 k_x，它的实际值的大小也就无关紧要了。该条件可以概括为：对于每一个为 $0 \sim k_x$ 的整数 d，时钟赋值 ν 和 ν' 满足所有形如 $(x=d)$ 和 $(x<d)$ 的约束。第二个条件考虑关于时钟值差的约束。考虑两个时钟 x 和 y，使得它们两个都被赋予不超过各自阈值 k_x 和 k_y 的值。这样，赋给时钟赋值 ν 和 ν' 的值必须满足关于对角线的关系。根据时钟赋值 ν 及 ν'，变量 x 和 y 的小数部分的排序必须相同，根据此要求可以对约束条件进行形式化描述。例如，在图 7-24 中的各个方形，对于对角线上的时钟赋值，时钟 x 和 y 的小数部分是相等的。对于下三角形中的时钟赋值，时钟 x 的小数部分超过时钟 y 的小数部分；对于上三角形中的时钟赋值，时钟 y 中的小数部分超过时钟 x 的小数部分。

如果两个状态将相同的值分配给所有的离散变量，那么这两个状态是区域等价的，因此，它们具有相同的离散状态，并且它们的时钟赋值也是区域等价的。区域等价的定义如下所示。

区域等价

给定一个时间自动机 TP，对于每一个时钟变量 x，令 k_x 是与 x 比较的最大常数值，其中 x 是可以出现在守卫、更新描述或自动机 TP 的时钟不变量中的原子约束。时间自动机 TP 的两个时钟赋值 ν 和 ν' 是区域等价的，如果以下条件成立

1) 对于每一个时钟变量 x 和每个整数 d，其中 $0 \le d \le k_x$，$\nu(x)=d$ 当且仅当 $\nu'(x)=d$，并且 $\nu(x)<d$ 当且仅当 $\nu'(x)<d$ 时；

2) 对于每一对时钟变量 x 和 y，使得 $\nu(x) \le k_x$ 和 $\nu(y) \le k_y$，当且仅当 $\nu'(x)$ 的小数部分小于或等于 $\nu'(y)$ 的小数部分时，$\nu(x)$ 的小数部分小于或等于 $\nu(y)$ 的小数部分。

时间自动机 TP 的两个状态 $s=(t,\nu)$ 和 $s'=(t',\nu')$ 是区域等价的，如果 1) 离散状态 t 和 t' 是相同的；2) 时钟赋值 ν 和 ν' 是区域等价的。

当一个进程有 3 个时钟时，可以通过使用在每个轴的相关常数上的平行轴平面来创建三维网格以获得需要的分区。如果我们考虑由 $(0<x<1)$、$(0<y<1)$ 和 $(0<z<1)$ 给出的一个立方体，然后由对角线平面进一步将它分割成多个单元格。这样的时钟区域的例子包括 $(x<y<z)$、$(x=y<z)$、$(x=y=z)$ 和 $(y<x=z)$。每个这样的时钟区域可以通过给定的 3 个时钟的小数部分的相对排序来描述。

如图 7-24 所示，如果两个状态 s 和 t 是区域等价的，则从其中一个状态的迁移对应从另一个状态的迁移，它们的迁移后的状态仍然是区域等价的。这可以通过以下定理来形式化。

定理 7.1（区域等价性） 考虑一个时间自动机 TP 和自动机 TP 的两个状态 s 和 t，使

得状态 s 和 t 是区域等价的，那么

1）如果 $s \xrightarrow{\alpha} s'$ 是 TP 的一个输入动作、输出动作或内部动作，那么存在一个状态 t'，使得 $t \xrightarrow{\alpha} t'$ 成立，并且状态 s' 和 t' 是区域等价的，并且；

2）对于每一个实值持续时间 $\delta > 0$，使得 $s \xrightarrow{\delta} s+\delta$ 是 TP 的一个时间动作，存在一个持续时间 $\delta' > 0$，使得 $s' \xrightarrow{\delta'} s'+\delta'$ 也是 TP 的一个时间动作，并且状态 $s+\delta$ 和 $s'+\delta'$ 是区域等价的。

证明：设 TP 是一个时间自动机。考虑区域等价的两个状态 s 和 t。我们想要证明，对于从状态 s 开始的每个输入/输出/内部/时间动作都与从状态 t 开始的相应动作相匹配，使得目标状态也是区域等价的。

可以看到，如果两个状态是区域等价的，那么出现在自动机的守卫或更新代码中的每个表达式在两个状态中有相同的值。

考虑通过执行内部任务 A 获得的内部动作，内部任务 A 从状态 s 开始，具有守卫条件 Guard 和更新代码 Update。由于 $s(\text{Guard})=t(\text{Guard})$，所以任务 A 在状态 t 也是使能的。现在考虑在两个区域等价和状态 s 和 t 中的更新代码的执行。在执行的每一步，条件表达式在两个状态中计算相同的值。对于离散变量 y，执行形如：$y=e$ 的赋值，保持区域等价性。如果一个语句涉及非确定性的选择，那么它可以在两个执行中用相同的办法求解。此外，执行给形如 $x=0$ 的时钟变量赋值将保持区域等价性：这很容易建立，只要两个时钟赋值 ν 和 ν' 是区域等价的那么时钟赋值 $\nu[x \to 0]$ 和 $\nu'[x \to 0]$ 也是区域等价的。由此可以得出，如果从状态 s 和 t 开始的更新代码 Llpdata 的执行分别产生状态 s' 和 t'，那么状态 s' 和 t' 必须是区域等价的。

输入和输出动作的情况相似。

考虑时间动作，$s \xrightarrow{\delta} s'$，其中 $s'=s+\delta(\delta > 0)$，假设持续时间 δ 的选择是使得对于每个 $0 \leqslant \varepsilon \leqslant \delta$，状态 $s+\varepsilon$ 无论是对于起始状态 s 还是终止状态 s' 都是区域等价的（即，因为持续时间足够小，所以多个区域在执行过程中还没有出现），我们想要找到这样一个 δ'，使得状态 $s+\delta$ 和 $t+\delta'$ 是区域等价的。

如果 $s(x)$ 是一个不大于阈值 k_x 的整数值，那么让我们假定时钟 x 是在状态 s 的整数部分。同样，如果 $s(x)$ 不是整数（因此有一个非零小数部分）且不超过阈值 k_x，那么时钟 x 是状态 s 的小数部分。

假设在状态 s 有某个时钟 x 是整数部分。对于状态 $s+\varepsilon$ 中任意 $\varepsilon > 0$，时钟 x 的值不再是整数，这样的状态与 s 不是区域等价的，假设该状态必须与 s' 是区域等价的。状态 s 中所有时钟是小数部分，令 y 是小数部分是状态 s 中最大值的时钟，令 ε_s 是这个小数值（如果有很多 y 值等于小数值，我们可以选择其中的任意一个，如果在状态 s 中没有小数时钟，那么这个必须作为单独的、简单例子处理）。从状态 s 开始，如果让 $1-\varepsilon_s$ 时间流逝，那么时钟 y 将有一个整数值，由此产生的结果状态将不再与 δ' 是区域等价的。因此它必须是 $0 < \delta < \varepsilon_s$。由于状态 t 与状态 s 是区域等价的，所以它同意状态 s 中的哪些时钟有整数值，哪些有小数值以及这些小数值的顺序。尤其是，时钟 x 在状态 t 中也有整数值，对于任何小的 $\varepsilon > 0$，状态 $t+\varepsilon$ 不再与 t 是等价区域的。而且，在状态 t 的小数时钟之间，时钟 y 有最大的小数值，设该值为 ε_t。然后验证对于每一个 $0 < \delta' < \varepsilon_t$，状态 $t+\delta'$ 与 $s+\delta$ 是区域等价的，因此需要的持续时间可以是间隔 $(0, \varepsilon_t)$ 中的任意值。

假设在状态 s 中没有整数部分的时间，但是有小数部分的时钟。令 x 是具有最大小数部分的时钟，记为 ε_s。那么从状态 s 开始，随着时间的流逝，当持续时间小于 $1-\varepsilon_s$ 时，该状态仍旧与状态 s 是区域等价的。在时间 $1-\varepsilon_s$，时钟 x 变成整数，触发区域中的一个变化。在这种情况下，持续时间 δ 必须等于 $1-\varepsilon_s$。现在状态 t 展示了相似的行为。如果 ε_t 表示在状态 t 时钟 x 的小数部分，那么可以选择 $\delta'=1-\varepsilon_t$，并验证状态 $t+\delta'$ 与 s' 是区域等价的。

当状态 s 没有整数或小数时钟时，每个时钟 x 的值已经超过阈值 k_x。在这种情况下，对于 δ 和 δ' 的所有值，状态 s、$s+\delta$、t 和 $t+\delta'$ 都是区域等价的。

因此，该证明是完备的，延迟 δ 足够短以至于状态 s 和 $s+\delta$ 属于相邻区域。作为练习 7.13，对于通用情况，建立一个将持续时间 δ 的时间动作分解为一系列时间动作，使得每一个部分的持续时间足够短：存在状态 $s=s_0,s_1,\cdots,s_n=s'$ 和延迟 $\delta_1,\cdots,\delta_n$，$(\delta_1+\cdots+\delta_n=\delta)$，使得对于每一个 i，$s_i=s_{i-1}+\delta_i$ 和每一个 ε，$0\leqslant\varepsilon\leqslant\delta_i$，状态 $s_{i-1}+\varepsilon$ 与 s_{i-1} 或 s_i 是区域等价的。从与状态 $s_0=s$ 是区域等价的状态 $t_o=t$ 开始，通过应用上述论据 n 次，我们可以找到延迟 $\delta_1,\cdots,\delta_n'$ 和状态 $t_i=t_{i-1}+\delta_i'$，使得每一个状态 t_i 与状态 s_i 是区域等价的。因此，期望的持续时间 δ' 是和 $\delta'_1+\cdots+\delta'_n$，这确保状态 $t+\delta'$ 与状态 $s'=s_n=s+\delta$ 是区域等价的。∎

现在让建立一个关于时钟区域数的边界。对时钟变量 x，时钟区域指定时钟 x 的值是否等于整数 d，其中 d 的可能值是 $0,1,\cdots,k_x$，无论时钟 x 的值是否超过 k_x，或者无论时钟 x 的值是否是严格是整数 $d-1\sim d$，其中 d 的可能值的选择是 $1,2,\cdots,k_x$。根据时钟 x 的约束这给出了总共 $2k_x+2$ 种选择。这说明由积 $\Pi_x(2k_x+2)$ 给出轴平行约束的分区的总数。关于小数部分的顺序，如果时间自动机有 m 个时钟变量，那么我们得到 $m!$ 个可能的顺序。最后，对于这个排序中的每对相邻的时钟变量 x 和 y，时钟区域基于时钟 x 的小数部分是否严格小于时钟 y 的小数部分或两者是否相同来加以区分。这提供了额外的 2^m 种选择。总共可能的时钟区域数最多为 $2^m\cdot m!\cdot\Pi_x(2k_x+2)$。这个边界是不准确的。特别是，这种计算考虑每个区域中的所有时钟的小数部分的排序，但当一个时钟 x 等于整数 d 时，其小数部分保证是 0，因此时钟区域的实际数小于这个边界。但是，这种边界有助于理解时钟区域数量如何变化：该数随时钟呈指数增长，并且与描述中使用的常量的积成正比增长。

使用区域等价性的搜索

我们已经研究如何利用区域等价性将时钟赋值的无限空间分解为有限多个时钟区域。现在，我们可以采用 on-the-fly 深度优先搜索算法来计算图 3-16 中的时间自动机的可达性。与枚举状态不同，该算法枚举区域，其中每个区域指定一个离散状态和一个时钟区域。

图 7-25 说明某些区域在图 7-23 的时间自动机中是可达的。初始区域通过 $[A,x=y=0]$ 来描述，其中包括一个具有模式 A 的单独状态和对应于单个时钟赋值 $(0,0)$ 的时钟区域。在该区域中，状态以两种方式改变：由于输入事件 b，产生由 $[B,x=y=0]$ 描述的区域；由于时间动作的最大持续时间为 2，产生 $[A,0<x=y<1]$、$[A,x=y=1]$ 或 $[A,1<x<2,y>1]$ 这 3 个区域之一。由于时间动作对应于后继的边在图 7-25 中用符号 τ 标记。该图显示了这 4 个区域每个的后继。例如，考虑区域 $[A,1<x<2,y>1]$。如果输入事件 b 发生，然后模式切换为 B，时钟 y 重置，导致区域 $[B,1<x<2,y=0]$。因为守卫 $(x\geqslant1)$ 是使能的，所以可以发生输出事件 a，重置时钟 x，导致区域 $[A,x=0,y>1]$。第三种可能性是时间动作。给定状态 s，它满足约束 $(1<x<2)$ 和 $(y>1)$，可以找到持续时间 $\delta>0$

324
325

使得 $s+\delta$ 也满足约束($1<x<2$)和($y>1$)，这解释了在区域[A，$1<x<2$，$y>1$]上的 τ 标记自循环。由于时钟不变量（$x<2$），使用时间动作区域[A，$x=2$，$y>1$]是不可达的。

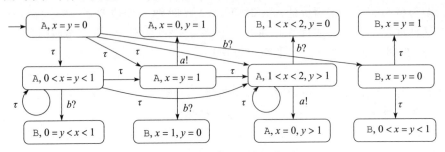

图 7-25 使用时间区域的搜索

我们知道图 7-23 中的时间自动机的两个示例执行，使得在每一个步，对应状态是区域等价的。这两个执行对应于下面的执行，它们记录区域而不是具体状态：

$$[\mathrm{A},x=y=0]\xrightarrow{\tau}[\mathrm{A},0<x=y<1]\xrightarrow{b?}[\mathrm{B},0<x<1,y=0]$$
$$\xrightarrow{\tau}[\mathrm{B},0<y<1<x<y+1]\xrightarrow{C!}[\mathrm{A},0<y<1<x<y+1]$$
$$\xrightarrow{\tau}[\mathrm{A},0<y<1<x<y+1]\xrightarrow{a!}[\mathrm{A},x=0<y<1]$$
$$\xrightarrow{\tau}[\mathrm{A},1<x<2<y]\xrightarrow{\tau}[\mathrm{A},1<x<2<y]$$

在该例子中，有两个离散状态（模式可以是 A 或者 B），在图 7-24 中最多有 28 个时钟区域。这意味着深度优先算法可以搜索只 56 个可能的区域。通常，如果不是时钟的变量的类型是有限的，那么只有有限多个离散状态，因此只有有限多个区域，并且深度优先搜索算法搜索区域保证会停止。

给定时间自动机 TP 的属性 φ，该属性通常是一个它的状态变量的布尔表达式，什么时候我们可以利用基于区域的搜索来决定属性 φ 是否是自动机 TP 的不变量？如果属性 φ 只引用离散变量，那么因为基于区域的搜索跟踪离散状态，所以它适合检查属性 φ 是否在每一个可达区域都成立。如果属性也引用了时钟变量，那么只要这些引用与分区一致，则基于区域的搜索就是合适的，即在属性 φ 中涉及时钟变量的每一个原子约束具有形式 $x\leqslant d$ 或者 $x\geqslant d$。（对于某个整数 $d\leqslant k_x$）换句话说，设 φ 是这样的属性，无论何时两个状态 s 和 t，是区域等价的，要么同时满足属性 φ 或同时不满足属性 φ。因此，这样的属性 φ 称为区域不变量属性。对于这样的区域不变量属性 φ，检查时间自动机的所有可达状态是否满足属性 φ，使用基于区域的搜索它是以检查所有可达区域是否满足属性 φ。

时间自动机的分析可以方便地适用于处理合理的常量。在 7.2.2 节的音频控制协议中，模型有形如（$5-5\varepsilon\leqslant y\leqslant5+5\varepsilon$）的约束，其中 ε 是合理值常量，如 1/15。为了处理这样的模型，可以简单地用因子 1/15 乘以所有的常量，使它们成为整数而不是改变模型中可能的执行。

我们通过定义区域等价性得到这节的结论，使用此由产生的等价类分析（更确切地，对于深度优先搜索），得出区域等价性是抽象的通用概念的一个实例。具体状态，如<A，0.2，0.3>被区域，如[A，$0<x<y<1$]取代。这样的映射移除了某些细节，因此称为一种抽象，这样的区域称为抽象状态。由于许多具体状态映射为相同的抽象状态，所以通过抽象状态搜索更有效。定理 7.1 表明，在时间自动机中，这个使用区域的特殊抽象保持足够的信息，因此基于抽象状态的搜索精确地描述哪些个输入输出事件序列是可用的以及区

域不变量属性是否是系统的不变量。

练习 7.11：考虑图 7-23 中的时间自动机，列出所有可能区域$[A, x=0, y>1]$和区域$[B, 0<x=y<1]$的后继区域。

练习 7.12：考虑具有 3 个时钟 x，y 和 z 的时间自动机，$k_x=k_y=k_z=1$。列出该自动机所有可能的时钟区域。

练习 7.13*：证明时间自动机的每一个时间动作可以分解为时间行为动作的序列，使得在每个该状态或者与该子动作的初始状态或者与结束状态是区域等价的。形式上，考虑时间自动机的一个状态 s 和持续时间 δ。证明存在状态 $s=s_0$, s_1, $\cdots$, $s_n=s+\delta$ 和延迟 δ_1, $\cdots$, δ_n，其中 $\delta_1+\cdots+\delta_n=\delta$，使得对于每一个 i，$s_i=s_{i-1}+\delta_i$，对于每一个 $0\leqslant\varepsilon\leqslant\delta_i$，状态 $s_{i-1}+\varepsilon$ 或者与状态 s_i 或者与 s_{i-1} 是区域等价的。找到一个作为自动机时钟变量数 m 的函数的一个边界 b，使得每一个时钟动作可以分解为这个期望形式的最多 b 个子动作。

327

练习 7.14*：假设我们修改了时间自动机的定义使得时钟变量可以重置为常量（即，对于时钟变量 x，允许的赋值形式为 $x:=d$，其中 d 是一个非负整型常量），测试可以用常量表示时钟变量之间的差（即，涉及时钟变量的每一个表达式具有形式 $x\leqslant k$，$x\geqslant k$ 或者 $x-y\leqslant k$，其中 k 是一个整型常量）。怎样修改基于时钟赋值的区域等价性的定义，使得只有有限多个时钟区域，并且定理 7.1 仍成立？

7.3.3 基于矩阵表示的符号分析

区域等价性允许将时钟赋值的无限空间划分为有限多个区域，使用枚举所有可达区域的搜索算法我们已经知道如何将区域等价用于时间自动机的不变量验证。虽然定理 7.1 表明跟踪时钟区域来验证时钟不变量属性的办法是充分的，但这样的精细划对分解决特殊不变量验证问题不是必要的。例如，考虑图 7-25 中从初始区域 $[A, x=y=0]$ 开始的可达区域的搜索。我们可以用单个集合 $[A, 0<x=y<2]$ 表示从初始区域开始的时间动作的结果，而不是枚举对应于时间动作的初始区域的 3 个后继区域 $[A, 0<x=y<1]$，$[A, x=y=1]$ 和 $[A, 1<x<2, y>1]$。在本节中，考虑一个称为时钟区的符号表示，该时钟区允许分析类中的时钟区域而不是以某种方式枚举它们，这是一种高效表示和操作方式。

使用时钟区的时间分析案例

为了解释符号分析技术，让我们考虑图 7-26 中的时间自动机。时间约束的检查说明模式 D 是不可达的，即不能遍历路径 A、B、C、D。同样，模式 E 是不可达的，但是可以到达模式 F。通过对模式 C 的时钟不变量中的时钟值和与离开模式 C 的切换相关联的守卫的局部约束检查它是明显的，但当执行到达模式 C 时，它基于对时钟 x_1 和 x_2 的值的隐含约束。这说明分析的性质需要检查基于时间的互斥协议是否满足互斥需求：在图 7-9 中的时间进程的多个实例的并行组合中，在满足每一步的守卫和时钟不变量施加的时间约束时，可能在模式 Crit 到达具有两个进程的状态吗？

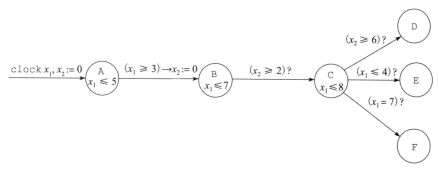

图 7-26 分析执行的时间可行性的例子

这个例子中的状态包括从枚举集合{A，B，C，D，E，F}中的模式和时钟变量 x_1、x_2 的值(每个时钟变量的值都是非负实值)。我们可以通过将时钟赋值的空间划分为时钟区域来利用有限状态分析，但是对于图 7-26 中的自动机，$k_1=7$，$k_2=6$，结果，存在很多时钟区域(确切地说，是 140 个)，我们希望避免单独考虑所有这样的时钟区域。为此，我们概括时钟区域的概念为时钟区，时钟区是时钟赋值的子集，用特殊形式的 x_1 和 x_2 约束表示，受制于单个时间变量的值和两个时间变量值的差。

最初，两个时钟都是 0，导致约束为：

$$(x_1 = 0) \wedge (x_2 = 0) \wedge (x_1 - x_2 = 0)$$

这用图 7-27 的时钟区 R_0 表示。假定进入模式 A 的时钟赋值的集合用约束 R_0 表示，当进程在模式 A 中等待时我们可以使用时间动作计算可以达到的时钟赋值的集合。时钟 x_1 的值递增，但是由于时钟不变量与模式相关联，所以它不能超过 5，这给出约束 $1 \leqslant x_1 \leqslant 5$。可以看出，在时间动作中，时钟值的差保持不变，所以从 R_0 得到的约束 $(x_1 - x_2 = 0)$ 保持不变。这两个约束表示关于时钟 x_2 值的边界，这给出了时钟区 R_1 的描述：

$$(0 \leqslant x_1 \leqslant 5) \wedge (0 \leqslant x_2 \leqslant 5) \wedge (x_1 - x_2 = 0)$$

注意，R_1 由多个时钟区域组成，例如拐角点 $x_1 = x_2 = 3$ 以及线段 $3 < x_1 = x_2 < 4$。还可以看到能够从时钟区 R_0 开始到达的时钟区域的数量，与出现在模式 A 的时钟不变量中的常数 5 成比例，由于时间动作，虽然总是存在一个单独的时钟区，它使用从时钟区 R_0 开始的时钟动作捕获所有可达的时钟赋值。

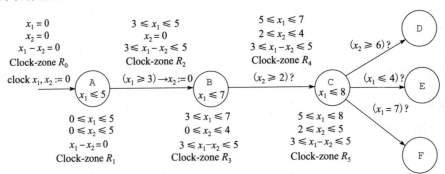

图 7-27   推断和传播时钟约束

集合 R_2 描述了进入模式 B 的时钟赋值集合，以便通过将时钟区 R_1 与守卫条件 $(x_1 \geqslant 3)$ 相交并设置时钟 x_2 为 0 以便来计算 R_2。期望的时钟区 R_2 由以下约束来描述：

$$(3 \leqslant x_1 \leqslant 5) \wedge (x_2 = 0) \wedge (3 \leqslant x_1 - x_2 \leqslant 5)$$

注意隐含条件 $(3 \leqslant x_1 - x_2 \leqslant 5)$。

这个过程可以重复应用。时钟区 R_3 描述了随着模式 B 中时间流逝的可达的时钟赋值的集合，时钟区 R_4 描述进入模式 C 的时钟赋值的集合。为了得到关于计算的直观印象，参见图 7-28。时钟区 R_2 是 $x_1=3$ 和 $x_1=5$ 之间的 $x_2=0$ 的线段。随着时间的演化，该线段沿着线 $(x_1 - x_2 = 3)$ 和线 $(x_1 - x_2 = 5)$ 之间的对角线移动。垂直线 $x_1=7$ 捕获时钟不变量并限制模式 B 中的可达时钟赋值。因此时

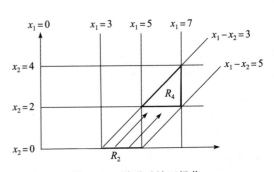

图 7-28   说明时钟区操作

钟区域 R_3 在线($x_2=0$)，($x_1=7$)，($x_1-x_2=3$)，和($x_1-x_2=5$)之间是梯形的。模式 B 到模式 C 的模式切换的守卫条件意味着这个梯形应该与约束($x_2\geqslant2$)相交，导致三角时钟区 R_4。

时钟区 R_5 描述在模式 C 中随着时间的流逝可达时钟赋值的集合（见图 7-27），这由以下约束条件描述：

$$(5\leqslant x_1\leqslant8)\wedge(2\leqslant x_2\leqslant5)\wedge(3\leqslant x_1-x_2\leqslant5)$$

这个条件精确地捕获了沿着到模式 C 的路径时间约束的累积效应。这个时钟区与切换到模式 D 的守卫条件 $x_2\geqslant6$ 的交集是空集，这表明模式 D 是不可达的。类似地，时钟区 R_5 与守卫条件($x_1\leqslant4$)的交集也是空集，所以模式 E 是不可达的。集合 R_5 与守卫条件($x_1=7$)的交集给出一个非空集合，即($x_1=7$)$\wedge$($2\leqslant x_2\leqslant4$)，它描述了进入模式 F 的时钟值的集合。

差分边界矩阵

表示时间分析时提出的约束的最自然的方法是使用基于矩阵的表示。让我们设想时间自动机有 m 个时钟变量：x_1，x_2，$\cdots$，x_m。我们用虚拟时钟 x_0 表示常数 0。那么时钟区可以用 $m+1$ 维的方阵 $\boldsymbol{R}$ 表示：矩阵的第(i，j)个元素表示差(x_i-x_j)的上界。

我们用符号常量 ∞ 表示一个大的值，这个值也用于表示一个不存在的边界。更具体地，令 Bounds 是一个包含符号常量 ∞ 的整数集合 int。可以以下述方式将对整数的通用运算（比较、最小值和加法）扩展到集合 Bounds 中：对于每一个整数 n，满足 $n\leqslant\infty$，(n，∞)$=n$ 和 $n+\infty=\infty$。

时钟区用($m+1$)维的方阵 $\boldsymbol{R}$ 表示，具有 Bounds 中的元素，它表示为约束的合取：

$$\bigwedge_{0\leqslant i\leqslant m,0\leqslant j\leqslant m}(x_i-x_j)\leqslant R_{ij}$$

第 0 列（即元素 R_{i0}）给出了时钟 x_i 的上界，第 0 行（即元素 R_{0i}）给出了时钟 $-x_i$ 的上界（因此，这些元素的否定捕获捕获时钟 x_i 的下界）。这种描述时钟值差的限制的矩阵称为差分边界矩阵（Difference Bound Matrix，BM）。

330 ～ 331

再看图 7-27 的例子，时钟区 $\boldsymbol{R}_1$ 用下面的 DBM 表示：

$$\begin{pmatrix} 0 & 0 & 0 \\ 5 & 0 & 0 \\ 5 & 0 & 0 \end{pmatrix}$$

时钟区 $\boldsymbol{R}_5$ 用下面的 DBM 表示：

$$\begin{pmatrix} 0 & -5 & -2 \\ 8 & 0 & 5 \\ 5 & -3 & 0 \end{pmatrix}$$

注意，第一行中关于 x_1 的下界 5 是关于 $-x_1$ 的上界是 -5，关于(x_1-x_2)的下界是 3 是关于差(x_2-x_1)的上界 -3。

这种表示（以及基于区分析的例子）在讨论时，假定关于时钟值的约束不会在否定内出现。否定约束如 $\neg(x_1\geqslant2)$ 等价于严格不等式($x_1<2$)。在这种约束存在的情况下，我们需要区分非严格上界 2（由约束 $x_1\leqslant2$ 生成）和严格上界约束 2（$x_1<2$ 产生）。这需要用布尔标志标记每一个整数部分的边界，该标志说明相关联的约束是严格的还是非严格的。使用 DBM 的表示和处理 DBM 的技术可以用来处理这种区别（见练习 7.19）。

DBM 操作

关于算法和约束的有效推理的关键见解（在图 7-27 中的例子中，在时钟区 $\boldsymbol{R}_1$ 的描述中有必要根据约束($x_1-x_2=0$)和($x_1\leqslant5$)得到约束($x_2\leqslant5$)）如下所示。因为 R_{il} 是差(x_i-x_l)的上界，R_{lj} 是差(x_l-x_j)的上界，所以($R_{il}+R_{lj}$)是差(x_i-x_j)的推测上界。如果元素 R_{ij}

大于和$(R_{il}+R_{lj})$，则我们可以用推测边界$(R_{il}+R_{lj})$代替R_{ij}来加严上界R_{ij}。

DBM **R** 是规范的当且仅当

$$对于所有的 0 \leqslant i, \ j, \ l \leqslant m, \ R_{ij} \leqslant (R_{il}+R_{lj})$$

这就是说，在规范矩阵中，每个元素 R_{ij} 代表可以从(x_i-x_j)推断出的更严格的边界。图 7-29显示了一个计算输入 DBM 规范版本的算法。

上界的加严和算法的计算可以通过作为加权有向图的 DBM 的另一种视图更容易地理解。考虑具有 $m+1$ 个顶点$(x_0, x_1, \cdots, x_m)$的图。每一对顶点 x_i 和 x_j，从顶点 x_i 到 x_j 有一条边，它的成本是 R_{ij}。R_{il} 和 R_{lj} 相加给出由两条边组成的从顶点 x_i 到 x_j 的一条路径的成本。如果这个成本小于从 x_i 到 x_j 的直接边的成本，则用较小的值替换这条边的成本。一般来说，两个顶点之间具有最小的成本的路径给出对应

```
输入：带有边界条目的(m+1)×(m+1)DBM，
输出：如果R是空的则为空，否则为规范版本的R

for l = 0 to m{
  for i= 0 to m{
    for j= 0 to m{
      R[i, j] :=min(R[i, j], R[i, l] +R[l, j])
    };
    if R[i, i]<0那么返回空
  }
}
return R
```

图 7-29 DMB 规范化算法

时钟之间差的最严格的上界。然后 DBM 可以转换成一个典范矩阵，通过执行最短路径算法(或者等价地，传递闭包构造)。图 7-29 中的算法确实是经典的 Floyd-Warshall 最短路径算法。在最外层循环中，变量 l 的值从 0 到 m 变化，在每次迭代中，对于所有对(i, j)，元素 $R[i, j]$ 只使用顶点索引$\leqslant l$ 捕获从顶点 x_i 到顶点 x_j 的最短路径，即使用涉及变量索引$\leqslant l$ 约束关于的(x_i-x_j)的最严格的上界。

作为例子，假设 $m=3$ 并考虑下列约束给出的时钟区

$$(1 \leqslant x_1 \leqslant 3) \wedge (x_2 \geqslant 0) \wedge (0 \leqslant x_3 \leqslant 3) \wedge (x_2-x_3=1) \wedge (x_2-x_1 \geqslant 2)$$

将这些约束转换为 DBM 表示可以给出矩阵 **R**：

$$\begin{pmatrix} 0 & -1 & 0 & 0 \\ 3 & 0 & -2 & \infty \\ \infty & \infty & 0 & 1 \\ 3 & \infty & -1 & 0 \end{pmatrix}$$

332
～
333

图 7-30 显示了对应的图表示。注意，当一个矩阵元素是∞时，对应的边是不存在的。而且，成本为 0 的自循环也没有显示出来。

规范化后的矩阵是：

$$\begin{pmatrix} 0 & -1 & -3 & -2 \\ 2 & 0 & -2 & -1 \\ 4 & 3 & 0 & 1 \\ 3 & 2 & -1 & 0 \end{pmatrix}$$

这个矩阵对应于图 7-30 右边的图。验证右边的图，一对顶点之间的边的成本对应于左图中这些两个顶点之间的最短(就总成本而言)路径(例如，从顶点 x_1 到顶点 x_0 的最短路径是 x_1, x_2, x_3, x_0，成本是 $-2+1+3=2$)。

规范化算法也需要处理如下问题：给

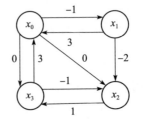
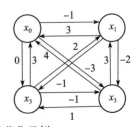

图 7-30 规范化示例

定一个 DBM R，R 表示的所有约束的合取是可满足的吗？可以得出矩阵 R 表示的约束的不可满足集合，因此时钟赋值是空集当对应的图有负成本的环路时。例如，考虑约束 $(x_1 \geqslant 1)$ 和 $(x_2 \leqslant 2)$ 和 $2 \leqslant (x_1 - x_2) \leqslant 3$。这些约束是不可满足的，对应于空时钟区。在 DBM 表示中，由于第一个约束，我们设置 R_{01} 为 -1；由于第二个约束，我们设置 R_{20} 为 2，第三个约束给出 $R_{12} = -2$ 和 $R_{21} = 3$。将 R_{01} 和 R_{12} 相加意味着 R_{02} 必须加严为 -3，并将 R_{02} 和 R_{20} 相加，意味着 R_{00} 必须加严为 -1。在图形视图中，从 x_0 到 x_1 边的成本为 -1，从 x_1 到 x_2 的边的成本为 -2，从 x_2 到 x_0 的边的成本为 2，这样形成了一个成本为负值的环路。在这种情况下，重复这个环路，进一步降低了成本，但是 DBM 不是规范的。在图 7-29 的算法中，如果某个元素 R_{ii} 从 0 降低到某个负值，那么该算法检测到一个具有负成本的环路并返回对应于空时钟区的输入 DBM 的答案。如果输入 DBM 代表一个非空时钟区，那么算法尽可能加严约束所有元素，输出 DBM 是输入 DBM 的规范版本。

让我们考虑对 DBM 有用的一些操作。

- **原子约束**：考虑一个原子约束 $(x_i \leqslant k)$，k 为常数。为了获取表示这个约束的 DBM R，我们先设置所有对角线元素 R_{jj} 为 0（对于 $0 \leqslant j \leqslant m$）；设置元素 R_{i0} 为 k 来反映关于差 $(x_i - x_0)$ 的上界；设置元素 R_{0j} 为 0，（对于 $0 \leqslant j \leqslant m$）来反映隐含假设 $(x_j \geqslant 0)$ 成立，对于每个时钟变量设置所有剩余的元素 R_{jl} 为 ∞，表示没有明确的边界。然后，我们使用图 7-29 的算法将这个 DBM 转化为规范的。

- **交集**：考虑两个 DBM R 和 R' 的规范形式。为了计算这些矩阵表示的时钟区的交集，我们只设置简单地交集的第 (i, j) 个元素是 R_{ij} 和 R' 最小值。然后，我们可以测试由此产生的矩阵是否是空的，如果不是空的，使用图 7-29 的算法将它规范化。并将操作作用于捕获时钟变量的效应和测试出现在模式切换中的守卫条件的影响。

- **时间消逝**：给定一个规范 DBM R 它代表一个时钟区，为了使用时间动作计算从集合 R 开始可以到达的时钟赋值的集合（不考虑时钟变量施加的上界），我们简单地设置元素 R_{i0}，（对于 $1 \leqslant i \leqslant m$）为 ∞。随着时间的消逝，时钟值递增，所以关于单个时钟值的上界改变为 ∞。关于时钟值的下界和时钟差的边界由于时间动作不改变。

- **时钟重置**：给定一个规范 DBM R 和一个时钟 x_i，（对于 $1 \leqslant i \leqslant m$），我们可以定义关于 DBM 的操作，使结果捕获时钟赋值的集合，该集合是从 R 中的时钟赋值开始通过将时钟 x_i 赋值为 0 获得的。

- **子集测试**：如果 R 和 R' 是两个规范的（非空的）DBM，则 DBM R 表示的时钟区是 DBM R' 表示的时钟区的一个子集，当每个 $0 \leqslant i, j \leqslant m$，$R_{ij} \leqslant R'_{ij}$ 时。特别是，两个规范的（非空的）DBM 代表相同的时钟区当所有它们各自的元素都匹配时。

可达性分析

为了验证时间系统的安全性需求，我们可以使用时钟区利用 3.3 节的 on-the-fly 深度优先搜索算法。区可表示为一个对子 (s, R)，其中离散状态 s 记录所有的离散变量的值和 R 是捕获时钟赋值集合的非空规范 DBM。基本搜索机制不变。特别是，按需搜索和检查区，一旦遇到违反安全性属性算法就终止，使用时钟区的时钟赋值的聚类是足够的只要被检查的属性是区域不变量。

对于一个区 (s, R)，可以使用时间动作考虑时间流逝的效应来获得可能的后继区。为此，这个算法首先将 DBM R 与对应于离散状态 s 的时钟不变量相交，更新矩阵 R 来反映时间的流逝（通过设置第 0 列中的元素为 ∞），然后再次将它与对应于离散状态 s 的时钟不变量相交。注意，对应于每个离散状态 s 的时钟不变量也需要表示为 DBM，这样的 DBM

可以使用对应于原子约束和交集的结构获得。在每一步，产生的测试 DBM 是否为空，如果不为空，则它是规范的。

对于区 $(s, \boldsymbol{R})$，对应于离散迁移的后继，也就是，执行输入的执行，输出的执行，或内部任务的执行，使用以下步骤来计算。首先，我们计算 DBM $\boldsymbol{R}$ 与 DBM 的交集，DBM 捕获相应任务的守卫条件的时钟值的约束。如果这个交集是一个空集，那么这个任务不是使能的，否则由此产生的 DBM 是规范的。然后根据任务的更新描述更新离散变量的离散状态。如果更新涉及设置时钟变量为 0，那么将时钟重置操作应用于 DBM 部分。

形式如 $(s, \boldsymbol{R})$ 的区存储在包含目前为止已访问区的散列表 Reach 中。在检查区 $(s, \boldsymbol{R})$ 时，如果一个形为 (s, R') 的区，其中 DBM $\boldsymbol{R}$ 是 DBM R' 的子集，之前已经访问过，那么该算法认为该区域是访问过的。为实现这次检查，给定一个离散状态 s，需要有一种有效的方式来访问所有 DBM $\boldsymbol{R}$ 的集合，使得区 $(s, \boldsymbol{R})$ 以前已经被访问过。

可以看到搜索算法有一个枚举和符号特点的混合：通过明确地列举离散变量的来被处理它们，使用表示为 DBM 的约束来处理时钟变量。对于有限状态时间自动机，离散状态 s 的选择数量是有界的（有一个前验值），基于区的搜索保证可以终止。

使用时钟区的搜索算法已经在相关工具中实现了，如模型检查器 Uppaal（见 www.uppaal.com）。相同的思想也用于修改第 5 章的嵌套深度优先搜索算法（用于检查时间系统的活性属性）。

练习 7.15： 假设时间自动机有两个时钟 x_1 和 x_2。在进入模式 A 前，假设我们知道 $(3 \leqslant x_1 \leqslant 4)$ 和 $(1 \leqslant x_1 - x_2 \leqslant 6)$ 和 $(x_2 \geqslant 0)$：

336

1) 说明对应于给定约束的 DBM。
2) 问题 1) 中的 DBM 是规范的吗？如果不是规范的，获取一个规范的形式。
3) 设想模式 A 的时钟不变量是 $(x_2 \leqslant 5)$。计算规范 DBM，当进程正在模式 A 中等待时，它捕获可达的时钟变值的集合。
4) 考虑模式 A 的模式切换，它具有守卫 $(x_1 \geqslant 7)$ 和更新 $x_1 := 0$。计算规范 DBM，它捕获在这个迁移后可能的时钟值的集合。

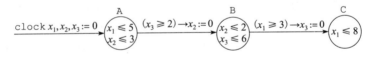

图 7-31　DBM 练习

练习 7.16： 考虑图 7-31 所示的时间进程，它有 3 个时钟。计算表示为规范 DBM 的时钟值的集合 R_A，R'_A，R_B，R'_B，R_C 和 R'_C，使得每一个 DBM R_A、R_B、R_C 捕获可能的时钟值当进入相应模式时，并且每一个 DBM R'_A、R'_B、R'_C 可能的时钟值当进程在相应模式中等待时。

练习 7.17： 考虑一个非空规范 DBM R 和索引 $1 \leqslant i \leqslant m$。清楚描述如何计算 DBM R，它捕获时钟 x_i 设置为 0 的效应。也就是说，R' 应该表示所有时钟赋值 v 的集合，使得 $v = u[x_i \rightarrow 0]$，对某个 $u \in R$。

练习 7.18： 对于 $m = 3$，考虑下式给定的约束

$$x_1 \leqslant 3 \wedge x_3 \geqslant 1 \wedge 4 \leqslant x_1 - x_2 \leqslant 10 \wedge x_1 - x_3 \leqslant 2 \wedge x_3 - x_2 \leqslant 2$$

画出有 4 个顶点的加权有向图来描述这些约束。然后画出对应于规范 DBM 的图，其中权重反映原始图的最短路径。

练习 7.19[*]： 我们已经讨论有 DBM 不能捕获严格不等式，如 $(x_1 < 2)$。为此，我们可以改变设置 Bounds，除了符号常量 ∞ 以外，还包含形如 (k, b) 的对，k 是整数和 b 是布尔值。现在 DBM 的元素的取值范围是这个新类型的范围。然后为了捕捉约束 $(x_1 < 2)$，我们将 R_{10} 设置为值 $(2, 0)$，为了捕获约束 $(x_1 \leqslant 2)$，我们将 R_{10} 设置为值 $(2, 1)$。像约束加严和规范化这

样的概念继续成立如果我们将比较、求最小值和加法的运算扩展到这个新的边界集合。准确地定义这些运算。在两个时钟上，考虑约束$(3 < x_1 \leqslant 6)$和$(1 \leqslant x_1 - x_2 < 4)$和$(x_2 \geqslant 0)$。说明对应于这些约束的DBM。这个DBM的规范吗？如果不是规范的，求其等价的规范形式。

参考文献说明

自20世纪80年代以来，已经有许多建议将时间约束合并到反应式计算的形式化模型中（例如，时间I/O自动机作就是一个成熟模型的例子[KLSV10]）。本书提出的模型就是基于时间自动机[AD94]，时间自动机一直被广泛研究，并形成了大量的理论成果和实践应用。

用差分边界矩阵的数据结构来分析时间约束的思想在[Dil89]中进行了介绍，时间模型状态空间的有限划分区域的概念在[AD94]中介绍。实现这些分析技术的模型检查器包括Kronos[HNSY94]、Red[Wan04]和Uppaal[LPY97]，目前这些工具可支持不同形式的实时系统分析，并已在工业案例研究中应用（见www.uppaal.org和[BDL+11]）。

图7-9所示的互斥算法源于Fisher（见[Lam87]和[Lyn96]，为解决依赖于时间延迟的分布式协调问题）。在7.2.2节中，音频控制协议的形式化建模和分析基于[HW95]（参见文献[BGK+96]，利用Uppaal的协议自动分析）的思想。在文献sqrl.mcmaster.ca/pacemaker.html（参见[LSC+12]，医学信息物理系统的形式化建模和分析的综述中，描述了将形式方法应用于起搏器的设计和验证的挑战。在7.2.3节中起搏器的设计基于文献[JPAM14]。

337
〜
338

第 8 章

Principles of Cyber-Physical Systems

实 时 调 度

在前面章节中，我们学习了基于模型方法的嵌入式系统的设计和分析。在本章中，我们将着重关注实现嵌入式系统的关键方面使得实现显示出预期的时间行为。如图 2-30 所示，考察事件触发的构件 MeasureSpeed，为了实现该构件，无论何时检测输入事件 Second 或 Rotate，都需要执行这个任务的更新代码。当定义同步模型的执行语义时，我们假设任务立刻执行。然而，这样的假设是否合理取决于很多问题的解答：处理器需要花费多长时间执行这个任务的代码？任务 MeasureSpeed 有自己的专用处理器，还是与多个任务共享一个处理器？任务 MeasureSpeed 是否独立于其他任务，还是它必须等到某个其他任务执行完后才能执行？实时调度理论主要研究不同计算任务对处理器时间的形式化需求和为满足这些需求分配处理时间的通用策略。这个主题对安全攸关的嵌入式系统以及信号处理和多媒体系统等已经有了丰富的应用历史。在本章中，我们首先介绍处理时间需求最常见的模式，然后研究两种经典的且广泛应用的实时调度算法。

8.1 调度概念

调度决策的目的是分配处理时间，计算的基本单元称为作业。作业的例子包括，图 2-30 中的对应于构件 MeasureSpeed 的任务的执行，以及对应于图 7-13 中的时间音频控制协议中的发送器进程的模式切换的代码执行。在多媒体应用中，如传入视频流的处理，一个作业可以对应于一个 MPEG 文件中视频帧的解码，而在实时控制应用中，如航空电子设备，一个作业对应于将传感器的模拟信号转换为对控制软件有意义的离散值。

8.1.1 调度器架构

图 8-1 显示了调度器与不同作业之间的典型交互模式。每个作业 J 是一个独立的进程，它通过事件与负责处理时间分配的调度器进行通信。该图还阐述了如何用状态机刻画作业状态改变的抽象视图。

最初，作业 J 处于模式 Idle。当作业需要处理时间时，它使用事件 arrive$_J$ 与调度器进行通信，并把它的状态变为 Wait。当调度器决定将处理器分配给作业 J 时，调度器使用事件 run$_J$ 通知该作业，并把作业 J 的模式变为 Running。当作业 J 的当前实例完成它的执行时，它使用事件 done$_J$ 与调度器通信，并返回到模式 Idle。同一个作业的后续实例又可以使用事件 arrive$_J$ 来继续请求处理时间。

当作业 J 正在运行时，在该作业的计算完成前调度器可以决定抢占它，并把处理器分配给另一个作业 J。事件 preempt$_J$ 将作业 J 的模式从 Running 切换到 Wait，其中，作业 J 继续等待直到调度器发出另一个事件 run$_J$。

调度器有两个需求。首先，在任何时刻处理器只能分配给一个作业，因此在任意时刻，至多一个作业处于模式 Running。其次，作业的每个实例需要"足够"的计算时间。为了对这个需求形式化描述，我们需要知道每个作业连续实例到达的时间模式，每个作业实例需要多少计算时间，以及每个作业实例何时完成它的执行。

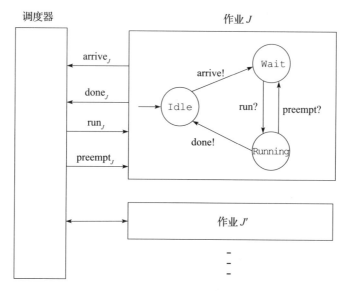

图 8-1 调度器与作业之间的交互

第 7 章研究的时间进程模型对形式化作业的到达模式和使用需求、作业与调度器的交互以及调度器的判定逻辑提供了足够的形式化方法。然而，在典型的实现中，调度器是操作系统必不可少的一部分，并严格控制作业的执行。而且，调度器用来执行判定逻辑的时间比作业执行的时间小得多。因此，我们假设处理时间分为离散的时间片。调度器与所有作业之间的所有交互都在每一个时间片的开始立即发生。每个作业所需的处理时间是以时间片为单位进行刻画的（例如，说明作业的连续实例的到达之间的时间片数的界限），调度器的分配策略是通过给作业分配时间片来说明的。这样的分配模式称为时间触发分配，它是同步和时间计算模型的一个例子。在这个模式中，不管每一个时间片的长度如何选择，例如，秒或者毫秒，对设计资源分配策略没有影响，只要所有作业的所有参数都使用这个作为基本时间单位。

8.1.2 周期作业模型

作业模型描述了作业的到达模式和使用需求。最普通的作业模型是周期作业模型，它使用 3 个参数（周期、截止期和最坏执行时间）描述处理时间。

周期

在周期作业模型中，每个作业 J 都有一个关联的周期 $\pi(J)$，$\pi(J)$ 是一个正数。它表示作业 J 在每 $\pi(J)$ 个时间单位周期地执行，也就是说，从时间 0 开始每 $\pi(J)$ 个时间单位都发出一个事件 $arrive_J$。由于周期作业 J 重复执行，所以我们使用 J^a 表示作业 J 的第 a 个实例，a 为正整数。作业 J 的第 a 个实例准备在时间 $(a-1) \times \pi(J)$ 执行，这个时间称为第 a 个实例的到达时间，用 $\alpha(J, a)$ 表示。

340
~
341

截止期

每个作业 J 都有一个关联的截止期 $\delta(J)$，它是一个正数，表示作业 J 的每个实例必须在到达的时间 $\delta(J)$ 个时间单位内完成它的执行。也就是说，事件 $arrive_J$ 和事件 $done_J$ 的发生之间延迟应该不超过 $\delta(J)$ 个时间单位。要求相对截止期不能超过周期：条件 $\delta(J) \leqslant \pi(J)$ 应该成立。由于作业 J 的第 a 个实例的到达时间是 $(a-1) \times \pi(J)$，所以这个实例应

该在截止期 $(a-1)\times\pi(J)+\delta(J)$ 之前完成执行，我们使用 $\delta(J，a)$ 表示作业 J 的第 a 个实例的绝对截止期。例如，如果一个作业的周期为 5，截止期为 4，那么它的第三个实例的到达时间是 10，这个实例的截止期是 14。

当截止期等于周期时，它表示作业的每个实例必须在下一个实例到来前完成执行。这样的截止期称为隐式截止期。虽然隐式截止期很常见，但允许截止期严格小于周期需要更严格的时间需求规约，因为满足这样的显式截止期就意味着需要提高响应时间。

最坏执行时间

周期描述任务执行的频率，截止期描述每个作业实例必须完成执行的时间，而（最坏）执行时间作业的一个实例的执行时间。每个作业 J 有一个关联的最坏执行时间（WCET），记为 $\eta(J)$，它是一个正整数，使得作业实例的执行最多花费 $\eta(J)$ 个时间单位。换句话说，如果作业 J 到达后在模式 Running 上共花费 $\eta(J)$ 个时间单位，那么保证 J 发出事件 done$_J$。注意，$\eta(J)$ 是作业实例在给定平台上的执行时间上界。实际的执行时间可以变化，但如果调度器在截止期之前为作业实例分配了 $\eta(J)$ 个时间单位，那么这个分配策略是安全的。由于 $\delta(J)$ 表示作业实例完成执行的截止期，所以如果 WCET $\eta(J)$ 超过了 $\delta(J)$，那么很清楚不能满足截止期。后面，我们假设条件 $\eta(J)\leqslant\delta(J)\leqslant\pi(J)$ 成立。

这 3 个参数 $\eta(J)$、$\delta(J)$ 和 $\pi(J)$ 描述了作业 J 的时间需求。对于每个正整数 a，应该允许作业 J 执行总共 $\eta(J)$ 个时间单位，该时间单位在实例 J^a 的到达时间 $\alpha(J，a)=(a-1)*\pi(J)$ 与这个实例的截止期 $\delta(J)=(a-1)*\pi(J)+\delta(J)$ 之间。例如，如果作业的周期为 5，截止期为 4，WCET 为 3，那么它应该在时间 0～4 之间需要分配 3 个时间单位，时间 5～9 之间分配 3 个时间单位，时间 10～14 之间分配 3 个时间单位。

WCET 的估计

作业的周期和截止期依据系统的设计时间需求来确定。但是，WCET 与软件实现和执行平台相关，我们喜欢工具分析通过分析代码来自动得出 WCET 的界限。得出 WCET 界限是一个活跃的研究领域，有很多不同的方法。让我们回顾最基本的方法：代码静态分析。该方法在不执行代码的情况下，通过分析代码的语法结构来估算。

我们假设作业代码没有循环，只包括原子赋值语句、条件语句和语句序列。实际上，这种假设在前面章节的任务的更新代码中已经使用过。假设我们知道如何把执行时间 $\eta(\text{stmt})$ 与形如 $x:=e$ 的原子语句 stmt 和评估布尔表达式 e 的执行时间 $\eta(e)$ 关联起来。那么下面两条规则可以用来将 WCTE 与一段代码关联起来：

1) **顺序语句**：如果一条语句 stmt 是一个包含 l 条语句的序列（stmt$_1$，stmt$_2$，…，stmt$_l$），那么 stmt 的执行时间是所有这些语句执行时间之和：

$$\eta(\text{stmt})=\eta(\text{stmt}_1)+\eta(\text{stmt}_2)+\cdots+\eta(\text{stmt}_l)$$

2) **条件语句**：如果语句 stmt 是一个条件语句（if e then stmt$_1$ else stmt$_2$），那么 stmt 的执行时间是估算检测条件 e 和语句 stmt$_1$ 和 stmt$_2$ 的最大执行时间之和。

$$\eta(\text{stmt})=\eta(e)+\max\{\eta(\text{stmt}_1)，\eta(\text{stmt}_2)\}$$

为了理解条件语句的规则，我们观察条件语句的执行。首先估计检测条件 e，然后根据检测的结果，选择语句 stmt$_1$ 和 stmt$_2$ 中的一条语句执行。由于我们想要静态地估计执行时间的上界，所以我们简单地选取 stmt$_1$ 和 stmt$_2$ 执行时间的最大值。例如，考虑下面代码：

$x := y+1;$

$\text{if}(x{>}y)\text{then } y := z \text{ else}\{y := 0; z := x+1\}.$

假设每条赋值语句的执行时间是 c_1，估计条件 $(x{>}z)$ 的执行时间是 c_2，那么上面代码的执行时间可以估计为 $3c_1 + c_2$。

这样，直线编码的 WCET 界限可以从赋值语句的执行时间和估计布尔表达式的执行时间获得。我们假设赋值语句 $x := y+1$。执行这样一条指令所需的时间依赖于底层架构的细节和存储器的组织。如果变量 x 和 y 存储在寄存器中，那么这条赋值语句只对应一条机器指令，它在一个时钟周期内执行。相反，如果变量 x 和 y 存储在主存中，那么执行这条赋值语句需要从主存中获取 y 的值，递增寄存器，然后将它存储回内存。当一条赋值语句包含这样的存储器操作时，它的执行时间的变化范围会很大，这取决于每个相关内存地址是驻留在本地高速缓存（cache）中，还是在主存中。如果我们假设每次读/写操作都导致高速缓存缺失，进而需要访问主存，那么由此产生的上界可能对有意义的分析太悲观了。特别地，对于上面的代码，多次访问变量 x 和 y，只有第一次这样的访问可能产生高速缓存缺失。这个例子说明，估计执行时间的上界 1) 不是太悲观；2) 反映了底层架构的复杂性；3) 保证在所有情况下实际执行时间都有上界；4) 通过代码的静态分析计算 WCET 是一个挑战。

周期作业模型

一个周期作业模型包含一个周期作业的集合，其中每个作业都是用周期、截止期和一个最坏执行时间来说明的。周期作业模型可以定义如下。

周期作业模型

一个周期作业模型由一个作业的有限集合 $\mathcal{J}$，其中每个作业 J 都有一个相关联的周期 $\pi(J)$、截止期 $\delta(J)$ 和最坏执行时间 $\eta(J)$，且每个都是正整数，使得条件 $\eta(J) \leqslant \delta(J) \leqslant \pi(J)$ 成立。

例如，考虑一个作业模型，它包含两个周期作业 J_1 和 J_2：作业 J_1 的周期为 5、截止期为 4、WCET 为 3；作业 J_2 的周期为 3、截止期为 3、WCET 为 1。调度问题就是为这两作业 J_1 和 J_2 分配计算时间，使得：对于每一个 $a \geqslant 0$，作业 J_1 在时间 $5a$ 和 $5a+4$ 之间获得 3 个时间单位，作业 J_2 在时间 $3a$ 和 $3a+3$ 之间获得 1 个时间单位。

练习 8.1： 考虑代码

$x := y+1;$

$\text{if}(x{>}z)\text{then}\{\text{if } y{>}1 \text{ then } y := z\}\text{else}\{y := 0; z := x+1\}$

假设每个原子赋值语句需要 c_1 个时间单位，用于条件测试的每个布尔表达式的估计需要 c_2 个时间单位，请估计以上代码的 WCET。

8.1.3 可调度性

调度负责为作业分配处理时间，调度问题是找到一种满足所有作业的截止期的调度策略。

调度及可行性

如前所述，调度器以离散时间片分配处理时间。周期作业模型 $\mathcal{J}$ 中一个调度 σ 说明对于每个时间 $t(t=0, 1, 2, \cdots)$，分配给作业 $J(J \in \mathcal{J})$ 从时间 t 开始的时间片。当然也存在这样的情况：某个特殊的时间片上没有作业可分配，我们使用符号 $\perp$ 表示这种可能性。形式上，调度 σ 是由自然数集合 nat 到集合 $\mathcal{J} \cup \{\perp\}$ 的函数：$\sigma(t) = J$ 表示将时间 t 开始的时间片分配给作业 J，$\sigma(t)=\bot$ 表示将时间 t 开始的时间片上没有分配给集合 $\mathcal{J}$ 中的任何作业。当 $\sigma(t)=\bot$ 时，处理器在这个时间片中处于空闲状态，或者处理器进行与该作业模型无关的其他计算。

在这个调度框架中，对应于周期作业 J 的 3 个参数 $\eta(J)$、$\delta(J)$ 和 $\pi(J)$ 说明需求：对于每个实例 a，应该给作业 J 分配从时间 $\alpha(J,a)$ 到时间 $\delta(J,a)$ 的间隔中的 $\eta(J)$ 个时间片。如果作业 J 的一个调度 σ 确实为该作业的每个实例分配了必要数量的时间片，那么对于该作业 J 该调度 σ 是截止期满足的。如果一个调度对于周期作业模型中的每个作业都是截止期满足的，则该调度是截止期满足的。

我们考虑包括两个周期作业 J_1 和 J_2 的作业模型：作业 J_1 的周期为 5，截止期为 4，WCET 为 3；作业 J_2 周期为 3，截止期为 3，WCET 为 1。假设前 15 个时间片的调度分配模式如图 8-2 所示。对于每个作业，垂直线表示当作业的连续实例准备执行的时间，虚垂直线表示对应的截止期（对于作业 J_2，截止期与周期一致，因此，这些虚线不可见）。当一个时间片分配给一个作业时，对应于该作业的行用填充的矩形表示。这样，在图 8-2 的调度中，前两个时间片分配给第一个作业，第三个时间片分配给第二个作业，第 15 个时间片没有分配给任何一个作业。每 15 个时间片重复此模式。形式上，调度 σ 可以用下式表示：

$$\sigma(0)=\sigma(1)=\sigma(3)=\sigma(5)=\sigma(7)=\sigma(8)=\sigma(10)=\sigma(11)=\sigma(12)=J_1;$$
$$\sigma(2)=\sigma(4)=\sigma(6)=\sigma(9)=\sigma(13)=J_2;$$
$$\sigma(14)=\bot;$$
$$\text{对于每个 } t\geqslant 0, \sigma(t+15)=\sigma(t)$$

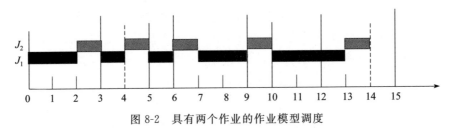

图 8-2　具有两个作业的作业模型调度

调度可以抽象为把时间片赋值给作业，自然地可以用图 8-1 的调度器架构来实现。例如，为了实现图 8-2 中的调度，调度器给作业 J_1 发送下列事件：时刻 0run$_1$、时刻 2preempt$_1$、时刻 3run$_1$、时刻 5run$_1$、时刻 6preempt$_1$、时刻 7run$_1$、时刻 10run$_1$。

图 8-2 中的说明应该使你确信调度对两个作业都是截止期满足的：作业 J_1 的每个实例在它的到达时间的 4 个时间单位内分配了 3 个时间片，作业 J_2 的每个实例在它下一个实例到达之前分配了 1 个时间片。

对于周期作业模型 $\mathcal{J}$，如果存在一个截止期满足的调度，那么该作业模型称为可调度的。这样，由下列作业 J_1 和 J_2 组成的作业模型是可调度的，作业 J_1 的周期为 5、截止期为 4 和 WCET 为 3，作业 J_2 的周期为 3、截止期为 3 和 WCET 为 1。现在，我们假设将作业 J_1 的 WCET 改为 4，那么作业模型就是不可调度的，在前 10 个时间片内，至少作业 J_1 的前两个实例的截止期必须满足，这样就必须至少给作业 J_1 分配 8 个时间片；与此同时，至少作业 J_2 的前 3 个实例的截止期必须满足，也就意味着必须给它至少 3 个时间片，而这是不可能的。

下面给出具体的定义。方便起见，使用 σ 表示调度，J 表示作业，t_1 和 t_2 表示时间实例，使得 $t_1 < t_2$，我们使用 $\sigma(t_1, t_2, J)$ 表示调度 σ 在时间 t_1 和 t_2 之间为作业 J 分配的时间片数，即，

$$\sigma(t_1, t_2, J) = |\{t | t_1 \leqslant t \leqslant t_2 \text{ 且 } \sigma(t) = J\}|$$

周期作业模型的可调度性

周期作业模型 $\mathcal{J}$ 的调度 σ 是一个从自然数 $t \geqslant 0$ 映射到集合 $\mathcal{J} \bigcup \{\perp\}$ 的函数。如果每个实例 $a \geqslant 1$，$\sigma(\alpha(J, a), \delta(J, a), J) = \eta(J)$，那么调度是截止期满足的对于任务 $J \in \mathcal{J}$。如果对于作业模型 $\mathcal{J}$ 中的每个作业都调度 σ 是截止期满足的，则对于作业模型 $\mathcal{J}$ 调度 σ 是截止期满足的。如果对于作业模型 $\mathcal{J}$ 存在作一个截止期满足的调度 σ，那么该作业模型 $\mathcal{J}$ 是可调度的。

---

345 ~ 346

周期调度

周期调度以重复方式给作业分配时间片。形式上，如果对于所有时间实例 $t \geqslant 0$，$\sigma(t+p) = \sigma(t)$，那么调度 σ 是一个周期为 p 的周期调度，其中 p 是一个正数。图 8-2 中的调度就是一个周期为 15 的周期调度。对于前 p 个时间片一个周期调度 σ 可以通过列出它的周期 p 时间片和分配给作业的时间片 $\sigma(0)$，$\sigma(1)$，$\cdots$，$\sigma(p-1)$ 来说明。

如果想检查一个周期作业模型是不是可调度的，我们可以只搜索该模型的周期调度，这建立在下面的定理上。该定理的证明表明，给定一个周期作业模型，只需考虑周期等于该模型中所有作业周期的最小公倍数的周期调度。

定理 8.1（周期调度） 一个周期作业模型 $\mathcal{J}$ 是可调度的当且仅当存在一个对于 $\mathcal{J}$ 是截止期满足的周期调度。

证明：考虑一个周期作业模型 $\mathcal{J}$，如果存在一个周期调度使得 $\mathcal{J}$ 中的所有作业都是截止期满足的，那么由此定义作业模型 $\mathcal{J}$ 是可调度的。相反，假设作业模型 $\mathcal{J}$ 是可调度的。那么根据定义存在一个截止期满足的调度 σ。调度 σ 不需要是周期的，我们的目标是构建一个满足所有作业的截止期的周期调度 σ'。

用 p 表示所有作业的周期的最小公倍数，也就是说，所有数都在集合 $\{\pi(J) | J \in \mathcal{J}\}$ 中。定义期望的调度 σ' 如下：对于 $0 \leqslant t < p$，$\sigma'(t) = \sigma(t)$，对于每个 $t \geqslant 0$，$\sigma'(t+p) = \sigma'(t)$。显然，调度 σ' 是周期的，且其周期为 p。考虑一个作业 $J \in \mathcal{J}$。令 $n = p/\pi(J)$（注意，根据 p 的选择，p 除以 $\pi(J)$）。由于调度 σ' 与调度 σ 是一样的对于前 p 个时间片，并且调度 σ 对于作业 J 是截止期符合的，所以调度 σ' 也满足作业 J 的前 n 个时间片的截止期。由于调度 σ' 是周期的，所以对于每一个 $a \geqslant 1$，$\sigma(\alpha(J, a), \delta(J, a), J) = \sigma(\alpha(J, a+n), \delta(J, a+n), J)$，因此如果它满足实例 J^a 的截止期，那么它也满足实例 J^{a+n} 的截止期。这说明调度 σ' 对于任务模型是截止期满足的。

利用率

考虑一个包含两个作业的周期作业模型：作业 J_1 的周期为 5、截止期为 4 和 WCET 为 3；作业 J_2 的周期为 3、截止期为 3 和 WCET 为 1。由于作业 J_1 在每 5 个时间片中需要 3 个时间片，所以它需要 3/5 的可用处理时间。同样，由于作业 J_2 在每 3 个时间片内需要 1 个时间片，所以它需要 1/3 的可用处理时间。3/5+1/3=14/15，该值被称为作业模型的利用率。形式上，周期作业模型 $\mathcal{J}$ 的利用率可以定义为：

347

$$U(\mathcal{J}) = \sum_{J \in \mathcal{J}} \eta(J)/\pi(J)$$

利用率表示满足所有作业的要求所必需的可用处理时间的一部分。注意，在我们的例子中，作业模型的图 8-2 中的周期调度表明将 14/15 的时间片分配给两个作业，剩下一个

时间片没有分配。

如果一个作业模型的利用率超过 1，那么它说明所有作业一起需要比可用时间更多的处理时间。在这种情况下，作业模型是不可调度的。在我们的作业模型例子中，如果我们将作业 J_1 的 WCET 改为 4，那么利用率也就变为 $4/5+1/3>1$，也就意味着这将导致作业模型不可调度。由于作业模型的利用率很容易计算，所以检查利用率是否大于 1 来快速检测作业模型的不可调度性。

抢占式调度与非抢占式调度

以图 8-2 的调度为例。作业 J_1 的一个实例需要前 4 个时间片中的 3 个时间片，它们分别时间 0、1、3 选择。当这个满足这个实例的截止期时，在时间 2，作业 J_1 的执行必须被中断（使用事件 preempt_1）以便让作业 J_2 在下一个时间片内执行，在其后的时间片中恢复执行。图 8-2 中的调度由于它使用这样抢占而称为抢占式调度。调度不包括这样抢占的调度称为非抢占式调度。换言之，非抢占式调度为作业 J 的每个实例都分配大块连续的时间片 $\eta(J)$。形式上，作业集合 $\mathcal{J}$ 上的一个调度 σ 是抢占式的，如果存在一个任务 J 和时间 $t_1<t_2<t_3$，使得 1) $\sigma(t_1)=\sigma(t_3)=J$ 且 $\sigma(t_2)\neq J$；2) 存在一个实例 a，使得 $\alpha(J, a)\leqslant t_1$ 且 $t_3<\alpha(J, a+1)$。这说明，存在 3 个时间片，在某时间段内，只有一个作业 J 的实例是活动的，使得给该作业 J 分配了时间段两头的时间片，但没有被分配中间的时间片。

由于作业的抢占需要将处理上下文从一个作业切换到另一个作业，实现它需要成本，应该尽可能避免。例如，作业模型包含作业 J_1，其周期为 5、截止期为 4 和 WCET 为 3；作业 J_2 的周期为 3、截止期为 3 和 WCET 为 1。图 8-3 给出了另一种非抢占式周期调度，它也是截止期满足的。

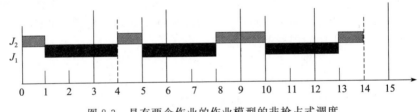

图 8-3　具有两个作业的作业模型的非抢占式调度

可能满足所有截止期的唯一方式是抢占：周期作业调度可以是可调度的，但可能没有截止期满足的非抢占式调度。为此，我们假设作业模型包含两个作业：作业 J_1 的周期为 2、截止期为 1 和 WCET 为 1；作业 J_2 的周期为 4、截止期为 4 和 WCET 为 2。周期抢占式调度的周期为 4，在时间 0 和时间 2 选择作业 J_1，在时间 1 和时间 3 选择作业 J_2，是截止期满足的。但是你很容易发现不可能找到一个满足所有截止期的非抢占式调度。

调度策略

给定一个周期作业模型 $\mathcal{J}$，调度策略的目的是或者产生一个截止期满足的周期调度，或者报告找不到截止期满足的调度。我们将在 8.2 节和 8.3 节详细讨论这两种策略，我们在理解和评估调度策略时，可以考虑以下问题：

该策略什么时候成功生成一个调度？理想状况下，当作业模型是可调度的时策略应该产生一个截止期满足的周期调度。如果不是这种情况，那么我们应该寻找保证策略成功的条件。

策略需要多少计算工作量来计算调度？众所周知，如果作业模型是可调度的，那么存在一个周期等于所有作业周期的最小公倍数的周期截止期满足的调度。如果该模型有 n 个作业，那么只能给每个时间片分配 $(n+1)$ 个不同的值（由于调度将一个时间片映射为一个作业或映射为⊥）。这样，有 p^{n+1} 个周期为 p 的不同周期调度。一个朴素的调度策略分析所有这样可能的调度，并选择一个满足所有截止期的调度。但是，这种策略效率太低，因为它的计算成本随着任务数和周期值的增长而快速增长。要求调度策略是高效的具有模型中作业数的时间复杂度多项式。

策略的判定逻辑有多少是离线的，有多少是在线的？一种实现周期作业模型的调度策略的可能方法是计算离线的期望调度，也就是在系统开始执行前。然后在系统执行中，即在线，调度器只需要在每个时间片开始时简单地查询调度（或者当处理器需要为作业分配的调度做决策时）。另外，有些调度策略只能以离线的方式给作业分配优先级，当需要在线做出调度决策时，通过比较作业的优先级来做出策略。后一种策略的好处是不需要计算和存储一个很长的调度，并且这种策略可以扩展应用到更复杂作业模型，例如，在系统执行时可动态地添加和删除作业的作业模型。但是，当采用在线策略时，至关重要的是在线计算开销应该是足够的——不能超过两个指令的开销。

策略确保另一个最优准则吗？我们定义的可调度性要求调度需要满足所有的截止期。当存在多个截止期满足的调度时，可以使用另一个准则可用来确定一个最好的调度。例如，我们想要调度策略计算具有最小抢占次数的调度（尽可能产生一个非抢占式调度）。另一个这样的准则是响应时间：一个作业实例的响应时间是调度这个实例的到达时间与根据调度实例完成执行的时间之差。我们也许想要调度策略计算最小化所有作业实例的平均响应时间的调度。

练习 8.2：考虑一个包含两个作业的周期作业模型：作业 J_1 的周期为 5、截止期为 5 和 WCET 为 2；作业 J_2 的周期为 7、截止期为 7 和 WCET 为 4。请问这个作业模型的利用率是多少？并说明一个周期截止期满足的调度。

练习 8.3：考虑一个包含两个作业的周期作业模型：作业 J_1 的周期为 3、截止期为 2 和 WCET 为 1；作业 J_2 的周期为 5、截止期为 5 和 WCET 为 3。请论述该作业集合是可调度的，仅当允许抢占。寻找一种最小抢占数的截止期满足的调度。

8.1.4 其他的作业模型

周期作业模型是对实时应用中作业处理器时间命令进行形式化的最简单的模型。在参考文献说明中给出的很多研究成果是这种作业模型的扩展或者变种。这里我们简要介绍最具代表性的作业模型变种。

作业间的优先约束

在带有优先约束的周期作业模型中，每一个作业除了周期、截止期和 WCET 外，还定义了作业间的优先约束。两个作业 J_1 和 J_2 之间的优先约束 $J_1 < J_2$ 表示对于每个实例 a，作业 J_2 的第 a 个实例只有在作业 J_1 的第 a 个实例执行完成后才开始执行。要求当两个作业之间有这样的优先约束时，它们应该有相同的周期，优先关系应该是非循环的。可调度性问题寻找不仅满足所有任务的截止期，还要服从优先关系表示的顺序约束的调度。第 2 章中基于任务图的同步构件描述中的任务之间的优先约束自然地推导出带优先约束的作业模型。

动态变化作业集

在基本的周期作业模型中，假设作业集合中的作业的优先级 a 是已知的，并且是固定的。在实际中，允许动态改变作业集合，在系统执行时，允许添加或者移除作业。在这种情形下，一旦有一个新作业添加到系统中，调度策略需要在修改后的集合上执行可调度性测试，只有在可调度性测试成功后，才允许新作业添加到系统中。这种策略也需要在运行时动态地制定调度策略，因为该调度不能事先通过离线计算得到。

非周期作业

非周期作业是指到达模式不规律并且事先不知道的作业。例如，第 2 章讨论的巡航控制设计，虽然对应于测量当前速度和控制速度的任务（图 2-29 中的构件 MeasureSpeed 和 ControlSpeed）是周期执行的，但负责更新巡航速度的任务（构件 SetSpeed）是需要在驾驶员切换巡航控制模式或者决定改变巡航速度时才执行。这样，非周期作业也有截止期和 WCET，但没有周期，它有一个相关联的触发事件。当作业集合有周期作业和非周期作业时，需要借助纯周期作业模型的调度策略的设计原理和分析方法来制定调度策略，并且需要预留一定的时间片给预期的但不可预测到达的非周期作业。然而，这样的策略不能提供有保证的截止期满足，我们只希望采用一种"尽力而为"策略，其中这种策略的保证只能通过将它们与其他策略的保证进行比较来测量。

多处理器调度

调度的一种定义是把每一个时间片分配给至多一个作业，这对应于假设所有作业都运行在一个处理器上。现代计算平台通常包含多个计算核，在嵌入式应用中，通常由专用处理器专门执行特定的任务。为了形式化多处理器上的作业调度问题，除了每个作业的周期、截止期和 WCET 外，还指定处理器集合，并且对于每个处理器，在该处理器上执行的作业子集。多处理器调度将每个时间片和每个处理器映射到一个作业或 ⊥（⊥ 表示一个空闲的时间片）。多处理器调度问题就是计算截止期满足的多处理器调度。一个在单处理器上是不可调度的作业集，可能在多处理器上变为可调度的，因为额外的处理时间的可用性。然而，通过设计一个高效的调度策略来计算多处理器作业中的截止期满足的调度仍然还有很多挑战，因为多处理器可调度性问题是计算难的（这是典型的 NP 完全）。

软实时和硬实时需求

在我们所定义的调度问题中，要求调度满足每个作业的所有实例的截止期。虽然这样严格的截止期满足是安全攸关和实时控制系统中必要需求，但在像多媒体这样的应用中，这种需求往往会降低。例如，如果作业对应于通过显示下一个视频帧来刷新屏幕，那么只执行该作业的所有实例的 95% 可能是可以接受的。在参考文献中，要求必须满足所有截止期的系统，因为错过截止期就意味着一个不可接受的安全违反，称为硬实时系统。要求必须尽可能频繁地满足截止期的系统，但错过截止期仅仅导致期望的质量下降，叫作软实时系统。软实时系统的调度策略的目标是用错过的截止期的最小部分计算调度。

练习 8.4：考虑一个包含 n 个作业的作业集合 $\mathcal{J}$，存在一个优先关系 $\prec$，使得该关系是非循环的。假如 $\mathcal{J}$ 中的每个作业都有周期 p、截止期 d 和 WCET c。假设有 n 个处理器可以用来调度，每个作业可以在任意的处理器上执行。如果能够找到一个满足优先约束的多处理器调度（也就是说，如果 $J_1 \prec J_2$，那么在每一个周期内作业 J_1 应该在作业 J_2 开始执行前完成执行，但是，如果它们们分别在不同的处理器上执行，则不受此优先约束的限制），就称该作业集是可调度的。请问在什么条件下该作业集是可调度的？提示：条件应该与周期 p、WECT c 和从优先约束关系 $\prec$ 推导出来的某个量相关。

8.2 EDF 调度

最早截止期优先（Earliest Deadline First，EDF）策略是一种经典的调度策略，该算法总是选择最早到达截止期的作业。这个调度策略适用多种作业模型，在实际中运用广泛。我们首先描述周期作业模型的 EDF 策略，然后分析它的性能。

8.2.1　周期作业模型的 EDF

给定一个周期作业的集合，在每个时间 t，EDF 调度策略把下一个时间片分配给具有最早（或最小）截止期的作业。在周期作业模型中，对于每一个作业，作业的不同实例在不同的时间被激活，这样作业的截止期的具体值取决于时间 t。而且，只有活动实例的要求还没有得到满足，该策略才给作业分配时间片。与这些规则相对应的调度的构造可具体描述如下。

调度策略

考虑一个周期作业模型 $\mathcal{J}$，其中每个作业 J 都有周期 $\pi(J)$、截止期 $\delta(J)$ 和最坏执行时间 $\eta(J)$。对于每个时间 $t=0$，1，2，$\cdots$，EDF 调度策略决定下一个时间片的分配，并按照下面的步骤一步一步建立 EDF 调度 σ。考虑一个作业 J。a 是一个唯一的数，使得 $\alpha(J, a) \leqslant t < \alpha(J, a+1)$。在时间 t 作业 J 的截止期是作业 J 这个实例的截止期，即 $\delta(J, a)$。如果调度 σ 在前 t 个时间片已经为作业 J 的这个特殊实例分配了 $\eta(J)$ 个时间片，那么它不需要更多的计算时间。为了形式化这个策略，如果 $\sigma(\alpha(J, a), t, J) < \eta(J)$，根据调度 σ，我们说任务 J 在时间 t 已经就绪。如果在时间 t 没有任何作业就绪，那么下一个时间片就不需要分配，即 $\sigma(t) = \bot$。否则，它选择作业 J，使得该作业 J 在时间 t 已经就绪，并且在时间 t 在所有就绪作业中具有最早的截止期，即 $\sigma(t) = J$，使得在时间 t 作业 J 已经就绪，并且如果还有另一个作业 K 也在时间 t 就绪，那么作业 J 在时间 t 的截止期小于或等于作业 K 在时间 t 的截止期。注意，如果多个就绪作业有相同的截止期，那么根据 EDF 策略，它们中的任意一个都可以被选择，选择的标准根据具体实现中其他准则而定。

EDF 调度的定义总结如下。

> #### EDF 调度
> 一个周期作业模型 $\mathcal{J}$ 的调度 σ 是 EDF 调度，当对每个时间 $t \geqslant 0$，如果调度 σ 在时间 t 没有作业就绪，那么 $\sigma(t) = \bot$，否则 $\sigma(t) = J$，使得调度 σ 的作业 J 在时间 t 就绪，并且对于每个作业 $K \in \mathcal{J}$，要么作业 K 在时间 t 没有就绪，要么作业 J 在时间 t 的截止期小于或等于作业 K 在时间 t 的截止期。

例子

让我们再次考察一个周期作业模型，它包含两个作业 J_1 和 J_2。J_1 的周期为 5，截止期为 4，WCET 为 3；J_2 的周期为 3，截止期为 3，WCET 为 1（如图 8-2 和图 8-3 所示，该作业模型是满足截止期的周期调度）。假设我们想根据 EDF 策略为这个模型构建一个调度。

最初，在时间 $t=0$，两个作业 J_1 和 J_2 都已就绪（由于它们各自的第一个实例的请求还没有得到满足），作业 J_1 的截止期是 4，作业 J_2 的截止期是 3。因此 EDF 策略将第一个时间片分配给作业 J_2。结果，在时间 1 和时间 2，作业 J_2 不再就绪（相应活动实例的请求已经得到满足），策略在这些时间选择作业 J_1。在时间 3，作业 J_2 的第二个实例到来，因此在时间 3 两个作业都就绪。此时，作业 J_1 的截止期仍然是 4，但作业 J_2 的截止期现在是 6。结果，EDF 策略将把下一个时间片分配给作业 J_1。在时间 4，作业 J_1 不再就绪，因此后续时间片分配给作业 J_2。在时间 5，作业 J_2 不再就绪，因为它的活动实例的请求已经满足，但作业 J_1 再次就绪，因为它的第二个实例到来。这样，EDF 策略在时间 5 选择作业 J_1。在时间 6，作业 J_2 的第三个实例到来，两个作业都已就绪。此时，两个作业的截止期都等于 9。结果，EDF 策略可以自由地选择这两个作业中的任何一个。假设它由于作业 J_1 的标识符比作业 J_2 的小而选择作业 J_1。基于同一个原因，下一个时间片也分配给作业 J_1。在时间 8 和时间 9，只有作业 J_2 就绪并得到选择。在时间 10 和时间 11，只有作业 J_1 就绪并得到选择。在时间 12，两个作业都就绪，作业 J_1 的截止期是 14，作业 J_2 的截止期是 15。因此，EDF 策略分配下一个时间片给作业 J_1。在时间 13，只有作业 J_2 就绪并获得下一个时间片。在时间 14，没有作业就绪，因此接下来的时间片没有分配。后面的调度以 15 为周期循环。实际上，以此方式构造的 EDF 调度等价于图 8-3 所示的调度。

EDF 策略的属性

在 8.2.2 节中，我们将学习在何种条件下，保证 EDF 策略产生一个满足截止期的调度。下面我们学习一些基本属性。

无论什么时候制定调度策略，EDF 策略都是从就绪作业中选择当前具有最早截止期的作业，而不用显式地分析这种策略的全局结果。这种策略是称为贪婪算法的经典算法的一个例子。

我们假设无论何时 EDF 调度策略需要在具有相同截止期的就绪作业中选择一个作业，它都使用固定的决策规则（例如，选择最小标识符的作业）。根据这个假设，EDF 策略产生的调度是周期调度，该调度的周期等于所有作业的周期的最小公倍数。

在图 8-3 所示的 EDF 策略中，在时间 0，给作业 J_2 分配了比作业 J_1 高的优先级，而在时间 3，给作业 J_1 分配了比作业 J_2 高的优先级。这种在就绪作业中它们的相关优先级随时间而不同的调度策略称为动态优先级策略。

通常，使用 EDF 策略产生的调度可能是抢占式的。例如，考虑一个作业集合，它包含两个作业 J_1 和 J_2。作业 J_1 的周期为 2，截止期为 1，WCET 为 1；作业 J_2 的周期为 4，截止期为 4，WCET 为 2。EDF 策略在时间 0 和 2 选择作业 J_1，在时间 1 和 3 选择作业 J_2。由此产生的调度是满足截止期的，且是抢占式的。

在我们的 EDF 策略描述中，EDF 策略在每个时间片决定哪个作业运行。然而，根据下面的观察，不需要在每个时间片都执行判断逻辑。当在时间 t 选择作业 J，如果同时满足如下两个条件，那么保证 EDF 策略在时间 $t+1$ 也选择同一个作业：1）作业 J 的当前活动实例的执行还没有完成；2）在时间 $t+1$ 没有其他作业 K 的实例到来。例如，在图 8-3 所示的调度中，在时间 1 选择作业 J_1，在下一个时间，或者当前作业的实例没有完成它的执行，或者没有作业 J_2 的新实例到来，这保证在时间 2 也选择作业 J_1。换言之，只有在就绪作业的集合变化时调度器需要对分配给作业的处理时间做出决策，而只有当作业的当前实例完成执行或者另一个作业的新实例到来时才会出现这种情况。

这是图 8-1 所示的调度器架构中的一种实现 EDF 策略的常用方法。调度器维护了一个列表 WaitingJobs，它包含按照它们相对优先级递减顺序排列的正在等待处理时间的所有作业。当前运行的作业完成执行时，如果列表 WaitingJobs 不为空，那么就把列表 WaitingJobs 中的第一个作业从该列表中删除，并给该作业分配给处理器。当有作业 J 的一个新实例到来时，调度器执行如下步骤。如果当前没有作业分配给处理器，那么给作业 J 分配处理时间。否则，假设作业 J' 是当前分配给处理器的作业。如果新加入作业 J 的新到来的实例的截止期比作业 J' 的截止期小，那么作业 J' 被抢占，将作业 J' 加入队列 Waiting-

Jobs 的队首，给作业 J 分配处理器。如果不是，将作业 J 的新到达的实例的截止期与那些已经存储在列表中排序好的作业的截止期比较，根据比较结果把该作业的新实例插入就绪任务的队列 WaitingJobs 的合适位置。

练习 8.5：一个周期作业模型包含两个作业 J_1 和 J_2，J_1 的周期为 5、截止期为 4 和 WCET 为 3；作业 J_2 的周期为 3、截止期为 3 和 WCET 为 1。图 8-3 显示通过 EDF 策略构造的一个调度，假设不论两个作业何时就绪，当它们具有相同截止期时，选择作业 J_1。请用 EDF 策略说明不论两个作业何时就绪，当它们具有相同截止期时，选择作业 J_2 的情况。

练习 8.6：一个周期作业模型包含 3 个作业 J_1、J_2 和 J_3，J_1 的周期为 6、截止期为 5 和 WCET 为 2；作业 J_2 的周期为 8、截止期为 4 和 WCET 为 2；作业 J_3 的周期为 12、截止期为 8 和 WCET 为 4。请根据 EDF 策略构建一个调度（如果多个就绪的作业具有相同的截止期，首先选择作业 J_1，其次是作业 J_2，最后是作业 J_3）。

355

8.2.2　EDF 的最优性

给定一个周期作业模型，什么时候 EDF 调度策略保证生成截止期满足的调度？如下定理所述，只要模型是可调度的，EDF 策略就保证生成截止期满足的调度。这就是为什么 EDF 策略被认为是最优的算法：只要这样的调度存在，就可以保证生成截止期满足的调度。

定理 8.2(EDF 的最优性)　如果 $\mathcal{J}$ 是一个可调度的周期作业模型，并且 σ 是 $\mathcal{J}$ 的一个 EDF 调度，那么 σ 是截止期满足的。

证明：设 $\mathcal{J}$ 是一个可调度的周期作业模型，设 σ 是 $\mathcal{J}$ 的一个 EDF 调度。我们想要证明调度 σ 满足所有作业的所有实例的截止期。采用反证法证明。也就是说，假设调度 σ 错过某个截止期，我们就将得出一个矛盾。假设存在一个作业的一个实例，使得调度 σ 在截止期前没有给这个实例分配足够的时间片，令 t_0 是这个错过的截止期的时间。

由于作业模型 $\mathcal{J}$ 是可调度的，所以存在一个满足所有截止期的调度 σ'。考虑两个调度 σ 和 σ'。由于 σ' 满足所有的截止期，而调度 σ 错失至少一个截止期，所以这两个调度不能相等。我们用 $\mathrm{diff}(\sigma, \sigma')$ 表示两个调度产生不同选择的第一个时间实例，即 $\mathrm{diff}(\sigma, \sigma') = t$，使得 $\sigma(t) \neq \sigma'(t)$，并且对于所有的 $t' < t$，$\sigma(t') = \sigma'(t')$。这样的时间实例 t 必须小于调度 σ 错过而 σ' 没有错过的截止期 t。

对于作业模型 $\mathcal{J}$，可能存在多个截止期满足的调度。我们用 σ_1 表示所有这种截止期满足的调度 σ' 中的一个调度，使得 $\mathrm{diff}(\sigma, \sigma')$ 是最大的。也就是说，对于作业模型 $\mathcal{J}$，调度 σ_1 是截止期满足的调度，使得如果 σ' 也是截止期满足的调度，那么 $\mathrm{diff}(\sigma, \sigma') \leqslant \mathrm{diff}(\sigma, \sigma_1)$。换言之，只要可能不放弃保持截止期满足的目标，调度 σ_1 与 EDF 调度 σ 做出相同的选择。

令 $t_1 = \mathrm{diff}(\sigma, \sigma_1)$。我们知道 $\sigma(t_1) \neq \sigma_1(t_1)$，并且对于所有的 $t < t_1$，$\sigma(t) = \sigma_1(t)$。我们将根据 $\sigma(t_1)$ 和 $\sigma_1(t_1)$ 的值考虑不同的情况。针对每种情况，我们构建另一个调度 σ_2，使得 1) 调度 σ_2 是截止期满足的；2) $\mathrm{diff}(\sigma, \sigma_2) > t_1$。这与选择调度 σ_1 的方式相矛盾，这说明我们最初的假设调度 σ 错过了某个截止期不成立，证毕。

考虑 $\sigma(t_1) = J$ 和 $\sigma_1(t_1) = K$ 且 $J \neq K$，的情况，使得作业 K 在时间 t_1 就绪（如图 8-4 所示）。令作业 J 和 K 在时间 t_1 的截止期分别是 t_J 和 t_K。由于 EDF 调度在时间 t_1 选择作业 J，所以作业 J 必须是在时间 t_1 已经就绪的所有作业中具有最早截止期的那个作业，即 $t_J \leqslant t_K$。由于作业 J 在时间 t_1 就绪，所以在时间 t 它的激活实例的需求还未得到满足，在截止期 t_J 前它需要至少一个时间片。由于调度 σ_1 是截止期满足的，所以一定存在一个时间

356

实例 t_2，使得 $t_1 < t_2 < t_J$ 且 $\sigma_1(t_2) = J$。

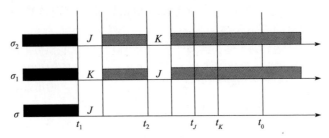

图 8-4　EDF 最优性证明

现在定义调度 σ_2，使得对于所有的 $t \neq t_1$ 且 $t \neq t_2$，$\sigma_2(t) = \sigma_1(t)$ 且 $\sigma_2(t_1) = J$ 且 $\sigma_2(t_2) = K$（如图 8-4 所示）。也就是说，通过在时间 t_1 和 t_2 交换作业 J 和 K 的选择从截止期满足的调度 σ_1 得到调度 σ_2。通过选择这些时间，实例 t_1 和 t_2 属于作业 J 的同一个激活实例和作业 K 的同一实例，它们两个都在自己相应的截止期之前。因此，在两个调度 σ_1 和 σ_2 中，给每个作业的每个实例分配的时间片数是相同的。可以得出，调度 σ_2 也是截止期满足的。现在，EDF 调度 σ 和 σ_2 在小于或等于时间 t_1 的时间是一样的，因此条件 diff$(\sigma_1, \sigma_2) > 1$ 必须成立。

对于剩下的情况，无论 1) $\sigma(t_1) = \perp$ 且 $\sigma_1(t_1) \neq \perp$；或者 2) $\sigma(t_1) = J$ 且 $\sigma_1(t_1) \neq \perp$；或者 3) $\sigma(t_1) = J$ 且 $\sigma_1(t_1) = K$，使得作业 K 在时刻 t_1 没有就绪。在所有的这些情况下，定义调度 σ_2，使得对于所有的 $t \neq t_1$，$\sigma_2(t) = \sigma_1(t)$ 且 $\sigma_2(t_1) = \sigma(t_1)$。我们将这个证明留作练习来验证由此产生的调度 σ_2 是截止期满足的且条件 diff$(\sigma_1, \sigma_2) > t_1$ 必须成立。　　　　　　　■

这个证明说明，在任何步骤，如果一个截止期满足的调度选择了作业 K，而不是截止期比 K 的更早的作业 J，那么调度就应该选择任务 J 而不选择任务 K，这样就不会造成错过截止期。这个证明的核心思想可以应用到更通用的作业模型中，并进一步表明即使在周期作业和非周期作业都存在的情况下，只要有一个存在 EDF 策略都生成截止期满足的调度。

练习 8.7： 完成定理 8.2 的证明：说明定理 8.2 证明的最后一段定义的调度 σ_2 满足所有的截止期且条件
diff$(\sigma_1, \sigma_2) > t_1$ 成立。

练习 8.8： 我们已经知道如果存在一个截止期满足的调度，那么 EDF 策略产生一个这样的调度。但是，说明下面的说法是错误的：如果存在一个非抢占式截止期满足的调度，那么 EDF 策略也保证产生这样一个这样的调度。也就说，构建一个作业模型 $\mathcal{J}$（有两个作业），使得 1) 存在一个非抢占式截止期满足的调度 σ，2) EDF 策略生成的截止期满足的调度是抢占式的。

8.2.3　基于利用率的可调度性测试

我们知道只要周期作业模型是可调度的，EDF 策略就生成一个截止期满足的调度。但是我们能检测一个周期作业模型是否是可调度的吗？或等价地，在没有明确生成一个 EDF 调度且检测该调度是否满足所有的截止期的情况下 EDF 策略无法判断调度是否正确。这说明当所有的截止期都隐式的时，即对于每个作业 J，截止期 $\delta(J)$ 等于其周期 $\pi(J)$，可调度性的测试就变得非常简单：一个周期作业模型是可调度的仅当它的利用率小于或等于 1。我们已经知道如果利用率大于 1，则对处理时间的需求就超过了可用的处理时间，这样作业模型就是不可调度的。下面的定理证明如果利用率小于或等于 1，那么 EDF 调度是截止期满足的。

定理 8.3（截止期等于周期的可调度性测试） 令 $\mathcal{J}$ 是一个周期作业模型，使得对于每个作业 J，$\delta(J)=\pi(J)$。那么作业模型 $\mathcal{J}$ 是可调度的当且仅当 $U(\mathcal{J})\leqslant 1$。

证明：设 $\mathcal{J}$ 是一个周期作业模型，使得对于每个作业 K，$\delta(K)=\pi(K)$。令

$$U = \sum_{K\in\mathcal{J}}\eta(K)/\pi(K) \tag{8-1}$$

是作业模型的利用率。

如果 $U>1$，那么对处理时间的总需求超过了可用的时间，那么就不存在截止期满足的调度，作业模型是不可调度的。

相反，假设作业模型 $\mathcal{J}$ 是不可调度的。考察作业 J 的一个 EDF 调度 σ。调度 σ 不是截止期满足的。我们继续证明利用率 U 必须大于 1。

由于调度 σ 不是截止期满足的，那么必须存在一个作业 J 和作业 J 的一个实例 i，使得调度 σ 不能为实例 J^i 分配足够的时间片。令 t_1 是这个实例的到达时间，即 $t_1=\alpha(J,i)$，令 t_2 是这个实例的截止期，即 $t_2=\delta(J,i)$ 与 $\alpha(J,i+1)$ 相同，如图 8-5 所示。我们知道实例 J^i 错过了截止期，因此对于时间间隔 $[t_1,t_2)$ 中小于 $\eta(J)$ 时间的实例，调度 α 选择作业 J：条件 $\sigma(t_1,t_2,J)<\eta(J)$ 必须成立。 358

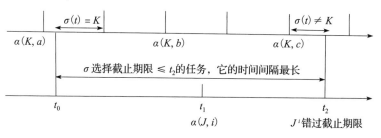

图 8-5 EDF 可调度性测试的证明

考虑一个时间 t 实例，它满足 $t_1\leqslant t<t_2$。我们知道作业 J 在时间 t 就绪，它的截止期是 t_2。EDF 调度 σ 在时间 t 必须选择一个保持处理器忙的作业：$\sigma(t)\neq\perp$。而且，EDF 策略选择一个具有最早截止期的作业，因此如果 $\sigma(t)=K$，那么在时间 t 作业 K 的截止期必须小于或等于 t_2。

令 t_0 是最短时间，使得对于所有时间实例 t，$t_0\leqslant t<t_2$，调度 σ 在时间 t 选择某个作业 K，使得在时间 t 作业 K 的截止期 $\leqslant t_2$。也就是说，选择时间实例 t_0，这样时间间隔 $[t_0,t_2)$ 是最长的间隔，使得处理器在该时间间隔中的所有时间一直处于忙状态，并给它分配一个截止期 t_2 或更早的作业实例。通过前面的论述，时间间隔 $[t_1,t_2)$ 满足期望的条件，但它可能不是最长的时间间隔，因此通过向左扩展这个时间间隔来选择 t_0。只要调度 σ 为作业实例分配小于或等于截止期 t_2 的时间片。

通过选择 t_0，处理器在整个时间间隔 $[t_0,t_2)$ 中都处于忙状态，因此得出该间隔的长度等于在该时间间隔内调度 σ 给每个作业分配的时间片数的总和。

$$t_2-t_0 = \sum_{K\in\mathcal{J}}\sigma(t_0,t_2,K) \tag{8-2}$$

证明目标的下一步是推导出每个量 $\sigma(t_0,t_2,K)$ 的值的边界。为此，我们说明：

断言：如果调度 σ 在时间间隔 $[t_0,t_2)$ 内为作业 K 分配一个时间片，那么作业 K 的相应实例位于在时间间隔 $[t_0,t_2)$ 内。

考虑任意一个作业 K，j 是作业 K 的一个实例。作业实例 K^j 对应的时间间隔为 $[\alpha(K,j),\alpha(K,j+1))$。如果该时间间隔没有包含在时间间隔 $[t_0,t_2)$ 内，那么下面 3 种情况之

一将会发生。

第一种情况：间隔 $[\alpha(K,j),\alpha(K,j+1))$ 与时间间隔 $[t_0,t_2)$ 没有重叠。这种情况发生在 $\alpha(K,j)\geqslant t_2$ 或者 $\alpha(K,j+1)\leqslant t_0$ 的条件下。此时，作业实例 K^j 在间隔 $[t_0,t_2)$ 内与作业调度没有关联。在图 8-5 中，这些是作业 K 的第 a 个实例前或第 c 个实例后的实例。

第二种情况：时间间隔之间可能存在重叠，但是 $\alpha(K,j+1)>t_2$（如图 8-5 所示的作业 K 的第 c 个实例）。我们知道在整个时间间隔 $[t_0,t_2)$ 内，调度 σ 选择一个作业当且仅当它的当前截止期不超过 t_2。整个时间间隔 $[\alpha(K,j),\alpha(K,j+1))$ 对应作业实例 K^j，其截止期是 $\alpha(K,j+1)$，它超过了 t_2，这样，我们可得出，在时间间隔 $[t_0,t_2)$ 内，调度没有为这样的实例 K^j 分配任何时间片。

第三种情况：对应于作业实例 K^j 的时间间隔与 $[t_0,t_2)$ 重叠，截止期 $\alpha(K,j+1)$ 不超过 t_2，但是 $\alpha(K,j)<t_0$（如图 8-5 所示的作业 K 的第 a 个实例。我们断言：在这种情况，

在调度 σ 中，作业 K 在时间 t_0 没有就绪。

也就是说，在时间间隔 $[\alpha(K,j),t_0)$ 内，作业实例 K^j 的所有要求都已经满足，作业 K 在时间间隔 $[t_0,\alpha(K,j+1))$ 内不需要任何时间片。由于调度器只选择就绪的作业，所以在时间间隔 $[t_0,t_2)$ 中，调度并不给作业实例 K^j 分配时间片。

为了证明这个断言，用反证法假设作业 K 在时间 t_0 就绪。也就是说，在时间 t_0 之前没有给作业实例 K^j 分配足够的处理时间。考虑一个时间实例 t 使得 $\alpha(K,j)\leqslant t<t_0$。作业 K 在时间 t 就绪，在时间 t 它的截止期是 $\alpha(K,j+1)$。根据 EDF 策略，$\sigma(t)$ 不可能是 $\perp$，它必须是一个作业，其在时间 t 的截止期 $\leqslant\alpha(K,j+1)$。由于 $\alpha(K,j+1)\leqslant t_2$，所以我们可以得出：在时间间隔 $[\alpha(K,j),t_2)$ 中，调度器每次选取一个截止期小于或等于 t_2 的作业。但是，这与假设 $[t_0,t_2)$ 是最长的时间间隔相矛盾。换言之，如果作业 K 在时间 t_0 就绪，那么我们需要将 $[t_0,t_2)$ 扩大到 $[\alpha(K,j),t_2)$。

这样，我们已经说明，当 EDF 调度 σ 在时间间隔 $[t_0,t_2)$ 中的一个时间实例 t 选择作业 K 时，作业 K 的相应实例必须完全在时间间隔 $[t_0,t_2)$ 中，（如图 8-5 中的作业 K 的第 b 个实例）。时间间隔 $[t_0,t_2)$ 的长度为 t_2-t_0。对应于任何作业 K 的实例的间隔长度为 $\pi(K)$。可以得出完全位于时间间隔 $[t_0,t_2)$ 中的作业 K 的实例数最多为 $(t_2-t_0)/\pi(K)$。需要注意的是，可能与时间间隔 $[t_0,t_2)$ 重叠的作业 K 的实例数是部分重叠的两个极端实例数与完全落在该时间间隔的实例数之和。但是我们没有为这两类极端实例分配任何的时间片。

对于完全位于时间间隔 $[t_0,t_2)$ 内的作业 K 的每个实例，调度至多分配 $\eta(K)$ 个时间片。可以得出，对于每个作业 K，

$$\sigma(t_0,t_2,K)\leqslant\eta(K)\cdot(t_2-t_0)/\pi(K) \tag{8-3}$$

式(8-3)对于作业 J 也成立。但是，我们知道，实例 J^i 由调度 σ 分配严格小于 $\eta(J)$ 的时间片（因为该实例错过了它的截止期 t_2），这意味着下面的严格不等式成立。

$$\sigma(t_0,t_2,J)<\eta(J)\cdot(t_2-t_0)/\pi(J) \tag{8-4}$$

将所有的作业的不等式(8-3)相加，说明对于作业 J 不等式至少是严格的并导致：

$$\sum_{K\in\mathcal{J}}\sigma(t_0,t_2,K)<\sum_{K\in\mathcal{J}}\eta(K)\cdot(t_2-t_0)/\pi(K) \tag{8-5}$$

用式(8-1)中的 U 替换上式中的项，得到

$$\sum_{K\in\mathcal{J}}\sigma(t_0,t_2,K)<(t_2-t_0)\cdot U \tag{8-6}$$

由式(8-2)和式(8-6)，得到

$$(t_2 - t_0) < (t_2 - t_0) \cdot U$$

由于 $t_2 - t_0$ 是正的，所以可以得到 $1 < U$，定理得证。   ∎

8.3 固定优先级调度

EDF 策略是一种动态优先级策略，其中给同一作业的不同实例分配不同的优先级，结果，在某个时间实例，作业 J 的优先级高于另一个作业 K，而在某个其他时间实例，作业 K 的优先级高于作业 J。现在我们来研究固定优先级策略，其中给每个作业静态地分配固定的优先级，并且每当调度器必须选择作业时，选择具有最高优先级的作业。特别地，我们将分析最常用的调度策略，即单调截止期策略和单调速率策略。

8.3.1 单调截止期策略和单调速率策略

固定优先级策略

为一个作业集合分配优先级是给作业集合中每个作业分配一个数字，使得没有任何两个作业具有相同的数字。给定两个作业 J 和 K，如果分配给作业 J 的数字大于分配给作业 K 的数字，则该作业 J 比作业 K 具有更高的优先级。给定这样的优先级分配，固定优先级调度策略总是倾向于执行优先级高的作业。

更准确地，固定优先级调度在每个时间 $t=0$，1，2，…，以下面的方式构造。给定一个调时间 t，如果作业 J 的实例在时间 t 是活动的，且尚未给它分配执行所需的时间片 $\eta(J)$，则称作业 J 在时间 t 是就绪的。如果在时间 t 没有就绪的作业，那么下一个时间片不用分配。否则，固定优先级调度选择在时间 t 就绪的作业，并且是那个时间所有就绪作业中优先级最高的作业。

固定优先级调度策略总结如下。

固定优先级调度策略

一个周期作业模型 $\mathcal{J}$ 的优先级分配可以描述为一个函数 ρ，该函数将作业集合中的每个作业 $J \in \mathcal{J}$ 映射为一个自然数，使得对于每两个不同的作业 J 和 K，$\rho(J) \neq \rho(K)$。周期作业模型 $\mathcal{J}$ 的调度 σ 称为关于优先级分配 ρ 的固定优先级调度，如果对于每一个时间 $t \geq 0$，如果在调度 σ 中没有作业在时间 t 就绪，那么 $\sigma(t) = \bot$，否则 $\sigma(t) = J$，使得该作业 J 在时刻 t 在调度 σ 中是就绪的，并且对于每个作业 $K \in \mathcal{J}$，作业 K 在时间 t 在调度 σ 中要么没有就绪，要么 $\rho(K) < \rho(J)$。

给定一个优先级分配 ρ，对应的固定优先级调度仅取决于由优先级决定的作业顺序，而不取决于分配给作业的数字值。更确切地，考虑包含两个作业 J 和 K 的周期调度模型 $\mathcal{J}$ 的两个优先级分配 ρ 和 ρ'，使得对于每对作业 J 和 K，当 $\rho'(J) > \rho'(K)$ 时，$\rho(J) > \rho(K)$。在每个时间 t，无论是基于优先级分配 ρ 还是优先级分配 ρ'，固定优先级调度器做出相同的调度策略。因此，在这种情况下，关于分配 ρ 的固定优先级调度与关于分配 ρ' 的固定优先级调度是一致的。

单调截止期和单调速率优先级

一旦我们决定采用固定优先级调度策略，调度策略的唯一选择涉及如何为作业分配优先级。如果一个作业 J 的周期比另一个作业 K 的周期小，那么作业 J 的实例比作业 K 的实例更快到达，这表明应该给作业 J 分配更高的优先级。这种优先级分配规则称为单调速率：作业的优先级分配 ρ 是单调速率优先分配，如果对于每对作业 J 和 K，如果 $\pi(J) < \pi(K)$，那

么 $\rho(J)>\rho(K)$。注意，如果两个作业具有相同的周期，那么单调速率优先级分配仍然需要将

362

不同的优先级分配给它们，并且策略需要决定两个作业之中谁应该赋予较高的优先级。

当所有截止期是隐式的时，也就是说，对于每一个作业，其截止期等于它的周期，结果是单调速率策略是分配优先级的最佳选择。然而，当作业有明确指定的截止期时，直观看来似乎更偏爱具有较早截止期的作业。由此产生的优先级分配称为单调截止期：作业的优先级分配 ρ 是单调截止期优先级分配，如果对于每对作业 J 和 K，如果 $\delta(J)<\delta(K)$，那么 $\rho(J)>\rho(K)$。而且，如果两个作业具有相同的截止期，则单调截止期优先级分配可以任意选择它们中具有更高优先级的一个作业。对于每个作业的截止期等于它的周期的情况，单调截止期策略的概念与单调速率策略的概念是一样的。值得注意的是，虽然 EDF政策也更倾向于具有较早截止期的作业实例，EDF 是一个动态优先级调度策略，而单调截止期是固定优先级调度策略。

单调速率和单调截止期调度的概念可以如下形式化。

> **单调截止期和单调速率策略**
>
> 对于周期作业模型 $\mathcal{J}$，如果对于所有作业 J，$K\in\mathcal{J}$，如果 $\delta(J)<\delta(K)$，那么 $\rho(J)>\rho(K)$，则称周期作业模型 $\mathcal{J}$ 的优先级分配 ρ 是单调截止期的。对于周期作业模型 $\mathcal{J}$ 如果对于所有作业 J，$K\in\mathcal{J}$，如果 $\pi(J)<\pi(K)$，那么 $\rho(J)>\rho(K)$，则称周期作业模型 $\mathcal{J}$ 的优先级分配 ρ 是单调速率的。如果存在一个单调截止期优先级分配 ρ，使得调度 σ 关于优先级分配 ρ 是固定优先级调度，则称周期作业模型 $\mathcal{J}$ 的调度 σ 是单调截止期调度。如果存在一个单调速率优先级分配 ρ，使得调度 σ 是关于分配 ρ 的固定优先级调度，则称周期作业模型 $\mathcal{J}$ 的调度 σ 是单调速率调度。

例子

让我们回顾包含两个 J_1 和 J_2 的作业模型，其中作业 J_1 的周期为 5、截止期为 4 和WCET 为 3；作业 J_2 的周期为 3、截止期为 3 和 WCET 为 1。我们知道这个作业模型是可调度的，图 8-2 和图 8-3 中的，作业 J_2 和 J_2 是截止期满足的。特别地，图 8-3 中的调度是 EDF调度，它有时喜欢作业 J_1 而不是作业 J_2，有时喜欢作业 J_2 而不是作业 J_1。给作业 J_2 分配比作业 J_1 更高优先级的调度策略是单调截止期的(也是单调速率的)。我们看出在固定优先级调度中，在时间 0 和时间 3 选择作业 J_2。结果，作业 J_1 的第一个实例在它的截止期 4 之前仅得到两个时间片，错过了截止期。如果优先级分配总是倾向于作业 J_1 而不是作业 J_2，那么前 3个时间单位就分配给了作业 J_1，导致作业 J_2 的第一个实例错过其截止期。因此，对于这个作业模型，固定优先级调度策略不能产生截止期满足的调度。

363

让我们把作业 J_1 的截止期改为 5：结果导致具有隐式截止期的作业模型有两个作业 J和 K，作业 J_1 的周期为 5 和 WCET 为 3；作业 J_2 的周期为 3 和 WCET 为 1。单调速率优先级分配仍然为作业 J_2 而不是作业 J_1 分配更高的优先级。由此产生的固定优先级调度如图 8-6 所示。调度的周期为 15，并且满足截止期。

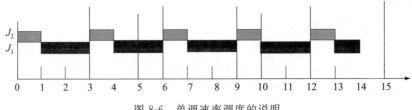

图 8-6　单调速率调度的说明

属性

我们已经注意到，即使当前作业模型是可调度的时，单调截止期调度策略也不可能产生截止期满足的调度。在 8.3.2 节和 8.3.3 节中，我们对保证单调截止期和单调速率策略成功的条件进行了研究。现在开始，我们将介绍单调截止期和单调速率策略的一些基本属性。

单调截止期和单调速率策略通过一个简单的局部规则解决了就绪作业集合的选择，与 EDF 策略一样，它们都是贪心算法的例子。我们还注意到，保证任何固定优先级调度产生一个周期调度，其周期等于所有作业周期的最小公倍数。此外，这些调度策略产生的调度可能是抢占式的（例如，图 8-6 中的单调速率调度）。

单调截止期和单调速率策略的主要好处是实现调度器所需的开销是最小的。调度器需要为每个作业离线分配优先级，为此需要的计算涉及根据它们的截止期的作业排序。与 EDF 策略的情形一样，单调截止期/单调速率调度策略还需要做出调度决策，仅当一个作业当前正在执行的实例完成它的执行或者另一个作业的一个新实例到来时。一个作业实例的优先级等于静态分配给该作业的优先级，因此不需要在运行时计算优先级。结果，单调截止期和单调速率策略，可以容易地在任何支持基于优先级的进程调度的操作系统上实现。

练习 8.9：考虑练习 8.6 的周期作业模型，该模型包括 3 个作业 J_1、J_2、J_3，其中作业 J_1 的周期为 6、截止期为 5 和 WCET 为 2；作业 J_2 的周期为 8、截止期为 4 和 WCET 为 2；作业 J_3 的周期为 12、截止期为 8 和 WCET 为 4。采用单调速率调度策略这个作业模型是可调度的吗？

364

练习 8.10：构造一个包含两个作业的周期作业模型，使得单调截止期调度策略产生截止期满足的调度，但单调速率调度策略产生错过截止期的调度。

8.3.2 单调截止期策略的最优性 *

我们已经注意到，与 EDF 策略不一样，单调速率策略不是产生截止期满足的调度的最优策略：一个可调度周期作业模型的单调截止期调度是不必是截止期满足的。在本节中，我们建立单调截止期策略，但是，它是所有固定优先级调度策略中最优的：如果存在一种优先级分配使得对应的固定优先级调度满足所有的截止期，则单调截止期调度也满足所有的截止期。这意味着，如果我们选择简单且最小调度开销的固定优先级调度，则选择采用单调截止期优先级分配是可取的。

第一个实例的临界

在我们证明与固定优先级调度相关的单调截止期策略的最优性之前，让我们建立一个所有固定优先级调度都满足的属性：如果一个固定优先级调度错过截止期，那么它错过某个作业的第一个实例的截止期。换句话说，在固定优先级调度中，所有作业的第一个实例是关键的：如果所有作业的第一个实例满足它们的截止期，那么剩下的实例保证满足它们的截止期。这意味着，如果我们要判断一个固定优先级调度是否是截止期满足的，我们可以明确地构建一个从时间 $t=0$ 到时间 $t=d$ 的调度，确保直到这个时间没有截止期错过（其中 d 为所有作业的截止期的最大值），而不用构建和检查整个周期的调度（时间 $t=p$），其中 p 是所有作业周期的最小公倍数，通常小于 p 大于 d。

定理 8.4（固定优先级调度中第一个实例的临界） 如果 σ 是一个周期作业模型的固定优先级调度，并且如果在调度 σ 中每个作业的第一个实例的截止期都得到满足，那么调度 σ 是截止期满足的。

证明：设 $\mathcal{J}$ 为一个周期作业模型，ρ 是 $\mathcal{J}$ 的优先级分配函数，σ 是作业模型 $\mathcal{J}$ 关于优先

级分配 ρ 的固定优先级调度。我们假设调度 σ 为每个作业的第一个实例分配足够的时间片。我们想要证明该调度是截止期满足的。

通过反证法证明。假定调度 σ 不是截止期满足。那么必须存在一个作业实例，它在调度 σ 中错过它的截止期。

设 J 是错过截止期的最高优先级的作业。也就是说，存在一个在调度 σ 中错过它的截止期的作业 J 的一个实例，并且如果一个作业 K 满足 $\rho(K) > \rho(j)$，则作业 K 的所有实例在调度 σ 中满足它们的截止期。设作业 J 的优先级为 h。

由假设我们知道，作业 J 的第一个实例在它的截止期前得到 $\eta(J)$ 个时间片。设 D 是第一个实例完成执行时的时间，也就是说，$\sigma(0, D, J) = \eta(j)$ 且 $\sigma(D-1) = J$，（如图 8-7 所示）。根据假设，得 $D \leqslant \delta(J)$ 成立。

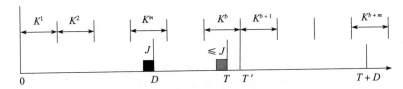

图 8-7　定理 8.4 证明的说明

对于每个 $t \geqslant 0$，令 $\theta(t)$ 表示在从时间 t 开始的长度为 D 的时间间隔内，调度分配给优先级高于作业 J 的作业的时间片数：

$$\theta(t) = \sum_{K \in \mathcal{J}, \rho(K) > h} \sigma(t, t+D, K)$$

对于每一个实例 a，作业 J 的实例 J^a 在时间 $t_a = \alpha(J, a)$ 到达。根据定义，$\theta(t_a)$ 是从时间 t 开始的长度为 D 的时间间隔内调度分配给优先级高于作业 J 的作业的时间片数。只要作业 J 需要时间片，没有分配给更高优先级作业的时间片都分配作业 J，因此，如果条件 $\theta(t_a) \leqslant D - \eta(J)$ 成立，那么实例 J^a 在它到达的 D 个时间单位内完成它的执行，因此满足它的截止期（因为 $D \leqslant \delta(J)$）。

我们知道作业 J 的第一个实例在时间 D 完成，因此 $\theta(0) \leqslant D - \eta(J)$ 成立。我们还知道存在一个错过了截止期的作业 J 的实例，这样，对于某个 a，$\theta(t_a) > D - \eta(J)$ 必须成立，这意味着 $\theta(t_a) > \theta(0)$。设 T 是满足 $\theta(T) > \theta(0)$ 的最短时间。也就是说，如果 $\theta(t) > \theta(0)$，那么 $T \leqslant t$。需要注意的是，这个特殊的时间实例 T 不能超过错过了截止期的实例 a 的到达时间 t_a，但 T 本身不一定是作业 J 的任何实例的到达时间。通过 T 的选择，我们知道 $\theta(T-1) < \theta(T)$，于是我们可以得出调度 σ 不能在时间 $T-1$ 选择高于 h 优先级的作业。

我们继续说明，调度 σ 在间隔 $[T, T+D]$ 内为优先级高于 h 的作业没有分配比在间隔 $[0, D)$ 内更多的时间片。

断言：如果 $\rho(K) > \rho(J)$，那么 $\sigma(T, T+D, K) \leqslant \sigma(0, D, K)$。

考虑作业 K，满足 $\rho(K) > \rho(J)$。根据假设：作业 K 的所有实例都满足它们的截止期。为了证明断言 $\sigma(T, T+D, K) \leqslant \sigma(0, D, K)$，我们的分析依赖于作业 K 的多少实例与间隔 $[0, D)$ 重叠。作业 K 的实例在每 $\pi(K)$ 个时间单位到达。设 m 为整数，满足 $(m-1) \cdot \pi(K) < D \leqslant m \cdot \pi(D)$，即通过计算 $D/\pi(K)$ 获得 m，如果这个值是小数，则向上取整为大于该分数的第一个整数。那么，作业 K 的前 m 个实例与间隔 $[0, D)$ 重叠（如图 8-7 所示）。

可以看到作业 K 的前 $(m-1)$ 个实例完全在间隔 $[0, D)$ 内，第 m 个实例有部分重叠。

注意由于作业 K 的所有实例都满足它们的截止期，所以调度 σ 为作业 K 的每个实例分配 $\eta(K)$ 个时间片。作业 K 的前 $(m-1)$ 个实例的每一个完全在间隔 $[0，D)$ 内，因此它们的每一个对 $\sigma(0，D，K)$ 都贡献了 $\eta(K)$。已知间隔 $[0，D)$ 的最后时间片分配给了作业 J。由于作业 K 具有比作业 J 高的优先级，所以这意味着在时间 $(D-1)$，作业 K 没有就续，这说明没有时间 $(D-1)$ 前给它对应的实例分配 $\eta(K)$ 个时间片。这说明作业 K 的第 m 个实例对于 $\sigma(0，D，K)$ 的贡献也是 $\eta(K)$。因此，$\sigma(0，D，K)=m \cdot \eta(K)$。

现在让我们把注意力集中在有多少作业 K 的实例与间隔 $[T，T+D)$ 重叠。假设作业 K 的最早实例在时间 T 到达，或者后面的是第 $(b+1)$ 个实例：$\alpha(K，B)<T \leqslant \alpha(K，B+1)$。设 T' 是作业 K 的第 $(b+1)$ 个实例的到达时间。

一般地，$T'>T$ 是可能的，作业 K 的第 b 个实例也与间隔 $[T，T+D]$ 重叠（如图 8-7 所示）。通过选择 T，我们知道在时间 $(T-1)$，调度没有选择优先级比 h 高的作业，因此没有选择作业 K 或者优先级比作业 K 高的作业。这种情况仅当作业 K 在时间 $(T-1)$ 还没有就绪时发生，这意味着作业 K 的第 b 个实例的所有需求在时间 $(T-1)$ 之前得到满足。这说明即使第 b 个实例与时间间隔 $[T，T+D)$ 重叠，它也没有对 $\sigma(T，T+D，K)$ 有贡献。这意味着 $(T，T+D，K)=\sigma(T'，T+D，K)$。

与间隔 $[T'，T+D]$ 重叠的作业 K 的实例数可以通过它的长度除以 $\pi(K)$，然后将结果向上取整为下一个整数得到。因为 $T' \geqslant T$，所以间隔 $[T'，T+D]$ 的长度不能超过 D，所以可以得出与间隔 $[T'，T+D]$ 作业 K 重叠的实例数至多为 m（它是 m 或 $m-1$，这取决于 T 和 T' 之间的差）。因为可以给作业 K 的一个实例仅分配 $\eta(K)$ 个时间片，所以可以得出 $\sigma(T'，T+D，K) \leqslant m \cdot \eta(K)$。

我们已经建立了断言：对于每个优先级高于 h 的作业 K，$\sigma(T，T+D，K) \leqslant \sigma(0，D，K)$ 成立。这意味着 $\theta(T)>\theta(0)$ 是不可能的，从而导致期望的矛盾。　■

367

最优性证明

现在我们继续证明只要存在一个截止期满足的固定优先级调度，就保证单调截止期策略可以产生一个截止期满足的调度。

定理 8.5（单调截止期策略的最优性）　给定一个周期作业模型 $\mathcal{J}$，如果存在一个 $\mathcal{J}$ 的优先级分配 ρ，使得对应的固定优先级调度 σ 是截止期满足的，那么 $\mathcal{J}$ 的每个单调截止期调度都是截止期满足的。

证明：设 $\mathcal{J}$ 是一个周期作业模型。设 ρ 是 $\mathcal{J}$ 的优先级分配函数，使得关于 ρ 的固定优先级调度 σ 满足所有的截止期。假设根据优先级分配 ρ $\mathcal{J}$ 中作业的顺序为 $J_1，J_2，\cdots，J_n$，其中 n 为 $\mathcal{J}$ 中作业的数量。J_1 是优先级最高的作业，J_n 是优先级最低的作业。

设 ρ' 是单调截止期优先级分配。我们想要证明关于分配 ρ' 的固定优先级调度也是截止期满足的。如果根据 ρ' 分配的优先级的作业顺序等于根据 ρ 分配的优先级的作业顺序，则调度 σ 也是关于 ρ' 的固定优先级调度，因为调度所做的选择作业取决于作业的相对优先级而不取决于优先级的数值。因此，假设在根据分配 ρ' 按照优先级降序排列的作业的排序与顺序 $J_1，J_2，\cdots，J_n$ 不同。那么在这个顺序中必须存在的一对相邻的作业 J_a 和 J_{a+1}，使得根据分配 ρ'：$\rho'(J_{a+1})>\rho'(J_a)$，它们的相对优先级是不同的。由于分配 ρ' 是单调截止期的，所以得出作业 J_a 的截止期不早于作业 J_{a+1} 的截止期：$\delta(J_a) \geqslant \delta(J_{a+1})$。

首先，我们说明如果我们通过交换两个这样的相邻作业的优先级来修改优先级分配 ρ，那么对应的调度仍然是截止期满足的。也就是说，令 ρ_1 是优先级分配，使得对于 $b<a$，有 $\rho_1(J_b)=\rho(J_b)$，对于 $b>a+1$，有 $\rho_1(J_a)=\rho(J_{a+1})$ 和 $\rho_1(J_{a+1})=\rho(J_a)$。因此，根据分配

ρ_1 具有递减优先级的作业的顺序是 J_1，J_2，$\cdots$，J_{a-1}，J_{a+1}，J_a，J_{a+2}，$\cdots$，J_n。

设 σ_1 是关于优先级分配 ρ_1 的固定优先级调度。我们想要证明调度 σ_1 是截止期满足的。根据定理 8.4，为了证明调度 σ_1 满足所有作业的所有实例的截止期，证明它满足每个作业的第一个实例的截止期就足够了。

考虑一个作业 J_b，$b=1$，2，$\cdots$，n。令 D_b 是作业 J_b 的第一个实例根据最初优先级分配 ρ 在截止期满足的调度 σ 中完成它的执行的时间。即 $\sigma(D_b-1)=J_b$ 和 $\sigma(0,D_b,J_b)=\eta(J_b)$。由于这是一个截止期满足的调度，所以我们知道 $D_b\leqslant\delta(J_b)$ 成立。我们接着证明，在关于修改的优先分配 ρ_1 的调度 σ_1 中，对于每个 $b\neq a$，作业 J_b 的第一个实例在时间 D_b 前完成它的执行，作业 J_a 的第一个实例在时间 D_{a+1} 前完成它的执行。由于 $D_{a+1}\leqslant\delta(J_{a+1})$ 和 $\delta(J_{a+1})\leqslant\delta(J_a)$，所以得出所有作业的第一个实例在它们的截止期前完成它们的执行，说明调度 σ_1 是截止期满足的。

为了说明作业 J_a 的第一个实例在时间 D_{a+1} 前完成它的执行，我们需要证明：

断言：调度 σ_1 在时间间隔 $[0,D_{a+1})$ 给作业 J_a 分配 $\eta(J_a)$ 个时间片。

让我们用 D 代替 D_{a+1}。为了证明这个断言，依据优先级分配 ρ_1 我们考虑比作业 J_a 优先级高的作业 J_b 并计算在区间 $[0,D)$ 调度 σ_1 给作业 J_b 分配多少个时间片。根据优先级分配 ρ_1，如果 $b<a$ 或者 $b=a+1$，作业 J_b 有比作业 J_a 更高的优先级。我们分别讨论这两种情况。

- $b<a$：在调度 σ 和 σ_1 中作业 J_b 有比作业 J_a 更高的优先级。假设与间隔 $[0,D)$ 重叠的作业 J_b 的实例数为 m，也就是说，m 是 $D/\pi(J_b)$ 向上取整得到的整数。利用定理 8.4 的证明中使用的类似推理，我们可以得出 $\sigma(0,D,J_b)=m\cdot\eta(J_b)$，即作业 J_b 的前 $(m-1)$ 个实例的每个都完全包含在间隔 $[0,D)$ 内，由于这个调度满足所有的截止期，所以它们中的每个实例得到的 $\eta(J_b)$ 个时间片。第 m 个实例可以有部分重叠，但由于作业 J_b 的优先级高于作业 J_{a+1} 的优先级并且调度 σ 在时间 $(D-1)$ 选择作业 J_{a+1}，所以必须在时间 D 前给作业 J_b 的最后一个实例分配所有它的需求。由于 m 是作业 J_b 与间隔 $[0,D)$ 重叠的实例数，所以调度 σ_1 不可能给作业 J_b 分配比 $m\cdot\eta(J_b)$ 多的时间片，我们可以得出 $\sigma_1(0,D,J_b)\leqslant\sigma(0,D,J_b)$ 成立。

- $b=a+1$：现在，作业 J_b 在调度 σ_1 中有比作业 J_a 高的优先级，但在调度 σ 中的优先级比作业 J_a 低。我们知道在调度 σ 中，作业 J_b 的第一个实例在时间 D 前完成它的执行，因为调度 σ 是截止期满足的，$\sigma(0,D,J_b)=\eta(J_b)$。这也意味着只有作业 J_b 的第一个实例与间隔 $[0,D)$ 重叠，所以可以得出在调度 σ_1 中，即使作业 J_b 具有相对较高的优先级，它也不能为作业 J_b 分配比 $\eta(J_b)$ 多的时间片。我们可以得出，$\sigma_1(0,D,J_b)\leqslant\sigma(0,D,J_b)$ 成立。

因此，我们已经证明对于比在修改的优先级分配 ρ_1 中的作业 J_a 有更高优先级的，与调度 σ 相比，调度 σ_1 在间隔 $[0,D)$ 没有给作业 J_b 分配更多的时间片。由于调度 σ 在时间 D_a 前且 $D_a\leqslant D$ 给作业 J_a 分配 $\eta(J_a)$ 个时间片，所以得出 $\sigma(0,D,J_a)=\eta(J_a)$。在调度 σ_1 中，在间隔 $[0,D)$ 中，在给作业 J_a 分配 $\eta(J_a)$ 个时间片前，将不选择作业 $J_b(b>a+1)$。因此，断言成立。

对于 $b\neq a$ 情形的证明，与在调度 σ_1 中在时间 D_b 前作业 J_b 的第一个实例完成相类似，留作练习。

我们已经确定通过交换相邻作业对的优先级（由原始优先级分配给出的排序）获得对应于的优先级分配 ρ_1 的调度也是截止期满足的。如果按照优先级分配 ρ_1 作业的顺序与根据单调截止期分配 ρ' 的顺序相等，则我们确定我们的目标。如果不是，我们可以重复这个观点：在分配 ρ_1 中，根据分配 ρ_1 给出的排序我们可以找到一对相邻的作业，但是根据分配 ρ' 它们有不同的排序，交换它们的优先级得到分配 ρ_2。通过以上观点，关于 ρ_1 的固定优先级调度 σ_1 的截止期满足性意味着关于分配 ρ_2 的固定优先级调度 σ_2 的截止期满足性。

为了完成这个证明，我们需要确定作业的交换不会永远持续下去。为了理解为什么只有有限数量的交换是充分的，让我们考虑一个具体例子。假设按照原始优先级分配 ρ，作业的顺序为 J_1，J_2，J_3，J_4，并且根据期望的(单调截止期)优先级分配的顺序是 J_3，J_1，J_4，J_2。然后从分配 ρ 开始，我们可以交换的作业 J_2 和 J_3 的顺序，获得具有作业顺序 J_1，J_3，J_2，J_4 的优先级分配 ρ_1；然后交换作业 J_1 和 J_3 的顺序，获得具有作业顺序 J_3，J_1，J_2，J_4 的优先级分配 ρ_2；最后交换作业 J_2 和 J_4 的顺序，获得优先级分配 ρ'。从这个例子可以看出，这个过程与通过交换相邻乱序元素对元素序列进行排序的算法相同，其中每次交换使当前序列更"类似"于期望的最终序列。

为了使这个观点更准确，我们定义两个优先级分配 ρ 和 ρ 之间的距离是对 (a, b) 的数目，使得作业 J_a 和 J_b 的优先级的相对顺序在两个分配中是不同的。这样的距离最大为 $n(n-1)$，其中 n 是作业的数量。通过交换相邻作业对从分配 ρ 获得分配 ρ_1。从分配 ρ 更类似于目标分配 ρ'。更确切地说，如果 ρ 和 ρ' 之间的距离为 k，则分配 ρ_1 和 ρ' 之间的距离不能超过 $(k-1)$；如果通过交换对 J_a 和 J_{a+1} 从分配 ρ 获得分配 ρ_1，则贡献给 ρ_1 和 ρ 之间距离的对实际上是贡献给分配 ρ 和 ρ' 之间距离的对除了交换的对 $(a, a+1)$ 外。因为在每一步距离至少减少 1，所以可以得出在分配变为 ρ' 前至多有 $n(n-1)$ 次交换。

370

练习 8.11：在定理 8.5 的证明中，调度 σ_1 是通过交换两个相邻作业 J_a 和 J_{a+1} 的优先级获得的固定优先级调度，满足 $\delta(J_a) \geqslant \delta(J_{a+1})$。我们证明了在这个调度中作业 J_a 第一个实例在时间 D_{a+1} 前完成，其中对于每个 b，D_b 是作业 J_b 的第一个实例在初始调度 σ 中完成它的执行的时间。通过说明对于每个 $b \neq a$，在调度 σ_1 中作业 J_b 的第一个实例在时间 D_b 前完成它的执行来证明调度 σ_1 是截止期满足的。

8.3.3 单调速率策略的可调度性测试*

给定一个周期作业模型 $\mathcal{J}$，我们如何检查单调速率或者单调截止期调度策略是否能产生一个截止期满足的调度呢？一种可能的办法是明确计算调度并检查它是否满足所有的截止期。定理 8.4 说明，只需要检查所有作业的第一个实例的截止期满足性，因此我们只需要计算前 d 个时间片的调度，其中 d 是所有作业的截止期的最大值。我们基于利用率建立一个简单的条件，该利用率保证具有隐式截止期的周期作业模型，如果利用率低于某个阈值，那么单调速率策略保证可以生成一个截止期满足的调度。我们知道作业模型的利用率说明了执行所有作业需要的可用处理器时间，也很容易计算。我们也知道，只要利用率不超过 1，EDF 策略保证是成功的。这说明只要利用率不超过 0.69 单调速率策略保证是成功的。这个结果对实践和理论都很重要。在实践中，如果我们知道处理器时间的总需求不是太高(通常低于 69%)，那么采用单调速率策略就足够了，并且具有最小的调度开销。在理论上，用于建立这种边界的技术可以用来分析算法的最坏情况。

分析两个作业的利用率

现在，让我们假设具有隐式截止期的两个作业。根据单调速率策略为作业 J_1 分配高的优先级，为作业 J_2 分配低的优先级。设 σ 表示相应的固定优先级单调速率调度，π_1 和 π_2 分别是两个作业的周期。假设 $\pi_1 \leqslant \pi_2$。设 η_1 和 η_2 是两个作业的最坏执行时间。这个作业模型的利用率可以用下式计算。

$$U = \eta_1 / \pi_1 + \eta_2 / \pi_2$$

371

我们的目标是提出一个数值边界 B，B 应该是尽可能的高，使得如果满足 $U \leqslant B$ 成立，那么就可以保证单调速率调度 σ 满足所有的截止期。为此，我们逐一消除上述表达式中的 4 个参数，并确保分析可以揭示引起单调速率策略的最坏情况场景的这些参数之间的关系。

消除 WCET 的 η_2

与分析中的第一步一样，我们假设已有参数 π_1、π_2 和 η_1，并假设我们需要找出关于第 4 个参数 η_2 的约束，根据这 3 个固定参数确保调度是截止期满足的。

为了检查截止期满足性，我们只需要检查两个作业的第一个实例。由于作业 J_1 具有更高的优先级，所以它的第一个实例获得前 η_1 个时间片和保证满足它的截止期（我们知道根据假设，对每一作业，它的 WCET 不能超过它的截止期）。为了分析作业 J_2 在其截止期 π_2 前获得 η_2 个时间片的条件，我们需要考虑在间隔 $[0, \pi_2]$ 内执行了多少个作业 J_1 的实例。令 m 满足 $m \cdot \pi_1 \leqslant \pi_2 < (m+1) \cdot \pi_1$，即 m 是由 π_2 / π_1 向上取整得到的整数。那么作业 J_1 的前 m 个实例完全在 $[0, \pi_2)$ 内。

为了计算作业 J_2 在其截止期前作业 J_2 执行的时间片数，存在两种情况，分别如图 8-8 和图 8-9 所示。

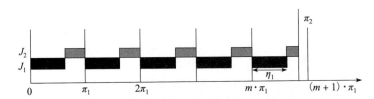

图 8-8　分析两个作业的单调速率调度策略：情况（a）

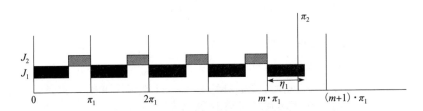

图 8-9　分析两个作业的单调速率调度策略：情况（b）

- **情况（a）**：如果 $m \cdot \pi_1 + \eta_1 < \pi_2$，那么作业 J_1 的第 $(m+1)$ 个实例在作业 J_2 的第一个实例的截止期 π_2 前完成它的执行。如图 8-8 所示。在这种情况下，在间隔 $[0, \pi_2)$ 内为第一个作业分配的总时间为 $(m+1) \cdot \eta_1$。给作业 J_2 的第一个实例分配 $\pi_2 - (m+1) \cdot \eta_1$ 个时间片。因此，只要条件 $\eta_2 \leqslant \pi_2 - (m+1) \cdot \eta_1$ 成立，调度就满足截止期。这意味着单调速率策略成功只要
$$U \leqslant \eta_1 / \pi_1 + [\pi_2 - (m+1) \cdot \eta_1] / \pi_2$$

- **情况（b）**：如果 $m \cdot \pi_1 + \eta_1 \geqslant \pi_2$，那么作业 J_1 的第 $(m+1)$ 个实例不能在作业 J_2 的第一个实例的截止期 π_2 前完成它的执行。在这种情况下，只有当作业 J_2 在作业 J_1 的第 $(m+1)$ 个实例到达前完成执行，作业 J_2 才满足它的截止期，如图 8-9 所示。在 J_2 的截止期前分配给作业 J_2 的最大时间片数是 $m \cdot (\pi_1 - \eta_1)$。因此，只要条件 $\eta_2 \leqslant m \cdot (\pi_1 - \eta_1)$ 成立，调度就满足截止期。这意味着，只要下面的条件成立，单调速率策略就是成功的。
$$U \leqslant \eta_1 / \pi_1 + [m \cdot (\pi_1 - \eta_1)] / \pi_2$$

因此，在每种情况下，我们获得一个边界 B，使得如果利用率低于这个边界，则调度保证是截止期满足的。这个边界 B 可以看作 3 个参数 π_1、π_2 和 η_1 的函数，可以概括为：

$\mathrm{if}(m \cdot \pi_1 + \eta_1 < \pi_2)\mathrm{then}\eta_1/\pi_1 + [\pi_2 - (m+1) \cdot \eta_1]/\pi_2 \mathrm{else}\eta_1/\pi_1 + [m \cdot (\pi_1 - \eta_1)]/\pi_2$

消除 WCET 的 η_1

下一步骤是通过最小化函数 B 遍历 η_1 的所有可能的选择来消除参数 η_1：如果利用率低于该最小值，则我们保证无论 η_1 选择什么值，利用率都小于期望的边界，因此调度是截止期满足的。

对于 $m \cdot \pi_1 + \eta_1 < \pi_2$ 的情况，有：

$$B = \eta_1/\pi_1 + [\pi_2 - (m+1) \cdot \eta_1]/\pi_2$$
$$= 1 + \eta_1/\pi_1 - (m+1) \cdot \eta_1/\pi_2$$
$$= 1 - \eta_1 \cdot (m+1 - \pi_2/\pi_1)/\pi_2$$

由于 $\pi_2 < (m+1) \cdot \pi_1$，所以 $(m+1 - \pi_2/\pi_1)$ 为正的。因此，对于参数 π_1 和 π_2 的给定值，边界 B 的值随 η_1 增大而减小。因此，当 η_1 取最大值时，B 值最小，因为条件 $m \cdot \pi_1 + \eta_1 < \pi_2$ 等于 $\pi_2 - m \cdot \pi_1$。

对于 $m \cdot \pi_1 + \eta_1 \geqslant \pi_2$ 的情况，有：

$$B = \eta_1/\pi_1 + m \cdot (\pi_1 - \eta_1)/\pi_2$$
$$= m \cdot \pi_1/\pi_2 + \eta_1/\pi_1 - m \cdot \eta_1/\pi_2$$
$$= m \cdot \pi_1/\pi_2 + \eta_1 \cdot (\pi_2/\pi_1 - m)/\pi_2$$

由于 $m \cdot \pi_1 \leqslant \pi_2$，所以 $(\pi_2/\pi_1 - m)$ 为正的。结果，对于参数 π_1 和 π_2 的给定值，边界 B 的值随 η_1 增大而增大。因此，当 η_1 取最小值时，边界 B 值最小，因为条件 $m \cdot \pi_1 + \eta_1 \geqslant \pi_2$ 等于 $\pi_2 - m \cdot \pi_1$。

因此，我们已经说明当 $\eta_1 = \pi_2 - m \cdot \pi_1$ 时，边界 B 最小。在第二种情况，用这个值代替 B 的表达式中 η_1，可以得到期望的边界 B 是一个关于参数 π_1 和 π_2 的函数。

$$B = m \cdot \pi_1/\pi_2 + (\pi_2 - m \cdot \pi_1) \cdot (\pi_2/\pi_1 - m)/\pi_2$$

我们想选择参数 π_1 和 π_2 来最小化这个函数。值得注意的是，m 是小于或等于 π_2/π_1 的最大整数。设 π_2/π_1 为 $m + f$，其中 $f \in [0, 1)$ 是这个比值的小数部分。在上面边界值 B 的表达中用 $m + f$ 代替 π_2/π_1，边以得到：

$$B = m/(m+f) + (1 - m/(m+f)) \cdot f = (m + f^2)/(m+f)$$

计算数值边界

我们已经将期望的边界表示为两个参数 m 和 f 的函数。现在我们要通过参数 m 和 f 来求边界的最小值，其中 m 是正整数，f 是区间 $[0, 1)$ 中的分数。

$$B = (m + f + f^2 - f)/(m+f) = 1 + (f^2 - f)/(m+f)$$

由于 $0 \leqslant f < 1$，所以 $f_2 - f$ 总是负的，因此对于给定的 f 的值，边界 B 的值随着 m 增大而增大。当 m 取最小值时边界 B 的值是最小值。需要注意的是，假设 $\pi_1 \leqslant \pi_2$，因此 m 不能为 0。这说明 m 最小的可能值是 1。将该值代入边界 B 的表达式，得到：

$$B = (1 + f^2)/(1 + f)$$

这也就是说，对于给定的 f，它是两个周期比值的小数部分，只要利用率不超过 $(1 + f^2)/(1 + f)$，该调度就是截止期满足的。

分析的最后一步是最小化关于参数 $f(0 \leqslant f < 1)$ 的这个函数。为此，我们对关于 f 的表达式 B 求微分：

$$\mathrm{d}B/\mathrm{d}f = [2f(1 + f) - (1 + f^2)]/(1 + f)^2$$

$$= (f^2 + 2f - 1)/(1+f)^2$$

当 $f^2 + 2f - 1 = 0$ 时，dB/df 为 0。这个二次方程有两个根，$f = -1 - \sqrt{2}$ 和 $f = -1 + \sqrt{2}$，只有 $-1 + \sqrt{2}$ 在 $[0，1)$ 中时。因此，当 $f = -1 + \sqrt{2}$ 时边界 B 是最小的。在表达式 B 中替换这个值，得到：

$$B = [1 + (-1 + \sqrt{2})2]/(1 - 1 + \sqrt{2}) = 2(\sqrt{2} - 1)$$

我们对两个作业的情况可以得到以下断言：

断言：对于具有隐式截止期的包含两个作业的周期作业模型，如果利用率不超过 $2(\sqrt{2} - 1)$，那么单调速率调度保证是截止期满足的。

注意，$2(\sqrt{2} - 1) = 0.828$。这说明对于两个作业，如果利用率不超过 0.828，我们就知道无论周期和 WCET 选择什么值，单调速率策略都可行的。

理解两个作业的最坏执行时间

为了概述两个作业调度边界的证明，单调速率策略的最坏情形，也就是利用率尽可能小的情形，虽然由此产生的调度只勉强是截止期满足的，但它出现在：1）周期 $\pi_2 = \sqrt{2} \cdot \pi_1$；2）WCET $\eta_1 = \pi_2 - \pi_1$；3）WCET $\eta_1 = \pi_1 - \eta_1$ 时。

如图 8-10 显示了两个作业的关键情形。设作业 J_1 的周期为 100，而作业 J_2 的周期为 141。作业 J_1 的 WCET 为 41，而作业 J_2 的 WCET 是 59。可以观察到由此产生的调度是截止期满足的，且利用率是 $41/100 + 59/141$，约为 0.828。

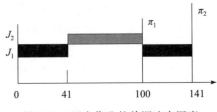

图 8-10　两个作业的单调速率调度策略的最坏情况

假如我们增加第一个作业的 WCET 为 42。这个更新的作业模型的利用率是 $42/100 + 59/141$，大约是 0.838，它超过了可调度性测试的利用率。可以看到，对于这个修改模型的单调速率调度，第二个作业在它的截止期前只得到了 57 个时间片，因此该调度不是截止期满足的。

可以看到，我们计算的边界是截止期满足的充分测试。可能会发生具有两个作业的模型的利用率超过边界 0.828，但是单调速率策略产生一个截止期满足的调度。这种情况发生在作业调度模型的周期和 WCET 的具体值与单调速率策略的最坏情况不相符时。例如，对于作业模型，作业 J_1 的周期为 5，WCET 为 3；作业 J_2 的周期为 3，WCET 为 1，利用率为 0.93，如图 8-6 所示，单调速率调度满足所有的截止期。

n 个作业可调度性测试

可以把对两个作业的分析扩展到具有 n 个作业的作业模型。我们只说明分析揭示最坏的情况。假设 n 个作业根据单调速率策略以优先级的降序排列为 J_1，J_2，$\cdots$，J_n（即按照作业周期的增序排列）。对于每个作业 J_a，我们用 π_a 表示其周期（和截止期），用 η_a 表示其 WCET。那么，单调速率策略的最坏情况发生在下面的关系成立时：

$$\pi_1 < \pi_2 < \cdots < \pi_n < 2 \cdot \pi_1$$
$$\eta_1 = \pi_2 - \pi_1$$
$$\eta_2 = \pi_3 - \pi_2$$
$$\cdots$$
$$\eta_n = \pi_1 - (\eta_1 + \eta_2 + \cdots + \eta_{n-1}) = 2 \cdot \pi_1 - \pi_n$$
$$\pi_2/\pi_1 = \pi_3/\pi_2 = \cdots = \pi_n/\pi_{n-1} = 2^{1/n}$$

如果我们基于这些参数计算利用率，我们得到边界 $B_n = n(2^{1/n} - 1)$。

当 $n = 3$ 的情形如图 8-11 所示。WCET 和周期的选择要满足：所有 3 个作业的第一个实例在第一个作业的第二个实例到达前都完成执行，第一个作业的第二个实例在第二个作业第二个实例到达前完成执行，第二个作业的第二个实例在第三个作业的第二个实例到达前完成执行，第三个作业的第二个实例在第一个作业的第三个实例到达前完成执行。3 个作业的执行周期为 π_1、π_2 和 π_3，3 个作业的 WCET 为 η_1、η_2 和 η_3，它们之间关系为：

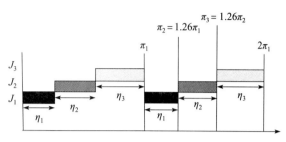

图 8-11　3 个作业的单调速率调度策略的最坏情况

$$\pi_2 = 1.26 \cdot \pi_1$$
$$\pi_3 = 1.26 \cdot \pi_2 = 1.59 \cdot \pi_1$$
$$\eta_1 = \pi_2 - \pi_1 = 0.26 \cdot \pi_1$$
$$\eta_2 = \pi_3 - \pi_2 = 0.33 \cdot \pi_1$$
$$\eta_3 = 2 \cdot \pi_1 - \pi_3 = \pi_1 - (\eta_1 + \eta_2) = 0.41 \cdot \pi_1$$
$$B_3 = \eta_1/\pi_1 + \eta_2/\pi_2 + \eta_3/\pi_3 = 0.78$$

下面的定理是对 n 个作业的边界的总结：

定理 8.6（单调速率策略的可调度性测试）　给定一个具有隐式截止期的包含 n 个作业的周期作业模型，如果它的利用率不超过边界 $B_n = n(2^{1/n} - 1)$，那么每个单调速率调度是截止期满足的。　■

注意，边界 B_n 随着 n 的增大而减小。图 8-12 中的表显示了 $n = 1, 2, \cdots, 10$ 的 B_n 的值。这说明，例如，当我们有 6 作业时，如果利用率小于或等于 0.735，那么我们就能保证单调速率策略产生一个截止期满足的调度。

n	1	2	3	4	5	6	7	8	9	10
B_n	1	0.828	0.780	0.757	0.743	0.735	0.729	0.724	0.721	0.718

图 8-12　单调速率调度策略的利用率边界

最后，让我们考虑表达式 $n(2^{1/n} - 1)$ 的极限。这个极限是 $\ln 2$，2 的自然对数，并且等于 0.69。也就是说，对于每个自然数 n，表达式 $(2^{1/n} - 1)$ 至少为 0.69。这说明：

如果一个周期作业模型的利用率小于 0.69，那么单调速率调度是截止期满足的。

练习 8.12：考虑一个周期作业模型，它包含 3 个有隐式截止期的作业：作业 J_1 的周期为 4、WCET 为 1；作业 J_2 的周期为 6、WCET 为 2；作业 J_3 的周期为 8、WCET 为 3。我们可以得出使用基于利用率的可调度性测试单调速率策略可以产生截止期满足的调度吗？单调速率策略可以产生截止期满足的调度吗？

练习 8.13*：$\mathcal{J}$ 是一个周期作业模型，ρ 是 $\mathcal{J}$ 的优先级分配，σ 是 $\mathcal{J}$ 关于分配 ρ 的固定优先级调度。请证明，如果对于每个作业 J 都满足以下条件，则调度 σ 是截止期满足的：

$$\delta(J) \geq \eta(J) + \sum_{K \in \mathcal{J} : \rho(K) > \rho(J)} \lceil (\delta(J)/\pi(K)) \rceil \cdot \eta(K)$$

在该式中，对于有理数 f，$\lceil f \rceil$ 表示通过向上取整 f 得到的整数，即，它是大于或等于 f 的最小整数。

参考文献说明

实时系统的调度算法是一个很好的研究主题：参见文献[SAÅ⁺04]的综述。本章所述的重要成果——单调速率调度策略的最优性和分析，来自文献 Liu 和 Layland[LL73]。本章中的介绍基于文献[But97]（也可参见[Liu00]）。我们也建议读者参考文献[FMP06, BDL⁺11]中关于作业模型的形式化，使用计算模型的可调度性分析和时间自动机的可达性分析。

我们只是简要地讨论了估计作业的最坏执行时间问题，这也是一个可以使用多种理论方法和工具进行研究的问题（见[WEE＋08]中的综述）。

许多操作系统都支持实时调度（见[RS94]和[Kop00]）。

375
⟨
378

混成系统

在第 6 章中，我们研究了物理被控对象和控制器的连续时间模型。本章将重点转向混成系统，混成系统的动态性由随时间变化的连续演化和状态的离散瞬时更新组成。事实上，有关连续演化和离散更新的混合的时间进程模型已在第 7 章中粗略介绍过：当进程在某个模式等待时，时间进程的时钟变量值随着时间流逝而增加；在模式切换中，状态变量以离散方式更新。对于使用微分和代数方程描述的状态变量，混成系统允许使用更通用的连续时间演化形式。这样的模型为设计和分析集成了计算、通信和物理世界控制的系统提供了统一框架。

9.1 混成动态模型

混成进程的计算模型可以看作第 7 章研究的时间进程模型的泛化。

9.1.1 混成进程

可以使用扩展状态机描述一个混成进程，扩展状态机包含模式和模式切换。每个进程包含输入变量、输出变量和状态变量，其中某些变量定义成 cont 类型。定义为 cont 类型的变量从实数中（或者某个实数的区间）内取值，并且当过程在某个模式中等待时，随着时间的推移变量连续更新。模式切换是离散的、瞬间发生的。通常，模式切换由状态条件和输入变量决定，模式切换更新状态和输出变量，描述输入动作、输出动作或者内部动作。模式通过微分和代数方程来描述，微分和代数方程定义 cont 类型的状态和输出变量如何演变。另外，每个模式使用定义在状态变量上的布尔表达式描述一个约束条件，该约束条件控制某该进程处于该模式中的时间长短。

开关恒温器

作为两个模式之间动态系统切换的例子，考虑图 9-1 显示的一个简单的自调整恒温模型的例子。恒温器 Thermostat 有两个模式：off 和 on。温度变量 T 是连续时间变量。当模式为 on 时，微分方程 $\dot{T} = k_1(70 - T)$ 描述系统的动态性，其中 k_1 是一个常量，根据这个微分方程温度连续变化。注意这个动态性是线性的，对于给定温度的一个初始值，存在一个唯一的响应信号，它捕获温度如何随着时间变化。与这个模式有关约束 $(T \leqslant 70)$ 说明只有在这个约束条件成立时进程可以停留在这个模式：在违反这个约束前必须将模式切换到模式 off。条件 $(T \geqslant 68)$ 保证模式切换到 off。这意味着在温度超过 68 时，模式切换随时都会发生。

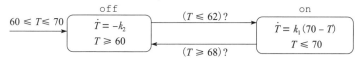

图 9-1 两个模型之间的恒温器模型切换

在模式 off，微分方程 $\dot{T} = -k_2$ 描述温度变化的动态性，其中 k_2 是一个常量。因此，在当恒温器处于 off 模式时温度随时间线性下降。与模式 off 相关的约束 $(T \geqslant 60)$ 说明该过程必须在温度下降到低于 60 时切换到模式 on。与从 off 到 on 可切换相关的守卫条件 $(T \leqslant 62)$ 说明在温度下降到低于 62 后，模式切换随时可以发生。

设定系统的初始温度为 T_0 并且系统处于 off 模式。系统初始温度的取值范围为 $(60 \leqslant T \leqslant 70)$。图 9-2 显示了当系统初始温度 $T_0 = 66$，常量 $k_1 = 0.6$、$k_2 = 2$ 时，恒温器进程可能的执行。进程分阶段执行：在每一个阶段，系统的模式不会发生改变，系统的温度根据当前模式的微分方程作为时间的连续函数而改变。当系统模式发生切换时，状态不连续地改变。在这个模型中，模式切换的时间是不确定的，因此这个模型是非确定性模型，即使固定初始温度，该过程也有许多可能的执行。

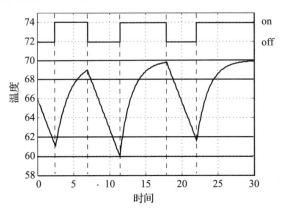

图 9-2　过程 Thermostat 的可能的执行

当进程 Thermostat 在某个给定模式停留时的行为可以使用第 6 章介绍的技术进行分析。如果过程在时刻 t^* 切换到模式 off，此时温度为 T^*，那么直到下一次模式切换，在时刻 t 的温度值为 $T^* - k_2(t - t^*)$。假设在进入该状态时的温度 T^* 至少为 62，那么该进程在模式 off 最少持续 $(T^* - 62)/k_2$ 秒，最多持续 $(T^* - 60)/k_2$ 秒。

如果系统在时刻 t^* 切换到模式 on，此时温度为 T^*，那么直到下一次模式切换，系统在时刻 t 的温度值为 $70 - (70 - T^*)e^{-k_1(t - t^*)}$。假设初始温度 T^* 不超过 68，那么系统在模式 on 最少持续 $\ln(2/(70 - T^*)/k_1$ 秒。根据该式当温度的值不超过 70 时，系统可以无限期地处于该模式。

反弹球

假设一个小球从初始高度 $h = h_0$ 以初速度 $\dot{h} = v = v_0$ 自由落下。动态进程满足微分方程，$\dot{v} = -g$ 其中 g 表示重力加速度。当小球落在地上时，换句话说，当 $h = 0$ 时，小球的速度发生不连续的改变。这个离散变化可以描述成模型切换，由方程 $v := -av$ 给出。假设小球落在地上的碰撞是没有弹性的，小球的速度以因子 a 递减，a 是一个常量且取值范围为 $0 < a < 1$。如图 9-3 所示，将上述行为建模成混成进程 BouncingBall。它只有一个模式和两个 cont 类型的状态变量。当满足条件 $h = 0$ 时，模式发生切换，该过程发出输出事件 bump，给反应速度方向变化的变量赋值。不变量约束 $(h \geqslant 0)$ 保证当高度 $h = 0$ 时，执行模式切换。图 9-4 展示了进程 Bouncing Ball 的执行，其中初速度 $v_0 =$

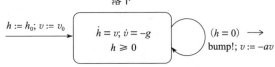

图 9-3　作为单模式混成系统的反弹球

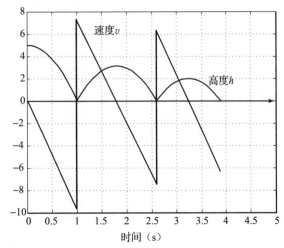

图 9-4　混成进程 BouncingBall 的执行

0，初始高度 $h_0=5\mathrm{m}$，重力加速度 $g=9.8\mathrm{m/s^2}$，阻尼系数 $a=0.8$。

注意捕获状态连续时间演化的模型是一个二维线性系统：对于每一个状态变量，它随时间的变化率是由状态变量的线性函数给出的。然而，由于在离散模式切换过程中速度的不连续更新，时间 t 状态变量的值不能表示成初始状态的好的闭合式函数。

形式化模型

我们沿用时间进程的形式化模型来定义混成进程的形式化模型。混成进程是由异步过程组成，而异步过程是通过它的输入通道、输出通道、状态变量、初始化、输入任务、输出任务和内部任务来定义的。输入、输出和内部动作定位为异步过程中的一种情况，可以离散地改变任何变量的值。变量可以定义为 cont 类型，表示这个变量可以随着时间连续变化。不是定义为 cont 类型的变量只能离散地更新，我们称这类变量为离散变量。

为了执行持续时间为 δ 的时间动作，对于每一个连续更新的输入变量 u，我们需要一个连续信号 $\bar{u}$ 来说明 $[0, \delta]$ 上输入 u 的值。在连续时间构件中，连续时间演化由实值表达式 h_y 和 f_x 来描述，对于每个连续更新的输出变量 y 和每个连续更新的状态变量 x。每个表达式都是一个定义在连续更新的输入变量和状态变量上的表达式。在时间 t，cont 类型的输出变量 y 的值由时间 t 使用输入变量和状态变量的值对表示式 h_y 进行计算得到。连续更新的状态变量 x 的信号应该是一个微分函数，这个微分函数在时间 t 的变化率等于使用时刻 t 状态变量和输入变量的值对 f_x 进行计算的值。注意离散输入和离散输出变量在一个时间动作中是不相关的，离散状态变量的值在一个时间动作中是保持不变的。这些规则定义了在持续时间 $[0, \delta]$ 连续更新的输出变量的状态信号和输出信号。如果用于定义动态性的表达式 h_y 和 f_x 是利普希茨连续的(Lipschitz-continuous)，那么在一个时间动作中对应于给定连续输入信号的状态和输出信号是唯一定义的。连续时间不变量是一个关于状态变量的布尔表达式，要求在时间动作中的每个时间实例状态信号满足这个不变量。在持续时间 δ 的时间动作中，与在动态模型中的情况一样，该进程和它的环境随连续更新的变量的演化而同步，并且在该段持续时间内不执行离散动作。

让我们再看看图 9-1 中的进程 Thermostat，假设这个过程的输出是温度。那么对应于状态机的混成进程应该包含以下的构件：

- 它没有输入变量。
- 它包含一个 cont 类型的输出变量 T。
- 它包含一个枚举类型离散状态变量 mode，mode 的取值为 {off, on}，和一个 cont 类型的状态变量 T。
- 变量 mode 的初始值为 off，T 的初始值是 $60 \leqslant T \leqslant 70$ 中的任意一个值。

382
～
383

- 它没有输出任务，这意味着在离散动作中不传输温度的值。
- 它有两个对应于两个模式切换的内部任务：一个任务是守卫条件($\mathrm{mode}=\mathrm{off} \wedge T \leqslant 62$)和更新 mode := on；另一个任务是守卫条件($\mathrm{mode}=\mathrm{on} \wedge T \geqslant 68$)和更新 mode := off。
- 定义输出变量 T 的值的表达式等于状态变量 T。
- 定义状态变量 T 的导数的表达式以下条件表述式给出：
$$\mathrm{if}(\mathrm{mode}=\mathrm{off})\,\mathrm{then} -k_2\ \mathrm{else}\,k_1(70-T)$$
- 连续时间不变量 CI 由以下下表达式给出：
$$(\mathrm{mode}=\mathrm{off}) \rightarrow (T \geqslant 60)] \wedge [(\mathrm{mode}=\mathrm{on}) \rightarrow (T \leqslant 70)]$$

形式化定义总结如下。

混成进程

混成进程 HP 包括：1) 包含 cont 类型输入、输出和状态变量的异步进程；2) 连续时间不变量 CI，CI 是定义在状态变量 S 上的布尔表达式；3) 对每一个 cont 类型的输出变量 y，都有定义在 cont 类型的状态和输入变量上的实值表达式 h_y；4) 对于每一个 cont 类型的状态变量 x，都有定义在 cont 类型的状态和输入变量上的实值表达式 f_x。混成进程 HP 的输入、输出、状态、初始状态、内部动作、输入动作和输出动作与异步进程 P 中的是类似的。给定一个状态 s、一个实值时间 $\delta>0$、在 $[0,\delta]$ 上每个 cont 类型的输入变量 u 的输入信号 $\overline{u}$、进程 HP 的对应时间动作是状态变量的微分状态信号 $\overline{S}$ 和在 $[0,\delta]$ 上 cont 类型的每个输出变量 y 的输出信号 $\overline{y}$，使得：1) 对每个状态变量 x，$\overline{x}(0)=s(x)$；2) 对每个离散状态变量 x 和时间 $0\leqslant t\leqslant\delta$，$\overline{x}(0)=s(x)$；3) 对每个 cont 类型的输出变量 y 和时间 $0\leqslant t\leqslant\delta$，利用 $\overline{u}(t)$ 和 $\overline{S}(t)$，$\overline{y}(t)$ 的值等于 h_y 的值；4) 对于每个 cont 类型的状态变量 x 和时间 $0\leqslant t\leqslant\delta$，利用 $\overline{u}(t)$ 和 $\overline{S}(t)$ 时间导数 $(d/dt)\overline{x}(t)$ 等于 f_x 的值；5) 对于所有的 $0\leqslant t\leqslant\delta$，状态变量的值 $\overline{S}(t)$ 在时间 t 满足连续时间不变量 CI。

执行

混成进程的执行从初始状态开始。在每一步，执行内部、输入、输出或者时间动作的一项。例如，图 9-2 中的进程 Thermostat 的执行对应于交替的时间和内部动作的执行序列：

$$(\text{off},66)\xrightarrow{2.5}(\text{off},61)\xrightarrow{\varepsilon}(\text{on},61)\xrightarrow{3,7}(\text{on},69.02)\xrightarrow{\varepsilon}$$
$$(\text{off},69.02)\xrightarrow{4.4}(\text{off},60.22)\xrightarrow{\varepsilon}(\text{on},60.22)\xrightarrow{7.6}(\text{on},69.9)\xrightarrow{\varepsilon}$$
$$(\text{off},69.9)\xrightarrow{4.1}(\text{off},61.7)\xrightarrow{\varepsilon}(\text{on},61.7)\xrightarrow{7.7}(\text{on},69.92)$$

在每一个时间动作中，混成进程连续输出温度的值。例如，在持续时间 2.5 的第一个时间动作中，温度信号由 $\overline{T}(t)=66-2t$ 定义，而在持续时间 3.7 的第二个时间动作中，温度信号由 $70-9e^{-0.6t}$ 定义。

请注意，离散和时间动作在执行过程中不需要严格交替：两个时间动作可以连续出现，两个离期动作也是连续出现的。尤其是，在上述执行中持续时间 2.5 的第一个时间动作可以分解为下列时间动作：

$$(\text{off},66)\xrightarrow{1.5}(\text{off},63)\xrightarrow{0.8}(\text{off},61.4)\xrightarrow{0.2}(\text{off},61)$$

如果有一个结束于状态 s 的执行，那么混成进程的状态 s 是可达的。给定定义在状态变量上的混成进程 HP 和属性 φ，如果 HP 的每个可达状态都满足属性 φ，那么称属性 φ 是 HP 的不变量。例如，属性 $60\leqslant T\leqslant70$ 就是进程 Thermostat 的一个不变量。

练习 9.1：列出图 9-3 的反弹球模型的形式化混成进程的所有构件。假设混成进程的输出是离散碰撞时间和连续更新高度。

练习 9.2：在这个问题中，我们想要构建台球碰撞运动轨迹的混成系统模型（如图 9-5）所示。台球桌长 ℓ 个单位，宽 b 个单位，球最初由位置 (x_0,y_0) 以速度 ν 和角度 θ 碰撞。当球与 X 轴平行的边碰撞时，在 Y 轴方向上的速度发生反转，X 轴方向上的速度保持

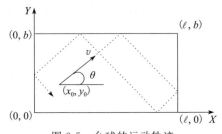

图 9-5 台球的运动轨迹

不变。同样，当球与 Y 轴平行的边碰撞时，在 X 轴方向上的速度发生反转，Y 轴方向上的速度保持不变。因此，我们完全忽略摩擦和碰撞影响。当球到达台球桌的任何一个拐角点时，球停止运动。请描述与上述要求相符的混成状态机。

练习 9.3*：考虑一个在二维 XY 坐标系第一象限活动移动的机器人。机器人的初始位置在原点，且机器人是静止的。给机器人的输入命令包含机器人要去的目标位置。假设没有任何障碍物。机器人以 6m/s 的速度沿 X 轴方向运动，以 8m/s 的速度沿 Y 轴运动，或以 5m/s 的速度沿其他方向运动。机器人计划用最短的时间到达指定的位置。一旦机器人到达指定位置时，就在那里等候接受另一个输入命令以便运动到新的位置并重复上述动作。请构建描述该机器人行为的混成进程(使用扩展状态机概念)。清楚说明输入变量以及它们的类型。为了解决这个问题，你可以不考虑机器人速度变化的时间(也就是说，机器人可以瞬间(如 0～5)改变它的速度)。

9.1.2　进程组合

　　混成进程可以使用方框图组合在一起。如实例化、变量重命名和输出隐藏等操作是通常的组合方式定义。为了组合两个混成进程，我们使用异步进程的组合操作来组合对应的异步过程，并且在时间动作中将动态进程组合起来作为连续时间构件的情况。因此，假设两个混成进程的状态变量是不相交的、输出变量是不相交的并且两个连续更新的公用的输入/输出变量之间没有循环等待依赖，那么两个混成进程是兼容的并且是可以组合的。组合进程的连续时间不变量是简单地将构件进程的连续时间不变量连接起来。因此，组合进程的离散动作是通过构件进程的离散动作的异步组合得到，组合进程的时间动作通过构件进程的时间动作的同步组合得到的。特别地，只有当两个构件都在持续时间 δ 上持续变化而不发生中断离散动作时，持续时间为 δ 的时间动作才可能在组合进程中。

　　为了详细阐述进程组合，我们介绍一个双控制棒的核反应堆模型。反应堆和控制器分别建模为混成进程 ReactorPlant 和 ReactorControl。两个混成进程的交互关系如图 9-6 所示。进程 ReactorPlant 的输出是连续更新的变量 x，它记录反应堆的温度，控制器监控这个度量。进程 ReactorControl 的输出是事件变量 u，u 可以是以下 4 个核反应堆的控制指令的其中一个：add_1(插入第一根控制棒的控制指令)、$remove_1$(移出第一根控制棒的控制指令)、add_2(插入第二根控制棒的控制指令)、$remove_2$(移出第二根控制棒的控制指令)。

图 9-6　反应堆模型的方框图

　　被控对象模型对应的混成进程如图 9-7 所示。混成进程拥有 3 个模式，NoRod、Rod1 和 Rod2 分别对应于反应堆中没有控制棒、核反应堆中的第一个控制棒和反应堆中的第二个控制棒。在初始情况下，温度为 510℃，反应堆中没有控制棒。温度的动态变化可以通过微分方程 $\dot{x}=0.1x-50$ 来反映。当控制器发出事件 add_1 后，被控对象切换到模式 Rod1，控制棒有阻尼效应，它将温度的递增速度降下来，它的动态性可以通过微分方程 $\dot{x}=0.1x-56$ 来反映。当接收到命令 $remove_1$ 时，被控对象返回到模式 NoRod。模式 Rod2 是类似的，除了第二个控制棒根据微分方程 $\dot{x}=0.1x-60$ 给出的动态性产生强阻尼处。

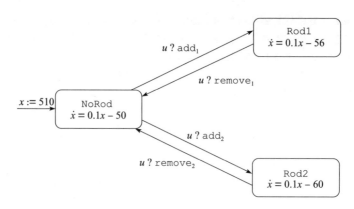

图 9-7　反应堆被控对象的混成模型

被控对象的控制器如图 9-8 所示。当移除某个控制棒时，它在 c 时间单位内不能重新插入反应堆。为了刻画这个限制，我们引入两个变量 y_1 和 y_2。y_1 和 y_2 在任何模式下连续更新的变化率都为 1，因此它们与时间模型的时钟变量是一样的。最初，时钟 $y_1 = c$，并且每当第一个控制棒移出时 y_1 重置为 0，只有当时钟变量 y_1 至少等于 c 时，控制器才发出输出 add_1。这就保证了事件 remove_1 指令和其后的 add_1 之间的延迟至少为 c 个时间单位。变量 y_2 也类似地更新并保证事件 remove_2 指令和其后的 add_2 之间的延迟至少为 c 个时间单位。

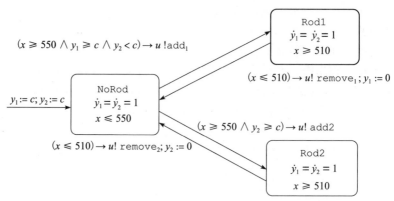

图 9-8　反应堆控制器的混成模型

在初始情况下，控制器处于 NoRod 模式。连续时间不变量 $(x \leqslant 550)$ 保证当被控对象温度上升到 550℃时触发模式切换。注意在本例中，变量 x 的更新由进程 ReactorPlant 控制，进程 ReactorPlant 说明变量如何转变的微分方程。进程 ReactorControl 监控变量的变化，它通过关于 x 的连续时间不变量来约束时间动作的持续时间。当温度达到 550℃时，根据时钟变量 y_1 和 y_2 的值，控制器过程选择通过发出输出 add_1 来选择插入第一根控制棒或者通过发出输出 add_2 来插入第二根控制棒。如果两个选择都可行，则控制器优先选择具有更强阻尼效应的第二根控制棒。只要温度高于 510℃，控制器进程保持在模式 Rod1 或者 Rod2，如果温度低于 510℃，那么通过发出命令移除对应的控制棒，控制器过程切换回模式 NoRod。

当反应堆处于 NoRod 模式时，如果温度升高到 550℃，并且时钟变量 y_1 和 y_2 均小于 c，那么禁止控制动作 add_1 和 add_2，反应堆的温度可能上升到一个不可接受的温度，引发报警。形式化的分析可以说明参数 c 的取值范围，使得上述引发警报的情况不会发生。

练习 9.4：考虑混成进程 `ReactorPlant` 和 `ReactorControl` 的组合。使用模拟工具（如 MATLAB）来说明这个系统的执行，参数 c 的值可以是 10、20、30、40、50 和 60。

9.1.3 奇诺行为

反弹球的运行

让我们再来回顾图 9-3 中的对应于弹球的混成进程 `BouncingBall`。假设初始速度 $v_0 = 0$，那么在第一次碰撞前，高度的变化可以用 $\bar{h}(t = h_0 - gt^2/2)$ 来表示。模式切换的守卫条件（$h=0$）在时间为 $\delta_1 = \sqrt{2h_0/g}$ 时成立。第一个时间动作就是持续时间为 δ_1 的小球运动，在这个动作中，小球的高度由 h_0 降到 0，小球的速度由 0 到 $-v_1$，其中 $v_1 = g\delta_1 = \sqrt{2gh_0}$。在这个实例中，执行离散输出动作，发出事件 bump，速度改变方向并且它的大小减小 a 倍。因此，新的速度 $v_2 = av_1$。从小球第一次碰撞直到第二次碰撞，在时间动作中小球的高度由表达式 $\bar{h}(t) = v_2t - gt^2/2$ 给出，小球的速度由表达式 $\bar{v}(t) = v_2 - gt$ 给出。持续时间为 $\delta_2 = 2v_2/g$ 的时间动作捕获对应于小球抛物线运动的反弹，在这个时间动作的最后，小球的高度又变成 0，小球的速度变成 $-v_2$。作为碰撞的结果，小球的速度更新为 $v_3 = av_2 = a^2v_1$，然后小球重复上述的过程继续运动。

假如我们关注一个连续的时间动作序列变为单个时间动作，那么反弹球模型可以描述为下述无限执行：

$$(h_0, 0) \xrightarrow{\delta_1} (0, -v_1) \xrightarrow{\text{bump!}} (0, v_2) \xrightarrow{\delta_2} (0, -v_2) \xrightarrow{\text{bump!}} (0, v_3) \xrightarrow{\delta_3} \cdots$$

其中，对于每个 i，$v_{i+1} = av_i = a^iv_1$，同时 $\delta_{i+1} = 2v_{i+1}/g = 2a^iv_1/g$。在 k 次碰撞后，小球的速度是 a^kv_1。由于 $a<1$，所以这个序列收敛于 0。同样，对应于小球连续反弹的时间动作的持续时间序列 δ_1，$\delta_2\cdots$也是递减的，收敛于 0。然而，在小球的无限执行中，没有点是静止的，总是可能再一次弹起。反弹球的归纳推理得出了一个错误的结论，小球永远都不会停止下来。

奇诺悖论

几个世纪之前，希腊的哲学家就注意到了反弹球的现象，这就是著名的**奇诺悖论**。这个问题最初用来分析龟兔赛跑，乌龟在开跑时取得了领先。假设乌龟领先兔子 d_1 米。在第一回合，当兔子跑了 d_1 米，乌龟也向前移动了 d_2 米，其中 $d_2 < d_1$；在第二回合，兔子追上了落后的 d_2 米，而乌龟也向前移动了 d_3 米，并且 $d_3 < d_2$。基于归纳推理的思想，对于每一个自然数 n，在 n 回合后，乌龟都会领先兔子一段距离（这段距离不等于 0），那么兔子将永远追不上乌龟的脚步。这个矛盾的源头起源于事实上我们分析模型运行的时间并不是在整个时间周期内，而有穷的时间周期并不能随着时间地推进充分地描述系统的状态。

整个执行过程的时间消耗应该等于所有时间动作的持续时间的和。在反弹球中，这个和是 $\sum_{i\geq 1}\delta_i$，而序列 δ_1，$\delta_2\cdots$收敛于 0，这个和的边界是常数 K。在上面讨论的 v_i 中持续时间 δ_i 和速度 v_i 的表达式，并使用几何序列 $\sum_{i\geq 1}a^i = a/(1-a)$，我们可以计算常数 K 的表达式：

$$\sum_{i\geq 1}\delta_i = \sqrt{2gh_0}(1+a)/(1-a)$$

因此，虽然该执包含了无穷多个输出和时间动作，但它没有描述在时间 K 发生的事情。在现实中，小球在时间 K 可能在地面上是静止的，而反弹球的执行永远都不会到达时间 K。

389

奇诺执行和奇诺状态

如果混成进程 HP 的无穷执行中的所有时间动作的持续时间的和受限于一个常数边界，那么这个执行称为奇诺执行。因此，一个非奇诺执行的执行时间的和必然是发散的。奇诺执行是一个人为的数学模型，使用奇诺执行证明属性将导致错误的结论。

在反弹球模型中，从初始状态，每一个可能的无限执行都是一个奇诺执行。这样的状态称为奇诺状态。这有点像我们在第 4 章中讨论的死锁状态。在一个死锁状态中，没有使能的动作，因此不能继续执行一步。在奇诺状态中，无法产生一个时间无限递增的无限执行。

注意，存在从一个状态开始的奇诺执行并不意味着这个状态是一个奇诺状态。举例来说，考虑图 9-1 中的进程 Thermostat 的初始状态(off，66)。第一个时间动作的持续时间是 $\delta_1 = 0.5$，第二个时间动作的持续时间是 $\delta_1 = 0.25$，重复这个模式：第 i 个进程的持续时间是 $1/2^i$。这是一个无限执行，其中所有时间动作的持续时间的和的边界为 1。因此，这个执行是一个奇诺执行。然而，它的初始状态不是一个奇诺状态：我们已经选择时间动作的持续时间使得执行不是一个奇诺执行(尤其是，图 9-2 就反映了一个非奇诺执行)。

如果该系统某个可达状态是奇诺状态，那么这个混成进程称为奇诺进程。对于一个奇诺进程，执行可以停止在某个状态，从这个状态开始每个可能的继续执行都导致时间动作的持续时间的和收敛。图 9-3 中的 BouncingBall 进程就是一个奇诺进程。然而，图 9-1 中的 Thermostat 不是奇诺进程，所以由 ReacorPlant 和 ReactorControl 组合的进程也不是奇诺进程(详见 9.12 节)。

上述定义总结如下。

奇诺执行，奇诺状态和奇诺进程

如果一个混成进程 HP 的无限执行中所有时间动作的持续时间的和收敛于一个常数，那么这个执行称作一个奇诺执行。如果包含状态 s 的每个无限执行都是奇诺执行，那么混成进程的状态 s 称为奇诺状态。如果存在一个可达的奇诺状态 s，那么这个混成进程 HP 就是一个奇诺进程。

改进奇诺模型

如果单独分析混成进程 BouncingBall 的奇诺性，那么它可能不是一个严重的问题。然而，考虑组合进程

$$HP = BouncingBall \parallel Thermostat$$

它是通过与恒温器并行组合得到的。即使两个进程 BouncingBall 和 Thermostat 之间相互不通信，它们也在同一时间内同步执行。尤其是，组合进程 HP 是一个奇诺进程，并且 HP 的初始状态也是一个奇诺状态。这可以推出一个荒谬的结论。举例来说，假设选择两个进程的参数使得反弹球的所有时间动作的持续时间和的边界是表达式 $\sqrt{2gh_0}(1+a)/(1-a)$ 给出的，它小于恒温器切换到模式 on 的表达式 $(T_0-62)/k_2$ 给的最早时间，那么在 HP 的每个执行中，Thermostat 的模式永远都处于 off，并且它的温度变量从初始值 T_0 开始持续递减，永远不能达到 62。根据定义，只有当状态在系统执行中出现过时该状态才称为可达的状态。因此，下面的属性是组合过程 HP 的一个不变量：

$$(mode = off) \wedge (62 \leqslant T \leqslant T_0)$$

当然这个属性不是 Thermostat 的不变量，并且违反了恒温器的物理过程，不管是否存在一个球在恒温器旁边弹跳。

因此，在一个包括多个组件的系统中，存在一个奇诺过程可能会以意想不到的方式影响整个系统的分析。这个形象告诉我们，在形式化建模过程中应该避免引入奇诺进程。

通过修改模型使得模型不再关注模态转换后的越来越短的持续时间行为，奇诺进程可以转换成非奇诺过程。举例来说，图 9-9 展示了从 BouncingBall 得到的非奇诺进程模型 NonZenoBall，NonZenoBall 增加了新的模式 Stop，当碰撞的速度小于某个临界值 v_s 时，NonZenoBall 从初始模式 Fall 切换到 Stop。从初始模式开始，如果我们执行了一个最大可能的持续时间的时间动作，然后执行对应于离散碰撞的输出动作，然后在有限多次动作后，当速度的值小于临界值时，过程切换到模式 Stop。进入模式 Stop 后，任意持续时间的时间动作都是可能的，并且尤其是，它可以变成一个非奇诺执行。

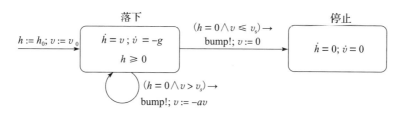

图 9-9 反弹球的非奇诺模型

如果我们组合进程 Thermostat 和改进的反弹球进程 NonZenoBall，那么 Thermostat 的行为再也不受影响。尤其是，验证关于恒温器的模式和温度的属性 δ，是组合进程 NonZenoBall ‖ Thermostat 的不变量当且仅当它是过程 Thermoatat 的不变量。

练习 9.5：考虑下述情形。两列火车在同一铁轨上以不变的速度相向运行：火车 E 向东方行驶，行驶速度为 v_e，火车 W 向西方行驶，行驶速度为 v_w。一只小蜜蜂以速度 v_b 沿着铁轨向西方飞去，当小蜜蜂遇到火车 E 时，它立即掉头以同样的速度 v_b 向东方飞去，并且一直循环上述过程。请用一个混成进程来对这个情形建模，状态机可以有两个模式，分别对应于小蜜蜂飞行的方向，并且状态机有 3 个状态变量来保存火车 E、火车 W 和小蜜蜂 B 的位置。证明这个过程是一个奇诺过程，并且用 v_e、v_w 和 v_b 以及 3 个位置变量的初始值来表示两个火车之间的距离。

练习 9.6*：在这个练习中，我们建立这样的属性：并发组合不保留非奇诺性。考虑下述混成进程 HP_1。它有一个输入事件 x 和一个输出时间 y。当 HP_1 接收到一个输入时，它等待 $1/2^i$ 个时间单位，如果这是它已经接收到的第 i 个输入事件，那么它发出一个输出事件（在它等待发出输出时它不接收任何输入）。使用扩展自动机设计这个混成进程 HP_1。为了满足设计使用一个单时钟变量，因此 HP_1 是一个时间动作。请证明 HP_1 是非奇诺的。

然后，考虑下面另一个混成进程 HP_2。它有一个输入事件 y 和一个输出事件 x。HP_2 首先延迟 1 发后发出一个输出事件，然后，当它接收到一个输入时，它等待 $1/2^i$ 个时间单位，如果这是它已经接收到的第 i 个输入事件，那么它发出一个输出事件。使用扩展状态自动机设这个计时间动作 HP_2。证明 HP_2 是非奇诺的。

最后，考虑并行组合 $HP_1 \parallel HP_2$。请证明这个组合过程是奇诺过程。

392

9.1.4 稳定性

如第 6 章所述，稳定性是动态系统一个令人满意的特性。我们知道如果一个系统从状态 s_e 开始，当没有外部输入时一直保持在状态 s_e，那么状态 s_e 称为平衡状态。当我们轻轻扰动系统，这样的平衡状态是稳定的，也就是说，选择初始状态 s 使得距离 $\| s - s_e \|$ 最小，那么在任何时刻系统的状态距离平衡状态都小于一个边界值。

我们可以通过相同的定义来理解混成进程的稳定性。然而，由于模式切换的存在，用数学方法描述线性系统的稳定性和设计稳定控制器的相关技术将不适用于混成系统。我们利用一个例子来说明由于模式切换带来的困难。

考虑图 9-10 中的混成进程。在模式 A 的动态进程由线性微分方程 $\dot{s} = -s_1 - 100s_2$ 和 $\dot{s}_2 = 10s_1 - s_2$ 确定。注意原点，也就是，状态 0，是一个平衡状态。动态矩阵的特征值是 $-1 + \sqrt{1000}\mathrm{j}$ 和 $-1 - \sqrt{1000}\mathrm{j}$，根据定理 6.3，我们可以得出这个动态连续时间系统是渐近稳定的。

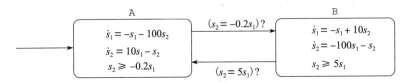

图 9-10　由于模式切换导致的不稳定性

然而，只有在不变量 $(s_2 \geqslant -0.2s_1)$ 成立时图 9-10 中的混成进程才保持在模式 A，当状态满足切换条件 $(s_2 = -0.2s_1)$ 时，它切换到模式 B。与模式 B 有关的动态性由线性微分方程 $\dot{s}_1 = -s_1 + 10s_2$ 和 $\dot{s}_2 = -100s_1 + s_2$ 确定。注意这个动态矩阵是模式 A 的动态矩阵的转置，因此有同样的特征值，那么在模式 B 系统也是渐近稳定的。只要不变量 $(s_2 \geqslant 5s_1)$ 成立那么该过程保持在模式 B，当满足条件 $(s_2 = 5s_1)$ 时，它切换到模式 A。

尽管在单个模式 A 和模式 B 中的动态性都是渐近稳定的，但是模式切换会导致不稳定性。图 9-11 展示了系统在模式 A 下从初始状态 $(-0.01, 0.02)$ 的执行。的确，原点是不稳定的：如果在模式 A 状态 s 不在原点，那么无论它离原点多近，随着时间的推移系统状态偏离原点。

分析混成系统的稳定是一个困难问题。将连续时间系统的一般分析方法应用到混成系统中，是一种仍然在研究的领域，在本书中没有涉及。

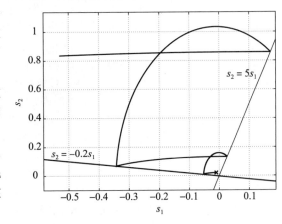

图 9-11　由于模态切换导致的不稳定响应

9.2　混成系统设计

我们使用 3 个例子来阐述混成系统的控制器的建模和设计。第一个例子说明在不同操作模式切换的控制器的设计；第二个例子说明改进计划的多代理协调；第三个例子是一个多跳控制网络，用来展示如果对一个集成了控制、计算和通信的系统进行建模。

9.2.1　自动驾驶车辆

考虑一个自动驾驶车辆，它需要编程按照预定轨迹进行移动。自动驾驶车辆事先不知道预定的轨迹，轨迹信息由传感器接收。尤其是，假设车辆只要不偏离轨迹太多，传感器就可以测量车辆的偏离轨边的距离 d。使用二极管铺在预定的轨迹上可以提供这些信息。

车辆的动态性以建模为一个二维平面的刚体运动。车辆可以以最大速度 v 沿着物体的轴线移动，同时可以以角速度 ω 绕它的重心旋转，角速度的范围为 $[-\pi r/s, \pi r/s]$。变量 (x, y) 对车辆的位置建模，角度变量 θ 表示车头相对于某些固定物体的角度。

图 9-12 展示了自动驾驶车辆的设计问题。根据当前测量的距离 d，控制器必须调整控制输入 v 和角速度 ω 使得距离 d 的值尽能接近 0。控制设计中的另一个约束是车辆的硬件只允许车辆的角速度 ω 有 3 个离散的值，分别为 0、$-\pi$ 和 π。当 $\omega=0$ 时，车辆的方位角 θ 保持不变，车辆直线前进；当 $\omega=-\pi$ 时，车辆的方位角逐渐变小，因此车辆开始向右偏转；类似地，当 $\omega=\pi$ 时，车辆的方位角逐渐增大，车辆开始向左偏转。

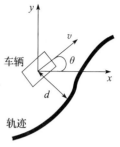

图 9-12　自动驾驶车辆的设计问题

控制器的设计师进行了长远的设计当车辆直线行驶时它以速度 v 尽可能快地行驶。当车辆向左或者向右偏转时，车辆以最大值可能速度的一半 $(v/2)$ 行驶。这导致图 9-13 中的混成状态机的 4 个操模式。在模式 Stop，车辆是静止的；在模式 Straight，车辆以速度 v 和角速度 $\omega=0$ 运动；在模式 Left，车辆以速度 $v/2$ 和角速度 $\omega=\pi$ 向左偏转；在模式 Right，车辆以速度 $v/2$ 和角速度 $\omega=-\pi$ 向左偏转。在这个模型中，我们假设车辆在模式切换时可以瞬间改变速度和角度。如果模式切换所需的时间与每个模式所需的时间相比是微不足道的那么这个假设就是合理的。

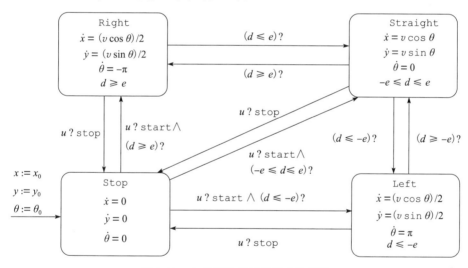

图 9-13　自动驾驶车辆的混成控制器

该进程的输出变量是离散通道 in，in 可以保存命令 start 和 stop 来启动和停止车辆，并连续更新信号 d，d 用于记录车辆偏离预定轨道的距离。根据设计，d 为正值是表示车辆向左偏离了预定轨迹，d 为负值是表示车辆向右偏离了预定轨迹。

395 〜 396

使用参数 e 来设计控制器的切换的规则。当当前距离在区间 $[-e, +e]$ 内时，假设车辆足够靠近预定的轨迹，控制器决定车辆直线行驶。当当前距离大于阈值 e 时，控制器就知道车辆向左偏离的过多，必须通过切换到模式 Right 转向右边。类似地，当当前距离小于阈值 $-e$ 时，控制器就知道车辆向右偏离的位置过多，必须通过切换到模式 Left 转向左边。图 9-13 的混成进程的切换的连续时间不变量和守卫条件说明了这个逻辑。

混成控制器的行为可以理解为适应不同形状的轨迹。图 9-14 展示了一个沿着曲线轨迹行驶的自动驾驶车辆的轨迹。在这个情景中，预定轨迹是一个以圆心为中心半径为 50 的圆。下列值用于设定车辆的初始状态：$v=35$，$e=5$，$x_0=-30$，$y_0=35$，$\theta=0.4\pi$。在初始条件下，车辆直线行驶。当车辆偏离预定轨迹的距离超过 e 时，车辆开始向右偏转，当车辆偏离预定轨迹的距离小于 e 时，车辆又开始直线实行。在这个例子中，车辆调度造成过度调整，渐渐使得车辆偏离预定轨道的距离小于阈值 $-e$，这触发车辆模式切换到模式 Left 车。

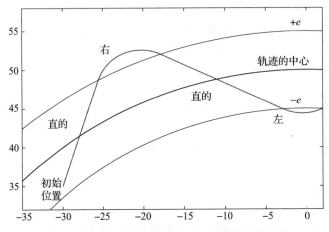

图 9-14　沿着曲线轨迹行驶的自动驾驶车辆的轨迹

练习 9.7：对于自动驾驶车辆，考虑下述额外的约束：一旦车辆开始直行、右转或者左转，车辆在 Δ 时间内不能改变它的行驶方向，Δ 是一个给定常量。请怎样修改图 9-13 中的混成进程来捕获这个额外的约束？这样的改变对车辆的运行轨迹有什么影响？

9.2.2　多机器人协调的障碍规避

混成系统的建模与分析的具有挑战性的应用领域是自主移动机器系统的多机器人协调的设计。典型的监控任务涉及目标的识别、未知布局房间的搜索、障碍规避并且到达目标。每个机器人的感知能力仅产生关于环境的不完全的信息，尤其是，每个机器人只有关于障碍位置的估计。机器人可以通过无线链路将信息传送给另一个机器人并使用这些信息提高它们估计的准确性以便设计出更好的运动计划。机器人也需要与另一个机器人和合作来完成合作任务。举例来说，可能需要一组机器人都应该达到同一个目标，或者要求一组机器人在它们之间划分一系列的目标。这个设计问题的解决方案应该同样是空间上最佳的解决方案。例如，客观上所有机器人到达目标的行动轨迹或者所用时间最短。因此，在满足安全性需求的前提下设计问题涉及以最优方式协调、计划、控制，这个问题也是智能车系统和飞行管理系统中设计问题的典型问题。

说明的情形

为了展示一个具体情形中的建模过程，假设有两个自主移动的机器人 R 和 R'。我们假设在二维 x/y 平面中的机器人只是一个点（见图 9-15）。机器人 R 的初始位置为 (x_0, y_0)，机器人 R' 的初始位置为 (x_0', y_0')。每个机器人的目标是到达目标位置 (x_f, y_f)。两个机器人都想以最短的距离到达目标位置。假设两个机器人都以固定的速度 v 移动。那么每个机器人的唯一控制输入是它移动的方位。如果状态变量 (x, y) 表示机器人 R 的坐标，状态变量 (x', y') 表示机器人 R' 的坐标，变量 θ 表示机器人 R 面向的角度，变量 θ' 表示机器人 R' 面向的角度，那么机器人的动态过程可以由以下微分方程确定：

$$\begin{cases} \dot{x} = v\cos\theta \\ \dot{y} = v\sin\theta \\ \dot{x}' = v\cos\theta \\ \dot{y}' = v\sin\theta \end{cases}$$

房间里存在障碍物，这就可以防止机器人沿直线从起始位置移动到目标位置。更具体
地，假设房间里有两个障碍物，两个障碍物分别
占据了房间的 O_1 区域和 O_2 区域（见图9-15）。每
个机器人都配备一台摄像机来检测障碍物的大概
位置，两个机器人可以相互通信交换他们检测到
的障碍物的大概位置，以获得更准确的信息。

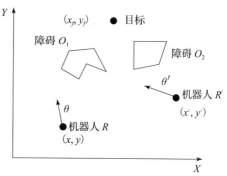

该问题的安全性需求是：机器人不可以碰撞
到房间里任何的障碍物。也就是说，下列属性应
该是系统的不变量：

$[(x,y)] \notin O_1 \wedge (x,y) \notin O_2 \wedge (x',y')$
$\notin O_1 \wedge (x',y') \notin O_2$

图9-15　两个机器人在存在障碍
情况下的路径规划

活性需求是：每个机器人应该最终到达它的
目标：

$$\Diamond[(x,y) = (x_f,y_f)] \wedge \Diamond[(x',y') = (x_f,y_f)]$$

估计障碍物

使用摄像机来精确映射障碍物是一个计算量十分巨大的任务。而且，给定复杂的障碍
物描述，目标位置的最优路径规划也是一个计算量十分巨大的任务。为了解决这些困难，
我们用圆形来估计每一个障碍物。在图9-16中，实际障碍物是一个占据区域 O 的凹多边
形。半径 r 的圆包含整个区域并且它最可能是障碍物的圆形近似。机器人上的图像处理算
法只需要简单返回圆的参数，这并不需要准确检测障碍物的边缘。机器人的路径规划算法
需要计算一条避开圆形形状的到达目标的路径，并且这样的路径保证不能碰到实际的障碍
物，从而满足安全性需求，即使它不是到达目的的最短路径。

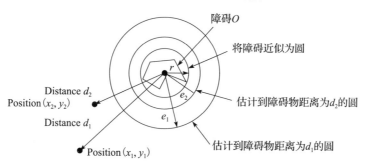

图9-16　障碍物的近似估计

在视觉应用中，多种因素限制了障碍物的准确估计，并且随着得到达目标的距离缩短
估计的准确度提高。当声呐用于障碍物检测时这尤其适用。在图9-16中，障碍物是一个
以 (x_0, y_0) 为圆心、半径为 r 的圆。机器人在当前位置 (x_1, y_1) 估计的障碍物是一个以 e_1
为半径的圆，而这里 e_1 大于 r。这个估计值取决于障碍物中心位置 (x_0, y_0) 到机器人所在
位置 (x_1, y_1) 的距离 d_1。当机器人移动到位置 (x_2, y_2) 时，它离障碍物中心的距离为 d_2，
机器人对障碍物的估计值是另一个以 e_2 为半径的同心圆。因为 $d_2 < d_1$，所以 $e_2 < e_1$。当
机器人接近障碍物的边缘时，机器人距离障碍物中心的距离缩短，估计就会变得更为准
确，收敛于障碍物半径的真实值。我们假设机器人估计的半径值与机器人离障碍物中心的
距离成线性关系，d 是机器人与障碍物中心的当前距离，r 是障碍物的半径，那么机器人
估计的半径可由下式确定：

$$e = r + a(d - r)$$

这里 a 是一个常量且 $0 < a < 1$。

在图 9-15 的情境中，我们有两个障碍物。第一个障碍物可以建模为一个以 (x_0^1, y_0^1) 为圆心半径为 r_1 的圆，第二个障碍物可以建模为以 (x_0^2, y_0^2) 为圆心半径为 r_2 的圆。每个机器人根据自己的位置距离障碍物的远近估计障碍物的半径。此外，障碍物估计是一个计算量很大的任务，因此估计值每 t_e 秒离散地更新一次。

路径规划

考虑机器人 R，它的当前位置是 (x, y)。它的目标是在避开两个障碍物的同时到达目标位置 (x_f, y_f)。对于障碍物 O_1，根据机器人 R 判断，它占据的区域是一个以 (x_0^1, y_0^1) 为圆心半径为 e_1 的圆。类似地，对于障碍物 O_2，根据机器人 R 判断，它占据的区域是一个以 (x_0^2, y_0^2) 为圆心半径为 e_2 的圆。规划算法的目标是计算一条从当前位置到目标位置最短的路径使得该路径与估计的障碍物的圆不相交。

398 ~ 400

路径规划通常以离散方式更新。在我们的设计中，路径规划算法每 t_p 秒调用一次，并且路径规划算法确定给出机器人移动方向的控制输入 θ，直到下一次调用路径规划算法前，机器人的移动方向不发生改变。我们假设路径规划算法用函数 plan 表示，它的输入为 1) 机器人当前位置 (x, y)；2) 目标位置 (x_f, y_f)；3) 第一个障碍物的圆心为 (x_0^1, y_0^1) 和半径为 e_1；4) 第二个障碍物的圆心为 (x_0^2, y_0^2) 和半径为 e_2，函数的返回值为机器人应该移动的方向 θ。

规划算法的第一步是检查从机器人当前位置 (x, y) 到目标位置 (x_f, y_f) 的直线路径是否横穿两个估计障碍物图形的任何一个，如果没有，那么就选择这条直线路径。如果是，如图 9-17 所示，那么考虑从当前位置 (x, y) 与两个障碍物圆相切的射线，方向 θ_1 和 θ_2 与第一个障碍物相切，方向 θ_3 和 θ_4 与第二个障碍物相切，如图 9-17 所示。如果一个方向与一个障碍物相切但穿过了另一个障碍物，那么这个方向就不被采纳。在剩下的选择中，选择到达目标位置最短的路径。在图 9-17 中，当切线方向 θ_2 和 θ_3 穿过其他障碍物时，它们不能被采纳。方向 θ_1 对应于路径 P_1 到达目标位置，方向 θ_4 对应于路径 P_4 到达目标位置。由于路径 P_1 的长度比路径 P_4 的长度短，所以路径规划算法返回方向 θ_1。

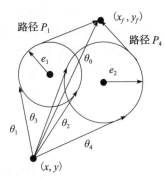

图 9-17 规避圆形障碍物的路径规划

注意，机器人并不是实际沿着 P_1 移动，相反，机器人从方向 θ_1 开始移动。当规划算法再次被调用时，如果那时对障碍物的估计值更改了，那么机器人可以修改它的选择。尤其是，在我们的例子中，当机器人沿着方向 θ_1 移动时，随着圆形半径可变小机器人获得第一个障碍物的改进的估计值。因此机器人在逆时针方向递减 θ_1 的值，使得机器人朝着离实际障碍物更近的方向移动。

函数 plan 包含了一系列的浮点数运算来确定圆的切线和交叉关系。这部分代码使用 C 语言或者 MATLAB 实现，并且基于模型的设计框架中的更新描述调用这个函数。

401

协调

为了理解协调的影响，我们重新回顾作为图 9-18 例子的图 9-17 中的规划算法。假设机器人 R' 离第二个障碍物更近，因此它有这个障碍物的半径的更好的估计值 e_2'。如果机器人 R' 将这个信息传送给机器人 R，那么机器人 R 可以简单地将估计值 e_2 更新为 e_2'。使用这个更新的估计值，规划算法可以得出与第一个障碍物相切的方向 θ_2 是可行的选择，因为它不会穿过以 $(x_o^2,\ y_o^2)$ 为圆心半径为 e_2' 的图形。与这个选择对应的路径 P_2 比路径 P_1 短（见图9-18）。结果，路径规划算法选择方向 θ_2，这是最佳选择方案。

    本例中的协调策略十分简单：每过 t_c 秒，机器人 R 将它对障碍物半径值 e_1 和 e_2 的估计值发送给机器人 R'，并且当它接收到来自其他机器人的对该障碍物半径值的估计 $(e_1',\ e_2')$ 时，机器人 R 将估计值 e_1 更新为它自己当前估计值 e_1 和接收值 e_1' 的最小值（因为更小的半径是改进的估计值）。

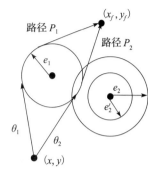

图9-18　协调路径规划，改进估计的影响

混成模型

    下面我们将机器人模型描述成一个混成模型。我们描述的机器人 R 的模型和机器人 R' 的模型是对称的，并且可以实例化地获得。

    机器人 R 的混成进程如图9-19所示。它使用了下列变量：

- 一个（real×real）类型的输入通道 in，用于接收来自另一个机器人的障碍物半径的估计值。

- 一个（real×real）类型的输出通道 out，用于将障碍物半径的估计值发送给另一个机器人。

- cont 类型的连续更新的变量 x 和 y，记录机器人的位置。这些变量的初始值分别为 x_0 和 y_0。

- real 类型的离散更新的状态变量 e_1 和 e_2，记录两个障碍物半径的当前估计值。根据初始机器人位置与两个障碍物中心之间的距离变量 e_1 和 e_2 的初始值，通过执行障碍物估计算法得出。

- 离散更新的状态变量 θ 用于记录机器人当前移动的方向，θ 的取值范围是 $[-2\pi,\ 2\pi]$。初始方向由函数 plan 得到。

- 连续更新的状态变量 z_p 用于控制每 t_p 秒调用一次路径规划算法的时间约束，z_p 的初始值是0，它是时钟变量。

- 连续更新的状态变量 z_e 用于控制每 t_e 秒使用可用数据更新估计值的时间约束，z_e 的初始值是0，它是时钟变量。

- 连续更新的状态变量 z_c 用于每 t_c 秒传送估计值的时间约束，z_c 的初始值是0，它是时钟变量。

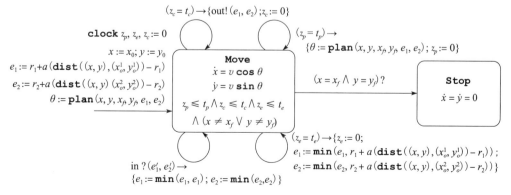

图9-19　机器人的混成自动机

　　该混成进程有两个模式：Move 和 Stop。初始时，模式是 Stop。在一个时间动作中，3 个时钟变量 z_p、z_e 和 z_c 以速率 1 递增，位置变量 x 和 y 分别以速率 $v\cos\theta$ 和 $v\sin\theta$ 更新。

　　模式切换过程如下：

- 当机器人到达目标位置时，由条件 $(x=x_f \wedge y=y_f)$ 表示，机器人切换到模式 Stop。
- 当输入通道 in 接收到输入 (e_1', e_2') 时，更新障碍物估计 e_1 和 e_2 为当前值与接收值的最小值。
- 当时钟变量 $z_p=t_p$ 时，根据当前估计值，调用规划函数 plan 更新方向 θ，并将 z_p 重置为 0。
- 当时钟变量 $z_c=t_c$ 时，在输出通道 out 上发送估计 e_1 和 e_2 的当前值，并且将 z_c 重置为 0。
- 当时钟变量 $z_e=t_e$ 时，通过执行基于视觉的障碍物估计算法来更新 e_1 和 e_2 的当前值，并将 z_e 重置为 0。如前文所述，通过计算当前机器人位置与两个障碍物的中心之间的距离，并且如果修改的估计值更好那么更新估计值来获得该算法的作用。

　　模式 Move 的连续时间不变量保证当对应于离散切换的更新条件满足时，时间被中断来执行对应的离散动作；当混成进程处于模式 Stop 时，机器人只是简单地在那待等。

　　我们需要的系统是两个机器人的并行组合。系统描述涉及大量的参数。系统需要从可能的选择中选择参数的值来进行多次模拟。尤其是，我们更喜欢寻找 t_c 的值，该值确定多长时间机器人之间应该通信这样通信实际改进移动的距离。

示例执行

　　图 9-20 展示了使用 STALEFLOW/SIMULINK 模拟该模型获得的该模型的样本执行。机器人 R 和机器人 R' 的初始位置分别是 $(4.5, 2)$ 和 $(10, 2)$，目标位置是 $(6, 10)$。障碍物 O_1 的中心位于 $(3.7, 7.5)$，半径为 0.9；障碍物 O_2 的中心位于 $(7, 7)$，半径为 1.25。机器人的移动速度 v 为 0.5 单位/秒，障碍物估计中使用的系数 a 为 0.12。其次，执行路径规划算法的时间周期 t_p 为 2s，机器人更新障碍物估计值的时间间隔 t_e 是 2s。在两次执行过程中，传送障碍物估计值的时间周期 t_c 的值是不同的：通过设置 $t_c=4$s 得到左边的执行，通过设置 t_c 为一个高值得到右边的执行。

403 ～ 404

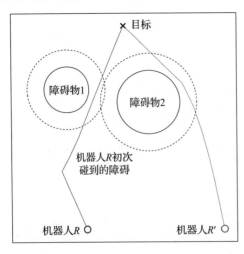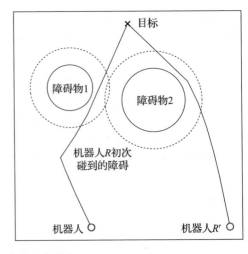

图 9-20　解释障碍物规避的执行

根据机器人 R 的初始估计值，两个障碍物似乎存在重叠区域。当机器人靠近障碍物时，估计值更准确，并且暗示经过两个障碍物之间到达目标的一条路径。对于机器人 R'，规划的路径没有表现出这样的质变，但注意当机器人 R' 移动时第二个障碍物的估计值不断改进，产生了弯曲的轨迹。可以观察到，作为通信的结果，在左图中机器人 R 移动的距离更短。这是因为机器人 R 接收了来自机器人 R' 的对第二个障碍物更好的估计值并且由于这个协调将它的路由切换到更短的路径。尤其是，在有通信的情况下机器人 R 的移动距离为 8.6480，而在没有通信的情况下机器人 R 的移动距离为 8.8136（在两种场景下机器人 R' 的移动距离都是 9.1550）。

练习 9.8： 在协调障碍物规避问题，考虑下述降低所需计算量的最优问题。如果一个机器人基于它对障碍物的当前估计确定从它的当前位值到目标的直线路径不穿过障碍物的任何区域，那么这样的路径不能进一步改进，机器人只能简单地确定在这个方向移动而不需要进一步规划。修改图 9-19 中的模型以便含这个优化。

405

9.2.3 多跳控制网络 *

反馈控制循环的典型架构如图 6-1 所示。作为对比，无线网络控制系统是空间分布系统，其中传感器、作动器和计算单元之间的通信由其享的无线通信网络支持。在工业自动化中部署这种网络控制系统产生灵活的架构，当与传统的有限控制循环相比时可以减少安装、调试、诊断和维护的成本。网络架构中控制器的设计面临着新的挑战。首先，被控对象与对应的控制器之间的通信涉及多跳，因此产生大量的时间延迟。其次，多控制循环可能共享同一个网络链路，导致相互依赖。因此，调整被控对象输入的控制规则的设计，通过网络传送消息的路由策略，以及共享网络链路的调度策略必须以协同方式设计。现在我们介绍怎么使用本书介绍的建模概念来对这样的多跳控制网络建模。

示例网络

图 9-21 展示了一个样本网络。该网络包括两个被控对象 P_1 和 P_2 以及它们对应的控制器 C_1 和 C_2。被控对象与控制器之间的消息通过有 4 个节点 N_1、N_2、N_3 和 N_4 的网络进行路由。不同构件之间的链路 e_1，$e_2 \cdots$，e_{15} 是有向的。例如，被控对象 P_1 的输出通过链路 e_2 发送给节点 N_2，网络使用链路 e_7、e_{11} 和 e_{15} 将该消息转发给控制器 C_1。

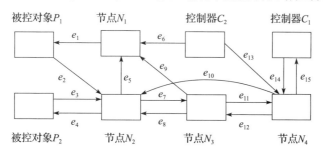

图 9-21 多跳控制网络的例子

为了将网络部署在控制应用环境中，网络必须保证消息传递的实时性。我们假设可以在持续时间 Δ 内通过给定链路传送一个消息。也就是说，将时间分解为时间片，每个时间片为 Δ 个时间单位。

在每个时间片的开始，每个节点可以在它的每个传出链路上发送一个消息。每个链路上的消息可以被时间片的结尾传给的目标构件接收。这样的网络称作时间触发的网络。新兴的无线网络的 WirelessHART 标准提供了这样的抽象，并且逐渐应用于工业过程控制中。

被控对象模型

图 9-22 展示了使用混成进程对多跳控制网络中的被控对象建模。被控对象包含连续更新的状态变量 S，S 的初始值是 s_0，在时间动作中，它根据微分方程 $\dot{S} = f(S, u, d)$ 进行演化，其中 u 表示受控的输入，d 表示不受控的输入（或扰动）。扰动 d 是一个连续更新的外部输入信号。

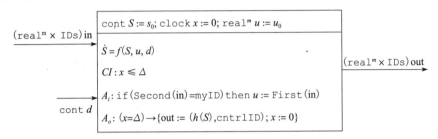

$$\text{cont } S := s_0; \text{ clock } x := 0; \text{ real}^m\, u := u_0$$
$$\dot{S} = f(S, u, d)$$
$$CI : x \leqslant \Delta$$
$$A_i : \text{if}\,(\text{Second}(\text{in}) = \text{myID})\ \text{then } u := \text{First}(\text{in})$$
$$A_o : (x = \Delta) \rightarrow \{\text{out} := (h(S), \text{cntrlID}); x := 0\}$$

$(\text{real}^m \times \text{IDs})\,\text{in}$

$\text{cont } d$

$(\text{real}^m \times \text{IDs})\,\text{out}$

图 9-22   多跳控制网络中的被控对象模型

受控输入 u，与第 6 章介绍的连续时间构件的模型不同，只能离散地更新，当过程在输入通道 in 接收到一个新的值时。假设 u 是一个 m 维矢量。进程模型需要在内部状态中保存这个变量的数值。通过网络传输的消息是对 $(v,\ id)$，它包含一个值 v 和消息目标地址的标识符 id。定义 IDs 表示网络中所有被控对象和控制器的标识符的集合。然后通过被控对象自己的标识符对被控对象过程的描述进行参数化，表示为 myID。输入通道 in 上的输入处理用输入任务 A_i 描述：当它从输入通道接收消息 $(v,\ id)$ 时，它检查标识符 id 是否等于它自己的标识符，如果两个标识符相等，那么它将存储在状态变量 u 中的控制输入的值更新为值 v。如果输入通道 in 在时间 t_1，t_2…分别接收到目标为该被控对象的值 v_1，v_2…的序列，那么变量 u 的变化是一个分段常数信号，对于每个 i，该信号的值在区间 $[t_1,\ t_{i+1})$ 内是 v_i。

函数 h 将被控对象状态映射为它的输出。假设被控对象输出也是一个 m 维向量。那么网络上交换的每个消息是 $(\text{real}^m \times \text{IDs})$ 类型，被控对象的输出在通道 out 上传送。因为每个网络链接在每 Δ 个时间单位内只能传送一个消息，所以被控对象应该每 Δ 个时间单位在通道 out 传送一个消息。为了表示这个时间约束，我们引入时钟变量 x，初始值为 0。与该进程相关的时钟不变量是条件 $x \leqslant \Delta$，负责在通道 out 上发送消息的与输出任务 A_0 相关的守卫条件是 $(x = \Delta)$。这两个条件一起保证每 Δ 个时间单发送位消息。通过将输出映射 h 应用到被控对象状态来计算要传送的消息的值。消息的目标地参数 cntrlID 表示，它是负责具体被控对象的控制器的标识符。

在图 9-21 所示的网络中，我们需要被控对象进程的两个实例。一个实例的 myID = P_1、CntrID = C_1、in = e_1、out = e_2、另一个实例的 myID = P_2、CntrID = C_2、in = e_3、out = e_4。在每个情况，模型通过填写动态过程 f 和输出映射 h 的细节来完成。

控制器模型

图 9-23 展示了在多跳控制网络中对控制器进行建模的时间进程。控制器使用变量 S' 来描述对被控对象状态的估计。这个估计值初始化为初始被受控对象的状态 s_0。

控制器的输入通道是 in，在通道 in 上它接收通过网络传输的被控对象的观测输出。我们知道，消息用目标标识符进行标记。当控制器接收发送给自己的消息时，它根据当前估计值和最新接收到的被控对象的观测值来更新状态估计 S'。基于这个估计值，控制器计算控制输出 $g(S')$ 的更新值以便发送回被控对象。将这个值插入队列 u 中，该队列包含在

406 ～ 407

输出通道上传送的消息。

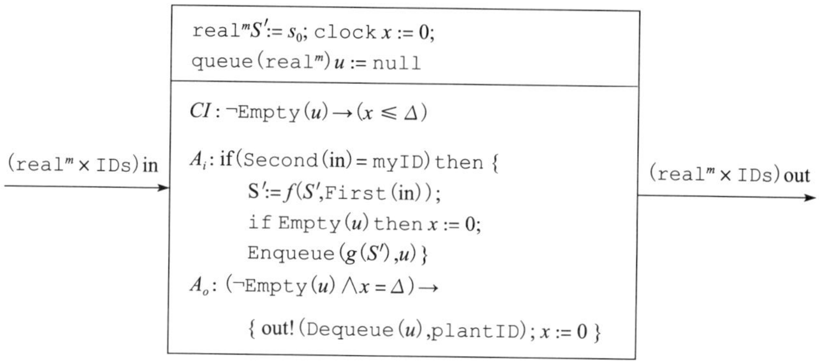

$$\boxed{\begin{aligned} &\text{real}^m S' := s_0; \text{ clock } x := 0; \\ &\text{queue(real}^m)\, u := \text{null} \\[4pt] \hline \\ &CI : \neg \text{Empty}(u) \to (x \le \Delta) \\[4pt] &A_i : \text{if}(\text{Second}(\text{in}) = \text{myID}) \text{ then } \{ \\ &\qquad S' := f(S', \text{First}(\text{in})); \\ &\qquad \text{if Empty}(u) \text{ then } x := 0; \\ &\qquad \text{Enqueue}(g(S'), u) \} \\ &A_o : (\neg \text{Empty}(u) \wedge x = \Delta) \to \\ &\qquad \{ \text{out!}(\text{Dequeue}(u), \text{plantID}); x := 0 \} \end{aligned}}$$

$(\text{real}^m \times \text{IDs})\,\text{in} \longrightarrow$ ... $\longrightarrow (\text{real}^m \times \text{IDs})\,\text{out}$

图 9-23　多跳控制网络中的控制器模型

时钟变量 x 保证每 Δ 个时间单位只有一个消息在输出通道上传送。为了实现这个行为，我们选择时钟不变量"如果有输出消息正在等待，那么时钟不应该超过 Δ"。当队列不为空并且时钟等于 Δ 时，输出任务是使能的。当在输出通道上发送一个值时，它用对应被控对象的标识符进行标记，用参数 plantID 表示。输出任务也将时钟重置为 0。当输入任务产生一个需要传送的新值时，需要在输出队列中排队，然后检查输出队列是否为空，如果输出队列为空，重置时钟为 0，这样在延迟 Δ 个时间单位后这个新值将被传送出去。

如果控制器每 Δ 个时间单位只接收一个输入，那么队列 u 在这段时间内只包含一个消息。考虑包含一个消息的队列的状态，时钟 x 等于 Δ，在通道 in 上发送消息的进程已经准备好传送这个消息。在这种情况下，输入任务 A_i 和输出任务 A_o 都是使能的，可以以任何顺序执行。无论它们以什么顺序执行，在产生的状态中，时钟 x 为 0，队列包含一个反映对刚刚接收的值进行响应的控制器输出更新的消息。如果以高于每 Δ 个时间单位一次的速率给控制器提供输入，那么在队列 u 中等待的消息数将持续增加，这种情形应该避免。

对于图 9-21 所示的网络，我们需要控制器进程的两个实例，一个实例的 myID$=C_1$、plantID$=P_1$、in$=e_{15}$、out$=e_{14}$，另一个实例的 myID$=C_2$、CntrID$=P_2$、in$=e_6$、out$=e_{13}$。在每种情况，模型通过填写状态估计函数 f' 和控制映射 g 的细节完成。

网络路由

给定被控对象的集合、控制器、网络节点和它们之间的有向链路，我们需要确定消息从每个被控对象到对应的控制器并返回的路由。这个问题可以形式化描述为在有向图中的多组源-目的对之间的路径计算问题，这是一个典型的网络路由问题。实际上，我们喜欢所有的路由都互不相交。在这种情况下，沿着不同路由的消息传送可以独立进行。另外，更短的路由意味着更短的消息传送中更短的端到端延迟，因此更短的路由是更好的。

在图 9-21 的网络中，我们需要确定从被控对象 P_1 到控制器 N_1、从控制器 C_1 到被控对象 P_1、从被控对象 P_2 到控制器 N_2、从控制器 C_2 到被控对象 P_2 的路由。这些路由的一个好的选择是：

408 ～ 409

- 从被控对象 P_1 到控制器 C_1 的 4 跳路径 e_2, e_7, $e_{11}e_{15}$。
- 从被控对象 P_2 到控制器 C_2 的 3 跳路径 e_3, e_5, e_6。
- 从控制器 C_1 到被控对象 P_1 的 4 跳路径 e_{14}, e_{12}, $e_9 e_1$。
- 从控制器到 C_2 被控对象 P_2 的 3 跳路径 e_{13}, e_{10}, e_4。

注意这 4 条路由确实是不相交的，并且每条路由的长度等于对应源-目的对的最短路径。

使用经典的图搜索算法可以以图的大小的时间线性有效地解决在有向图中的一个源-目的对之间的最短路径的查找问题。然而，查找有向图中的多个源-目的对之间不相交路径不能有效地解决，这个问题是著名的 NP 完全问题。在多跳控制网络中，图的大小往往不大(在现在工业过程控制中，一个典型的图只包含 10 个节点)，因此使用穷尽的方法找到需要的路由也是可能的。当多个不相交路由的集合是可能的时，路由策略应该喜欢更短的路径。然而，由于解决方案包含多个源-目的对的路由，所以两种解决方案可能是不可比较的：一个解决方案中的一个被控对象-控制器对之间的路径可能小于另一个解决方案中的，但第二个解决方案中的其他的被控对象-控制器对之间的路径可能小于第一个解决方案中的。在这种情况下，在不同解决方案中的选择可以结合控制法则的设计对整个系统的性能进行分析。

网络节点建模

图 9-24 展示了使用时间过程对通用网络节点进行建模。描述通过下列元素参数化：1) 传入链路数 k；2) 传出链路数 i；3) 将消息目的 IDs 集合映射为传出链路的路由表 myRouteTable。对于集合 IDs 中的目的 id，如果 myRouteTable[id] 是一个 $1{\sim}i$ 的数 j，那么这个消息应该在第 j 个传出链路上传送，如果 myRouteTable[id] 为 0，那么意味着这个节点不准备发送消息到目的 id，这个消息应该简单地忽略。

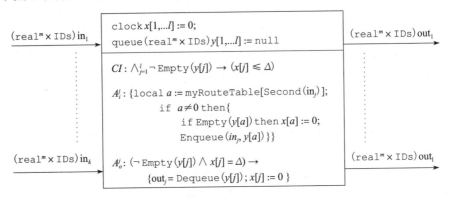

图 9-24   多跳控制网络中的网络节点模型

这个进程有一个输入通道 $in_j(j=1, \cdots, k)$，对应于每一个传入链路；有一个输出通道 $out_j(j=1, \cdots, e)$，对应于每一个传出链路。对于每个输出通道，该进程的状态有一个队列：输出通道 out_j 上传送的消息存储在队列 $y[i]$ 中。

输入通道 in_j 上接收的消息由输入任务 A_0^j 捕获 $(j=1, \cdots, k)$。当该进程接收一个消息，它使用消息的目的地址(传入消息中的第二个字段)在路由表中选择应该在哪条输出通道上传播该消息。如果路由表项目为 0，那么节点不接收这个消息，简单地将这个消息丢弃。否则，将该消息插入相应的队列中。

每个输出通道上每 Δ 个时间单位只发送一个消息的时间约束采用与控制器模型相似的方式实施的。对于每一个输出通道 out_j，进程有一个时钟变量 x_j。对于所有 $j=1, \cdots, l$，时钟不变量保证，如果一个输出消息正在第 j 个输出通道上等待传送，那么对应的时钟变量不会超过 Δ。当对应的队列 $y[j]$ 是非空的且对应的时钟变量 $x[j]$ 达到 Δ 时，那么对应于第 j 个输出通道的输出任务 A_0^j 是使能的。每当在这个输出通道上传送一个消息时，对应于输出通道的时钟重置为 0；并且当对应的队列为空时，将输入任务插入该列的末尾，这时时钟也重置为 0。

对于图 9-21 中的网络，我们需要网络进程的 4 个实例。对于对应于网络节点 N_3 的进程，传入链路的数量 $k=2$，传出链路的数量 $i=3$。输入通道 in_1 和 in_2 分别重命名为链路名为 e_7 和 e_{12}，输出通道 out_1、out_2 和 out_3 分别重命名为链路名为 e_8、e_9 和 e_{11}。根据我们选择的路由，在这个节点，发送给控制器 C_1 的消息应该转发到链路 e_{11}，发送给被控对象 P_1 的消息应该转发到链路 e_9 节点 N_3 没有出现在到控制器 C_2 和到被控对象 P_2 的路由中。因此，节点 N_3 的路由表 N_3 应该表示为 myRouteTable$[P_1]=2$、myRouteTable$[P_2]=0$、myRouteTable$[C_1]=3$、和 myRouteTable$[C_2]=0$。

系统模型

对应于多跳控制网络的系统是所有被控对象、控制器和网络节点的实例的并行组合。如果每个链路至多在一个路由中出现，那么通过网络的通量流是平稳的。在我们的网络中，被控对象 P_1 每 Δ 时间单位在链路 e_2 上发送一个输出值。节点 N_2 在时间 $(t+\Delta)$ 在链路 e_7 传送在时间 t 发送值 v，然后节点 N_3 在时间 $(t+2\Delta)$ 在链路 e_{11} 上传输，然后节点 N_4 在时间 $(t+3\Delta)$ 在链路 e_{15} 上传输。控制器 C_1 更新它的内部估计值来响应这个值，对应的控制值 v' 通过链路 e_4 在时间 $(t+4\Delta)$ 传输。这个值通过节点 N_4 在时间 $(t+5\Delta)$ 在链路 e_{12} 上传输，然后通过节点 N_3 在时间 $(t+6\Delta)$ 在链路 e_9 上传输，然后通过节点 N_1 在时间 $(t+7\Delta)$ 在链路 e_1 上传输。对于其后长度为 Δ 的时间间隔，P_1 使用这个值作为它的控制输入。

当不同的路由之间没有共享链路，每个控制回路都可以单独地分析。考虑包含一个被控对象和它的控制器的闭环系统。这个系统的状态包括控制器维护的被控对象的状态变量 S 和它们的估计值 S'。假设从被控对象到控制器的路由包括 k_1 跳，从控制器到被控对象的路由包含 k_2 跳。那么在时间 t 传输的被控对象观测值可以由控制器在时间 $[t+(k_1+1)\Delta]$ 接收到。如果控制器在时间 t 计算一个新的控制值，那么被控对象在时间 $[t+(k_2-1)\Delta]$ 可以接收到。

令 $t_1=\Delta$，$t_2=2\Delta$，…是处理消息的时间序列。我们知道在每一个时间间隔 $[t_1, t_{i+1})$ 中，被控对象的控制输入保持为常量。令 $\overline{d}$ 是外部扰动的输入信号。下列规则定义了系统的状态响应：

- 控制器估计 $\overline{S}'(t)$ 的状态信号是一个分段常量信号。对于前 k_1 个时间片中，控制器不接收任何更新，因此，对于所有 $i<k_1$，状态 s_i 在间隔 $[t_1, t_{i+1})$ 内等于初始状态 s_0。此后，在每个时间 t_i，对于 $i\geqslant k_1$，控制器接收 (k_1-1) 个时间片前的被控对象输出，也就是，值 $h(s_i-k_{i+1})$。因此，对于 $i\geqslant k_1$，在间隔 $[t_1, t_{i+1})$ 内的状态 s_i' 等于 $f'(s_{i-1}', h(s_i-k_{i+1}))$。

- 被控对象状态 $\overline{S}'(t)$ 的状态信号是一个分段常量信号。对于前 (k_1+k_2) 时间片，控制器不接收任何受控输入的更新，因此，对于所有 $i<k_1+k_2$，在区间 $[t_i, t_{i+1})$ 中的状态信号 $\overline{S}(t)$ 对应于初始状态 s_i 和动态性 $f(S, u_0, d)$ 的初始值问题的解以便响应扰动信息 $\overline{d}[t_1, t_{i+1})$。此后，在每个时间 t_i，对于 $i\geqslant k_1+k_2$，被控对象接收反映 k_2 个时间片前控制器计算的消息。因此，对于 $i\geqslant k_1+k_2$，在间隔 $[t_1, t_{i+1})$ 中的状态信号 $\overline{S}(t)$ 对应于初始状态 s_i 和动态性 $f(S, g(s_{i-k_2}'), d)$ 的初始值问题的解。也就是说，扰动通过信号 $\overline{d}([t_1, t_{i+1}))$ 给出，控制信号保持为常量，这个常量等于将这个控制映射 g 应用到 k_2 个时间片前的估计状态所得到的值。

当所有的函数 f、h、f' 和 g 都是线性函数时，第 6 章阐述的线性系统的分析技术可以用于计算状态响应的闭式解和检查系统的属性（例如稳定性）。

练习 9.9: 重新考虑 6.33 节的巡航控制器的设计。图 6-18 展示了汽车对 PI 控制器的响应。在练习 6.21 中，对于输入信号 $\bar{\theta}(t) = [\sin(t/5)]/3$(单位为弧度)，考虑在图 6-8 中的有梯度路面上对汽车模型的同一个控制器的响应上。现在我们假设测量速度的传感器与巡航控制器通过一个(时间触发的)多跳网络进行通信。对于 9.2.3 节讨论的模型，假设汽车的输出是它的速度，控制器还是 6.3.3 节使用的 PI 控制器，这里从传感器到控制器的跳数是 3，从控制器到被控对象的跳数是 2。使用模拟工具(例如 MATLAB)，使用以下参数来绘制汽车的速度图：初始速度 $v_0 = 0$，质量 $m = 100$kg，摩擦系数 $k = 50$，重力加速度 $g = 9.8$m/s^2，参考速度 $r = 10$m/s，比例增益 $K_p = 600$，积分增益 $K_I = 40$，网络的时间步长 $\Delta = 0.1$s。

练习 9.10*: 假设给定的多跳控制网络有两个被控对象、两个控制器，使得被控对象 P_1 到控制器 C_1 的路由与从控制器 C_1 到被控对象 P_1 的路由共享一条链路。事实上，网络是这样的，这个共享是不可避免的(包含被控对象 P_2 和它的控制器 C_2 的路由是不相交的)。如果我们使用与 9.2.3 节描述的相同的被控对象、控制器和网络节点的模型，那么请描述整个系统的行为，两个控制回路的闭环行为受到怎样影响。讨论对这个模型可能的修改使得可以避免不希望的行为(提示：在其他构件保持不变时如果被控对象 P_1 每 2 个时间片发送它的输出，那么将发生什么?)。这样的改变怎样影响这两个控制回路的闭环行为?

9.3　线性混成自动机*

在第 7 章中，我们学习了作为时间进程子集的时间自动机：时间自动机约束如何测试和更新时钟变量，这些约束允许使用差分边界矩阵的数据结构来开发符号可达性分析。基于相同的动机，我们现在考虑混成进程对子集的限制，称为线性混成自动机。线性混成自动机可以视为时间自动机的泛化。当时间自动机中的时钟变量只能与常数比较并重置为 0 时，使用仿射约束来测试和更新线性混成自动机的连续更新变量。在时间动作中，当时钟变量以速率 1 递增时，线性混成自动机中的连续更新变量以一个常量速率递增，更一般地，以常量边界从间隔中选择的速率。然后这个结构允许基于多面体形式表示的状态集合的符号可达性分析。

在我们开始开发这个模型前，我们需要强调这里的形容词"线性的"与第 6 章介绍的"线性系统"的典型模是不同的。在线性系统中，状态变量的变化率是一个系统状态的线性函数，然而在线性混成自动机中，状态变量的变化率是一个常数或者受限于一个常数，这导致状态信号是时间的线性函数。

9.3.1　追赶游戏例子

图 9-25 展示了一个两个玩家的追赶逃避者游戏的模型。高尔夫车上的一个追捕者在一个圆形道路上追赶一个离他 40 米远的逃避者。这个车可以以最高 6m/s 的速度沿顺时针的方向追赶，但却只能以最高 0.5m/s 的速度沿逆时针方向追赶，因为该车只能使用倒挡来逆时针运动。逃避者骑着单车可以以 5m/s 的速度沿任何方向运动。然而，逃避者只能在某些固定的时间点上内决定是否改变方向，这些时间点的间隔时间为 2 秒。逃避者的目标是逃脱追赶者的追捕。在道路上的固定位置有一个救援车可以供逃避者逃脱使用。

逃避者使用了一个简单的策略：如果两个玩家都顺着顺时针方向全速移动，那么确定逃避者是否将要登上救援车，并且如果是，选择顺时针方向移动，否则选择

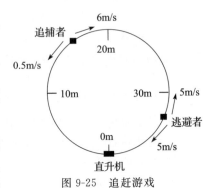

图 9-25　追赶游戏

逆时针方向移动。图 9-26 展示了使用扩展状态机所描述的逃避者的具体策略。

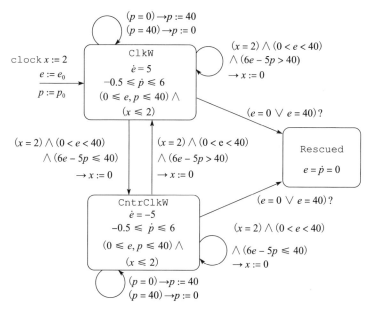

图 9-26 追赶游戏的线性混成自动机

假设静止的救援汽车在圆形道路上的位置为 0，连续更新变量 p 对追捕者相对于救援汽车位置顺时针方向以米测量的位置建模。同样，连续更新变量 e 对逃避者的位置建模。时钟变量 x 测量关于最近时间实例的延迟，当逃避者选择逃跑这个方向时。

有 3 个模式：在模式 ClkW，逃避者在道路上沿着顺时针方向逃跑；在模式 CntrClkW，逃避者在道路上沿着逆时针方向逃跑；在模式 Rescued，逃避者到达救援汽车，游戏结束。

在模式 ClkW 中，逃避者的运动可以通过微分方程 $\dot{e}=5$ 表示。关于说明追捕者位置的变量 p 的变化，我们只知道在两个方向上追捕者速度的边界，这可以用微分不等式 $-0.5 \leqslant \dot{p} \leqslant 6$ 表示。这就意味着在持续时间 δ 的时间动作中，p 值的改变量等于 δc，其中 c 是一个取值范围为 $[-0.5, 6]$ 的常量。标记模式 ClkW 的约束条件 $(0 \leqslant p \leqslant 40) \wedge (0 \leqslant e \leqslant 40) \wedge (x \leqslant 2)$ 是连续时间不变量，同时保证所有 3 个连续更新的变量在时间动作中在它们的取值范围内。

模式 CntrClkW 的规约与 ClkW 的类似。唯一的不同是逃避者沿着逆时针的方向逃跑，运动由微分方程 $\dot{e}=-5$ 表示。在模式 Rescued 中，游戏已经结束，所以所有位置变量都保持不变。

判定逻辑由模式切换来描述。考虑模式 ClkW。当变量 e 的值等于 0 或者等于 40 时，逃避者已经到达了救援车的位置，到模式 Rescued 的切换是使能的。当时钟变量 $x=2$ 时，逃避者比较自己和追捕者以最大速度顺时针跑到救援车位置所需的时间。如果逃避者需要的时间 $(40-e)/5$ 小于追捕者需要的时间 $(40-p)/6$，那么模式 ClkW 的自循环的守卫条件 $(6e-5p<40)$ 成立，模式继续是 ClkW；否则，从模式 ClkW 到模式 CntrClkW 的模式切换的守卫条件 $(6e-5p \leqslant 40)$ 成立。注意如果沿着顺时针的方向追捕者在逃避者和救援车之间，那么条件 $(e<p)$ 成立，逃避者一定选择切换到模式 CntrClkW。在任何一种情况下，时钟变量 x 都重置为 0。注意道路是圆形的，因此位置 0 和位置 40 是相同的。为了描述这个情况，如果变量 p 的值递增并达到 40，那么它必须重置为 0。对称地，如果变量 p

的值正在递减且达到 0，那么它必须更新为 40。这说明了模式 ClkW 的左自循环。

从模式 CntrClkW 开始的模式切换是对称的。

追捕者的初始位置为 p_0，逃避者的初始位置为 e_0。时钟变量的初始值为 2，这样逃避者必须在初始情况时决定向哪个方向运动。

在执行过程中，如果系统模式曾经变成 Rescued，那么逃避者到达救援车就赢得了比赛。如果属性 $(e=p)$ 在某时成立，那么逃避者就失败。这个执行可以在模式 ClkW 和模式 CntrClkW 之间切换，在属于这个执行的所有状态中属性 $(e\neq p)$ 一直成立，这时逃避者获得胜利。

为了举例说明模型的行为，考虑初始位置 $p_0=1$ 和 $e_0=20$ 的情形。下面列举了一个追捕者从初始状态开始赢得比赛的一个例子。按顺序列出了模式、变量 e、p 和 x 的值：

$$(ClkW,20,1,2) \xrightarrow{\varepsilon} (ClkW,20,1,0) \xrightarrow{2} (ClkW,30,0,2) \xrightarrow{\varepsilon}$$

$$(ClkW,30,40,2) \xrightarrow{\varepsilon} (CntrClkW,30,40,0) \xrightarrow{2} (CntrClkW,20,40,2) \xrightarrow{\varepsilon}$$

$$(CntrClkW,20,40,0) \xrightarrow{2} (CntrClkW,10,39,2) \xrightarrow{\varepsilon} (CntrClkW,10,39,0) \xrightarrow{0.17}$$

$$(CntrClkW,9.17,40,0.17) \xrightarrow{\varepsilon} (CntrClkW,9.17,0,17) \xrightarrow{0.83} (CntrClkW,5,5,1)$$

414
~
416

在这个情景中，逃避者首先顺时针移动 2s，同时追捕者逆时针移动，结果移动到位置 $e_0=30$ 和 $p=40$。然后逃避者反转方向逆时针逃跑，这段时间内追捕者保持不动，移动到位置结果 $e=20$ 和 $p=40$。逃避者继续逆时针运动，这段时间追捕者也逆时针移动，结果移动到位置 $e=10$ 和 $p=39$。最后，逃避者继续逆时针逃跑，然后追捕者顺时针全速追赶，最终两个玩家在 5m 处相遇。

9.3.2 形式化模型

线性混成自动机的形式化定义是对应的时间和混成进程定义的变体。线性混成自动机包含一个异步过程，这个异步过程的状态变量是 cont 类型，在时间动作中连续更改。在时间动作中，假设所有的输入和输出变量都是离散更新的。使用连续时间不变量和比率约束来说明连续更新的状态变量的动态性。

连续时间不变量是一状态变量的布尔表达式，只有在时间动作中期间访问的所有状态满足该不变量时该时间动作才是允许的。对于图 9-26 中的系统，连续时间不变量为：

$$(mode = Rescued) \vee [(0 \leqslant p \leqslant 40) \wedge (0 \leqslant e \leqslant 40) \wedge (x \leqslant 2)]$$

线性约束说明与涉及 cont 类型变量的所有测试和更新都是仿射表达式。更准确地说，给定变量 x_1, x_2, $\cdots$, x_n，仿射测试是形如 $a_1x_1 + a_2x_1 + \cdots + a_nx_n \sim a_0$ 的表达式，这里 a_0, a_1, $\cdots$, a_n 是（整数或者实数）常数，这里 $\sim$ 是一个比较运算符，它可以是 $<$、$\leqslant$、$=$、$>$、$\geqslant$ 中的任何一个。仿射赋值是形如 $x_i := a_1x_1 + a_2x_1 + \cdots a_nx_n$ 的表达式，这里 a_0, a_1, $\cdots$, a_n 是（整数或者实数）常数。在线性混成自动机中，当一个关于连续更新变量的表达式出现在守卫条件、任务的更新代码或者连续时间不变量中时，它必须是仿射测试，连续更新变量的每个赋值都是仿射赋值。

比率约束是关于连续更新变量和离散状态变量的导数的布尔表达式。关于导数的表达式就是仿射的。对于图 9-26 中的追赶游戏，比率约束是：

$$(mode = ClkW) \wedge (\dot{e} = 5) \wedge (-0.5 \leqslant \dot{p} \leqslant 6) \wedge (\dot{x} = 1)$$

$$\vee (mode = CntrClkW) \wedge (\dot{e} = -5) \wedge (-0.5 \leqslant \dot{p} \leqslant 6) \wedge (\dot{x} = 1)$$

$$\lor (\text{mode} = \text{Rescued}) \land (\dot{e} = 0) \land (\dot{p} = 0) \land (\dot{x} = 1)$$

　　为了执行状态 s 中的时间动作,我们选择比率失量 r,也就是说,给定一个常量 r_x,对于每个连续更新的变量 x,当使用导数 $\dot{x}$ 的值 r_x 在状态 s 中进行评估时满足比率约束。〔417〕给定时间值 t,令 $s+tr$ 表示状态 s' 使得状态 s' 中的离散变量的值等于状态 s 中它的值,状态 s' 中的连续更新变量 x 的值等于 $s(x)+tr_x$。如果状态 $s+tr$ 满足连续时间不变量(对于时间间隔 $[o,\delta]$ 中的每个时间值 t),那么持续时间 δ 的时间动作是可执行的,并且从时间动作产生的状态是状态 $s+\delta r$。

　　形式化定义总结如下:

线性混成自动机

　　线性混成自动机 HP 包括 1)一个异步进程 P,其中它的某些状态变量是 cont 类型,这些变量只出现在 P 的任务的守卫和更新中的仿射测试和仿射赋值中;2)一个连续时间不变量 CI,它是状态变量 S 上的一个布尔表达式,其中 cont 类型的变量只出现在仿射测试中;3)一个比率约束 RC,它是一个关于离散状态变量和连续更新状态变量的导数的布尔表达式,这些变量只出现在仿射测试中。线性混成自动机 HP 的输入、输出、状态、初始状态、内部动作、输入动作和输出动作与异步进程 P 的相同。给定状态 s 和一个实值时间 $\delta > 0$,对于包含常量 r_x(对于每个更新状态变量 x)的比率矢量 r,$s \xrightarrow{\delta} s+\delta r$ 是 HP 的时间动作,如果 1)满足 RC 表达式,当对于每个连续更新变量 x,导数 $\dot{x} = r_x$ 并且每个离散变量 $x = s(x)$;2)对于所有 $0 \leqslant t \leqslant \delta$,状态 $s+\delta r$ 满足表达式 CI。

　　注意在一个时间动作中,每个连续更新变量 x 以常数比率演变,因此,在时间动作的持续时间中,信号 $\overline{x}$ 是时间的线性函数。相反,在线性系统中,一个典型的微分方程形如 $\dot{x} = ax$,对应的信号 $\overline{x}(t) = x_0 e^{at}$ 是时间的指数函数。

　　在追赶游戏的例子中已经看到,比率约束可以用来说明变量变化率的边界。线性混成自动机的定义也允许约束条件包含两个变量的比率。例如,如果变量 (x, y) 表示机器人在平面上的位置,那么比率约束

$$(1 \leqslant \dot{x} \leqslant 2) \land (\dot{x} = \dot{y})$$

说明机器人沿着对角线(根据约束条件 $\dot{x} = \dot{y}$)以常量速度移动,因为我们知道一个下限和一个上限(根据约束条件 $1 \leqslant \dot{x} \leqslant 2$)。

　　关于线性混成自动机的执行和可达状态的概念可以采用与混成过成程相同的方式定义。〔418〕

　　请注意,因为线性混成自动机描述中的比率约束允许微分不等式,所以在语法上它不是一个混成进程。然而,混成进程的模型比线性混成自动机更严格更有表现力,因为它通过引入对应于离散且不确定性更新的比率的辅助变量,它简单地获得与线性混成自动机相同的行为。例如,为了获得图 9-26 中的自动机描述中的微分约束($-0.5 \leqslant \dot{p} \leqslant 6$),我们引入一个 real 类型的离散变量 r_p,在模式切换过程中使用不确定性赋值 $r_p :=$ choose$\{v \mid -0.5 \leqslant v \leqslant 6\}$ 设置它的值,并且用线性微分方程 $\dot{p} = r_p$ 来说明状态变量 p 的动态性。

练习 9.11:考虑图 9-27 中的描述恒温器的线性混成自动机。请描述这个模型的执行,并且阐述这个模型与图 9-1 中的混成进程的区别。

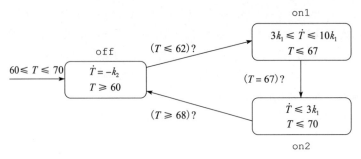

图 9-27　恒温器的线性混成自动机模型

练习 9.12*：使用线性混成自动机设计另一个逃避者策略，要求这个策略比图 9-26 中的策略"更好"。仍然要求逃避者每 2 秒做一次决策，一旦决定是顺时针运动还是逆时针运动，它都在这个方向全速运动。因此，与图 9-26 中的自动机相比，对改进的策略建模的线性混成自动机的唯一允许的改变是在用于决定是顺时针运动还是逆时针运动的测试改变 $(6e-5p>40)$ 中。改进的策略应该让逃避者赢得游戏，起始位置 $e_0=20$ 和 $p_0=1$。你的策略对于逃避者是最佳策略吗（也就是说，对于每一个初始位置，如果你的策略最终逃避者输，那么其他的每一个策略都会导致逃避者输）？

9.3.3　符号可达性分析

现在我们基于符号可达性分析设计一个线性混成自动机的不变量验证问题的算法。这个高级的算法与 3.4 节讨论的算法一样。为了实现这个符号搜索算法，我们需要一个区域表示，也就是说，对于状态集合，它符合线性混成自动机的上下文。为此，我们假设与图 9-26 中的追赶游戏一样，所有的离散变量都有枚举值。那么这个线性混成自动机只有有限个离散状态。这个可达性算法通过使用仿射约束以符号方式枚举它们的值和连续更新变量来分析离散变量。

仿射公式

令 V 是变量的集合，可以将它分解为两个集合：枚举类型的离散变量集合 V_d 和 real 类型的连续更新变量 V_c。V 上的状态包含一个将值赋予所有枚举类型变量赋值的离散状态和一个 $|V_c|$ 维实值矢量。在 (V_c,V_d) 上的区域 A 使用 V_c 上的仿射约束和 V_d 上的等式约束采用析取范式建立的公式来表示。

形式上，类型 AffForm 可用变量集合 (V_c,V_d) 来参数化，它包含下述规则定义的仿射公式：

- (V_c,V_d) 上的原子仿射公式是一个形如 $(x=d)$ 的等式，其中 x 是 V_d 中的离散变量，d 是属于变量 x 类型的常量或者形如 $a_1x_1+a_2x_1+\cdots+a_nx_n\sim a_0$ 的仿射约束，x_1，x_2，…，x_n 是 V_c 中的实值变量，a_0，a_1，…，a_n 是实数，$\sim$ 是一个比较运算符，可以是 $<$、$\leqslant$、$=$、$>$、$\geqslant$ 中的任何一个。
- (V_c,V_d) 上的合取仿射公式 φ 是 $\varphi_1\wedge\varphi_2\wedge\cdots\wedge\varphi_k$ 的合取，其中合取项 φ_1，φ_2，…，φ_k 是 (V_c,V_d) 上的原子仿射公式。
- (V_c,V_d) 上的仿射公式 A 是析取 $\varphi_1\vee\varphi_2\vee\cdots\vee\varphi_l$，其中取项 φ_1，φ_2，…，φ_l 是 (V_c,V_d) 合取仿射公式。

注意仿射公式的语法不允许显式的否运算，但可以表示它。例如，如果常量 d_1，d_2，…，d_a 都是属于变量 x 类型的值而是值 d，那么约束条件 $\neg(x=d)$ 等价于仿射公式 $(x=d_1)\vee(x=d_2)\vee\cdots\vee(x=d_a)$，这里 x 是 V_d 中的变量，且 d 是一个常量。约束条件

$\neg(a_1x_1+a_2x_2+\cdots a_nx_n\leqslant a_0)$ 等价于仿射公式 $a_1x_1+a_2x_2+\cdots a_nx_n>0$，这里 a_0，a_1，$\cdots$，a_n 是实数，且 x_0，x_1，$\cdots$，x_n 是 V_c 中的实值变量。

420

线性混成自动机的符号表示

已经定义了仿射公式的表示，我们现在可以使用这个符号表示来对线性混成自动机的多个构件进行编码。对于一个给定线性混成自动机 HP，假设 S_d 表示离散变量的集合，S_c 表示连续更新实值变量的集合。我们现在重点关注集合 S_d 中的每个变量有一个枚举类型的情形。对于图 9-26 的追赶游戏，集合 S_d 包含变量 mode，集合 S_c 包含变量 e、p 和 x。

自动机 HP 的初始状态集合由 $(S_c，S_d)$ 上的 AffForm 类型的公式 Init 表示。对于追赶游戏，假设逃避者的初始位置 $e_0=20$，追捕者的初始位置 $p_0=10$，公式 Init 等于：

$$(\text{mode}=\text{ClkW})\wedge(x=2)\wedge(e=20)\wedge(p=10)$$

对应于自动机 HP 的异步进程的迁移过程由 $(S_c\bigcup S_c'，S_d\bigcup S_d')$ 上的 AffForm 类型的公式 Trans 表示。这里，对于每个变量 x，它的准备版本 x' 表示执行了 3.4 节阐述的迁移后的变量 x 的值。这个迁移关系捕获基本异步进程的所有输入、输出和内部动作，因此是自动机 HP 的所有离散迁移的集合。对于图 9-26 的追赶游戏，公式 Trans 对于自动机 HP 的每个模式切换有一个析取项。对于距离，对应于从模式 ClkW 到模式 CntrClkW 的模式切换的析取项是：

$$(\text{mode}=\text{ClkW})\wedge(x=2)\wedge(e>0)\wedge(e<40)\wedge(6e-5p\leqslant40)\wedge$$
$$(\text{mode}'=\text{CntrClkW})\wedge(x'=0)\wedge(e'-e=0)\wedge(p'-p=0)$$

自动机 HP 的连续时间不变量由 $(S_c，S_d)$ 上的 AffForm 类型的公式 CI 表示。追赶游戏的连续时间不变量表示为：

$$(\text{mode}=\text{Rescued})\vee[(e\geqslant0)\wedge(e\leqslant40)\wedge(p\geqslant0)\wedge(p\leqslant40)\wedge(x\leqslant2)]$$

自动机 HP 的比率约束由 $(S_c，S_d)$ 上的 AffForm 类型的公式 RC 表示。这里，对于每个实值变量 x，实值变量 $\dot{x}$ 表示 x 随着时间的变化率。追赶游戏的比率约束表示为：

$$[(\text{mode}=\text{ClkW})\wedge(\dot{e}=5)\wedge(\dot{p}\geqslant-0.5)\wedge(\dot{p}\leqslant6)\wedge(\dot{x}=1)]$$
$$\vee[(\text{mode}=\text{CntrClkW})\wedge(\dot{e}=-5)\wedge(\dot{p}\geqslant-0.5)\wedge(\dot{p}\leqslant6)\wedge(\dot{x}=1)]$$
$$\vee[(\text{mode}=\text{Rescued})\wedge(\dot{e}=0)\wedge(\dot{p}=0)\wedge(\dot{x}=1)]$$

总之，具有离散状态变量 S_d 和连续变化状态变量 S_c 的线性混成自动机 HP 的符号表示，包含 1)$(S_c，S_d)$ 上的 AffForm 类型初始化公式 Init；2)$(S_c\bigcup S_c'，S_d\bigcup S_d')$ 上的 AffForm 类型的公式 Trans；3)$(S_c，S_d)$ 上的 AffForm 类型的连续时间不变量 CI；4)$(S_c，S_d)$ 上的 AffForm 类型的比率约束 RC。这样的描述可以通过自动编译用于自动描述线性混成自动机的源语言得到。

421

仿射公式的运算

3.4 节讨论的符号搜索技术需要对区域数据类型的运算：并集 Disj、交集 Conj、差 Diff，空集测试 IsEmpty，存在量词 Exists 和变量重命名 Rename。所有的这些运算可以有效地应用于如下仿射公式的 AffForm 类型的数据。

对于两个仿射公式 A 和 B，并集 $\text{Disj}(A，B)$ 是公式 $A\vee B$，因为它保证是 AffForm 类型。

考虑两个仿射公式 A 和 B，对应 $\text{Conj}(A，B)$ 的公式不能简单地看作合取 $A\wedge B$，因为在要求的析取范式中它不需要是仿射公式。然而，逻辑析取和合取的分配性可以用于实现所要求的运算。如果公式 A 等于 $\varphi_1\vee\varphi_2\vee\cdots\vee\varphi_a$，其中每一个 φ_i 都是一个合取仿射公式，公式 B 等于 $\psi_1\vee\psi_2\vee\cdots\vee\psi_a$，其中每一个 ψ_i 都是一个合取仿射公式，那么 $\text{Conj}(A，$

B)是仿射公式:

$$\bigvee_{1\leqslant i\leqslant a,1\leqslant j\leqslant b}(\varphi_i\wedge\psi_j)$$

注意每个析取项$(\varphi_i\wedge\psi_j)$都是一个合取仿射不变式,并且由此产生的公式的大小以平方增长,因为它有 $a\cdot b$ 个析取项。

两个仿射公式 A 和 B 的差集运算 $\mathrm{Diff}(A,B)$ 可以通过重写来实现,这个留作练习。

剩下的运算可以通过简单的文本代替来实现。对于仿射公式 A,为了将 A 中的变量 x 重命名为 y,y 没有在 A 中出现过,通过将公式 A 中每个 x 用 y 替换得到 $\mathrm{Rename}(A,x,y)$。

为了实现运算 $\mathrm{IsEmpty}$,给定(S_c,S_d)上的 $\mathrm{AffForm}$ 类型的公式 A,我们需要检查是否可以给这个变量赋值使得满足公式 A,假设公式 A 是析取 $\varphi_1\vee\varphi_2\vee\cdots\vee\varphi_a$,其中每一个 φ_i 都是合取仿射公式。那么当满足其中一个 φ_i 满足时公式 A 是可满足的,并且每个子公式的可满足性都可以单独地检查。因此,主要关注测试合取仿射公式的满足性就足够了。如果它包括两个形如$(x=d)$和$(x=d')$的合取,那么不能满足公式,其中 x 是离散变量,d 和 d' 是不同的常量。否则,包含离散变量的约束不影响可满足性。因此,检查仿射公式满足性的核心计算问题简化为检查原子仿射约束的合取的可满足性,也就是说,检查形如 $\varphi_1\wedge\varphi_2\wedge\cdots\wedge\varphi_k$ 的公式的可满足性,其中 φ_i 是形如 $a_1x_1+a_2x_2+\cdots+a_nx_n\sim a_0$ 的一个仿射约束。检查这样的仿射约束的合取的可满足性是具有很好理解理论基础和多种有效实现的线性程序设计中的经典问题。

量词消去

最后,让我们把重点放在存在量词的运算上:给定一个仿射公式 A 和变量 x,我们需要计算 $B=\mathrm{Exists}(A,x)$ 的结果,使得公式 B 是 $\mathrm{AffForm}$ 类型,B 不包含变量 x,同时当存在 x 的一个值为 c 使得状态 $s[x\to c]$ 满足公式 A 时,状态 s 满足公式 B。假设变量 x 量化为一个实值变量,公式 A 是合取 $\varphi_1\wedge\varphi_2\wedge\cdots\wedge\varphi_k$,其中 φ_i 是形如 $a_1x_1+a_2x_2+\cdots+a_nx_n\sim a_0$ 的一个仿射约束。这种情形捕获问题的可计算本质,一般的处理情况留作练习。

考虑形如 $a_1x_1+a_2x_2+\cdots+a_nx_n\sim a_0$ 的合取项 φ_i,其中变量 $x=x_1$。如果系数 $a_1=0$(也就是说,消去的变量不出现在合取项 φ_i 中),那么 φ_i 作为合取项直接出现在结果 B 中。如果系统 a_1 是非零的,那么考虑表达式 $e_i=(a_0-a_2x_2-\cdots-a_nx_n)/a_1$。如果比较运算 $\sim$ 是 $\leqslant$,且系数 a_1 是正的,那么我们重写约束 φ_i 为$(x\leqslant e_i)$,在这种情况下,表达式 e_i 是变量 x 的值的上界。如果比较运算 $\sim$ 是 $\leqslant$,且系数 a_1 是负的,那么我们重写约束 φ_i 为$(x\geqslant e_i)$,在这种情况下,表达式 e_i 是变量 x 的值的下界。其他情形类似,但可以导致形如$(x>e_i)$的严格下界约束和形如$(x<e_i)$的严格上界约束。现在如果我们简单地断言 x 的每个下界必须小于 x 的每个上界,那么我们可以从该约束中消去变量 x。例如,约束$(x\geqslant e_i)$和$(x\leqslant e_j)$导致隐式约束$(e_i\leqslant e_j)$,约束$(x\geqslant e_i)$和$(x<e_i)$导致隐式约束$(e_i<e_j)$。如果所有这样的隐式约束的合取都是可满可足的,那么 x 下界的最大值不会超过 x 上界的最小值,在这种情况下,有可能找到满足 A 中的所有原始约束的 x 的值。每个形如$(e_i\leqslant e_j)$和$(e_i<e_j)$的隐式约束都可以简单地重写,因此它是一个原子仿射公式并给 B 贡献了一个合取项。

为了解释量词消去的过程,考虑如下给出的合取仿射公式 A:

$$(2x+3y-5z<7)\wedge(6y+8z\geqslant-2)\wedge(-x+y-7z\leqslant10)\wedge(3x+z\leqslant0)$$

第一个合取项给出了严格上限约束 $x<(7-3y+5z)/2$,第二个合取项没有约束 x,第三个合取项给出了下界约束 $x\geqslant(-10+y-7z)$,第四个合取项给出了上界约束 $x\leqslant-z/3$。

我们通过要求每个下界不超过每个上界并且保留第二个合取项来消去，得到：

$$(6y + 8z \geqslant -2) \wedge [(-10 + y - 7z) \leqslant -z/3] \wedge [(-10 + y - 7z) < (7 - 3y + 5z)/2]$$

我们然后重写最后两个合取项，这样期望的仿射公式是：

$$(6y + 8z \geqslant -2) \wedge (3y - 20z \leqslant 30) \wedge (5y - 19z < 27)$$

注意在结果 B 中的原子约束数是输入公式 A 中的原子约束数的平方。如果我们重复使用存在量词，那么约束数以指数增长。

图像计算：离散迁移

符号搜索的核心是图像计算：给定关于状态变量的区域 A，我们希望计算包含使用一个迁移可以从 A 的所有状态到达所有状态的区域。如果我们关注离散迁移，那么该图像计算的算法就与 3.4 节讨论的算法相同。给定一个仿射公式 A，我们首先将它与 Trans 进行连接，包含所有离散转换的转换前和转换后的区域。交集 Conj(A，Trans) 是 $S \cup S'$ 上的区域，它包含所有从 A 中的状态发出的所有离散迁移。然后我们通过存在量化 S 中的变量将结果投影到初始状态的变量集合 S'。将每一个初始变量 x' 重命名为 x 给出我们需求的区域。因此，具有迁移公式 Trans 的线性混成自动机 HP 的区域 A 的离散后图像定义为：

$$\text{DiscPost}(A, \text{Trans}) = \text{Rename}(\text{Exists}(\text{Conj}(A, \text{Trans}), S), S', S)$$

对于追赶游戏的例子，初始区域的离散后图像可以使用上式获得。计算结果是仿射公式 A_1：

$$\text{DiscPost}(\text{Init}, \text{Trans}) = A_1(\text{mode} = \text{ClkW}) \wedge (x = 0) \wedge (e = 20) \wedge (p = 10)$$

图像计算：时间迁移

我们下一个目标是捕获从混成自动机 HP 的给定区域中的状态开始的时间动作产生的所有状态集合的符号表示。令 A 表示混成自动机的一个区域，CI 是连续时间不变量，RC 是它的比率约束。区域 A 的时间后像 B 包括所有的状态 s'，使得存在一个属于区域 A 的状态 S，持续时间长 δ 和比率矢量 r 使得 1) 状态 s 和比率 r 满足 RC 公式；2) 对于每个 $0 \leqslant t \leqslant \delta$，状态 $s + rt$ 满足不变量 CI；3) 最后状态 s' 等于 $s + r\delta$。为了简单起见，我们假设连续时间不变量 CI 定义了一个凸集：如果两个状态满足公式 CI，那么位于连接这两个状态部分上的每个状态也满足公式 CI。这是一种典型情况，并且在追赶游戏例子中成立。在这种情况下，条件 2) 可以被更简单的条件"在时间动作的开始和结束的状态 s 和 s' 都满足 CI"替代。

公式 A 使用离散变量 S_d 和连续更新变量 S_c。为了得到需要的结果，我们使用辅助变量 S_c' 表示在时间动作结束的连续更新变量的值，变量 inc 表示时间动作的持续时间（假设 inc 不是混成自动机的变量）。我们首先构建变量 S_d、S_c、S_c' 和 int 上的公式 B'。这个公式捕获从区域 A 中开始的所有时间迁移。

因为区域 B' 捕获从区域 A 中开始的所有时间动作，所以 A 是 B' 中的一个合取项。为了保证连续时间不变量在时间动作的开始成立，公式 CI 也是 B' 的一个合取项。为了保证连续时间不变量在时间动作的结束成立，通过将每个连续更新变量 x 重命名为 x' 获得的公式 Rename(CI, S_c, S_c') 也是 B' 的一个合取项。

现在需要一个约束表示变量的比率根据比率约束来选择，并且连续更新变量 x 值的增量 $(x' - x)$ 等于持续时间变量 int 的值乘以 x 的变化率。这个约束的直接编码使用乘法运算，因此产生非线性约束。我们通过利用比率公式 RC 的特殊结构来避免这个非线性约束：形如 $(a_1\dot{x}_1 + a_2\dot{x}_2 + \cdots + a_n\dot{x}_n \sim a_0)$ 的原子仿射约束被约束 $[a_1(x_1' - x_1) + a_2(x_2' - x_2) + \cdots +$

424

$a_n(x'_n - x_n) \sim a_0 \mathrm{inc}$]替代。注意这个改进的约束等价于原始约束,因为一个变量的变化 $\dot{x}_i$ 的常数比率等于值中的变化除以持续时间,可以用表达式 $(x'_i - x_i)/\mathrm{inc}$ 表示。更具体地,给定 $(\dot{S}_c, S_d)$ 上的仿射公式 RC,令 RC′是通过用原子仿射约束来替换形如

$$(a_1 x'_1 - a_1 x_1 + \cdots a_n x'_n - a_n x_n - a_0 \mathrm{inc}) \sim 0$$

$$(a_1 \dot{x}_1 + a_2 \dot{x}_2 + \cdots a_n \dot{x}_n) \sim a_0$$

的原子仿射约束得到的 $(S'_c \bigcup \{\mathrm{inc}\}, S_d)$ 上的仿射公式

425
公式 B' 是仿射公式 A、CI、Rename CI,S_c,S'_c 和 RC′的合取。

为了从公式 B' 获得需要的时间后像 B,我们使用量词消去在时间持续中的连续变化变量的开始值,并且把所有转换后的变量 x' 重命名回 x。因此,区域 A 的时间后像 TimedPost A,CI,RC 定义为:

$$\mathrm{Rename}(\mathrm{Exists}(\mathrm{Conj}(A, \mathrm{CI}, \mathrm{Rename}(\mathrm{CI}, S_c, S'_c)), \mathrm{RC}), S_c \bigcup \{\mathrm{inc}\}), S'_c, S_c)$$

为了说明时间后像的计算,假设有两个连续更新变量 x 和 y 并且没有离散变量。假设区域 A 由 $(1 \leqslant x \leqslant 3) \wedge (1 \leqslant y \leqslant 2)$ 给出(如图 9-28 中的矩形)。假设连续时间不变量是 $(x \leqslant 5)$,比率约束为 $[(\dot{x} = 1) \wedge (-1 \leqslant \dot{y} \leqslant -0.5)]$。这意味着在时间动作中,状态在锥形边界的演化沿着线在 -1 到 -0.5 之间演变,同时 x 的值不超过 5。为了计算时间后图像,我们首先引入转换后的变量 x' 和 y' 和持续时间变量 inc。迁移比率约束 RC′是:

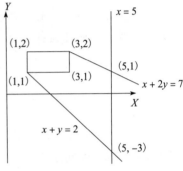

图 9-28　时间后像计算的例子

$$[(x' - x) = \mathrm{inc}] \wedge [-\mathrm{inc} \leqslant (y' - y) \leqslant -0.5\mathrm{inc}]$$

公式 B' 是合取:

$$(1 \leqslant x \leqslant 3) \wedge (1 \leqslant y \leqslant 2) \wedge (x \leqslant 5) \wedge (x' \leqslant 5) \wedge$$

$$(x' - x = \mathrm{inc}) \wedge [-\mathrm{inc} \leqslant (y' - y) \leqslant -0.5\mathrm{inc}]$$

通过从下式中消去变量 x、y 和 inc 并将 x' 重命名为 x,将 y' 重命名为 y 得到需要的区域 B,最后的结果等价于仿射公式:

426
$$(x \geqslant 1) \wedge (y \leqslant 2) \wedge (x \leqslant 5) \wedge (x + y \geqslant 2) \wedge (x + 2y \leqslant 7)$$

在图 9-28 中,矩形 A 的时间后像是顶点为 $(1, 1)$、$(1, 2)$、$(3, 2)$、$(5, 1)$ 和 $(5, -3)$ 的五边形。

对于追赶游戏的例子,可能没有从初始状态开始的正持续时间的时间动作(因为时钟 $x = 2$),区域 Init 的时间后像是 Init 本身。通过将离散后像运算应用到 Init 得到的区域 A_1 的时间后像是仿射公式

$$(\mathrm{mode} = \mathrm{ClkW}) \wedge (0 \leqslant x \leqslant) \wedge (e - 5x = 20) \wedge (10 - 0.5x \leqslant p \leqslant 10 + 6x)$$

迭代图像计算

线性混成自动机区域的区域 A 的后像只是它的离散后像和时间后像的并(或者析取):

$$\mathrm{Post}(A, \mathrm{Trans}, \mathrm{CI}, \mathrm{RC}) = \mathrm{Disj}(\mathrm{DiscretePst}(A, \mathrm{Trans}), \mathrm{TimedPost}(A, \mathrm{CI}, \mathrm{RC}))$$

为了检查状态变量 S 上的属性 φ 是否是不变量(或者,等价地,否定属性 $\neg \varphi$ 是否是可达的),我们现在可以使用基于区域表示的图 3-18 中的符号广度优先算法作为仿射公式。

这种表示的复杂性,即,表示可达状态的当前集合的仿射公式的大小,随着迭代次数的增加而迅速增长。线性混成状态机的符号可达性分析工具,例如 HYTECH 和 SPACE-EX,采用了许多优化方法来改进计算效率。当线性混成自动机包含 n 个连续更新变量时,

每个原子仿射约束都是一个实值失量的 n 维空间中的超平面。那么合取仿射公式是一个 n 维空间中的多面体。处理仿射公式的优化基于采用多面体的替代表示和简化这些表示的算法。例如，给定作为原子仿射约束的合取的多面体，如果有一个约束没有表示多面体的边界面，那么这个约束可以消去。

甚至当线性混成自动机只有有限多个离散状态，符号可达性算法可能也终止不了。例如，考虑图 9-29 中的线性混成自动机，这个自动机有一个单一模式和两个连续更新变量。两个变量的初始值都是 0。变量 x 的变化率为 1，变量 y 的变化率为 2。最初，两个变量的值都是 0。在符号搜索的第一次迭代中发现的可达状态的集合是连接 $(0，0)$ 和 $(1/2，1)$ 的线段。在下一次迭代中，当 y 的值为 1 时，x 的值为 1/4，离散模式切换将状态更新为 $(0，1/4)$。这种模式永远重复（如图 9-29 所示）。这个系统的可达状态集合包含无限多个不连接的线断：第 k 个线段连接状态 $(0，1-1/2^k)$ 和 $(1/2^{k+1}，1)$。

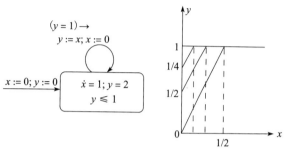

图 9-29 不终止的符号图像计算的例子

显然符号广度优先搜索算法持续迭代来发现越来越短的这种线段。与此相反，与 7.3 节中的时间自动机一样，所有连续更新变量以相同的变化率递增，如果时间状态机有有限多个离散状态，那么基于时钟区（或时钟区域）的符号表示的符号可达性算法一定是可以停止的。

追赶游戏的分析

可以用于确定图 9-26 中的逃避者策略的符号可达性分析是给定初始位置的获胜策略。为此，执行图 3-18 中的符号广度优先搜索算法来检查属性 $(e-p=0)$ 是否是可达的：如果发现这个属性是可达的，那么追捕者赢得比赛；否则，逃避者赢得比赛。

对于初始位置 $e_0=20$ 和 $p_0=1$，在 4 次迭代后，发现属性 $(e-p=0)$ 是可达的。因此，在这个情况下，追捕者将获胜。

对于初始位置 $e_0=20$ 和 $p_0=10$，在 5 次迭代后，算法终止并且计算出了所有可达的状态，没有发现属性 $(e-p=0)$ 成立的状态。可达状态集合由下式给出：

$$
\begin{aligned}
&\text{mode} = \text{ClkW} &&\wedge\ e = 20 &&\wedge\ p = 10 &&\wedge\ x = 2 \\
\vee\ &\text{mode} = \text{ClkW} &&\wedge\ e = 20+5x &&\wedge\ 10-0.5x \leqslant p \leqslant 10+6x &&\wedge\ 0 \leqslant x \leqslant 2 \\
\vee\ &\text{mode} = \text{ClkW} &&\wedge\ e = 30+5x &&\wedge\ 9-0.5x \leqslant p \leqslant 22+6x &&\wedge\ 0 \leqslant x \leqslant 2 \\
\vee\ &\text{mode} = \text{Rescued} &&\wedge\ e = 0 &&\wedge\ 8 \leqslant p \leqslant 34 &&\wedge\ x \geqslant 2
\end{aligned}
$$

现在假设，已经固定逃避者的初始位置 $e_0=20$，我们想要计算逃避者赢得比赛的追赶者的初始位置 p_0 的集合。这个可以使用相同的符号可达性算法来实现，但将初始位置 p_0 作为另一个符号变量来处理。形式上，我们修改图 9-26 的线性混成自动机，增加了 4 个连续更新变量 p_0。这个变量的值不会改变：在每个模式，通过增加合取项 $(\dot{p}_0=0)$ 来修改比率约束。初始条件现在是公式

$$(\text{mode} = \text{ClkW}) \wedge (x = 2) \wedge (e = 20) \wedge (p - p_0 = 0)$$

然后，我们应用迭代图像计算算法直到所有的可达状态都计算过。如果变量 mode、x、e、p 和 p_0 上的仿射公式 Reach 表示所有的可达状态，那么公式

$$\text{Exists}(\text{Conj}(\text{Reach}, (e-p=0)), \{\text{mode}, p, x, e\})$$

是一个只包含变量 p_0 的仿射公式，它给出确保追捕者获胜的追捕者初始位置的约束。使用 HYTECH 工具进行计算，公式得出 $(0 \leqslant p_0 \leqslant 2) \wedge (16 \leqslant p_0 \leqslant 40)$。这个例子告诉我们当逃避者的初始位置为 20 时，并且当追捕者的初始位置在区间 $(2，16)$ 中时，逃避者赢得比赛。

练习 9.13：给定 AffForm 类型的两个公式 A 和 B，请阐述如果实现运算 Diff$(A，B)$，也就是说，如何计算一个公式，它是 1) 等价于逻辑公式 $A \wedge \neg B$；2) AffForm 类型。

练习 9.14：请描述放射公式数据类型的存在量化的一般实现过程：给定 $(V_c，V_d)$ 上的仿射公式 A 和变量 $x \in V_c \cup V_d$，请阐述如何获得 Exists$(A，x)$ 的仿射公式。

练习 9.15：考虑以下合取仿射公式给出的区域 A：

$$(-x_1 + 6x_4 \leqslant 17) \wedge (3x_1 + 12x_3 \leqslant 1) \wedge (2x_1 - 3x_2 + 5x_4 \leqslant 7) \wedge$$
$$(7x_2 - x_3 - 8x_4 > 0) \wedge (5x_1 + 2x_2 - x_3 > -5)$$

计算作为仿射公式的区域 Exists$(A，x)$。

练习 9.16：假设线性混成自动机包含两个连续更新变量 x 和 y，并且没有离散变量。考虑以顶点为 $(0，0)$、$(1，2)$ 和 $(2，1)$ 的三角形区域。假设连续时间不变量是 $(x - y \leqslant 4)$ 且比率约束是 $(\dot{x} = 1) \wedge (0.5 \leqslant \dot{y} \leqslant 1)$。请计算区域 A 的时间后像并将它描述为仿射公式。

429

参考文献说明

将离散迁移系统和微分/代数方程相结合的混成系统的形式化模型的研究起源于 20 世纪 90 年代初 [MMP91]。我们的混成进程模型是基于混成自动机 [ACH$^+$95] 的。使用良好设计的形式化方法的混成系统的规约和验证的例子，详见 [Tab09] 和 [Pla10]。现在，商业建模软件也支持使用混成自动机对嵌入式控制系统建模。例如，Mathworks（详见 mathworks.com）支持使用 STATEFLOW 和 SIMULINK 的集成来建模。

混成动态系统的稳定性数学分析和控制设计是当今控制理论中的研究热点（详见 [Bra95] 和 [LA14]）。

自动导航汽车的案例研究基于 [LS11]，障碍规避模型来源于 [AEK$^+$99]，多跳时间触发的控制网络的分析基于 [AD$^+$11]，图 9-25 的追赶游戏来源于 [AHW97]。

线性混成自动机模型在 [ACH$^+$95] 中介绍，对应的符号分析算法在模型检查器 HYTECH[AHH96，HHW97] 中首次实现（详见 [FLGD$^+$11]，关于线性混成自动机分析的最新和有效技术）。

430

参 考 文 献

[ACH+95]   R. Alur, C. Courcoubetis, N. Halbwachs, T.A. Henzinger, P.-H. Ho, X. Nicollin, A. Olivero, J. Sifakis, and S. Yovine. The algorithmic analysis of hybrid systems. *Theoretical Computer Science*, 138:3–34, 1995.

[AD94]   R. Alur and D.L. Dill. A theory of timed automata. *Theoretical Computer Science*, 126:183–235, 1994.

[ADJ+11]   R. Alur, A. D'Innocenzo, K.H. Johansson, G.J. Pappas, and G. Weiss. Compositional modeling and analysis of multi-hop control networks. *IEEE Trans. Automat. Contr.*, 56(10):2345–2357, 2011.

[AEK+99]   R. Alur, J. Esposito, M. Kim, V. Kumar, and I. Lee. Formal modeling and analysis of hybrid systems: A case study in multirobot coordination. In *FM'99 – World Congress on Formal Methods in the Development of Computer Systems*, LNCS 1708, pages 212–232. Springer, 1999.

[AH95]   K.J. Áström and T. Hägglund. *PID Controllers: Theory, Design, and Tuning*. Instrument Society of America, 1995.

[AH99a]   R. Alur and T.A. Henzinger. *Computer-Aided Verification*. 1999. Unpublished manuscript, available at www.cis.upenn.edu/~alur/CAVBook.pdf.

[AH99b]   R. Alur and T.A. Henzinger. Reactive modules. *Formal Methods in System Design*, 15(1):7–48, 1999.

[AHH96]   R. Alur, T.A. Henzinger, and P.-H. Ho. Automatic symbolic verification of embedded systems. *IEEE Transactions on Software Engineering*, 22(3):181–201, 1996.

[AHW97]   R. Alur, T.A. Henzinger, and H. Wong-Toi. Symbolic analysis of hybrid systems. In *Proceedings of the 37th IEEE Conference on Decision and Control*, 1997.

[AM06]   P.J. Antsaklis and A.N. Michel. *Linear Systems*. Birkhäuser, 2006.

[BBC+10]   A. Bessey, K. Block, B. Chelf, A. Chou, B. Fulton, S. Hallem, C.-H. Gros, A. Kamsky, S. McPeak, and D.R. Engler. A few billion lines of code later: Using static analysis to find bugs in the real world. *Commun. ACM*, 53(2):66–75, 2010.

[BCD+92]   J.R. Burch, E.M. Clarke, D.L. Dill, L.J. Hwang, and K.L. McMillan. Symbolic model checking: 10^{20} states and beyond. *Information and Computation*, 98(2):142–170, 1992.

[BCE+03]   A. Benveniste, P. Caspi, S.A. Edwards, N. Halbwachs, P. Le Guernic, and R. de Simone. The synchronous languages 12 years later. *Proceedings of the IEEE*, 91(1):64–83, 2003.

[BDL+11]   G. Behrmann, A. David, K.G. Larsen, P. Pettersson, and W. Yi. Developing UPPAAL over 15 years. *Software – Practice and Experience*, 41(2):133–142, 2011.

[BG88]   G. Berry and G. Gonthier. The synchronous programming language ESTEREL: Design, semantics, implementation. Technical Report 842, INRIA, 1988.

[BGK+96]   J. Bengtsson, W.D. Griffioen, K.J. Kristoffersen, K.G. Larsen, F. Larsson, P. Pettersson, and W. Yi. Verification of an audio protocol with bus collision using UPPAAL. In *Computer Aided Verification, 8th International Conference (CAV)*, LNCS 1102, pages 244–256, 1996.

[BHSV+96]   R. Brayton, G. Hachtel, A. Sangiovanni-Vincentelli, F. Somenzi, A. Aziz, S. Cheng, S. Edwards, S. Khatri, Y. Kukimoto, A. Pardo, S. Qadeer, R. Ranjan, S. Sarwary, T. Shiple, G. Swamy, and T. Villa. VIS: A system for verification and synthesis. In *Computer Aided Verification: 8th International Conference (CAV)*, LNCS 1102, pages 428–432. Springer-Verlag, 1996.

[BK08]   C. Baier and J.-P. Katoen. *Principles of Model Checking*. MIT Press, 2008.

[BKSY12]   D. Bustan, D. Korchemny, E. Seligman, and J. Yang. SystemVerilog Assertions: Past, present, and future SVA standardization experience. *IEEE Design & Test of Computers*, 29(2):23–31, 2012.

[BLR11]   T. Ball, V. Levin, and S.K. Rajamani. A decade of software model checking with SLAM. *Commun. ACM*, 54(7):68–76, 2011.

[BM07]   A.R. Bradley and Z. Manna. *The Calculus of Computation – Decision Procedures with Applications to Verification*. Springer, 2007.

[Bra95]   M. S. Branicky. *Studies in Hybrid Systems: Modeling, Analysis, and Control*. PhD thesis, Massachusetts Institute of Technology, 1995.

[Bry86]   R.E. Bryant. Graph-based algorithms for Boolean-function manipulation. *IEEE Transactions on Computers*, C-35(8), 1986.

[BSW69]   K.A. Bartlett, R.A. Scantlebury, and P.T. Wilkinson. A note on reliable full-duplex transmission over half-duplex links. *Commun. ACM*, 12(5):260–261, 1969.

[Büc62]   J.R. Büchi. On a decision method in restricted second-order arithmetic. In *Proceedings of the International Congress on Logic, Methodology, and Philosophy of Science 1960*, pages 1–12. Stanford University Press, 1962.

[But97]   G.C. Buttazo. *Hard Real-time Computing Systems: Predictable Scheduling Algorithms and Applications*. Kluwer Academic Publishers, 1997.

[CCGR00]   A. Cimatti, E. M. Clarke, F. Giunchiglia, and M. Roveri. NUSMV: A new symbolic model checker. *Software Tools for Technology Transfer*, 2(4):410–425, 2000.

[CE81]   E.M. Clarke and E.A. Emerson. Design and synthesis of synchronization skeletons using branching time temporal logic. In *Proc. Workshop on Logic of Programs*, LNCS 131, pages 52–71. Springer-Verlag, 1981.

[CES09]   E.M. Clarke, E.A. Emerson, and J. Sifakis. Model checking: Algorithmic verification and debugging. *Commun. ACM*, 52(11):74–84, 2009.

[CGP00]   E.M. Clarke, O. Grumberg, and D.A. Peled. *Model Checking*. MIT Press, 2000.

[CM88]   K.M. Chandy and J. Misra. *Parallel Program Design: A Foundation*. Addison-Wesley, 1988.

[CPHP87]   P. Caspi, D. Pilaud, N. Halbwachs, and J. Plaice. Lustre: A declarative language for programming synchronous systems. In *Proceedings of the 14th Annual ACM Symposium on Principles of Programming Languages (POPL)*, pages 178–188, 1987.

[CVWY92]   C. Courcoubetis, M.Y. Vardi, P. Wolper, and M. Yannakakis. Memory efficient algorithms for the verification of temporal properties. *Formal Methods in System Design*, 1:275–288, 1992.

[Dij65]   E.W. Dijkstra. Solution of a problem in concurrent programming control. *Commun. ACM*, 8(9):569, 1965.

[Dil89]   D.L. Dill. Timing assumptions and verification of finite-state concurrent systems. In J. Sifakis, editor, *Automatic Verification Methods for Finite State Systems*, LNCS 407, pages 197–212. Springer–Verlag, 1989.

[Dil96]   D.L. Dill. The Mur*phi* verification system. In *Computer Aided Verification, 8th International Conference (CAV)*, LNCS 1102, pages 390–393, 1996.

[EF06]   C. Eisner and D. Fisman. *A Practical Introduction to PSL*. Springer, 2006.

[Eme90]   E.A. Emerson. Temporal and modal logic. In J. van Leeuwen, editor, *Handbook of Theoretical Computer Science*, volume B, pages 995–1072. Elsevier Science Publishers, 1990.

[FLGD$^+$11] G. Frehse, C. Le Guernic, A. Donzé, S. Cotton, R. Ray, O. Lebeltel, R. Ripado, A. Girard, T. Dang, and O. Maler. SpaceEx: Scalable verification of hybrid systems. In *Proc. 23rd International Conference on Computer Aided Verification (CAV)*, LNCS 6806, pages 379–395. Springer, 2011.

[FLP85]   M.J. Fischer, N.A. Lynch, and M. Paterson. Impossibility of distributed consensus with one faulty process. *Journal of the ACM*, 32(2):374–382, 1985.

[FMPY06]   E. Fersman, L. Mokrushin, P. Pettersson, and W. Yi. Schedulability analysis of fixed-priority systems using timed automata. *Theoretical Computer Science*, 354(2):301–317, 2006.

[FPE02]   G.F. Franklin, J.D. Powell, and A. Emami-Naeini. *Feedback Control of Dynamic Systems*. Prentice Hall, 2002. Fourth Edition.

[Fra86]   N. Francez. *Fairness*. Springer-Verlag, 1986.

[Hal93]   N. Halbwachs. *Synchronous Programming of Reactive Systems*. Kluwer Academic Publishers, 1993.

[Har87]   D. Harel. Statecharts: A visual formalism for complex systems. *Science of Computer Programming*, 8:231–274, 1987.

[Her91]   M. Herlihy. Wait-free synchronization. *ACM Trans. Program. Lang. Syst.*, 13(1):124–149, 1991.

[HHW97]   T.A. Henzinger, P.-H. Ho, and H. Wong-Toi. HyTech: A model checker for hybrid systems. *Software Tools for Technology Transfer*, 1(1-2):110–122, 1997.

[HNSY94] T.A. Henzinger, X. Nicollin, J. Sifakis, and S. Yovine. Symbolic model-checking for real-time systems. *Information and Computation*, 111(2):193–244, 1994.

[Hoa69]   C.A.R. Hoare. An axiomatic basis for computer programming. *Commun. ACM*, 12(10):576–580, 1969.

[Hoa85]   C.A.R. Hoare. *Communicating Sequential Processes*. Prentice-Hall, 1985.

[Hol97]   G.J. Holzmann. The model checker SPIN. *IEEE Transactions on Software Engineering*, 23(5):279–295, 1997.

[Hol04]   G.J. Holzmann. *The SPIN Model Checker: Primer and Reference Manual*. Addison-Wesley, 2004.

[Hol13]   G.J. Holzmann. Landing a spacecraft on Mars. *IEEE Software*, 30(2):83–86, 2013.

[HP85]   D. Harel and A. Pnueli. On the development of reactive systems. In *Logics and Models of Concurrent Systems*, volume F-13 of *NATO Advanced Summer Institutes*, pages 477–498. Springer-Verlag, 1985.

[HR04]   M. Huth and M.D. Ryan. *Logic in Computer Science: Modelling and Reasoning about Systems*. Cambridge University Press, 2004. Second Edition.

[HS06]   T.A. Henzinger and J. Sifakis. The embedded systems design challenge. In *FM 2006: 14th International Symposium on Formal Methods*, LNCS 4085, pages 1–15, 2006.

[HW95]   P.-H. Ho and H. Wong-Toi. Automated analysis of an audio control protocol. In *Proceedings of the Seventh Conference on Computer-Aided Verification*, LNCS 939, pages 381–394. Springer-Verlag, 1995.

[IBG+11]   F. Ivancic, G. Balakrishnan, A. Gupta, S. Sankaranarayanan, N. Maeda, H. Tokuoka, T. Imoto, and Y. Miyazaki. DC2: A framework for scalable, scope-bounded software verification. In *Proc. 26th IEEE/ACM Intl. Conf. on Automated Software Engineering*, pages 133–142, 2011.

[JPAM14]   Z. Jiang, M. Pajic, R. Alur, and R. Mangharam. Closed-loop verification of medical devices with model abstraction and refinement. *Software Tools for Technology Transfre (STTT)*, 16(2):191–213, 2014.

[Kah74]   G. Kahn. The semantics of simple language for parallel programming. In *IFIP Congress*, pages 471–475, 1974.

[KLSV10]   D.K. Kaynar, N.A. Lynch, R. Segala, and F.W. Vaandrager. *The Theory of Timed I/O Automata*. Synthesis Lectures on Distributed Computing Theory. Morgan & Claypool Publishers, 2010. Second Edition.

[Kop00]   H. Kopetz. *Real-Time Systems: Design Principles for Distributed Embedded Applications*. Kluwer Academic Publishers, 2000.

[KSLB03]   G. Karsai, J. Sztipanovits, A. Ledeczi, and T. Bapty. Model-integrated development of embedded software. *Proceedings of the IEEE*, 91(1):145–164, 2003.

[LA14]   H. Lin and P.J. Antsaklis. *Hybrid Dynamical Systems: An Introduction to Control and Verification*. Number 1 in Foundations and Trends in Systems and Control. 2014.

[Lam87]   L. Lamport. A fast mutual exclusion algorithm. *ACM Transactions on Computer Systems*, 5(1):1–11, 1987.

[Lam94]   L. Lamport. The temporal logic of actions. *ACM Transactions on Programming Languages and Systems*, 16(3):872–923, 1994.

[Lam02]   L. Lamport. *Specifying Systems: The TLA+ Language and Tools for Hardware and Software Engineers*. Addison-Wesley, 2002.

[Lee00]   E. A. Lee. What's ahead for embedded software. *IEEE Computer*, pages 18–26, 2000.

[Liu00]   J.S. Liu. *Real-Time Systems*. Prentice Hall, 2000.

[LL73]   C. Liu and J. Layland. Scheduling algorithms for multiprogramming in a hard real-time environment. *Journal of the ACM*, 20(1), 1973.

[LP95]   E.A. Lee and T.M. Parks. Dataflow process networks. *Proceedings of the IEEE*, 83(5):773–801, 1995.

[LPY97]   K. Larsen, P. Pettersson, and W. Yi. UPPAAL in a nutshell. *Springer International Journal of Software Tools for Technology Transfer*, 1(1-2):134–152, 1997.

[LS11]   E.A. Lee and S.A. Seshia. *Introduction to Embedded Systems, A Cyber-Physical Systems Approach*. 2011. Available at http://LeeSeshia.org.

[LSC+12]   I. Lee, O. Sokolsky, S. Chen, J. Hatcliff, E. Jee, B. Kim, A.L. King, M. Mullen-Fortino, S. Park, A. Roederer, and K.K. Venkatasubramanian. Challenges and research directions in medical cyber-physical systems. *Proceedings of the IEEE*, 100(1):75–90, 2012.

[LT87]   N.A. Lynch and M. Tuttle. Hierarchical correctness proofs for distributed algorithms. In *Proceedings of the Seventh ACM Symposium on Principles of Distributed Computing*, pages 137–151, 1987.

[LV02]   E.A. Lee and P. Varaiya. *Structure and Interpretation of Signals and Systems*. Addison Wesley, 2002.

[Lyn96]   N.A. Lynch. *Distributed Algorithms*. Morgan Kaufmann, 1996.

[Mar03]   P. Marwedel. *Embedded System Design*. Kluwer, 2003.

[McM93]   K.L. McMillan. *Symbolic Model Checking: An Approach to the State Explosion Problem*. Kluwer Academic Publishers, 1993.

[Mil89]   R. Milner. *Communication and Concurrency*. Prentice-Hall, 1989.

[MMP91]   O. Maler, Z. Manna, and A. Pnueli. From timed to hybrid systems. In *Real-Time: Theory in Practice, REX Workshop*, LNCS 600, pages 447–484. Springer, 1991.

[MP81]   Z. Manna and A. Pnueli. Verification of concurrent programs: Temporal proof principles. In *Logics of Programs*, LNCS 131, pages 200–252. Springer, 1981.

[MP91]   Z. Manna and A. Pnueli. *The Temporal Logic of Reactive and Concurrent Systems: Specification.* Springer-Verlag, 1991.

[Pet81]   G.L. Peterson. Myths about the mutual exclusion problem. *Information Processing Letters*, 12(3), 1981.

[Pet82]   G.L. Peterson. An O(n log n) unidirectional algorithm for the circular extrema problem. *ACM Trans. Program. Lang. Syst.*, 4(4):758–762, 1982.

[PJ04]   S. Prajna and A. Jadbabaie. Safety verification of hybrid systems using barrier certificates. In *Hybrid Systems: Computation and Control, 7th International Workshop*, LNCS 2993, pages 477–492, 2004.

[Pla10]   A. Platzer. *Logical Analysis of Hybrid Systems - Proving Theorems for Complex Dynamics.* Springer, 2010.

[Pnu77]   A. Pnueli. The temporal logic of programs. In *Proceedings of the 18th IEEE Symposium on Foundations of Computer Science*, pages 46–77, 1977.

[Pto14]   C. Ptolemaeus, editor. *System Design, Modeling, and Simulation Using Ptolemy II.* Ptolemy.org, 2014. available at `ptolemy.org/books/Systems`.

[QS82]   J.P. Queille and J. Sifakis. Specification and verification of concurrent programs in CESAR. In *Proceedings of the Fifth International Symposium on Programming*, LNCS 137, pages 195–220. Springer, 1982.

[RS94]   K. Ramamritham and J.A. Stankovic. Scheduling algorithms and operating systems support for real-time systems. *Proceedings of the IEEE*, 1(82):55–67, 1994.

[SAÅ+04]   L. Sha, T.F. Abdelzaher, K.-E. Årzén, A. Cervin, T.P. Baker, A. Burns, G.C. Buttazzo, M. Caccamo, J.P. Lehoczky, and A.K. Mok. Real time scheduling theory: A historical perspective. *Real-Time Systems*, 28(2-3):101–155, 2004.

[SH92]   B. Shahian and M. Hassul. *Computer-Aided Control System Design Using MATLAB.* Prentice Hall, 1992.

[Sif13]   J. Sifakis. Rigorous system design. *Foundations and Trends in Electronic Design Automation*, 6(4):293–362, 2013.

[Sip13]   M. Sipser. *Introduction to the Theory of Computation.* Cengage Learning, 2013. Third Edition.

[SLMR05]   J.A. Stankovic, I. Lee, A.K. Mok, and R. Rajkumar. Opportunities and obligations for physical computing systems. *IEEE Computer*, 38(11):23–31, 2005.

[SV07]   A. Sangiovanni-Vincentelli. Quo Vadis SLD: Reasoning about trends and challenges of system-level design. *Proceedings of the IEEE*, 95(3):467–506, 2007.

[Tab09]   P. Tabuada. *Verification and Control of Hybrid Systems.* Springer, 2009.

[Tho90] W. Thomas. Automata on infinite objects. In J. van Leeuwen, editor, *Handbook of Theoretical Computer Science*, volume B, pages 133–191. Elsevier Science Publishers, 1990.

[TT09] A. Taly and A. Tiwari. Deductive verification of continuous dynamical systems. In *IARCS Annual Conference on Foundations of Software Technology and Theoretical Computer Science*, LIPIcs 4, pages 383–394, 2009.

[VW86] M.Y. Vardi and P. Wolper. An automata-theoretic approach to automatic program verification. In *Proceedings of the First IEEE Symposium on Logic in Computer Science*, pages 332–344, 1986.

[Wan04] F. Wang. Efficient verification of timed automata with BDD-like data structures. *Software Tools for Technology Transfer*, 6(1):77–97, 2004.

[WEE$^+$08] R. Wilhelm, J. Engblom, A. Ermedahl, N. Holsti, S. Thesing, D.B. Whalley, G. Bernat, C. Ferdinand, R. Heckmann, T. Mitra, F. Mueller, I. Puaut, P.P. Puschner, J. Staschulat, and P. Stenström. The worst-case execution-time problem: Overview of methods and survey of tools. *ACM Trans. Embedded Comput. Syst.*, 7(3), 2008.

索　引

嵌入式系统导论：CPS方法

书号：978-7-111-36021-6　作者：Edward Ashford Lee 等　译者：李实英 等　定价：55.00元

　　不同于大多数嵌入式系统的书籍着重于计算机技术在嵌入式系统中的应用，本书的重点则是论述系统模型与系统实现的关系，以及软件和硬件与物理环境的相互作用。本书是业界第一本关于CPS(信息物理系统)的专著。CPS将计算、网络和物理过程集成在一起，CPS的建模、设计和分析成为本书的重点。

　　全书从CPS的视角，围绕系统的建模、设计和分析三方面，深入浅出地介绍了设计和实现CPS的整体过程及各个阶段的细节。建模部分介绍如何模拟物理系统，主要关注动态行为模型，包括动态建模、离散建模和混合建模，以及状态机的并发组合与并行计算模型。设计部分强调嵌入式系统中处理器、存储器架构、输入和输出、多任务处理和实时调度的算法与设计，以及这些设计在CPS中的主要作用。分析部分重点介绍一些系统特性的精确规格、规格之间的比较方法、规格与产品设计的分析方法以及嵌入式软件特性的定量分析方法。此外，两个附录提供了一些数学和计算机科学的背景知识，有助于加深读者对文中所给知识的理解。

推荐阅读

从M2M到物联网：架构、技术及应用

书号：978-7-111-54182-0　作者：杨·霍勒 等　译者：李长乐　定价：69.00元

"M2M向未来物联网的发展和演化仅仅只是一个真正互联、智慧和可持续发展世界的开始"。

　　本书由长期从事M2M和物联网领域研发的技术和商务专家撰写，他们致力于从不同视角公画出一个完整的物联网技术体系架构。书中全面而又详实地论述了M2M和物联网通信与服务的关键技术，以及向物联网演进的过程中所要应对的挑战与需求，同时还介绍了主要的国际标准和一些世界最新研究成果。本书在强调概念的同时，通过范例讲解概念和相关的技术，力求进行深入浅出的阐明和论述。因此，本书既适合国内高等院校用作信息与通信类专业教材，也可以供有意在物联网方向发展的非专业读者作为参考书。